LE CONCOURS RÉGIONAL

ET

L'EXPOSITION DE CLERMONT-FERRAND

EN 1863

STATISTIQUE

AGRICOLE, ARTISTIQUE, INDUSTRIELLE

HORTICOLE ET COMMERCIALE

PAR

C.-L. CORMONT

RÉDACTEUR EN CHEF DU *Moniteur du Puy-de-Dôme.*

CLERMONT-FERRAND

TYPOGRAPHIE DE PAUL-HUBLER, LIBRAIRE

RUE BARBANÇON.

1863.

LE CONCOURS RÉGIONAL

ET

L'EXPOSITION DE CLERMONT-FERRAND

EN 1863

STATISTIQUE

AGRICOLE, ARTISTIQUE, INDUSTRIELLE, HORTICOLE ET COMMERCIALE

LE CONCOURS RÉGIONAL

ET

L'EXPOSITION DE CLERMONT-FERRAND

EN 1863

STATISTIQUE

AGRICOLE, ARTISTIQUE, INDUSTRIELLE

HORTICOLE ET COMMERCIALE

PAR

C.-L. CORMONT

RÉDACTEUR EN CHEF DU *Moniteur du Puy-de-Dôme.*

CLERMONT-FERRAND

TYPOGRAPHIE DE PAUL HUBLER, LIBRAIRE

RUE BARBANÇON.

1863.

LE CONCOURS RÉGIONAL

ET

L'EXPOSITION DE CLERMONT-FERRAND

EN 1863

STATISTIQUE

AGRICOLE, ARTISTIQUE, INDUSTRIELLE

HORTICOLE ET COMMERCIALE

CONCOURS RÉGIONAL

CONSIDÉRATIONS GÉNÉRALES.

L'éloge de l'agriculture n'est plus à faire. Chacun reconnaît de nos jours qu'à son étude, à ses perfectionnements sont attachés les plus graves intérêts sociaux.

Si nous consultons les annales du passé, nous voyons son influence civilisatrice s'étendre sur la Chine, l'Inde, l'Egypte, et placer ces vastes et fécondes contrées parmi les plus prospères.

L'histoire des siècles écoulés nous montre aussi croupissant dans la barbarie, les peuples qui négligeaient la culture du sol. Nous les voyons errer dans les steppes désertes, dans les forêts profondes, demandant à leurs armes une nourriture qu'ils ne trouvaient pas toujours, et que la terre leur eût donnée au prix de quelques soins.

Caton le vieux disait « que la classe des agriculteurs produisait les soldats les plus braves, les plus actifs et qui pensent le moins au mal. » C'est elle en effet qui conserve les traditions et les enseignements du passé, la foi qui sauve, le courage qui protége. C'est elle qui place en face de la nature, ce livre toujours ouvert, une foule de bons esprits, et leur donne l'intelligence, le jugement, la force et la volonté nécessaires à leurs travaux.

A toutes les époques les gouvernements intelligents se sont plu à honorer et à encourager l'agriculture. Qui ne sait que l'empereur de la Chine, le fils du Ciel, inaugure lui-même chaque année les travaux qui doivent préparer une moisson nouvelle?

Rome, à ses plus beaux jours, professait une sorte de culte pour la science agricole, et ses adeptes jouissaient d'une considération particulière.

« L'administration, la politique, la guerre, nous apprend un historien, se traitaient devant le peuple assemblé; c'était même par cette foule turbulente et passionnée qu'était rendue la justice. Un affranchi retirait d'un très-petit champ beaucoup plus de grains que ses voisins n'en recueillaient sur des terres très-étendues. Ils en conçurent une telle jalousie qu'ils l'accusèrent d'altérer les moissons par des sortiléges. Cité par un édile curule devant le peuple, et craignant d'être condamné lorsque les tribus iraient aux suffrages, il apporta sur la place publique tous ses instruments de labour, des socs pesants, des outils fort bien faits. Il amena des bœufs robustes et ses gens tous vigoureux, bien nourris et bien vêtus. « Romains, dit-il ensuite, voilà

» mes sortiléges ! Que ne puis-je aussi vous montrer ou » amener sur cette place mes fatigues, mes veilles et mes » sueurs ! » Il fut absous d'une voix unanime. »

Si nous descendons l'échelle des âges, nous retrouvons encore les professions agricoles entourées de sérieux priviléges. Les annales de l'Auvergne contiennent des preuves évidentes du haut intérêt que portaient au progrès de l'agriculture les souverains qui se sont succédé sur le trône de France pendant les siècles derniers.

Mais à notre époque était réservé l'honneur des tentatives réellement grandes et profitables. Sous aucun règne, l'agriculture n'a été l'objet d'une plus intelligente, d'une plus vive sollicitude. Le remarquable programme adressé par l'Empereur au Ministre d'Etat, le 5 janvier 1860, est encore présent à toutes les mémoires.

Grâce aux concours régionaux, un immense enseignement a été répandu. Les produits vivants, les végétaux, les inventions, les instruments agricoles, sont offerts aux yeux de tous ; chacun peut comparer, étudier, concevoir une noble émulation, et mériter à son tour les récompenses si généreusement accordées.

Les résultats obtenus en agriculture sous l'influence de l'émulation produite par les concours sont incontestables ; il suffit de jeter un regard autour de soi pour les apercevoir. Ici, la terre mieux préparée voit centupler le nombre des graines jetées dans son sein ; là, le drainage assimile les terres maladives aux champs les plus féconds. De ce côté, l'éleveur modifie à son gré les races d'animaux agricoles ; de l'autre, un fermier intelligent transforme son habitation et remplace ses outils d'autrefois par des instruments perfectionnés ; c'est enfin le progrès partout, une augmentation perpétuelle de la richesse publique.

STATISTIQUE.

Sept départements : la Corrèze, Tarn, le Lot, la Creuse, l'Aveyron, le Cantal et le Puy-de-Dôme, avaient été appelés à faire figurer leurs produits au concours de Clermont-Ferrand.

La statistique suivante, établie sur des documents officiels, donnera une idée de leurs richesses agricoles.

NOMS des DÉPARTEMENTS.	ÉTENDUE de terrain cultivée, pâturages, etc.	CÉRÉALES. — Année ordinaire.	CULTURES DIVERSES. Betteraves, carottes, choux, chanvre, lin, filasse, etc.	CULTURES DIVERSES. Pommes de terre, légumes secs, pois, lentilles, etc.	CULTURES DIVERSES. Jardins.	FOURRAGES.	CULTURES arborescentes.	ANIMAUX — domestiques.
	hectares.	hectolitres.	quintaux métr.	hectolitres.	francs.	quintaux métr.	francs.	
Puy-de-Dôme	678,330	3,532,629	1,161,648	2,309,648	1,100,125	4,311,017	1,658,631	1,049,041
Aveyron	743,432	1,544,351	82,944	1,961,444	751,694	3,842,706	2,553,083	1,106,967
Cantal	487,927	1,400,110	6,491	524,764	308,754	8,897,661	761,228	1,147,788
Corrèze	522,346	1,373,796	97,467	914,918	537,542	2,767,862	4,199,531	789,170
Creuse	484,760	1,461,564	441,186	1,043,151	238,464	3,358,152	323,623	1,055,033
Lot	413,244	1,523,190	393,813	879,527	1,144,801	1,262,168	1,340,398	597,212
Tarn	466,444	2,039,161	20,930	998,180	705,133	2,762,205	836,474	743,145

ÉCONOMIE RURALE.

NOMS des DÉPARTEMENTS.	VALEUR VÉNALE MOYENNE D'UN HECTARE.												PROPORTION POUR CENT PAR DÉPARTEMENT, DES FERMES AYANT					
	TERRE LABOURABLE.			PRÉS NATURELS.			VIGNES.			FORÊTS.								
	1re classe	2e classe	3e classe	1re classe	2e classe	3e classe	1re classe	2e classe	3e classe	Haute futaie	Taillis sous futaie	Taillis simples.	moins de 5 hectares.	de 5 à 10 hectares.	de 10 à 20 hectares.	de 20 à 50 hectares.	de 50 à 100 hectares.	de plus de 100 hectares.
	fr.	fr.	fr.	fr.	fr.	fr.	fr.	fr.	fr.	fr.	fr.	fr.						
Puy-de-Dôme.	2,392	1,620	906	3,583	2,417	1,479	3,695	2,568	1,389	1,368	999	630	76	11	6	5	2	»
Aveyron.	1,833	1,096	514	3,338	2,285	1,284	2,425	1,546	961	746	437	282	63	16	11	7	2	1
Cantal.......	1,675	1,267	860	4,607	3,201	1,795	»	1,600	»	1,254	»	282	30	21	25	17	6	»
Corrèze......	1,085	668	362	1,894	1,164	709	1,366	900	503	1,228	600	361	53	17	18	9	2	1
Creuse.......	649	440	352	2,557	1,674	1,027	»	»	»	1,946	561	510	51	18	12	11	7	1
Lot.	3,206	2,237	857	4,346	2,972	1,697	1,683	1,005	546	1,324	685	373	53	22	17	6	2	»
Tarn........	1,823	1,241	713	3,137	2,111	1,310	1,576	1,074	676	1,587	580	587	49	18	16	14	3	»

SÉRICICULTURE.

NOMS des DÉPARTEMENTS.	PLANTATIONS EN PLEIN RAPPORT.			QUANTITÉ de feuilles de mûrier employées par les éducateurs.	SOIE.		BOURRE DE SOIE.		VALEUR des déchets.
	Nombre d'hectares plantés exclusivement en mûriers.	Nombre moyen de mûriers par hectare.	Nombre de mûriers plantés isolément.		Quantité moyenne.	Prix moyen le kilog.	Quantité moyenne.	Prix moyen le kilog.	
				quintaux mét.	kilog.	fr. c.	kilog.	fr. c.	fr. c.
Puy-de-Dôme.......	13	1,000	450	240	50	90 »	30	2 50	20 »
Aveyron...........	16	325	82,430	4,886	271	62 »	»	» »	131 »
Cantal.............	»	»	»	»	»	» »	»	» »	» »
Corrèze............	32	700	12,000	80	170	40 »	21	5 »	» »
Creuse.............	»	»	»	»	»	»	»	» »	» »
Lot................	15	833	3,650	435	82	66 09	3	6 67	60 »
Tarn	9	377	213,198	27,175	935	70 53	19	3 50	1,688 »

Il est facile de se convaincre par cet exposé, qu'il reste encore beaucoup à faire à l'agriculture dans certaines parties de la région qui nous occupe.

CONSTITUTION DU SOL.

Tout le monde sait que trois éléments principaux sont nécessaires pour constituer la terre arable : la silice, l'alumine et la chaux. Ils se trouvent rarement réunis, excepté pourtant dans les terrains d'alluvions.

La constitution géologique de notre région, qui fait partie du plateau central de la France, est en général le terrain primitif; il faut en excepter toutefois les vallées formées de terrains d'alluvions, de dépôts secondaires ou tertiaires. Quant aux terrains volcaniques, ils occupent une étendue considérable. Ces terrains, en se décomposant, produisent de la silice et de l'alumine, et une certaine quantité de calcaire ou de potasse.

Cantal.

L'Auvergne, divisée en deux parties distinctes, Haute et Basse, le Cantal et le Puy-de-Dôme, ou plutôt la plaine et la montagne, offre aussi des caractères géologiques particuliers.

Des éruptions volcaniques recouvrent la plus grande partie du Cantal; mais elles ont pour soubassement le terrain primitif, que l'on voit apparaître aux extrémités et dans diverses parties centrales de la Haute-Auvergne.

« Cette disposition du terrain primitif, dit M. de Parieu, dans son excellent ouvrage sur ce département, rend presque impossible la délimitation rigoureuse des parties de la surface du sol qu'elle occupe, puisqu'elle est la base de tout le système.

» Cependant, si nous jetons un coup d'œil rapide sur la circonférence du département, à partir du point où l'Allagnon s'en échappe, nous pourrons à peu près marquer la limite polygonale qui sépare les formations granitiques et schisteuses de la partie centrale, généralement occupée par les formations volcaniques, en joignant par des lignes Massiac, Madic, Mauriac, Aurillac et Chaudesaigues.

» Les terrains primitifs placés en dehors de ce périmètre, sont encore toutefois traversés par quelques dykes volcaniques placés excentriquement, à Saint-Santin-Cantalès, par exemple, du côté du sud-ouest, et auprès de Saint-Poncy, au nord-est.

» La formation primitive, qui occupe ainsi la circonférence du département et les parties méridionales des arrondissements d'Aurillac et de Saint-Flour, apparaît en outre dans des localités plus centrales, au milieu des terrains volcaniques, par exemple à Thiézac, où le gneiss ressort à une hauteur de 800 mètres au-dessus du niveau de la mer; à Roffiac, entre Saint-Flour et Murat; à Caussac, près Marmanhac, etc.

» Les terrains primordiaux se subdivisent en granitiques et gneissiques; ces derniers passent souvent au schiste micacé. La première de ces formations est périphérique, l'autre est en général plus centrale.

» Les grès houillers n'occupent que des espaces restreints du côté de l'ouest, dans les communes de Bassignac, Lanobre, Beaulieu, Veyrières, Champagnac, Madic, Barriac, Ally.

» Au nord et au sud, les formations houillères de Brassac et des rives du Lot touchent aux confins du département.

» La formation des marnes et des calcaires d'eau douce ne se présente nulle part dans le Cantal en couches d'une grande étendue. Elle apparaît dans des espaces étroits et le plus souvent à la base de certaines collines sous les dépôts volcaniques, par la résistance desquelles elle a été protégée contre l'érosion des eaux.

» Les dépôts volcaniques, composés de trachytes, de basaltes et surtout de conglomérats dont l'origine nous paraît ignée, constituent en quelque sorte la croûte supérieure du sol de notre département. C'est leur accumulation qui a formé cette gibbosité considérable dont le Plomb-du-Cantal est le sommet, et dans les flancs de laquelle sont creusées ces vallées qui rayonnent dans les divers sens de l'horizon et qui découvrent souvent à l'observateur le micaschiste ou le gneiss dans leurs parties inférieures, et le calcaire sur les côtés des collines qui les bordent.

» Les trois diverses natures de terrains que nous avons dû signaler à la surface de notre sol, offrent des aptitudes agricoles qui leur sont propres.

» Le terrain calcaire est évidemment favorable à la production du froment et fournit aussi d'excellentes prairies.

» Le terrain volcanique, qui renferme surtout des pâturages précieux, est plus favorable à la production du seigle et des blés sarrasins qu'à celle du froment.

» Le terrain schisteux, dans lequel les éléments siliceux et argileux prédominants ne sont point autant que dans le sol volcanique relevés par la présence fécondante de la potasse, de la soude et de diverses autres substances alcalines, est le moins fertile de tous en fourrages et en céréales; mais il semble avoir reçu quelque compensation dans son aptitude spéciale pour la production des arbres forestiers et aussi du châtaignier, si abondant dans le midi de l'arrondissement d'Aurillac que la contrée en a reçu le nom de *châtaignâle*. Le fruit de cet arbre contribue puissamment à la nourriture des hommes et des animaux, tandis que son bois est tout à la fois utile au chauffage des habitants et à la fumure des vignes. »

CULTURES, PRODUITS AGRICOLES.

La culture pastorale domine dans la Haute-Auvergne, et l'élevage du bétail forme une des branches principales de son commerce. Le Cantal produit des chevaux et des mulets destinés particulièrement aux départements des Pyrénées et du Var. La fromagerie, chacun le sait, est d'une pratique générale dans cette contrée. Plus de trente-cinq mille vaches alimentent cette industrie.

La culture des céréales est dans la Haute-Auvergne la plus importante après la récolte et la consommation sur place des fourrages naturels. Le seigle constitue la base de cette production ; le sarrasin vient au second rang.

« La récolte du sarrasin, lisons-nous dans le *Dictionnaire statistique et historique du Cantal*, a de profondes racines dans les habitudes alimentaires de la population, qui associe avec empressement la consommation de la galette de blé noir *(bouriol)* avec le pain de seigle noir et grossier qui constitue la base de sa nourriture. »

Le froment, bien que consommé presque exclusivement par les personnes aisées, n'est produit par le sol du département que dans une quantité très-inférieure aux besoins. Il y est suppléé par l'importation, dans une proportion à peu près égale à la moitié de la production départementale.

« Environ quatorze mille hectares, équivalant à près du trente-unième de la production française, ajoute l'auteur que nous venons de citer, sont consacrés à la production du châtaignier, qui couvre souvent les blés de son ombre, et dont le fruit a plus d'une fois, dans des temps de disette, compensé heureusement le déficit des céréales. Outre l'alimentation humaine, la châtaigne, soit à l'état naturel, soit après une dessiccation artificielle, sert à l'engraissement de troupeaux de porcs exportés annuellement vers le Languedoc. Dans les communes à vignobles, l'émondage des châtaigniers fournit des fagots qui sont enfouis en guise d'engrais au pied des ceps de vigne.

» Cette dernière culture, répandue sur une étroite surface de trois cents à trois cent cinquante hectares répandus dans une douzaine de communes des cantons de Massiac et de Maurs, semble n'exister dans notre département que pour mieux faire ressortir la spécialité topographique et agricole d'un pays avoisiné au nord comme au midi de ses frontières par des terres plus favorisées sous le rapport de l'agrément des produits et de la chaleur du climat. Le domaine si étroit du vignoble dans le Cantal semble même plutôt se restreindre que s'agrandir.

» Si nous portons nos regards en dehors du cercle des cultures alimentaires, nous remarquerons l'absence complète dans le Cantal des plantes tinctoriales, la médiocre quantité des produits oléagineux qui consistent dans quelques récoltes de colza et dans les fruits épars d'un certain nombre de noyers plantés dans les vallées, de hêtres et de noisetiers situés sur les terrains élevés; enfin nous voyons une étendue d'environ mille sept cents hectares livrée aux plantes textiles et qui paraissent suffire à la consommation locale, si elles ne donnent plus lieu autant que par le passé à un commerce d'exportation au profit de l'extrémité méridionale de l'arrondissement d'Aurillac. »

Une partie considérable du Cantal consiste en terrains couverts de champs de bruyère ou soumis à un pacage irrégulier, en landes et terres incultes appartenant aux communes ou aux particuliers.

Des tentatives ont été faites dans ces derniers temps en faveur d'une partie de ces terrains, auxquels il ne manque qu'un peu de calcaire pour devenir fertiles. Ces tentatives ont été couronnées de succès. La Haute-Auvergne compte aujourd'hui bon nombre d'agriculteurs aussi zélés qu'intelligents, et à eux reviendra, nous en sommes convaincu, l'honneur d'avoir augmenté d'une façon considérable les richesses agricoles de cette partie de notre beau pays.

Puy-de-Dôme.

NATURE DU SOL.

Le Puy-de-Dôme se divise en deux parties distinctes : la plaine verdoyante et fertile qu'on nomme la Limagne, et les monts qui la bornent à l'est et à l'ouest. Cette division annonce des caractères géologiques différents qu'il nous paraît utile de définir; pour cela nous donnerons la parole à notre savant compatriote, M. H. Lecoq.

« Les terres de la Limagne sont des sols calcaires plus ou moins perméables à l'eau, mélangés de fragments de roches siliceuses que les eaux de l'ancien lac amenaient du sol primitif dans lequel elle est encadrée ; c'est un terrain ameubli par des débris volcaniques que les vents entraînaient lors des anciennes éruptions, et que les eaux y charrient encore de nos jours; c'est la vase fertile d'un ancien lac, où une puissante végétation a laissé aussi ses détritus; c'est un terrain fendillé à travers lequel se dégage encore lentement l'acide carbonique qui nourrit les plantes; c'est le type de la fécondité, le modèle d'un grenier d'abondance.

» Sur quelques points de cet admirable bassin, le calcaire, élevé sous forme d'îles, est resté sans mélange, et à peine les cultures ont-elles pu envahir ces îlots désolés.

» Sur d'autres points, les rivières et les ruisseaux ont charrié du sable, amoncelé des alluvions, enlevé à la terre son élément calcaire, et la fertilité s'est amoindrie quand le mélange des terres n'a pu s'opérer.

» Remontons maintenant de cette belle Limagne sur les bords verdoyants qui forment sa première ceinture. Nous verrons des prairies et des vergers, un sol arrosé par ces mille ruisseaux qui descendent des montagnes, et qui produit aussi des forêts et des bosquets. Ici plus de calcaire, mais un terrain primitif dont les parcelles divisées ont été réunies sur les bords de l'ancien lac, un terrain fertile encore parce qu'il est divisé, perméable, mélangé de tous les éléments du granit et des roches volcaniques, un terrain très-disposé à admettre la végétation des prairies et des forêts, mais se refusant, faute de calcaire, à la culture du froment et du sainfoin.

» Nous montons encore tout autour du bassin, et nous arrivons sur ces grands plateaux de terrain primitif qui s'élèvent à l'est et à l'ouest du bassin, et où le climat, modifié par l'élévation, exerce une influence directe sur la végétation.

» Là, ce sont des terrains souvent arides, cependant disgrégés, dont les uns sont stériles, parce que le principe végétal y fait défaut; d'autres, au contraire, appelés terres de bruyères, sont inféconds par l'excès de cet humus accumulé depuis longtemps.

» Que l'on ajoute à ces sols le calcaire et les engrais pour les premiers, le calcaire seul pour les seconds, vous les rendrez fertiles et cultivables par cette seule addition.

» En nous élevant encore, nous trouvons en Auvergne une autre espèce de terrain, c'est le terrain volcanique; quelquefois il est meuble, poreux, scoriacé, atteignant une grande altitude, et impropre à la culture par ces différentes causes. Cependant, des espèces spontanées s'y développent avec vigueur. Les genêts, la digitale et la grande fougère y forment le fond de la végétation. Le hêtre et le sapin y forment des forêts, et les prairies s'y présentent en vastes tapis émaillés des fleurs les plus brillantes.

» Ailleurs ce sont des plateaux basaltiques souvent très-étendus, contenant un principe calcaire dans le pyroxène qui fait la base du basalte, et se trouvant tout à coup propres à produire du froment.

» On rencontre encore, sur plusieurs points de l'Auvergne, des terrains tourbeux, gonflés, imbibés d'eau, sur lesquels naissent des plantes très-intéressantes pour le botaniste, mais nuisibles à la production du foin. Ici c'est encore la matière organique qui est prédominante comme sur les terres de bruyères. Il y a trop d'eau retenue dans ces terrains spongieux, mais le drainage seul suffit pour rendre à ces terrains toute la fertilité des prairies de montagnes.

» Telles sont, dans le département du Puy-de-Dôme, les différentes natures de sols sur lesquelles les cultures sont échelonnées, depuis la plaine de la Limagne et les alluvions de l'Allier, jusqu'aux plateaux des montagnes et aux cônes élevés qui les dominent. »

CULTURES.

Il est facile de comprendre que l'agriculture diffère essentiellement dans ces deux zones, et que les procédés employés par ses adeptes changent avec leurs productions.

Les céréales règnent en maître dans la Limagne ; l'orge, l'avoine et le seigle tiennent une place restreinte dans ce vaste domaine; mais deux concurrents plus sérieux tendent à l'envahir, la pomme de terre et surtout la betterave, qui enlèvent chaque jour aux céréales une parcelle de terrain. Ajoutons que de nouvelles cultures y ont été essayées, et que ces tentatives ont été couronnées de succès.

« Dans la Limagne, dit M. Baudet-Lafarge dans son excellent ouvrage sur l'agriculture de notre département, les fèves et les vesces d'hiver et de printemps, les haricots, sont au nombre des plantes qui se substituent à la jachère. Là, le chanvre acquiert un grand développement, surtout depuis l'introduction des variétés du Piémont et de l'Anjou ; les prairies artificielles, luzerne, sainfoin et trèfle, prospèrent à merveille; les prairies naturelles, souvent plantées de magnifiques vergers et bien arrosées avec les eaux descendant des montagnes, donnent de bonnes et abondantes récoltes de foin et de regain. Les arbres, généralement relégués aux bords des champs, y deviennent de plus en plus rares : ce sont des noyers, des ormes, des peupliers et des saules. La vigne même a fait invasion dans les fortes terres de la Limagne, où elle est recherchée à cause de l'abondance de son vin.

» Entre la plaine proprement dite et la montagne, le froment tend de plus en plus à disputer le terrain au seigle, grâce à une meilleure culture; il domine même là où le sol contient naturellement ou artificiellement du calcaire. L'avoine et l'orge s'y cultivent aussi. Les plantes à racines nourrissantes y sont représentées par la pomme de terre et la rave. La vigne abonde jusqu'aux limites que la température lui défend de dépasser ; elle se trouve là à sa véritable place pour donner, dans les expositions les plus favorables, ses meilleurs produits. Les prairies naturelles, occupant les sols naturellement humides, et, moins heureusement irriguées que celles de la plaine, produisent généralement aussi en moindre quantité de moins bons fourrages.

» Sur les sols calcaires de cette région, les diverses prairies artificielles prospèrent ; ailleurs, le trèfle seul réussit, et, dans certains endroits, grâce seulement à des soins exceptionnels. C'est aux mêmes conditions que l'on obtient de médiocres récoltes de chanvre. Quelques vergers de pommiers, des noyers, cerisiers, pêchers, abricotiers, poiriers, s'y font remarquer. Les bordures d'arbres de diverses essences forestières et feuillues, à haute tige ou en têtards, souvent mêlées aux haies vives, se voient plus fréquemment. Quelques taillis où le chêne domine achèvent de donner à cette région une physionomie particulière.

» Sur les terrains de la montagne susceptibles de culture, le seigle et l'avoine sont les seules céréales que l'on sème ; on y cultive aussi parfois le sarrasin. La pomme de terre se montre à d'assez grandes hauteurs ; le chanvre même y occupe quelques espaces restreints auprès des habitations. La culture du lin ne se montre guère, mais peu abondante, que dans un très-petit nombre de communes de cette contrée. Quelques champs de trèfle se rencontrent dans les parties les moins froides. Les prairies naturelles bien irriguées abondent au contraire. »

CÉRÉALES.

Les céréales, nous le disions plus haut, tiennent une large place dans la culture du Puy-de-Dôme. Ajoutons que le froment est le produit essentiellement recherché par les cultivateurs de la Limagne.

Sa culture, depuis quelques années, a été l'objet de sérieuses améliorations. Des variétés nouvelles ont été introduites; elles ont remplacé avec avantage des espèces trop sensibles aux accidents atmosphériques, ou dont le produit n'était pas en rapport avec la richesse du sol.

Ouvrons ici une parenthèse nécessaire, et laissons parler la plus stricte équité.

Parmi les diverses variétés de froment les mieux appropriées au sol de la Limagne, le froment rouge tient le premier rang.

A une époque peu éloignée de nous, un industriel regrettable, un vaillant esprit, avide de bien faire, M. Magnin, conçut la pensée d'enlever à l'Italie le monopole de ses pâtes célèbres. Il fallait pour cela avant tout la matière première, c'est-à-dire une sorte de froment qui possédât toutes les qualités requises pour la bonne fabrication de ces produits. Il existait bien en Auvergne des blés durs, mais en petite quantité, et leur qualité laissait souvent à désirer. M. Magnin se mit à l'œuvre; il demanda en divers pays des échantillons des blés glacés les plus renommés. Il les fit ensemencer, en répandit la culture, et dota l'Auvergne d'une nouvelle richesse.

« En 1836, dit le *Cosmos*, le blé dur et glacé d'Auvergne, celui qui convient le mieux au sol de la Limagne, qui parcourt avec le plus de chances favorables toutes les phases de la végétation, qui est moins sujet à verser après la formation du grain, dont le rendement est plus considérable, était très-déprécié sur les marchés. Il se vendait deux ou trois francs par hectolitre au-dessous du cours des blés tendres, parce qu'il donnait un pain bis, moins agréable à la vue et au goût. Aujourd'hui ce même blé se vend deux ou trois francs de plus que les blés blancs, parce que, employé à faire des pâtes, il s'est montré doué de qualités tout à fait supérieures. Cette plus-value, entièrement imprévue et inespérée, est devenue pour le Puy-de-Dôme un accroissement de richesse, de travail et de commerce vraiment énorme. »

Aujourd'hui la réputation des blés durs d'Auvergne est faite. Les industriels qui les emploient reconnaissent leur incontestable supériorité. D'honorables succès, remportés dans nos grandes expositions, attestent leur valeur.

Les blés blancs comptent une foule d'espèces dans la Limagne. Des variétés nouvelles ont été introduites dans cette branche de notre culture, et, comme cela se voit souvent, les dernières arrivées ont remplacé avec avantage celles qu'elles venaient supplanter.

La récolte du froment est considérable dans le Puy-de-Dôme. Depuis plusieurs siècles elle suffit non-seulement à la consommation de l'Auvergne, mais elle entre pour plus de moitié dans l'alimentation des départements qui l'entourent.

Si le blé occupe le premier rang dans la culture de la Limagne, il doit céder le pas au seigle dans toute la montagne et les parties intermédiaires où le sol argilo-siliceux ou granitique domine. Le Cantal en produit une quantité relativement considérable; la Limagne lui consacre à peine quelques parcelles de son riche terrain.

Depuis que l'usage de la bière s'est répandu en Auvergne, la culture de l'*orge* a pris une extension qu'il est bon de mentionner. L'orge croît généralement dans la plaine.

La culture de l'*avoine* s'étend au contraire dans les montagnes, où elle varie suivant la température et la qualité du sol; l'avoine grise est la plus répandue.

Le sarrasin croît dans quelques communes de la montagne.

CULTURES DIVERSES.

Parmi les *plantes légumineuses* cultivées en Auvergne, il faut d'abord citer la *fève*, dont les deux variétés d'hiver et de printemps se reproduisent dans la Limagne; les *pois*, dont la culture, moins importante que celle de la fève, est cependant plus répandue; le *haricot*, la *lentille*, la *gesse*, la *vesce*, la *jarosse*, produits qui occupent dans nos champs une place plus ou moins restreinte.

La *pomme de terre*, cette partie aujourd'hui indispensable de l'alimentation publique, tient, nous le disions plus haut, une large place dans notre culture. On la trouve à toutes les altitudes, sur tous les terrains qui possèdent les sels nécessaires à sa production. Ses variétés sont nombreuses, et, comme les céréales, elle concourt non-seulement à l'approvisionnement des principaux marchés des départements qui nous entourent, mais arrive jusqu'à Paris, où elle est justement recherchée. C'est sur les marchés d'Aigueperse et de Maringues que se traitent les grands achats pour le dehors.

La *rave*, le *navet*, le *turneps* et le *chou-rave* se cultivent aussi dans le Puy-de-Dôme, mais en moins grande quantité que la pomme de terre.

La culture de la betterave, aujourd'hui si répandue dans la Basse-Auvergne, date du décret de Napoléon Ier relatif à la fabrication d'un nouveau sucre indigène tiré de cette précieuse racine. D'abord peu considérable, cette culture, grâce à l'établissement de nombreuses sucreries, et particulièrement de l'usine de Bourdon, a pris dans ces derniers temps un accroissement réellement remarquable.

Deux variétés de betteraves se cultivent généralement dans le Puy-de-Dôme : la *blanche de Silésie*, employée à la fabrication du sucre et à la nourriture du bétail, et la *disette*, qui ne sert que comme fourrage.

Mentionnons dans la culture des racines celle de la *carotte blanche à collet vert*, employée comme fourrage sur divers points de notre département.

Le *colza*, si recherché dans le nord de la France, n'a été adopté que par quelques cultivateurs du Puy-de-Dôme ; il croît autour de la Limagne et dans plusieurs cantons élevés de la moyenne montagne.

Le *chanvre* est une des principales richesses agricoles de notre contrée ; on le trouve, comme la pomme de terre, sur tous les points où il existe un terrain propre à sa culture. Dans la montagne, on le voit mince et peu élevé ; dans la Limagne, au contraire, sa taille, sa filasse, son grain oléagineux, en font un produit de grande valeur.

Autrefois les chanvres d'Auvergne s'expédiaient à Nantes, Marseille, Toulon ; ils s'employaient non-seulement pour la batellerie de l'Allier et de la Loire, mais encore pour les approvisionnements de la marine.

Ce commerce a presque complètement disparu de notre pays ; les chanvres ne servent plus guère qu'à l'industrie du tissage, toujours vivace dans les arrondissements d'Ambert et de Riom.

Quoique plusieurs nouvelles espèces de chanvre aient été introduites en Auvergne, l'espèce ordinaire est restée la préférée. On a reconnu que les chanvres d'Anjou et du Piémont rendaient non-seulement moins de chènevis que les chanvres du pays, mais que leur fibre était plus grossière.

Quelques cantons de la montagne cultivent seuls le lin dans le Puy-de-Dôme, et cela en très-petite quantité.

Dans les cultures exceptionnelles, nous ne trouvons guère à mentionner que la *laitue*, dont le suc sert à la confection du *lactucarium*; le *mûrier* à fruits blancs; le *pavot*, employé comme produit pharmaceutique; et la *garance*, qui a parfaitement réussi sur divers points de notre département, notamment dans l'ancien marais de Sarliève.

PRAIRIES.

Les prairies artificielles dominent dans la Limagne, et chaque jour elles tendent à remplacer les prés naturels qui s'y trouvent encore. En dehors de la plaine, le contraire existe; il y a tendance à accroître l'étendue des prairies naturelles plutôt qu'à les restreindre. La culture du trèfle a fait de grands progrès depuis quelques années dans le département du Puy-de-Dôme; le chaulage de terrains presque incultes dans lesquels ce fourrage a parfaitement réussi, fait encore espérer un nouvel accroissement de cette culture.

De nombreux pâturages existent dans le Puy-de-Dôme. Nos fraîches vallées, nos majestueuses montagnes surtout, contiennent des herbages de premier ordre. Les Monts Dores, les environs du pic de Sancy entre autres, sont couverts d'une riche verdure qui nourrit une quantité considérable de bêtes bovines. Les pâturages des montagnes sont généralement annexés à des fermes, à des exploitations agricoles du voisinage, ou loués à des propriétaires ou des marchands de bestiaux, qui y font élever ou engraisser des animaux destinés à la boucherie, de jeunes vaches de trait ou de laiterie. Ces pâturages diffèrent essentiellement entre eux : tel convient à l'engraissement, tel à la production du lait, tel autre à l'élevage proprement dit. Quelques-uns sont très-pauvres et ne nourrissent que des moutons et des chèvres.

Les *fèves*, les *vesces*, les *pois* tiennent le premier rang parmi les plantes destinées à être consommées en vert par les bestiaux dans le département du Puy-de-Dôme; la *carotte*, l'*avoine*, viennent ensuite. Le *chou à vache* est aussi employé comme fourrage dans la partie occidentale de notre département. Mentionnons, à titre d'essais, la culture du *maïs*, de la *moutarde blanche*, du *sarrasin*, de la *spergule* et du *sorgho sucré*.

FRUITS.

On a surnommé la Provence le jardin de la France, et cela parce que l'on ne connaissait pas l'Auvergne. Il existe en effet peu de contrées qui produisent de meilleurs fruits et en plus grande abondance. Ces fruits entrent pour la plupart dans l'officine des confiseurs ou sont expédiés au loin; leur consommation sur place est insignifiante, eu égard à leur nombre. L'Auvergne compte parmi ses arbres fruitiers des amandiers, des abricotiers dont les fruits possèdent une saveur spéciale; des châtaigniers, des pruniers, des pêchers, des fraisiers, des pommiers qui permettent la fabrication d'une certaine quantité de cidre, des noyers qui fournissent une huile très-répandue et très-estimée, etc., etc.

ANIMAUX DOMESTIQUES.

Le cheval est peu recherché par les agriculteurs du Puy-de-Dôme, qui lui préfèrent les vaches ou les bœufs. A part quelques communes où il est employé comme animal de labour, il ne sert aux fermiers et aux riches paysans que pour conduire leurs denrées aux marchés ou pour leurs voyages. L'élevage du cheval, il est facile de le comprendre, est peu répandu dans notre département; cependant les officiers chargés des achats pour la remonte de la cavalerie y trouvent encore chaque année des sujets propres au service de l'armée. Les chevaux que produit la plaine conviennent particulièrement à la voiture; le contraire a lieu pour ceux de la montagne.

L'*âne*, plus répandu que le cheval chez les agriculteurs auvergnats, tend aussi à se voir remplacer par la vache. Deux communes de notre département, Pont-du-Château et la Sauvetat, attellent les ânes par couple à l'aide d'une sorte de joug et les font traîner de lourdes charges.

L'élevage du mulet se pratique avec avantage dans quelques cantons de la montagne, notamment dans ceux d'Ardes, Rochefort et Pontaumur.

L'espèce bovine est très-répandue dans le Puy-de-Dôme; elle constitue une des principales branches de la richesse de notre département. Une seule race classée s'y fait remarquer, la race *ferrandaise*, si bien représentée à notre dernier concours. Les races de Besse et de Brion sont le produit des Salers ou de croisements divers.

La plaine élève peu de bestiaux, et la race bovine qui s'y trouve aujourd'hui répandue se reproduit particulièrement dans les montagnes de l'ouest, dont elle est originaire. Il n'en est pas de même de la partie haute de notre département, qui produit chaque année un grand nombre d'animaux destinés à la boucherie, au travail ou à la laiterie.

L'espèce ovine ne compte qu'une race pure dans notre département, *la rava*. On la trouve principalement sur les montagnes qui entourent le Puy-de-Dôme. Cette race a été l'objet de nombreux croisements, notamment avec celles du Quercy, de l'Aveyron, de la Corrèze, de la Creuse et de l'Allier. Dans ces derniers temps, son mélange avec les races dishley, south-down et charmoise, a donné des résultats qu'il est bon de mentionner.

Le nombre des moutons a beaucoup diminué depuis quelques années dans le Puy-de-Dôme, et cela vient sans doute du peu de bénéfice que produisent les animaux de cette espèce. L'amélioration des races que nous possédons, ou plutôt l'introduction de races nouvelles, rendrait, nous le pensons, à cette branche de notre richesse agricole l'importance qu'elle perd chaque jour.

La chèvre, commune dans la plaine, abonde dans la montagne. Son lait sert à la confection d'une certaine quantité de fromages; ceux de ses petits que l'on ne peut élever sont vendus à la boucherie.

Trois races de porcs sont répandues dans le Puy-de-Dôme : la race ancienne, qui s'y trouve depuis un temps immémorial, la race dite du Bourbonnais et la race connue sous le nom de Siam. Les races anglaises, introduites depuis quelques années dans notre département, ont donné de bons résultats. Ces animaux présentent des avantages incontestables sur la plupart des races indigènes. Leur engraissement est facile; mais leur reproduction exige beaucoup de soins.

La *poule* habite particulièrement la plaine. Le *dindon* ne dépasse pas les parties basses de la montagne. L'*oie* est particulièrement l'hôte de la Limagne; il en est à peu près de même du *canard*. Les *pigeons*, rares dans la demi-montagne, se rencontrent en grande quantité dans la plaine.

VIGNES, VINS.

La culture de la vigne remonte aux premiers âges du monde. Moïse comme Homère nous apprennent qu'à leur époque elle n'était déjà plus nouvelle. Les Egyptiens, les Grecs, les Romains, cultivaient la précieuse plante, et mettaient ses produits au nombre de ceux dont l'homme ne peut se passer. De nombreux passages des livres saints feraient supposer que la vigne est originaire de l'Asie, et que sa culture date des grands peuples disparus qui habitaient autrefois cette partie du globe.

Si nous en croyons Pline, la vigne fut introduite dans la Gaule par les Phocéens. Lorsque les Romains envahirent les contrées qui forment aujourd'hui la France, ils trouvèrent dans les parties méridionales la culture de la vigne et l'usage du vin ; mais Strabon nous apprend que cette culture était alors fort peu étendue et fort peu productive.

Les grandes forêts gauloises, les marais disparaissant successivement, le climat moins refroidi permit à la vigne de s'avancer vers le nord. Sous Childebert on la trouvait dans les environs de Rennes et de Nantes ; Charlemagne protégea sa culture et la fit propager sur les collines du pays de Vaud.

La culture de la vigne fut évidemment introduite en Auvergne par les Romains. Nos ancêtres, jusqu'à l'invasion des légions de César, faisaient usage de cette enivrante cervoise dont nous parle le voyageur Posidonius.

Les vins d'Auvergne possédaient autrefois une réputation qu'ils ont perdue. Un roi de France, dont le nom nous échappe, ne voulait boire que du petit vin d'Arvernie. De nos jours, certains crus valent encore, quoi qu'on en dise, les vins justement renommés de la Bourgogne et du Bordelais.

Mais arrivons à la question des vins d'Auvergne proprement dits.

Avant d'écrire l'ouvrage qui nous occupe aujourd'hui, nous avons cru devoir nous entourer de tous les renseignements qu'il nécessite, nous livrer à toutes les études qu'il comporte. Ces exigences nous ont procuré l'honneur de connaître bon nombre de personnes distinguées, et de lier avec elles des relations qui, nous en avons l'espoir, seront de longue durée. Nous avions demandé à l'une d'elles, que nous savions très-compétente, quelques notes sur les vins d'Auvergne ; au lieu des simples renseignements que nous réclamions de son obligeance, cette personne nous a envoyé un long travail, et nous ne croyons pouvoir mieux faire, dans l'intérêt de notre ouvrage, que d'y puiser largement.

En 1789, le département du Puy-de-Dôme possédait plus de douze mille hectares de vignes; elles étaient généralement plantées sur les coteaux et dans les meilleures conditions d'exploitation. Un cinquième au plus était directement travaillé par le propriétaire; les autres quatre cinquièmes se cultivaient à colonage au tiers ou aux deux cinquièmes des fruits, en vertu de baux emphytéotiques, soit à terme, soit à perpétuité.

Ce mode d'administration assez commode pour le propriétaire, qui n'avait que la peine de se rendre une fois par an sur sa vigne, le jour des vendanges, pour recevoir sa part de récolte, avait alors des avantages qui disparurent après l'abolition des droits féodaux; le cultivateur devint à son tour propriétaire; celui qui n'avait pas de vignes lui appartenant en propre, en planta; et tous les tènements exploités sous le nom généralement connu de percières furent, non pas abandonnés, mais extrêmement négligés : le vigneron donnait naturellement tous ses soins à sa propriété, et ne s'occupait qu'à temps perdu de son colonage. Cette négligence, poussée presque jusqu'à l'abandon, força un très-grand nombre de propriétaires à user de leurs droits pour faire résilier les baux, et à diriger ensuite eux-mêmes la culture de leurs vignes; c'est à cette époque que commence le progrès. Le propriétaire, autant par amour-propre que par intérêt, s'empresse, après l'expulsion du colon, de remettre sa vigne en rapport; il fait arracher tout ce qui est trop vieux, et il profite de cette circonstance pour renouveler son cépage, non pas au hasard, mais après avoir minutieusement observé l'espèce qui réussit le mieux dans son canton ou dans les cantons voisins.

Quelle était alors la qualité du vin en Auvergne?

Les vignes étant placées, comme nous l'avons dit en commençant, sur des coteaux et dans les expositions les plus favorables, il semblerait naturel de penser qu'elles donnaient un meilleur vin qu'aujourd'hui, tandis qu'au contraire sa qualité était généralement moins bonne. Le goût de terroir si fortement accentué, justement reproché au vin d'Auvergne, était alors beaucoup plus caractérisé; et cela tenait, selon nous, plus encore au peu de soin que l'on donnait à la culture proprement dite de la vigne, qu'à la mauvaise espèce du cep. Deux labours, un en avril, l'autre en juillet, étaient considérés alors comme très-suffisants, et l'on a pu voir combien peu de vignes tenues à percières, il y a cinquante ans, en recevaient plus d'un, celui du printemps; tandis qu'aujourd'hui la vigne la plus mal soignée en reçoit au moins quatre, et le cultivateur ne lui ménage plus comme autrefois ni l'engrais ni le tuteur dont elle a tant besoin pour étaler son fruit, l'exposer aux influences atmosphériques, et faciliter sa maturité. Avec le cépage le plus généralement cultivé aujourd'hui en Auvergne, l'échalas doit jouer un grand rôle, et on l'a si bien compris, qu'il serait impossible de trouver en France un pays où la vigne soit généralement mieux cultivée et mieux échalassée que dans les environs de Clermont.

On fait généralement le procès du cépage appelé gamay; on l'accuse de tous les défauts de nos vins, de leur platitude, de leur peu de durée, de leur manque de parfum, etc., etc., tandis qu'on devrait bénir la mémoire de celui qui, le premier, l'a importé dans notre Limagne, dont il a fait et dont il accroît chaque jour la fortune. Une des principales connaissances du vigneron, c'est de savoir l'espèce qui convient le mieux à la nature du terrain qu'il veut planter, et à son exposition. Qu'on ne croie pas qu'il plante au hasard, non; il préfèrera retarder, s'il le faut, sa plantation d'un an plutôt que de se servir d'un plant équivoque, et qu'il n'aurait pas expérimenté. Eh bien! l'expérience et l'observation lui ont démontré que le gamay, par sa nature vigoureuse, est le cep qui convient le mieux à nos terres fortes et riches de la plaine; que son développement lui permet de produire et de nourrir une grande quantité de fruits; que sa rusticité le rend moins sensible que tout autre cep aux gelées printanières, dont il peut au besoin réparer en partie les désordres par de nouvelles pousses; enfin que, de toutes les espèces connues, il est le moins sujet au coulage.

Voilà ce que l'expérience a démontré au vigneron auvergnat; aussi s'est-il empressé de le mettre à profit et de tripler la plantation de la vigne en en recouvrant des terres en plaine dont, il y a cinquante ans, personne n'aurait songé à faire des vignes.

Chacun se demande cependant comment il se fait que, avec une température au moins aussi douce que celle de la Bourgogne et du Mâconnais, avec de bonnes expositions, nous n'ayons produit, et nous ne produisions encore que des vins classés parmi les plus communs de la France. La question est complexe; nous croyons cependant qu'on pourrait la résoudre par un seul mot, la *fabrication;* et dans ce mot nous comprenons non-seulement la mise en cuve, mais encore la vendange elle-même, et l'abandon dans lequel on laisse généralement le vin après sa mise en tonneau.

Ceci est l'œuvre du vigneron, dont la sollicitude serait bientôt éveillée, s'il entrevoyait dans l'amélioration de la qualité de ses vins un bénéfice quelconque, tandis qu'au contraire le commerce semble faire tout ce qu'il peut pour empêcher cette amélioration : nous entendons par le commerce les marchands de vins de Paris, qui absorbent les deux tiers de nos récoltes.

En effet, que viennent chercher ces messieurs dans nos caves? Sont-ce des vins fins, délicats, parfumés? Pas le moins du monde. Ils ne nous demandent au contraire qu'une liqueur naturelle, mais insipide et aussi noire que possible, qui leur permette de se livrer à tous les mélanges qui, à l'exposition universelle de Londres, ont été si nuisibles à la réputation des vins français, et ont fait ressortir si avantageusement, à nos dépens, les produits de l'Espagne et du Portugal.

Dans de pareilles conditions, le cultivateur de l'Auvergne n'a pas d'intérêt à améliorer ses produits; il ne lui faut que deux choses : la quantité et la couleur. La quantité, il la trouve en plantant les terres les plus fertiles, par des fumures fréquentes, par de bons labours faits à propos, enfin par une culture bien entendue; quant à la couleur, il l'obtient par des procédés dont nous parlerons plus bas, qui, en appauvrissant son vin, le rendent impropre à la conservation, chose dont il se soucie médiocrement, attendu que sa récolte est ordinairement vendue au printemps, et qu'il est rare que le vin tourne au gras avant les chaleurs de juillet et d'août.

Mais on dira peut-être que, si les vins de la Limagne étaient faits avec plus de soin, s'ils étaient de meilleure qualité, le marchand de Paris les rechercherait avec plus d'empressement, et les paierait un prix plus élevé; on peut répondre hardiment : non. L'expérience en a été faite plusieurs fois et en plusieurs endroits, et personne n'ignore que ce n'est qu'à la dernière extrémité que le Parisien fait des achats dans les crus les plus renommés pour leur finesse, tels que Perrier, Lavelle, Neschers, Auzon, mais qui par cela même pèchent par la couleur. Car il est à remarquer que les vins les plus chargés en teinture sont ceux des terrains forts de la plaine.

Tant que le commerce de Paris procèdera comme il l'a fait jusqu'à ce jour, nous ne pouvons pas compter, de longtemps du moins, sur l'amélioration de nos vins, amélioration cependant bien facile, car il n'est pas un habitant de la Limagne qui n'ait ou n'ait eu dans sa cave quelques bouteilles provenant d'une barrique mise de côté, à laquelle on a donné quelques soins, et dont la qualité semble, après un an ou deux de bouchon, n'avoir plus le moindre rapport avec nos produits habituels. Qu'est-ce donc qui empêcherait qu'on n'obtînt de cent barriques ce qu'on obtient d'une seule?

Si l'intérêt, ce grand moteur des actions humaines, persuadait au cultivateur que sa fortune dépend plutôt de la qualité de ses vins que de la quantité, et surtout de la couleur, l'amélioration ne serait pas longue à se produire; mais loin de là, on s'est constamment attaché à lui démontrer le contraire. Aussi qu'est-il arrivé? C'est que en peu d'années il a triplé ses plantations, et que, sans égard pour les premiers besoins, il a converti en vignes les terres qui produisaient le meilleur blé pour remplir sa cave du vin le plus plat et le plus commun.

Il faut cependant espérer que, grâce à l'intelligence de nos vignerons qui se développe chaque jour, grâce aussi à l'intervention de l'Administration, la routine fera place à des procédés de fabrication qui, joints aux progrès immenses produits par la culture, suffiront pour opérer, sans augmentation de dépense, les améliorations si désirées.

Examinons dans quelles conditions se fait généralement le vin en Auvergne, afin de nous rendre compte des difficultés que pourrait présenter la découverte de meilleurs procédés de fabrication.

Lors de la vendange d'abord, au lieu de séparer les fruits mûrs et savoureux provenant de coteaux parfaitement exposés, de ceux provenant des terres froides et humides, qui sont aqueux et dont une partie est quelquefois atteinte de pourriture, tout est jeté pêle-mêle dans la cuve, après avoir été grossièrement et salement écrasé à coups de sabot; tous les principes qui constituent le moût, dont les plus essentiels sont le sucre et la levure, étant mêlés et confondus, l'action de la chaleur, le contact de l'air, le volume de la masse, provoquent bientôt une fermentation spiritueuse amenée par l'action que les fermentescibles exercent les uns sur les autres; alors tous ces principes se décomposent et se combinent tellement ensemble, qu'il en résulte un produit nouveau, qui est le vin.

Cette fermentation, qui est *toute l'opération*, est entièrement livrée à elle-même: elle est tumultueuse, lorsque la chaleur atmosphérique vient se joindre à des fruits cueillis dans de bonnes conditions; tandis qu'elle est lente et faible, si le fruit est peu mûr et s'il a été cueilli par un temps froid et pluvieux.

La fermentation une fois en train, deux procédés pour en surveiller et diriger les effets, sont ici en usage; le plus répandu est celui qui consiste à laisser le marc s'élever au-dessus de la cuve, en se contentant au bout de quelques jours de le tenir arrosé, de peur qu'il n'aigrisse. Au bout de cinq ou six ou huit jours, la fermentation diminuant, on fait entrer des hommes nus dans la cuve, qui précipitent au fond le marc qui la dominait, le foulent et l'écrasent dans tous les sens. Cette opération sale et dégoûtante (et l'on devine pourquoi) aurait dû être défendue depuis longtemps par mesure de sûreté publique, à cause des accidents nombreux d'asphyxie par le gaz acide carbonique qui se produisent chaque année; mais elle est considérée par nos vignerons comme le meilleur moyen d'augmenter la coloration de leurs vins; c'est pourquoi, au mépris du danger, la méthode ci-dessus est la plus usitée.

Le second procédé consiste à couvrir le marc de quelques planches clouées en croix; au moment où par suite de la fermentation il tend à s'élever, on charge ce plancher ou on le cale au moyen de bois debout. Le marc étant alors maintenu en place, c'est le vin qui s'élève, et l'on presse plus ou moins sur le plancher suivant les exigences de la cuve; car si l'on ne modifiait pas sa charge, le vin pourrait déborder et s'échapper. On voit que par ce procédé, bien différent du premier, le marc étant constamment immergé dans la liqueur, est à l'abri de l'acidité que produit rapidement son contact avec l'air atmosphérique.

Quant au séjour plus ou moins prolongé de la liqueur dans la cuve, il est subordonné au caprice, ou plutôt à la routine du vigneron, qui sait fort bien que la couleur de son vin, si précieuse pour lui, sera d'autant plus foncée qu'il l'aura laissé cuver plus longtemps, mais qu'aussi il perdra de sa force : c'est à lui de choisir, et presque toujours ici c'est la couleur qui a la préférence.

Ces deux systèmes, qu'à plusieurs reprises, il faut bien le dire, un homme célèbre, M. le comte Chaptal, avait reconnus aussi vicieux que possible, et que, lorsqu'il était au pouvoir, il avait tenté de détruire et de remplacer, ont survécu malgré ses efforts, et se sont continués sans la moindre modification.

Tous les œnologistes connus à cette époque, Legentil, l'abbé Rozier, Bertholon et autres, ont constaté que, par la fabrication à l'air libre, le vin perd une grande quantité de son arome et de son alcool, dissipés d'abord par la chaleur, et puis entraînés dans un état de dissolution absolu par l'acide carbonique.

Ils ont aussi reconnu que la fabrication en vase clos pour retenir cet arome et cet alcool, présente des dangers, parce que le gaz acide carbonique qui se dégage du corps muqueux, se trouvant comprimé, ne pourrait s'échapper, et non-seulement arrêterait la fermentation, mais encore menacerait la cuve d'explosion ou au moins de la rupture de ses cercles.

L'art de fabriquer le vin restait donc stationnaire, lorsqu'en 1819 Mlle Elisabeth Gervais réussit à découvrir un appareil qui remédiait aux deux inconvénients capitaux qui précèdent, et qui rendait la vinification parfaite. Son procédé, aussi simple et facile dans son exécution qu'heureux dans ses résultats, et pour lequel elle obtint un brevet par une ordonnance du 13 janvier 1820, garantit le vin des pertes qu'il éprouve dans la fermentation ordinaire; de sorte que, en le préservant de l'évaporation de son alcool, de son parfum et d'une partie de son gaz, le vin se trouvait augmenté dans la quantité, et enrichi des principes les plus précieux à sa composition. Mais pour mieux faire l'analyse comparative de ses résultats avec ceux des méthodes ordinaires, il faut en connaître la construction. En 1820, de nombreux prospectus durent être répandus en France; mais comme par incurie, par soumission coupable à la routine, ce précieux procédé n'eut pas le succès que son auteur était en droit d'espérer, il se pourrait qu'il fût difficile de le retrouver. Nous croyons donc utile de reproduire ici sa description.

« Un couvercle en bois et bien jointé couvre la cuve contenant la vendange, ses bords sont enduits avec du plâtre, de la terre glaise ou autre ciment qui lient les bords du couvercle aux parois de la cuve, afin de garantir son intérieur de l'action de l'air. Au milieu de ce couvercle est pratiquée une grande ouverture conforme à la dimension de l'embouchure de l'appareil qui doit y être placé, et cimentée également pour qu'aucune vapeur ne puisse s'échapper.

» L'appareil est composé de ferblanc, comme le métal le plus économique et en même temps le plus convenable; sa forme est celle d'un grand chapiteau de vingt à trente pouces de hauteur placé au milieu d'un grand réfrigérant, de dix à quinze pouces qui le domine. Au bas du chapiteau, et dans la partie intérieure, est pratiquée une rainure qui a une petite échancrure en dedans et un petit robinet en dehors; du milieu de ce chapiteau part un grand tuyau qui est conduit en dehors et qui va plonger dans un grand vase plein d'eau. Une soupape au-dessus d'un gros tuyau de ferblanc est placée à une certaine distance de l'appareil, et forme comme une cheminée à la cuve; cette soupape est encore recouverte d'un tuyau de ferblanc qui va également aboutir dans le même vaisseau où plonge celui de l'appareil.

» Le couvercle a pour usage : 1° d'empêcher que l'action de la température ne contrarie le développement de la fermentation spiritueuse; 2° de s'opposer à l'évaporation de l'esprit et du parfum du vin, que l'action de la chaleur et du mouvement dissiperaient; 3° de retenir le gaz acide carbonique avec l'esprit et le parfum qu'il entraîne; 4° enfin de garantir le marc et tous les corps qui forment le chapeau de la vendange, des altérations acides et putrides qu'ils éprouvent ordinairement par les effets destructeurs de l'air.

» L'appareil reçoit les vapeurs de la fermentation à mesure que l'atmosphère de la cuve s'en remplit. Alors le réfrigérant qui entoure le chapiteau, se trouvant plein d'eau froide, favorise le chapiteau dans l'action rafraîchissante et condensatrice qu'il exerce sur le gaz acide carbonique, pour le forcer à se dépouiller des principes spiritueux, aqueux et parfumés qu'il entraînait dans son évaporation.

» A mesure que ces principes précieux aux vins se condensent sous le ciel du chapiteau, ils découlent sur les parois et viennent se rendre dans la rainure pratiquée au bas de sa partie inférieure. De cette rainure la liqueur condensée retombe continuellement dans la cuve par la petite échancrure qu'il y a; si l'on veut connaître et juger la qualité de cette liqueur, on peut se satisfaire par le petit robinet placé en dehors, et qui sert à cet usage.

» Mais pendant que la liqueur condensée se rend dans la cuve, l'acide carbonique qui a été dépouillé sort par le grand tuyau du chapiteau, pour aller se précipiter dans le vaisseau plein d'eau dont nous avons parlé.

» La soupape n'est pas toujours nécessaire à la fermentation; mais elle est établie pour servir en cas de besoin. S'il arrivait que la masse de la vapeur fût trop considérable et que le jeu de l'appareil ne pût suffire à son action, alors la vapeur qui surabonde soulève le piston de la soupape et parcourt le gros tuyau, qui va la noyer dans le même vaisseau qui reçoit le tuyau de l'appareil.

» Après avoir foulé et mis la vendange dans la cuve, posé et cimenté le couvercle, l'appareil et la soupape, la fermentation spiritueuse qui se trouve alors à couvert de l'influence d'une température étrangère, s'établit et se développe d'une manière progressive et toujours relative à la proportion des principes qui composent le moût. La température et le mouvement augmentent également selon que le dégagement de l'acide carbonique devient plus considérable; mais aussitôt que l'atmosphère de la cuve est remplie de ce gaz, la fermentation se fixe, devient régulière, constante et paisible par l'effet de l'appareil qui la rend stationnaire. Alors l'acide carbonique s'élève dans le chapiteau de l'appareil, frappe les parois de son intérieur, et la partie aqueuse, chargée de l'esprit et du parfum qui étaient évaporés par le gaz, la chaleur et le mouvement de la fermentation, se condense par l'impression du froid que lui imprime le chapiteau, et retombe continuellement dans la cuve, pendant que le gaz s'échappe par le grand tuyau, qui du chapiteau le conduit dans le vaisseau plein de liquide dont nous avons parlé.

» A mesure que ce gaz de l'appareil sort ainsi épuré, celui qui remplit l'atmosphère de la cuve prend successivement sa place pour être dépouillé à son tour des mêmes principes qu'il emporte; et, pendant la durée de la fermentation, la quantité de gaz qui se forme ou qui se dégage est égale à la quantité de celui qui se condense ou qui s'expulse, jusqu'à ce que, arrivant à son terme, tous les phénomènes qui caractérisent la fermentation diminuent, s'apaisent, et le vin est fait.

» Nous avons dit que, après avoir foulé et mis la vendange dans la cuve, l'on cimente le couvercle, l'appareil et la soupape; alors la masse fermentescible qui se trouve à l'abri de toutes les influences de l'atmosphère, commence promptement sa fermentation, et elle se développe avec d'autant plus d'avantage, qu'elle ne perd rien de la chaleur qu'elle acquiert de plus en plus durant son accroissement. »

Les précieux avantages de ce procédé, la faculté de soustraire la vendange à l'action de la température atmosphérique, de protéger le commencement de la fermentation, et la fonction protectrice qu'exerce ce système sur un moût trop aqueux ou trop vert, sont trop importantes pour n'être pas développées. Nous allons essayer de suppléer aux lacunes de la description que nous venons de reproduire.

Dans un moût trop aqueux ou trop vert, la fermentation est tardive, difficile, et en l'abandonnant à elle-même, on ne peut obtenir qu'un vin faible, susceptible d'aigrir ou de tourner au gras. Plus la fermentation sera longue, plus la liqueur aura perdu d'alcool, ce qui est cause que les vins faits de raisins peu mûrs ou aqueux ne sont pas de garde en général. Tout le monde connaît la funeste influence qu'une température trop froide exerce sur les fermentations par méthodes ordinaires, et principalement sur celles dont les principes se trouvent peu généreux. S'il arrive même que le froid retienne la vendange au-dessous de dix degrés Réaumur, il arrête ou empêche la fermentation en s'opposant au développement de la chaleur et du mouvement que les principes du moût tendraient à établir. C'est de cette observation qu'on a reconnu la nécessité de faire du feu dans les celliers pour échauffer l'atmosphère, et de jeter du moût bouillant dans les cuves pour aider la fermentation; mais ces moyens factices, toujours pénibles et coûteux, ne réussissent qu'imparfaitement, et font perdre beaucoup de vin. Ainsi, par tous les moyens que l'on a jugés les plus convenables en pareil cas, on nuit aux principes les plus essentiels du vin. Quel résultat peut-on attendre d'une pareille fermentation? Rien qu'un vin sans consistance, altéré par les vicissitudes qu'il a subies.

Par l'interdiction du contact de l'air atmosphérique sur la vendange, la masse fermentescible, se trouvant totalement délivrée des influences étrangères, dirige selon sa tendance naturelle tous ses moyens vers l'établissement de la fermentation : plus la vendange se trouvera généreuse, plus aisément elle se développera ; mais quelle que soit la faiblesse des principes qui la constituent, la fermentation ne s'établira pas moins de la manière la plus convenable au vin qui doit en résulter. La chaleur et le mouvement imperceptibles qui résulteront du premier acte de la fermentation, resteront concentrés dans la cuve pour augmenter sans cesse, sans crainte des contrariétés d'une atmosphère qui ne peut plus y avoir accès. Dès lors la chaleur, allant toujours en croissant, déterminera la dilatation de la masse liquide : le mouvement deviendra plus considérable, les combinaisons plus fréquentes, et la fermentation bien établie se trouvera au point que le désirait la nature, et que l'imperfection des moyens usités jusqu'à ce jour ne lui permettait pas d'atteindre.

Mais il ne suffit pas de triompher de l'opposition que la température exerce sur la vendange, il faut aussi que l'esprit, le gaz et le parfum qui se forment dans la fermentation, soient maintenus dans la liqueur par les fonctions du procédé, et que le dégagement de l'acide carbonique, l'air extérieur, la chaleur et le mouvement, n'aient plus l'empire d'enlever ces précieux principes du vin, comme dans les méthodes ordinaires; c'est alors que la vendange la plus faible pourra encore offrir, par le secours du procédé, un vin délicat, sinon généreux.

En 1820, M. le baron Favard de l'Anglade, président de la chambre des requêtes à la cour de cassation, et député du Puy-de-Dôme, voulant propager l'idée de Mlle Gervais, envoya à Issoire deux appareils pour être expérimentés, l'un à M. Girot de l'Anglade, son gendre, alors sous-préfet de cette ville; l'autre, à M. Verny, son ami.

M. Verny, homme de savoir et d'intelligence, après une lecture attentive de la description de l'appareil, se rendit compte bien vite de l'action chimique qu'il devait exercer sur le vin; il n'hésita pas à faire l'expérience qu'on lui demandait, et il la fit avec tous les soins et toutes les précautions voulus. Il fit disposer deux cuves d'égale grandeur (trente hectolitres) placées l'une à côté de l'autre, et le 8 octobre, jour de la vendange, elles furent simultanément remplies de fruits absolument pareils, versés alternativement dans l'une et dans l'autre. A huit heures du soir, l'appareil fut placé avec toutes les précautions qu'exige une expérience sérieuse, et pendant toute l'opération il fut l'objet de visites journalières pour bien s'assurer: 1° que l'eau du chapiteau était froide, et la faire renouveler à propos; 2° que pas une fissure ne s'était produite dans le ciment qui unissait le couvercle à la cuve, et l'appareil à celle-ci.

Le 10 octobre, le vin de la cuve à l'air libre fut tiré; il était trouble comme à l'ordinaire, mais tout aussi bon et même un peu meilleur que celui de ses voisins qui, jaloux d'avoir du vin noir, laissaient cuver plus longtemps. Ce même jour, M. Verny vérifia l'état de la cuve soumise à l'appareil; elle était encore en plein travail; car le robinet de visite donnait toujours abondamment, et il ne cessa de couler d'une manière sensible que le 28. On procéda au tirage, et la différence entre les deux vins était tellement tranchée, la qualité et la quantité du vin de l'appareil étaient tellement supérieures, que M. Verny en fit immédiatement un rapport à M. Favard de l'Anglade, en le priant de lui faire expédier un nouvel appareil. L'excédant de quantité fut d'environ dix pour cent.

En 1821, de nouvelles expériences eurent lieu, et elles furent concluantes. Le vin fait à l'aide de l'appareil Gervais fut reconnu d'une qualité supérieure.

Les faits que nous venons de citer firent alors grand bruit à Issoire. On n'avait plus désormais à craindre de manquer de tonneaux aux années d'abondance, et plusieurs personnes décidèrent qu'à l'avenir elles ne se serviraient plus pour faire leurs vins que du procédé Gervais, dont le procès paraissait gagné en dernier ressort. Mais de juillet à octobre, trois mois devaient s'écouler avant la mise à exécution d'une aussi bonne résolution; le maudit quart d'heure de Rabelais approchait: tel aurait, pour se pourvoir d'appareil, à dépenser cinq cents francs; tel autre, mille; tel autre, deux mille: ceci donnait à réfléchir. M. Verny avait réussi, c'était incontestable; mais si son succès n'était que l'effet d'un hasard, alors on s'exposait en pure perte à des dépenses assez lourdes. Avant de se laisser aller à l'entraînement, il faut réfléchir; et ces messieurs réfléchissaient encore que leur vendange était déjà faite et jetée dans la cuve.

M. Verny, voyant alors qu'il n'avait affaire qu'à des hommes dominés par la routine, cessa toute espèce de propagande, et se contenta de jouir seul du bénéfice d'un procédé qui lui a toujours procuré des vins supérieurs, et qu'il n'a cessé de pratiquer jusqu'en 1838, époque où, par suite d'un partage anticipé entre ses nombreux enfants, il ne s'est plus occupé de l'administration de ses propriétés.

Comme on le voit par la définition et les exemples qui précèdent, le vin fait à l'air libre et par les méthodes rudimentaires usitées en Auvergne, est altéré dans ses principes par la déperdition de son gaz et de son alcool, et ce n'est le plus souvent qu'une liqueur pâteuse, commune et insipide. Pour ranimer sa faiblesse, le marchand qui ne l'a pas d'avance destiné à des mélanges, cherche à le renforcer par une addition d'alcool; pour prévenir les ravages des substances étrangères, il le colle, il le soutire. Mais toutes ces précautions ne sont encore que trop souvent inutiles; car comme tous les secours artificiels ne sont que l'ombre des opérations de la nature; ils n'opèrent que par interposition, et ne peuvent se combiner et agir comme principes constituants de la liqueur. Aussi ne suffisent-ils pas toujours à la conservation du vin, et il n'arrive que trop souvent de le voir succomber aux épreuves du voyage, de la saison et du climat.

Ce n'est pas ainsi qu'il en arrivera du vin de l'appareil; celui-ci, clarifié de lui-même par une fermentation complète, se trouve aussi vif et aussi limpide lors du décuvage, que les autres après le repos dans les tonneaux. Possesseur de tout l'alcool qu'il a produit, il en est d'autant plus fortifié, qu'il s'est mieux combiné à mesure de sa formation durant la fermentation; enfin, saturé de tout le gaz qu'il peut prendre, il en est pénétré dans toutes ses parties; de sorte que, sous tous rapports, il est infiniment supérieur au vin provenant des méthodes ordinaires. Mais indépendamment de tous les préservatifs qu'il possède pour le garantir des altérations futures, il se trouve encore mieux combiné dans ses principes, pur de toute altération, ce qui dans cet état le rend incorruptible. Et si à tous ces avantages nous ajoutons encore la finesse, la supériorité du goût, et le charme du bouquet qu'il acquiert par l'effet du procédé, tandis qu'il est détruit par les autres méthodes, ne sera-t-on pas forcé de convenir que les vins déjà reconnus supérieurs aux autres, sont encore imparfaits comparativement à ce qu'ils pourraient être?

Ne devra-t-on pas enfin abjurer des méthodes constamment funestes à la qualité de nos vins et au plaisir de nos goûts, méthodes qui, en dénaturant en quelque sorte les dons de la nature, nous offrent une boisson âcre ou plate, suivant l'année, et souvent altérée.

Certains propriétaires auvergnats sont tout fiers d'avoir quelques bouteilles d'un vin qui arrive à quelques années d'âge, pendant que la plupart succombent au bout de quelques mois de fabrication. Tout porte à croire que les anciens le manipulaient mieux que nous, car M. le comte Chaptal, dans sa brochure sur l'art de faire le vin, nous parle, au rapport de Pline, d'un vin servi sur la table de Caligula qui avait cent soixante ans; Horace nous a chanté le vin de cent feuilles; pourrions-nous en faire autant? où sont les nôtres? Mais nous croyons profondément, qu'à certaines années, nous pourrons en obtenir d'une grande durée. L'avantage d'un vin parfait est d'ajouter par l'âge à ses qualités; et c'est, nous l'espérons, ce que feront les vins produits par le procédé de Mlle Gervais que l'on pourra encore perfectionner, tandis que le sort des vins altérés et mal fabriqués sera toujours de tendre à la décomposition, ainsi que l'expérience le démontre, dans ceux provenant des méthodes ordinaires.

Pourrait-on aujourd'hui où tout est en progrès, hésiter sur le choix des moyens à adopter pour faire le vin, et méconnaître les avantages d'un procédé qui renferme, à notre faible point de vue, toutes les conditions désirées pour être le complément de la vinification?

BIÈRE, HOUBLONS.

« On ne peut certainement, dit un écrivain moderne, comparer le génie inventif de nos ancêtres, les Gaulois, à celui des Chinois et des Egyptiens, qui ont trouvé, il y a trente à quarante siècles, la plupart des secrets des arts et des sciences modernes. Mais cependant il faut reconnaître que, pour des barbares, habitant un climat alors bien plus rigoureux qu'il ne l'est aujourd'hui, ils avaient un esprit d'investigation très-puissant, qui manifestait leur origine caucasienne, et montrait clairement qu'ils appartenaient à la race la plus ingénieuse de toutes celles dont est composé le genre humain.

Pline leur attribue :

L'invention de la charrue à deux roues, l. VIII, c. XLVIII;

L'invention de l'usage de la marne, comme amendement des terres, *id*;

L'invention du crible de crin pour vanner les grains, l. XVIII, c. XVIII;

L'invention des tonneaux de bois pour conserver le vin, l. XIV, c. XXI;

L'invention de la fabrication du fromage, l. XI, c. XLIX.

L'invention du tissage des étoffes, l. VIII, c. XLVIII.

Enfin l'invention de la bière, qui était appelée cervoise dans les Gaules, l. XXII, c. XV.

« Cette boisson était fabriquée principalement avec de l'orge, mais on employait également le froment et l'avoine pour la faire. Il paraît que le grain mis en état de fermentation, et qui se nomme drèche, était alors appelé brance par les Gaulois, et l'on prétend que c'est l'origine du mot brasseur et du verbe brasser. Diodore, Athénée, Théophraste, affirment avec Pline que la bière était la boisson commune dans la Gaule avant sa conquête; et, d'après Posidonius, le vin n'était en usage que dans les parties méridionales du pays, encore les riches seuls en faisaient usage. La rigueur du climat empêchant les vignes de se propager au-delà des Cévennes, leurs produits ne pouvaient être communs, et la bière continua longtemps d'être, comme avant leur introduction, la boisson du pays. Il en est fait mention dans un capitulaire de Charlemagne; et une charte de Charles-le-Chauve, accordée en 862, aux moines de Saint-Denis, leur fait don annuellement de quatre-vingt-dix modii (13 hectolitres et demi) d'épeautre, pour faire de la cervoise. Le concile d'Aix-la-Chapelle régla, en 817, que, dans un pays où il n'y avait point de vignobles, un monastère riche devait donner à ses religieux, par jour, cinq livres de bière et une de vin; et aux religieuses, trois livres de bière.

« Lorsqu'en 357, Julien, qui commandait les armées romaines des Gaules, fixa son séjour à Paris, on tirait du bon vin des vignes des environs; mais la quantité devait en être très-bornée, puisque le froid des hivers obligeait à couvrir les ceps, pour les préserver de la destruction. Ce passage indique que c'est à la bière et non au vin qu'il faut attribuer l'intempérance celtique que Julien reproche aux habitants de Paris, comme la seule tache de leurs mœurs, dont il vante la simplicité. Si l'on a quelque peine à reconnaître à ce dernier trait les Parisiens d'aujourd'hui, il faut convenir, en revanche, que la bière a perdu tout empire sur eux, et que, depuis des siècles, le vin lui a enlevé le privilége d'égarer la raison. Il n'en est point ainsi dans les pays du Nord, et surtout en Angleterre, où la bière reçoit à dessein la propriété d'être violemment enivrante. Celle de Hollande, qui est aussi très-forte, exerçait au dix-septième siècle un tel attrait sur toutes les classes de la société, que les professeurs les plus célèbres de l'université de Leyde fréquentaient les cabarets à bière. Juste-Lipse, le savant Budé et d'autres hommes renommés par leur vaste savoir, s'y enivraient sans scrupule; ce qui est demeuré constaté par les épigrammes qu'ils se lançaient mutuellement quand ils avaient la tête échauffée par cette rude boisson. »

Il est certain que le département du Puy-de-Dôme possédait des brasseries avant la révolution de 1789; mais c'est vers le commencement de notre siècle que l'usage de la bière s'y est réellement répandu. En 1820, l'Auvergne fabriquait plus de cinq mille hectolitres de bière qui s'expédiaient dans le Cantal, la Creuse, la Haute-Loire et même l'Aveyron. Vers cette époque, plusieurs brasseries nouvelles furent établies au Bosquet, à Beaumont, à Chamalières et à Royat. Pont-du-Château, renommé aujourd'hui par ses bonnes bières, et surtout par ses bières de conserve façon Bavière, doit sa première brasserie à M. Labbe, ancien officier de l'empire, chevalier de la Légion d'honneur, qui vint se fixer sur les bords de l'Allier vers 1816. Aujourd'hui

Pont-du-Château possède quatre brasseries, dont deux sont exploitées par M. Labbe-Roche, fils du fondateur de la brasserie mère; la troisième, remarquable à tous égards, par Mme veuve Noyer-Deleyras; et la quatrième, par M. Hayraud. Ces quatre brasseries fabriquent dix mille hectolitres de bière chaque année.

Le nombre total des brasseries dans le Puy-de-Dôme est de dix, depuis la réouverture de la brasserie du Bosquet.

Ces usines, établies à Clermont, Pont-du-Château, Issoire, Thiers, Ambert et Arlanc, fabriquent environ vingt-quatre à vingt-cinq mille hectolitres de bière par an; elles emploient par conséquent dix-sept à dix-huit mille hectolitres d'orge, et dix-huit à dix-neuf mille kilogrammes de houblon.

Ces orges sont prises en grande partie dans le rayon, et principalement dans l'arrondissement d'Issoire. Quant aux houblons, toutes les brasseries de l'Auvergne sont tributaires de l'Allemagne ou de l'Alsace, les bières de conserve étant seules fabriquées avec des houblons de Spalt en Bavière, ou de Saaz en Bohême. Cependant il faut reconnaître que la plupart des terrains de la Limagne, les terrains d'alluvions surtout, seraient favorables à la culture de cette plante, qui croît en abondance à l'état sauvage dans plusieurs de nos cantons.

M. Arnaud, maire de Chavaroux, connu par son expérience et la hardiesse de ses idées agricoles, a démontré la possibilité de cette culture en exposant à Clermont les produits d'une houblonnière de deux ans, établie par lui à Chavaroux avec du replant de Spalt.

La brasserie peut rendre de grands services à notre département, dont elle utilise les orges; elle y introduira certainement de plus la culture du houblon, qui doit augmenter un jour d'une façon notable ses richesses agricoles.

La bière fabriquée dans le Puy-de-Dôme est généralement bonne; mais elle pourrait être meilleure encore si nos brasseurs, au lieu de lutter par le prix, s'appliquaient à l'emporter seulement par la qualité de leurs produits.

INDUSTRIE FROMAGÈRE.

La fabrication des fromages a en Auvergne une importance qu'il est impossible de méconnaître. La prospérité de cette branche de notre industrie est une de ces questions auxquelles on ne saurait trop vivement s'intéresser.

A des époques diverses, le gouvernement chercha à modifier les systèmes de fabrication employés dans notre contrée. Les contrôleurs généraux, dont la charge était à peu près la même que celle du ministre de l'agriculture et du commerce, consultèrent nos intendants sur les mesures à prendre pour faire prospérer parmi nous l'industrie fromagère.

Le 17 mai 1731, M. de Trudaine, alors intendant d'Auvergne, écrivait à ses subdélégués « qu'il songeait à procurer un grand avantage à la province, en lui assurant un plus grand débit des fromages qui y sont faits. » Pour en arriver là, ce magistrat, auquel M. Fagon, contrôleur général, avait offert d'interdire l'entrée du fromage de Hollande dans le royaume, prescrivait une enquête sur la quantité de fromage qui pourrait être fournie par nos fabricants. Cette enquête ne fut pas favorable aux vues larges et progressistes de l'intendant; les prix de transport étaient trop chers, et la qualité des produits trop inférieure.

Plus tard on chercha à obvier à l'un de ces inconvénients. Deux paysans de Flandre furent envoyés en Auvergne pour « y travailler au beurre et au fromage; » mais ils ne purent obtenir de résultats satisfaisants.

A peu près vers la même époque, quatorze Suisses venus dans nos montagnes pour y introduire la fabrication du fromage de Gruyère, furent plus heureux; ils « réussirent à fabriquer des produits aussi bons que les vrais gruyères. » Mais le nombre des vachers suisses alla toujours en décroissant. En 1736, il était de seize; en 1737, de dix; en 1739, de six; en 1740, de trois; l'année suivante, ils disparurent, et la fabrication du gruyère fut presque complètement abandonnée.

Voici, selon des documents du temps, les causes de cet abandon:

« 1° Qu'il se fait moins de fromage de Gruyère que du pays;

» 2° Qu'il en coûte quatre fois plus pour nourrir un Suisse qu'un habitant du pays;

» 3° Que, quoique le fromage de Gruyère soit incomparablement meilleur et de plus de détail que les anciens, la prévention du pays est toute pour les anciens, dont on a accoutumé le goût et l'odeur;

» 4° Le grand grief est le défaut du débit des nouveaux à un prix avantageux sur les anciens. Il faudrait avoir des établissements certains à fournir;

» 5° La différence entre les premières expériences sur le poids et les dernières, est provenue principalement de la manière d'employer le sel.

» Les éclaircissements obtenus des Suisses confirment que les fromages façon de Gruyère sont d'un produit inférieur à celui du pays. On ne peut donc assujettir les particuliers à en faire qu'en leur accordant des dédommagements proportionnés à leur perte. L'expérience a prouvé que, en faisant du gruyère, on fabrique beaucoup moins de beurre.

» Il est certain aussi que la façon Gruyère donne moins de petit lait, ce qui préserve les fromages des mites. On peut ajouter que cette fabrication deviendrait encore plus onéreuse si les fabricants avaient à payer les gages des vachers, et n'étaient plus taxés d'office pour leurs impôts. »

Un siècle plus tard, la Société d'agriculture d'Aurillac fit de nouvelles expériences; un vacher suisse fut installé dans le domaine de Gagnac, et ses travaux, suivis avec le plus grand soin par une commission, furent l'objet d'un long rapport. Il y était dit que le fromage fait par la méthode suisse coûtait beaucoup plus que celui fabriqué à l'aide de la présure du Cantal. Ces expériences ne se renouvelèrent pas.

On a fait depuis, sur différents points de l'Auvergne, des essais beaucoup plus heureux. Les fromages de Gex, de Brie, de Roquefort, ont été parfaitement imités. Dans ces derniers temps, le fromage de Hollande même a trouvé parmi nous d'habiles fabricants.

Il y a dans la réussite de ces tentatives une question de prospérité, de richesse pour notre pays, sur laquelle on ne saurait trop fortement s'appesantir. Avec les mêmes éléments, produire un fromage qui se vend un tiers de plus que le fromage ordinaire, c'est là un résultat à considérer.

« Voyons, dit M. Richard (du Cantal) en traitant cette intéressante question, ce que produit le fromage d'Edam (Hollande) comparé à la fourme :

» Suivant le relevé que j'ai fait des mercuriales depuis quelque temps, le fromage de Hollande, pâte dure, se vend de 165, 170, et même 175 francs les cent kilogrammes. Les exigences du commerce et de la consommation règlent cette fluctuation des prix. L'an passé ils se sont élevés à 175 francs les cent kilogrammes, ce qui porte à 1 fr. 75 c. le prix du kilogramme, c'est-à-dire 87 centimes la livre. Prenons une moyenne qui est de 170 fr. les cent kilogrammes, soit

85 centimes la livre, et admettons un déchet de vingt pour cent, nous aurons 80 livres de fromage d'Edam séché, gratté, prêt à être vendu. Or, 80 livres de fromage, à 85 centimes les cinq cents grammes, nous donnent 68 fr. Admettons 4 fr. de frais de transport, d'emballage et de négociation, il reste 64 fr. net pour les 80 livres de fromage.

» Si nous admettons que le prix moyen de notre fromage cantalien est de 40 fr. les 50 kilogrammes (et si nous faisons entrer en ligne de compte les avaries trop communes, les non-valeurs, les pièces manquées, les estivades compromises, les fluctuations si brusques des prix, pour cause d'un débouché trop borné ou inconstant, et d'une consommation trop limitée, ce prix de 40 fr. me paraît être celui qu'il faut adopter), je crois fermement qu'au point de vue du bénéfice certain, l'avantage est entièrement à la fabrication du fromage hollandais, si facile à faire et à conserver longtemps. Ses débouchés d'ailleurs sont immenses, puisqu'il est l'un des éléments les plus précieux des approvisionnements de la marine marchande et militaire, et qu'il est exporté par elle dans toutes les parties du globe. La France d'ailleurs en manque, et elle en fait des acquisitions considérables chaque année.

» En 1859, nous avons acheté, aux Pays-Bas, du fromage d'Edam	3,684,603 kilog.
» En 1860	3,434,552
» En 1861	3 549,289
» Total en trois années	10,668,444 kilog.

» La moyenne des importations de ce fromage pour la France seule est donc de 3,556,148 kilogrammes.

» Quel débouché pour nos montagnes sur le marché français sans compter les pays étrangers! Cela nous explique la fixité ordinaire des prix du fromage hollandais quand les prix du nôtre varient souvent d'une manière si brusque et si préjudiciable à nos intérêts. Avec notre fourme, les acheteurs nous font la loi. Nous pourrons la leur faire avec le fromage hollandais, parce que sa consommation est toujours forcée, urgente par rapport à l'étendue de ses débouchés. »

Si nous passons au fromage bleu, imitation de Roquefort, nous trouvons des avantages plus grands encore. A Laqueuille, à Pontgibaud, où il se fabrique d'une façon remarquable, il se vend 180, 200 et 230 francs les cent kilogrammes, lorsque le fromage du pays atteint à peine le prix de 70 à 80 francs.

Voici des chiffres puisés à bonne source, et qui parlent d'eux-mêmes.

Plus de 25,000 kilogrammes de ce fromage se font chaque année dans les fermes de M. le comte de Pontgibaud.

Un fabricant de Laqueuille, M. Roussel, qui depuis quelques années étend chaque jour son industrie, ne peut réussir à satisfaire à toutes les demandes qui lui sont adressées.

Il est donc possible de faire en Auvergne d'excellents fromages et de leur trouver un écoulement facile et fructueux. De grands efforts sont-ils nécessaires pour cela? Certainement non. Il s'agit tout simplement de déployer un peu d'intelligence; il faut surtout rompre avec la routine, remplacer les ustensiles malpropres et insuffisants par des instruments commodes et sains; marcher enfin, et ne plus trouver dans les burons d'aujourd'hui les procédés et les ustensiles que nos ancêtres les Gaulois employaient il y a vingt siècles.

SYLVICULTURE.

La sylviculture est une science moderne, entièrement inconnue des anciens, elle naquit en Allemagne, d'où elle se propagea en France et y fit de rapides progrès qui ne remontent pas à plus d'une quarantaine d'années. Auparavant de louables efforts avaient été tentés; mais ils avaient eu surtout pour but d'arrêter le désordre qui s'était introduit et propagé dans la police et l'exploitation des bois; et par suite le dépérissement des forêts, qui allait toujours croissant et avait fini par exciter une inquiétude générale.

La célèbre ordonnance de 1669, due à l'intelligente prévoyance de Colbert, fut la première digue apportée aux dilapidations, et la première formule d'une exploitation méthodique et régulière; mais ce n'était encore qu'un acte de police administrative, un règlement pour l'exercice d'une industrie ou métier. La science n'avait point parlé, et le niveau entre la consommation et la reproduction ne fut point établi : car l'une allait toujours en augmentant, et l'autre toujours en s'amoindrissant.

Réaumur, Buffon, Duhamel, Varennes-Fenille, signalèrent le mal, se livrèrent à des expériences, en consignèrent le résultat dans leurs écrits, et firent briller les premières lueurs du flambeau de la science dans l'économie forestière, sans pouvoir toutefois arrêter les progrès de la diminution et de l'épuisement des bois.

Le mal tenait à une pratique séculaire, au mode unique et uniforme d'exploitation *à tire et aire* appliqué à tous les sols et à tous les peuplements. La pratique était facile; on dressait l'aménagement d'une forêt comme un damier divisé en vingt ou trente cases, et chaque année une case était exploitée à *blanc étoc*, en ayant seulement soin de laisser subsister quelques brins des mieux venants et des meilleures essences, sous le nom de baliveaux, pour servir à la formation d'une futaie au bout de plusieurs révolutions. Mais souvent ces baliveaux, trop espacés ou portant sur un sol sans profondeur, s'étiolaient et se couronnaient, toutes les souches ne reproduisaient pas ou étaient épuisées à la deuxième ou troisième révolution, et de nombreuses essences disparaissaient complètement. De là des clairières, des vides, qui exigeaient des repeuplements dispendieux, et jusqu'à des disparitions entières de forêts, lorsque au vice de l'exploitation se joignaient les abus de nombreux droits d'usage et du parcours des bestiaux.

Vint enfin l'école allemande, qui a pour principe d'appliquer à chaque sol le mode de culture, à chaque peuplement le mode d'exploitation qui leur sont propres; de laisser arriver chaque essence à son dernier terme de croissance, et, là où le terrain est propre à porter futaie, de ne procéder que par éclaircies successives de dix ans en dix ans, jusqu'à ce que le sol ne présente plus que quelques vieux arbres très-espacés, dits *porte-graines*, et qui opèrent autour d'eux un repeuplement naturel.

C'était toute une révolution dans l'économie forestière, et une révolution qui exigeait de la part de ses adeptes des connaissances étendues en mathématiques, géologie, botanique, physique, chimie et économie politique, et de plus une longue pratique jointe à une bonne théorie.

Les premiers essais de cette méthode ne furent pas toujours heureux. Dans l'engouement qui s'empara des esprits à son apparition, on voulut l'appliquer partout indistinctement, sans avoir égard aux qualités du sol et à son peuplement. C'était renouveler la faute d'un système unique universel appliqué à une nature toujours variée.

La fondation d'une école forestière devait être la conséquence de l'introduction en France des procédés allemands; un nouveau code forestier dut être aussi substitué à l'ordonnance de 1669, dont beaucoup de dispositions étaient tombées en désuétude ou n'étaient plus applicables.

Les heureux résultats de ces deux mesures furent immenses; les forêts avaient enfin leur école polytechnique et leur code spécial. Jusque-là, la foresterie avait été un métier; la sylviculture devint une science.

Mais si, sous l'habile direction des hommes instruits sortis de l'école de Nancy, les forêts de l'Etat s'améliorèrent rapidement, et acquirent le haut degré de prospérité auquel elles sont parvenues, et qui a eu pour résultat d'accroître la richesse forestière du domaine national et les revenus du trésor public, il n'en a pas été de même des bois communaux ou d'établissements publics, bien plus considérables que ceux de l'Etat, et des bois des particuliers, bien plus considérables encore.

Pour les bois communaux, généralement disséminés par petites portions sur une grande surface territoriale, non soumis tous au régime forestier, et grevés le plus souvent de droits désastreux d'usage et de pâturage, l'application du mode des éclaircies était à peu près impossible.

Les mêmes causes de morcellement et de dissémination durent agir sur les bois des particuliers. Comment d'ailleurs faire comprendre à un propriétaire qui vit de son revenu annuel, qu'il eût à s'en priver pendant vingt ans, pour s'assurer des ressources considérables dans l'avenir? A ces motifs joignez l'intérêt privé, qui porte tant de propriétaires à défricher leurs bois pour y substituer la culture des céréales.

Aussi, tandis que la prospérité des forêts de l'Etat, savamment aménagées et bien exploitées, allait toujours en croissant, la richesse forestière de la France continuait à diminuer sensiblement sous la double influence de l'incurie des communes et de la cupidité privée.

C'est au gouvernement actuel qu'il était réservé, non d'arrêter un mal hors de son atteinte puisqu'il tient au droit de propriété, mais d'en amoindrir les effets, en réparant les pertes faites d'un côté par la création de nouvelles richesses de l'autre. Tel fut le but des deux lois du 28 juillet 1860 sur la mise en valeur des communaux et le reboisement des montagnes.

Grâce à ces mesures d'intérêt général appliquées à un sol délaissé ou dégradé, la mise en culture donnera de nouveaux blés; le regazonnement, de nouveaux pâturages; le reboisement, de nouvelles forêts, aussi utiles à la salubrité publique que nécessaires aux besoins de la marine, de l'industrie et des familles.

Et pour ne parler ici que du reboisement des montagnes, objet principal de notre étude, qui ne sait que, dans cette situation, les bois condensent les nuages, les maintiennent et les absorbent en partie sur les hautes cimes, alimentent les sources, empêchent le ravinement des pentes rapides, protégent les propriétés inférieures contre les avalanches; préservent les plaines du fléau des inondations, et mettent les populations à l'abri des rigueurs du froid et de la violence des vents, tout en donnant aux propriétaires qui savent en user modérément des produits matériels bien supérieurs à la dépense première du reboisement?

Quelques auteurs ont avancé que les forêts étaient impuissantes à atténuer les causes des inondations. L'expérience pourtant est là pour démontrer le contraire. Jamais les inondations n'ont été plus fréquentes et plus désastreuses que depuis l'entier dénudement des montagnes. On ne saurait nier en tout cas que les forêts n'apportent un grand *ralentissement* à la descente des eaux des hautes régions dans les vallées, soit par les obstacles que présentent les larges surfaces des feuilles, des branches et des tiges, soit par l'absorption qu'exerce, comme une immense éponge, un sol desséché par les suçoirs d'innombrables racines, rôle que la terre en culture elle-même est moins apte à jouer; car, comme sa couche est généralement très-mince sur les pentes des montagnes, elle se sature rapidement, se délaie bientôt, et se laisse entraîner dans les lits des ruisseaux et rivières, où elle fait obstacle à l'écoulement des eaux et concourt ainsi aux débordements.

Quelques départements, du reste, n'avaient point attendu la loi du 28 juillet 1860 pour effectuer des reboisements par application de l'article 90 du code forestier.

Le département du Puy-de-Dôme a été un des premiers à donner l'exemple, et il a marché résolument dans cette voie féconde depuis une vingtaine d'années, grâce au concours efficace et empressé de la Société d'agriculture, des autorités départementales et de l'administration forestière.

Le mal était grand, et il y avait urgence d'y porter remède.

En 1790, le département comptait encore 150,000 hectares de bois; en 1860, cette étendue se trouvait restreinte à 56,237 hectares.

Dans la seule catégorie des terrains communaux choisis parmi ceux que leur nature ou leur position désignait pour être boisés, et qui furent à cet effet soumis au régime forestier, on comptait encore, à cette dernière époque, plus de 40,000 hectares dans un état presque complet de nudité.

A la Société d'agriculture du Puy-de-Dôme l'honneur d'avoir la première envisagé le mal en face et d'avoir cherché à l'arrêter, en offrant, dans la limite de ses faibles ressources, des encouragements aux propriétaires qui créeraient des bois.

A M. Leclerc, alors inspecteur forestier, le mérite d'avoir le premier conçu l'idée d'un système de reboisement des terrains communaux en montagne, appliqué spécialement à ceux dont les surfaces présentaient les plus fortes pentes, et d'en avoir commencé l'exécution, à dater de 1843, avec une infatigable persévérance que les résistances locales ne purent décourager.

A M. Meinadier, préfet du Puy-de-Dôme à cette époque, la gloire d'avoir secondé efficacement les vues de la Société d'agriculture et des agents locaux, en n'hésitant point à soumettre au régime forestier les communaux susceptibles d'être reboisés, et en faisant allouer par le Conseil général des fonds assez élevés pour la mise à exécution du plan conçu.

L'élan était donné : la Société d'agriculture ne se relâcha point un instant de son active impulsion; les préfets qui se succédèrent, et notamment le préfet actuel, M. le comte de Preissac, ne cessèrent d'encourager l'œuvre de réparation entreprise; enfin les deux inspecteurs (MM. Labussière et de Roquefeuille) qui ont successivement pris la place de M. Leclerc, ont mis le zèle le plus louable à continuer son œuvre, et, profitant de l'expérience acquise, l'ont encore développée et améliorée en créant des pépinières à proximité des terrains à planter, en réduisant les frais d'exécution, en concentrant les repeuplements sur un point (les montagnes de l'arrondissement de Clermont), afin de mieux en assurer la surveillance et la garde, et en achevant d'éclairer les communes récalcitrantes sur leurs véritables intérêts par l'exemple des bénéfices en argent et en nature réalisés au profit de celles qui avaient adhéré les premières au reboisement de leurs montagnes, et par le rappel de leurs bestiaux dans les plantations devenues défensables.

Il y aurait injustice et ingratitude à ne pas associer à ces éloges M. le sous-inspecteur Colomès, praticien expérimenté, qui, sous les deux inspecteurs susnommés, est resté constamment sur la brèche, et a coopéré si utilement à l'œuvre par sa surveillance incessante et l'habile direction donnée aux travaux.

Grâce à la réunion de tous ces efforts, 3,500 hectares en montagne avaient pu être reboisés avant la loi du 28 juillet 1860; depuis la publication de cette loi, et l'administration générale des forêts sous la haute et intelligente direction de M. Vicaire y aidant par de fortes subventions en argent et en nature, les reboisements ont pris un développement plus grand et plus rapide; et dans le court espace de trois ans, il a été reboisé 3,250 nouveaux hectares de bois communaux.

Encore deux ans des mêmes subventions et des mêmes efforts, et toutes les cimes des montagnes de l'arrondissement de Clermont seront couronnées d'une luxuriante verdure et d'un riche peuplement en chêne, pin sylvestre, hêtre, sapin, épicéa et mélèze, approprié aux expositions et aux diverses natures du sol ; la température du climat sera sensiblement adoucie ; la richesse nationale se sera accrue ; et les communes ou propriétaires intéressés auront vu, à très-peu de frais pour eux, décupler la valeur de leur propriété.

En vain objecterait-on que tout ce qu'on donne aux bois est enlevé à l'agriculture, et que tant de repeuplements où les arbres verts dominent ne donnent qu'un bois de médiocre qualité et ne servant point au chauffage. C'est là une double erreur.

On n'enlève rien à l'agriculture en reboisant des terrains délaissés, que leur nature volcanique rend impropres à toute culture ; au contraire, c'est précisément en les couvrant d'arbres verts, et notamment de pins sylvestres et d'épicéas, qui réussissent parfaitement dans le pays, qu'on peut arriver à régénérer le sol, à en créer un. En effet, les arbres verts n'admettent sous leur ombrage aucune végétation ; la bruyère y est étouffée, et sa décomposition, jointe aux aiguilles qui tombent chaque année des arbres, forme un humus, un terreau, qui, lors de la coupe productive des pins, dans une révolution de cinquante à soixante ans, terme de leur croissance, constituera pour de longues années un terrain arable de premier ordre.

Là se borne ce que nous avons à dire de la sylviculture, notamment en ce qui concerne le département du Puy-de-Dôme. Nous ne terminerons pas toutefois sans émettre un vœu qui nous a été suggéré par les lois mêmes du mois de juillet 1860, qui prescrivent la mise en valeur des terrains communaux.

Ces lois, que le code rural encore à l'étude viendra bientôt compléter, nous semblent porter en elles-mêmes le germe d'une grande organisation administrative.

Les terrains communaux occupent sur la surface du territoire de l'empire plusieurs millions d'hectares, et dans beaucoup de localités ils sont ou usurpés ou délaissés ; presque partout la jouissance en a lieu sans ordre ni mesure. Ils ne réclament donc, pour accroître la production alimentaire ou les ressources industrielles, que d'être appropriés à leur plus utile usage, c'est-à-dire à la nature du sol et aux besoins de la région, et, ce classement fait, d'être traités pour la portion agricole avec le même soin que les propriétés privées ; pour la portion forestière, avec la même sollicitude et d'après les mêmes principes que les forêts domaniales.

L'administration générale des forêts de l'Etat, constituée sur de larges et puissantes bases, serait naturellement appelée à réunir dans ses mains tous les terrains communaux, et à en opérer le classement et l'appropriation, de concert avec les autorités municipales : ici, des champs, des prés, des pacages, dont les uns seraient amodiés, les autres aménagés et livrés à la libre jouissance des habitants ; là, des bois appelés à régénérer le sol, ou exploités par coupes régulières de taillis, pour être livrées ou vendues annuellement au gré des communes intéressées ; sur quelques points même, plus étendus et plus favorisés par la nature du terrain, des éducations de futaies par le système des éclaircies, afin de préparer des ressources à l'industrie, et de léguer une richesse réelle aux générations suivantes.

Dans ce système, on rendrait aussi à l'administration forestière le service des eaux, qu'elle a possédé de tout temps et qui ne lui a été retiré depuis trois ans que pour faciliter la propagation d'une pratique nouvelle.

Alors elle créerait à l'école de Nancy deux chaires de plus : l'une pour l'agriculture, l'autre pour la pêche et la pisciculture ; elle instituerait en même temps, selon le vœu de l'article 54 de l'ordonnance réglementaire de 1827, une école secondaire pour la formation de sujets aptes aux fonctions de brigadiers et de gardes ; elle embrigaderait en commun les gardes champêtres, les gardes pêche et forestiers, leur assurerait un traitement convenable et aussi uniforme que possible, et en centraliserait le paiement, pour être effectué de préférence sur les revenus communaux, dont elle aurait préparé la perception.

Et loin qu'il résulte de cette réunion un surcroît de dépense, elle amènerait au contraire, sur l'ensemble du territoire, une large économie.

Dans le système actuel de division, l'Etat paye des agents et préposés pour l'administration et la garde de ses forêts ; les communes, des gardes champêtres pour la surveillance des propriétés rurales, et des gardes forestiers pour celle de ses bois ; les ponts et chaussées, des gardes-pêches et employés spéciaux pour le service qui lui a été récemment confié. Eh bien, dans un grand nombre de localités, le garde, dont on ne saurait cependant se passer, ne trouve pas de quoi employer suffisamment son temps et son activité ; où le produit de l'objet surveillé n'est point en rapport avec le traitement affecté à sa surveillance. Là, c'est un bouquet de bois isolé et qui ne peut être relié à aucun autre; ici, c'est un cours d'eau de trop peu d'étendue; plus loin, c'est un bois trop grand ou une rivière trop longue pour être utilement surveillée par un seul homme, et insuffisante cependant pour être confiée à deux.

Avec la réunion indiquée, toutes ces difficultés s'effacent, tout double emploi disparaît, le même garde pouvant être appelé, selon les localités, à surveiller tout à la fois une portion de bois domanial et un bois communal, un bouquet de bois et un cours d'eau, les propriétés rurales d'une commune et les bois qui y sont enclavés ou attenants. Les défrichements et les reboisements se trouveraient en même temps gardés. Ainsi, sous une impulsion uniforme, sous une action commune, se propageraient les saines doctrines d'agriculture, de sylviculture et de pisciculture; les communes, plus riches, s'imposeraient plus facilement pour les grands travaux d'utilité publique; la culture verrait s'ouvrir devant elle de nouveaux trésors; et l'ardente activité des populations y trouverait de nouveaux éléments de travail, d'ordre, de sécurité et de bien-être.

Enfin les milliers de préposés à la surveillance des champs, des bois et de la pêche, non-seulement embrigadés, mais en quelque sorte enrégimentés sous les mêmes chefs et obéissant à un même commandement, formeraient, dans de grandes crises et aux jours du danger, toute une armée d'hommes disciplinés et rompus à la fatigue et au maniement des armes, qui se lèveraient à l'appel de l'administration, pour la défense du trône et du pays.

CONCLUSION.

L'exposé que nous venons de faire est certainement remarquable au point de vue du présent, mais il l'est bien plus encore au point de vue de l'avenir. Si nos richesses actuelles sont grandes, elles peuvent s'augmenter, et cela sans qu'il soit nécesssaire de faire de nombreux efforts. On pourrait dire de l'Auvergne ce que disait un historien d'une autre contrée favorisée : « Il suffit de frapper son sol pour en faire sortir des richesses inappréciables. » Mais cette fécondité doit-elle exclure le progrès? Aucun esprit intelligent ne le pensera.

« Si nous recherchons les caractères essentiels de notre agriculture, dit M. Baudet-Lafarge, nous serons obligé de reconnaître qu'ils ne la classent pas parmi celles qui sont entrées le plus résolument dans la voie du progrès. »

Disons à notre tour que, si l'agriculture de l'Auvergne a délaissé l'étude des sciences qui pourraient lui être utiles, que si rarement aussi elle a appelé à son aide la mécanique progressive pour améliorer ses instruments et ses machines, elle s'est rendue le plus souvent à l'évidence des faits; c'est de son apathie même, nous le pensons, qu'il faudra tirer la semence précieuse du progrès; c'est en lui démontrant les avantages des méthodes nouvelles par des résultats acquis, que l'on arrivera à les lui faire adopter.

Ces exemples, nul mieux que nos Sociétés d'agriculture ne peut les répandre. C'est en devenant réellement militante que leur action produira d'heureux fruits. Déjà plusieurs de leurs membres ont mis la main à l'œuvre : habiles et progressistes agriculteurs, nous les avons vus donner à ceux qui les entourent les plus utiles enseignements. Ici, ce sont des terres devenues fertiles, d'improductives qu'elles étaient; là, des habitations incommodes et malsaines transformées en demeures salubres et agréables : les avantages sont évidents, et l'on a cherché à se les procurer.

L'agriculture de notre département possède les plus sérieux éléments de prospérité. Si les terres de la montagne demandent beaucoup, les champs de la Limagne nécessitent peu. Les voies de communication sont aujourd'hui nombreuses en Auvergne : le Puy-de-Dôme est sillonné par deux routes impériales, douze routes départementales, un vaste réseau de chemins vicinaux, un chemin de fer et deux rivières navigables. La construction des nouvelles voies ferrées à l'état de projet, l'achèvement des lignes commencées, rendront encore ses communications plus faciles.

L'avenir de l'agriculture de l'Auvergne, nous le répèterons en terminant, se présente sous les plus heureux auspices. Elle doit ajouter à ses immenses richesses toutes celles que le progrès procure chaque jour à ses adeptes.

COMPTE-RENDU DU CONCOURS.

INSTALLATION.

Lorsque le concours de 1863 fut officiellement annoncé dans notre ville, la question de l'emplacement où il devait se tenir donna lieu à de vifs débats. Les uns le voulaient sur la place Saint-Hérem, qui déjà avait servi à une solennité de ce genre ; les autres trouvaient que la place de Jaude réunissait toutes les conditions exigées en pareil cas. Nous avons fortement insisté pour le jardin des plantes, en faisant ressortir les avantages de ce local : notre opinion a prévalu, et nous nous en applaudissons sincèrement aujourd'hui.

Le concours régional trouve dans l'emplacement qui lui a été affecté toutes les commodités désirables. Les abords en sont faciles, les baraquements s'y trouvent à l'aise, et un nombreux public peut circuler à travers les voies qui séparent les diverses parties de l'exposition.

Tous les terrains récemment annexés au jardin des plantes ont été mis à la disposition des organisateurs du concours.

Plusieurs rangs de boxes occupent l'emplacement de notre futur jardin botanique. Des loges destinées aux espèces bovine et porcine se trouvent placées plus bas contre le talus du chemin de ronde.

Deux élégants pavillons contenant des cases pour les animaux de basse-cour sont disposés en face des boxes.

Une construction aux proportions et à l'aspect monumental doit abriter les produits de l'agriculture.

Les machines, échelonnées sur le terrain resté libre, peuvent fonctionner sans embarras et sans que le moindre accident soit à redouter.

Au milieu du cadre splendide qui l'entoure, l'installation du concours régional produit le meilleur effet. Ses élégants pavillons, ses drapeaux, ses mâts et ses banderolles tranchent heureusement sur les teintes vertes du feuillage.

La porte principale du jardin des plantes, ornée d'une inscription, de mâts, d'écussons et d'oriflammes, sert d'entrée au public qui visite le concours. C'est en traversant une large allée qu'on arrive aux deux pavillons qui marquent la limite du domaine occupé par l'installation des produits agricoles.

L'un de ces pavillons est destiné à M. l'inspecteur général de l'agriculture; l'autre, à M. le commissaire particulier. Les divers services du concours possèdent aussi des bureaux spéciaux établis près des arcades qui soutiennent le palais des facultés.

MACHINES, INSTRUMENTS.

En pénétrant dans l'enceinte réservée aux machines, on est surpris de ne pas y trouver ces instruments importants que l'on voit figurer dans certains concours. Cela s'explique facilement. MM. les constructeurs, préoccupés des avantages spéciaux que leur offrent les contrées où se tiennent les diverses exhibitions, n'y apportent généralement que les instruments qui peuvent y trouver un placement facile.

Cependant le rendez-vous a été accepté par de grandes maisons. Nous voyons en effet figurer sur le livret les noms de MM. Pinet, Cumming, Gérard, Trischler, Roux, Bruel frères, Pardoux, etc., habiles et intelligents constructeurs.

Au premier rang des machines agricoles, nous devons placer celles de M. Pinet fils, chevalier de la Légion d'honneur, constructeur à Abilly (Indre-et-Loire). Ces appareils sont remarquables au double point de vue de leur simplicité et de leur bonne confection. L'éloge du manége Pinet n'est plus à faire; les nombreuses récompenses qu'il a values à son auteur, la réputation dont il jouit, attestent sa valeur.

La maison Pinet fils possède une vaste usine, qui occupe plus de deux cent cinquante ouvriers. De 1855 à 1861, le nombre des manéges, batteuses, tarares, moulins à blé, hache-paille et coupe-racines qu'elle a construits, s'est élevé à plus de huit cents; et dans ce nombre figurent trois mille huit cents manéges et autant de batteuses. Ces chiffres parlent d'eux-mêmes.

Le manége Trischler qui figure à notre concours est d'une exécution beaucoup plus compliquée que le manége Pinet; il est très-solide, sans doute, mais il doit exiger beaucoup de force.

Les machines à battre sont représentées d'une manière brillante par des constructeurs hors région.

La machine à battre à manége de M. J. Cumming, d'Orléans, convient surtout aux exploitations ordinaires. Sa simplicité, la solidité de sa construction, l'ont fait adopter par grand nombre de cultivateurs.

La machine à battre à vapeur qu'expose cette maison, est destinée aux grandes exploitations. Cette machine est toute en métal et disposée de manière à empêcher la paille de s'accumuler sur un point tout en ne cassant jamais le grain qu'on y introduit.

La machine de M. Pardoux, qui appartient bien à notre région, repose sur un principe nouveau que nous croyons plein d'avenir. M. Pardoux a imaginé de soumettre l'épi à un mouvement de friction analogue à celui qu'on lui fait subir entre les deux mains quand on veut extraire le grain, au lieu du choc que lui font éprouver les machines à battre employées jusqu'ici. Les machines construites d'après ce système offrent pour principal avantage de proportionner le résultat obtenu à l'effort employé; ainsi nous avons vu la même égreneuse, mue par deux hommes et ensuite par une locomobile, produire dans ces deux circonstances des effets en rapport avec la puissance des moteurs; nous avons pu constater aussi l'état de conservation exceptionnelle de la paille. Cette machine fonctionne chez MM. Barbier et Daubrée, dont nous avons en vain cherché les noms au milieu de nos exposants.

Les charrues sont nombreuses à cette exhibition; cependant quelques modèles avantageux y manquent. Nous y voyons figurer la majeure partie des systèmes connus. Ces charrues sont généralement bien construites, légères et propres aux travaux de la région.

Quant aux instruments servant à nettoyer ou à décortiquer les grains, cribleur, trieur, tarare, etc., ils sont nombreux. La plupart se recommandent à l'attention des agriculteurs, notamment quelques trieurs d'un mécanisme réellement ingénieux.

Citons entre autres le tarare de M. Vermorel, de Villefranche, qui a obtenu dix-huit premiers prix dans divers concours. Cet instrument, d'une construction très-simple, peut vanner en une heure plus de deux cents litres de blé sortant de la machine à battre, et le nettoiement en est opéré de telle façon que les propriétaires peuvent se passer de l'usage de tout autre appareil : leur grain a toute la propreté désirable. Ce tarare possède huit grilles de rechange; sa force de ventilation est tout exceptionnelle.

Notre exposition agricole ne possède ni faucheuses ni moissonneuses.

Nous y voyons figurer un appareil appelé à rendre de sérieux services dans notre pays; nous voulons parler du pressoir de M. Lemonnier-Sully. Il se recommande par sa simplicité, sa solidité, le peu de place qu'il occupe, et la modicité de son prix.

Un moulin mécanique nous paraît de nature à rendre des services en diverses circonstances, particulièrement dans les temps de sécheresse où certaines usines se voient réduites à l'inaction.

Mentionnons des coupe-racines, hache-paille, rouleaux, des pompes à purin et à arrosage aussi simples qu'ingénieuses, enfin une assez grande variété d'instruments à main, remarquables par leur bonne exécution.

N'oublions pas l'appareil destiné à redresser les cornes des animaux de M. Aiguillon. Chacun sait qu'une bête mal cornée perd une partie de sa valeur, et qu'il y a des avantages sérieux à corriger la nature en ramenant les cornes dans une bonne direction. L'appareil de M. Aiguillon nous paraît propre à remplir ce but. Il peut rendre de bons services à l'agriculture.

M. Celeyron expose un râtelier double, d'une conception ingénieuse et d'une utilité pratique.

Un char, parfaitement conditionné, figure aussi parmi les instruments présentés au concours.

Signalons de plus une baratte à manivelle et à engrenage appartenant à M. Lenègre, de Besse, et les spécimens de maréchalerie présentés par M. Cornille, d'Aulnat.

Quoique nous soyons dans un pays où la meunerie est très-répandue, nous trouvons peu de meules à l'exposition. Deux fabricants seulement y font figurer leurs produits. L'un d'eux. M. Bresgault, expose des meules un peu vives, mais possédant des qualités sérieuses.

Divers systèmes de ruches, ainsi qu'un instrument à roue articulée destiné à battre le beurre, figurent aussi parmi les engins agricoles.

PRODUITS AGRICOLES.

On a beaucoup vanté les productions de notre sol; la fertilité de la belle Limagne d'Auvergne est proverbiale. Notre contrée est placée à juste titre parmi les plus fécondes; cependant on ne peut se défendre d'une sorte d'étonnement en voyant les magnifiques produits qu'elle envoie à notre exposition.

M. Baudet-Lafarge, dont les travaux sur l'agriculture de notre pays sont si justement appréciés, expose de magnifiques colzas, plante dont la culture est peu répandue en Auvergne. Ses blés d'Australie, son seigle de Rome, ses blés bleus et ses blés anglais, sont bien certainement des produits de premier ordre.

Le comice agricole de Riom expose de magnifiques chanvres d'Angers et du Piémont. Nous avons remarqué auprès de l'exposition de nos compatriotes, du seigle de l'année qui atteint la taille d'un mètre et se trouve prêt à fleurir.

M. Edmond de Tarrieux, concurrent pour la prime d'honneur, exhibe de nombreux et remarquables spécimens des divers produits de son domaine de Saint-Bonnet. Ce sont diverses espèces de froments, entre autres le froment géant, introduit en Auvergne par M. de Tarrieux père; le froment barbu, le froment d'Odessa, des froments anglais; de très-belles avoines, du maïs, de volumineuses betteraves de diverses espèces, des carottes à collet vert, de magnifiques pommes de terre, des vins rouges et blancs, d'excellent miel, du beurre de très-bon goût, enfin des ceps de vigne incisés dont la production a été doublée par l'opération qu'ils ont subie. Tous ces produits classent M. de Tarrieux parmi nos agriculteurs les plus intelligents et les plus habiles, ce qu'attestent du reste les honorables récompenses remportées par lui dans divers concours.

Un des plus beaux spécimens de blé de notre exposition y est apporté par M. Pagès-Pobbot, de Montferrand; quatre-vingts ares ensemencés de ce blé ont produit 36 hectol. 40. C'est là un résultat qui n'a pas besoin de commentaire.

M. de Monthat, agriculteur habile appartenant au département de la Creuse, nous présente de magnifiques spécimens des produits de son exploitation. Ce sont des lins, des blés, des avoines, des betteraves, dignes des plaines les plus fertiles de la Limagne. Ces produits ont le double mérite d'avoir été récoltés sur des terrains incultes il y a quelques années encore, et améliorés aujourd'hui par leur intelligent propriétaire.

Une magnifique collection de graines, qui dénote autant de soin que de savoir, est exposée par notre concitoyen, M. Lecoq.

Notons encore des poireaux monstrueux, de très-belles pommes de terre et d'admirables asperges appartenant à divers cultivateurs, notamment à M. Vasseur, de Sauxillanges.

M. le comte de Pontgibaud et M. Roussel, de Laqueuille, exposent d'excellents fromages façon Roquefort, qui certainement peuvent rivaliser avec les meilleurs produits du département de l'Aveyron. Les fromages d'Ambert sont aussi très-remarquables. Une mention spéciale doit être faite des fromages façon Hollande, exposés par M. Richard, du Cantal. Une sorte de chester, qui rappelle le fromage anglais qui porte ce nom et se recommande par un excellent goût, figure aussi parmi les produits de notre contrée.

Ces résultats prouvent incontestablement que le système de fabrication seul est à modifier : la matière première existe; il ne s'agit que de savoir l'employer.

VINS, BIÈRE, LIQUEURS.

Les vins d'Auvergne ne se conservent pas, dit-on; c'est là une erreur victorieusement réfutée par l'exhibition qui nous occupe. Nous y voyons, en effet, des vins datant de plus de quarante ans, et qui non seulement ne sont pas tombés, mais ont acquis toutes les qualités qui distinguent les vins vieux.

Nous trouvons parmi ces vins une foule de variétés : vins rouges, gris, blancs, muscats, mousseux, etc. Une seule personne en expose de quatorze sortes différentes. Le vin de paille, très-renommé en Auvergne, compte aussi de nombreux échantillons; nous avons remarqué quelques bouteilles de ce vin, datant de 1858, envoyées par M. Boutal, de la Roche-Blanche, et qui contiennent un nectar digne des plus fins gourmets. MM. de la Salle, Ligier de Laprade, Petit, Mousseyre, etc., exposent aussi de très-bons produits. Les principaux négociants en vins de notre ville, notamment MM. Boyer et Barnicaud, offrent une variété de vins réellement remarquables. Le vin de Beaumont lui-même, dont a goûté l'Empereur lors de son passage en Auvergne, se trouve à notre exposition.

La bière est représentée à notre concours par deux fabricants, MM. Noyer de Layras, de Pont-du-Château, et Cheymol aîné, d'Aurillac.

M. Dubroc-Barnicaud expose non-seulement des vins, mais des eaux-de-vie de marc et de vin, du vinaigre, du tartre. M. Antoine Duranton, d'Issoire, offre à l'appréciation du jury des produits très-emarquables, extraits du marc de vin.

Quelques liqueurs figurent aussi à notre exposition. M. Boyer-Defaye en présente plusieurs échantillons fabriqués exclusivement avec des produits d'Auvergne.

M. Dolmat offre une chartreuse et une huile d'absinthe composées avec des plantes du canton de Besse et des environs du lac Pavin ; M. Touset, une crème de cassis excellente. M. Vial jeune donne à l'un de ses produits le nom de ratafia des Arvernes : une fière liqueur sans doute !

Passons au vinaigre, et signalons les excellents produits de ce genre, exposés par M. Chesneau, produits doublement recommandables au point de vue de la qualité et du prix.

M. Coste-Ledieu, d'Ambert, nous offre les résultats d'une industrie des plus intéressantes : il s'agit de fécules de pommes de terre, d'alcool de résidus de féculerie, d'amidons et de blé, etc.

M. Pierre Poisson expose de nombreux échantillons d'huile de chènevis, de colza, de noix, de faine, provenant de son usine de Vertaizon.

M. Bourgoignon, dont les travaux intelligents ont été justement récompensés à diverses reprises, a présenté au jury quelques judicieuses applications de ses bitumes d'Auvergne, entre autres un spécimen de fosse à purin, une crèche et une auge en bois doublé de bitume, enfin des échantillons de bois rendus inaltérables.

M. Goutay a fait l'application de son excellent ciment et de sa chaux hydraulique, que nous voyons aussi figurer au concours, sur divers bassins du jardin des plantes.

ANIMAUX.

Une statistique publiée dans le *Journal d'agriculture pratique* nous apprend que, de tous les concours qui se tiennent en ce moment, celui de Vesoul seul compte plus d'animaux que l'exhibition clermontoise. Ajoutons que les bestiaux amenés par les agriculteurs de notre région sont très-remarquables, et que les races si justement renommées de notre pays y sont représentées par de magnifiques sujets.

La race bovine, chacun le sait, rend de nombreux services à l'agriculture ; elle donne tout à la fois un travail précieux, du laitage, des engrais, de la viande, du suif, etc. Toute la sagesse de l'agriculteur, à propos de ce produit, consiste, selon nous, à choisir des animaux qui conviennent au sol sur lequel ils doivent vivre, et produisent successivement tout ce qu'on est en droit d'en attendre.

A ce point de vue, les concours régionaux qui groupent les animaux déjà avantageusement classés dans une région, ont une utilité qu'on ne peut méconnaître, et l'exhibition clermontoise se recommande à l'attention de tous les agriculteurs.

Voyons d'abord la race de *Salers pure*, originaire des montagnes de notre belle Auvergne.

Cette race, si justement renommée et qui a figuré avec tant de succès dans tous les grands concours, est représentée à l'exhibition clermontoise par de nombreux et très-remarquables sujets de l'un et de l'autre sexe.

La race *Ferrandaise*, qui pour la première fois se trouve classée dans les concours régionaux, méritait bien certainement cette faveur.

Nous avons particulièrement remarqué, parmi les animaux qui lui appartiennent, quelques vaches parfaitement constituées et possédant les qualités les plus sérieuses.

Les taureaux sont fortement constitués et paraissent avoir de grandes aptitudes pour le travail.

Le nombre et la variété des animaux de cette race offrent un sujet d'étude des plus intéressants.

La race *Marchoise*, qui présente au premier abord beaucoup d'analogie avec la race d'Aubrac, a fourni à notre concours quelques sujets remarquables. Ils paraissent généralement très-aptes à l'engraissement.

La race d'*Aubrac*, originaire de l'Aveyron, compte de bons et nombreux produits. La conformation de ces animaux les rend particulièrement propres au travail.

Les sujets de la race limousine amenés à notre concours sont également dignes d'attention ; leur aptitude à l'engraissement les rapproche de la race anglaise de Durham.

La race charollaise pure, ainsi que les diverses autres races françaises et étrangères, comptent peu de sujets à l'exhibition clermontoise. Parmi les animaux appartenant à ces dernières, figurent un très-beau taureau Durham et une superbe vache hollandaise, qui paraît réunir toutes les qualités qui constituent les bonnes laitières.

Les croisements comptent quelques beaux sujets provenant de l'union des salers avec les ferrandaises.

Somme toute, l'espèce bovine est parfaitement représentée à notre concours.

A notre époque, où le bien-être des populations s'accroît chaque jour, l'élevage des animaux de basse-cour doit former une des branches importantes de l'économie rurale. Notre contrée, si riche en céréales de toute nature, retirerait certainement de sérieux bénéfices d'une exploitation de ce genre, établie à la fois d'une façon intelligente et sur de larges bases.

L'espèce galline est représentée par de nombreuses variétés à notre concours, et les agriculteurs y trouveront certainement des produits dignes de leurs soins. Nous avons remarqué de très-beaux sujets de la race de la Flèche, de volumineux cochinchinois, d'élégants Padoue dorés et argentés, des Dorking, des courtes-pattes, des hollandais, des Hambourg, etc., etc.

De beaux dindons, des oies de Toulouse, d'un poids remarquable, figurent à notre exhibition. Disons à ce propos qu'il se fait dans le midi de la France un commerce considérable de conserves de viande d'oie. Ne pourrait-on introduire cette industrie en Auvergne, et augmenter ainsi nos richesses agricoles?

Mentionnons aussi de magnifiques pintades, de charmants collins et bon nombre de lapins doués d'un excellent appétit allié à un grand amour de la famille.

L'espèce ovine, qui rend à l'agriculture et à l'industrie de si grands services, se trouve largement représentée à notre concours.

Parmi les races françaises pures, nous avons remarqué de belles charmoises, de fortes bêtes ferrandaises, quelques berrichonnes et une assez grande variété des précieuses races aveyronnaises et du Larzac, qui joignent aux produits ordinaires de leur espèce le laitage employé pour la fabrication du fromage de Roquefort, si justement recherché.

Les races étrangères pures comptent quelques South-Down bien constitués et très-vigoureux. Le croisement de ces animaux avec les races de notre région paraît avoir donné de bons résultats, notamment avec les Larzac.

L'espèce porcine, peu nombreuse, a fourni à notre concours plusieurs beaux sujets appartenant à des races étrangères, notamment de remarquables New-Leicester blancs, de volumineux Hampshire et quelques Essex.

Les hampshires, chacun le sait, sont d'une étonnante fécondité.

Une femelle, exposée, appartenant à cette race, ayant été mise en voyage dans un état intéressant, est arrivée parmi nous en compagnie d'une nombreuse famille, ce qui a donné lieu à un débat des plus curieux entre l'administration du chemin de fer et son propriétaire.

Les races indigènes et les croisements possèdent un petit nombre de sujets à l'exhibition clermontoise, et la plupart nous ont paru peu disposés à un facile engraissement.

Somme toute, le concours régional de Clermont a été des plus satisfaisants; il a permis de constater que nos agriculteurs sont vraiment dans la voie du progrès et prennent le plus grand intérêt aux assises auxquelles les convie un gouvernement intelligent et généreux.

DISTRIBUTION DES RÉCOMPENSES, BANQUET.

Dimanche, 10 mai, un public nombreux se pressait dans l'enceinte réservée au concours. Le chemin de fer avait amené dans notre cité une foule compacte, dans laquelle l'habitant des villes cotoyait le cultivateur des campagnes. Avant l'heure fixée pour la distribution des prix, une affluence de personnes de tous les rangs attendait avec impatience l'ouverture de la cour des Facultés, où devait avoir lieu cette intéressante cérémonie.

Cette partie de l'édifice municipal convenait parfaitement à une solennité de ce genre. Une vaste estrade, décorée avec autant de simplicité que de goût, formait avec quelques drapeaux et quelques banderolles toute l'ornementation de la vaste cour de notre palais académique. La section d'harmonie de la Société lyrique prêtait son concours à cette brillante réunion.

Un douloureux évènement laissait à M. Boitelle, inspecteur général de l'agriculture, le fauteuil de la présidence. A sa droite était assis M. le maire de Clermont, à sa gauche M. de Watrigant, secrétaire général de la préfecture du Puy-de-Dôme. Mgr l'évêque de Clermont, M. le lieutenant général de Martimprey, commandant la 20e division militaire, M. le général de brigade de Chabron, commandant la subdivision du Puy-de-Dôme, M. le recteur de l'Académie, ainsi que grand nombre de fonctionnaires et de notabilités, assistaient à cette intéressante cérémonie.

M. Boitelle a ouvert la séance par le discours suivant :

« Messieurs,

» Le malheur affreux qui vient de frapper le premier magistrat de ce département vous prive en ce moment du président d'honneur du concours régional. Pourquoi faut-il qu'une pensée de deuil vienne attrister cette imposante réunion, qui semblait devoir être exclusivement consacrée aux douces émotions d'une distribution de prix? Pourquoi faut-il que ce département, qui certes ne manque d'aucune illustration, en soit réduit aujourd'hui à laisser la présidence de cette brillante solennité à un fontionnaire qui, en venant ici, n'avait d'autre mission que celle de veiller à la bonne organisation de l'exhibition régionale?

» J'ai hâte de vous dire, Messieurs, que le concours de Clermont a réussi au-delà de toutes nos espérances, et qu'il n'y a aucune comparaison à établir entre ce dernier concours et celui qui s'est tenu à Clermont en 1855.

» Quelles sont les causes de cette merveilleuse transformation? Le temps me manquerait pour les indiquer toutes. Depuis cette époque une vive impulsion a mis en mouvement jusqu'aux plus indifférents des cultivateurs ; et puis, je dois l'avouer, on se sent irrésistiblement attiré vers la capitale de l'Auvergne, si bien placée en vue des plus majestueuses montagnes du Puy-de-Dôme, si agréablement assise au milieu de cette Limagne célèbre par sa prodigieuse fécondité et par la richesse de ses productions agricoles. L'homme qui lutte péniblement contre un sol ingrat qu'il faut refaire de toutes pièces avant d'y remplacer la bruyère par de misérables cultures, aime à se donner la satisfaction de voir, au moins une fois dans sa vie, cette terre promise où le sol n'attend que la semence pour donner une récolte abondante, sans qu'il faille, pour l'obtenir, passer par la voie onéreuse des fortes fumures et des machines perfectionnées. Les heureux cultivateurs de ce canton privilégié ont peine à concevoir qu'il n'en est pas de même de toute la région, et que cette incomparable fertilité s'arrête précisément au point où commence la montagne, de telle sorte que ce sont les terres pauvres qui sont la règle, et les terres riches l'exception.

» Les circonstances de la Limagne sont tellement exceptionelles que les cultivateurs de cette localité ne peuvent être compris de ceux qui viennent les visiter. La science même s'y perd en y rencontrant des procédés et des usages culturaux qui sont la négation manifeste des plus saines doctrines de l'agriculture.

» Le concours régional perd aussi de son importance dès qu'on l'envisage au point de vue de la Limagne. En effet, nous trouvons là des jardiniers plutôt que des cultivateurs ; pour eux la charrue la plus parfaite, la défonceuse la plus énergique, c'est toujours la bêche, si bien appropriée aux qualités spéciales de ce terrain. Il en est de même des races d'animaux ; évidemment, les bêtes de montagne s'y trouveraient mal à l'aise, et l'engrais naturel qui résulte des cendres volcaniques et qu'on retrouve dans le sous-sol dès que le sol n'en est plus suffisamment pourvu, coûte toujours moins cher que les matières fertilisantes qui seraient demandées aux spéculations du bétail.

» Mon enthousiasme pour la Limagne m'entraîne hors de mon sujet et me fait pénétrer malgré moi sur le domaine des rapporteurs que vous allez entendre.

» Je tenais surtout à vous démontrer que nous n'avons aucune illusion au point de vue de l'influence que peut exercer le concours régional sur votre belle et fertile Limagne ; mais en revanche, nous en attendons les plus grands effets pour les portions les plus ingrates de ce département.

» Vous savez d'ailleurs que ce sont les terrains de cette nature qui excitent les sympathies particulières de l'Empereur, et qui sont de la part du Ministre de l'agriculture l'objet de ses nombreux encouragements et de ses plus hautes récompenses.

» Dans cet ordre d'idées, je suis heureux de le proclamer en présence d'un auditoire d'élite où je vois tant d'hommes distingués dans les sciences, dans les lettres et dans l'administration. Tout le monde s'est empressé de rehausser l'éclat d'un concours destiné, avant tout, à récompenser les plus méritants des agriculteurs. L'administration municipale a réuni ses efforts à ceux du Conseil général, de la Société d'agriculture pour faire au concours régional une réception digne de la capitale de l'Auvergne, digne surtout de la réputation agricole de ce département. Nulle part le concours régional n'a été mieux installé et plus agréablement situé. Nulle part les exposants n'ont été accueillis avec plus de générosité et de cordialité.

» Il est de mon devoir, en terminant, de vous en exprimer publiquement toute ma satisfaction et toute ma reconnaissance. »

Après ce discours, accueilli par de chaleureux applaudissements, a eu lieu successivement la lecture des divers rapports de MM. les membres du jury, chargés d'apprécier les produits présentés au concours.

La distribution des prix s'est prolongée jusqu'à trois heures du soir.

Nous avons vu successivement monter sur l'estrade de riches agriculteurs, de simples paysans, de fidèles et laborieux domestiques, et dans ce spectacle tous les esprits sérieux ont trouvé comme nous une nouvelle preuve de la sollicitude d'un gouvernement équitable et intelligent, qui voit dans l'accroissement du bien-être individuel l'accroissement de la richesse publique.

Vers cinq heures du soir, un banquet de deux cents couverts, servi par M. Versepuy, réunissait dans la grande salle de la halle aux toiles MM. les commissaires de l'agriculture, les principaux membres des administrations départementale et municipale, les membres des divers jurys, les principaux lauréats, ainsi que bon nombre de fonctionnaires, de notabilités et d'exposants.

La plus franche cordialité n'a pas cessé de régner dans cette assemblée, qui devait clore les assises intéressantes qui viennent de se tenir parmi nous.

Voici les principaux toasts qui ont été portés.

Par M. de Watrigant, secrétaire général de la préfecture du Puy-de-Dôme :

« Messieurs,

Le triste évènement qui m'oblige aujourd'hui à remplacer M. le Préfet du Puy-de-Dôme, qui eût été si heureux de se trouver au milieu de nous, me cause une émotion que vous devez comprendre. Mais je sais que, si nous partageons tous la même douleur, nous avons tous aussi un sentiment commun, celui d'amour, de fidélité et de dévouement pour l'auguste souverain qui gouverne si glorieusement la France, et pour sa dynastie.

» Aussi, Messieurs, suis-je heureux, au milieu de ma tristesse, de pouvoir élever la voix pour porter ce toast :

» A l'Empereur !

» A l'Impératrice !

» Au prince impérial ! »

Ces cris sont répétés à diverses reprises par l'assemblée.

Par M. Mége, maire de Clermont :

» Aux exposants de l'agriculture, des beaux-arts, de l'industrie, de l'horticulture !

» Ils ont droit à des remercîments sincères, à une grande reconnaissance, pour avoir répondu avec tant d'empressement à l'appel qui leur était adressé.

» A MM. les inspecteurs du concours ! à MM. les membres des jurys !

» A la Société d'agriculture ! Sous l'impulsion de son honorable président, elle a su développer dans nos campagnes les idées de travail et de progrès.

» A tous ceux qui se sont dévoués avec tant d'abnégation à une œuvre aujourd'hui couronnée de succès ! »

Par M. de Tarrieux, président de la Société d'agriculture :

» A S. Exc. M. le ministre de l'agriculture, du commerce et des travaux publics !

» Au ministre aux idées sagement libérales et progressives, à la haute et puissante intelligence qui a donné une si féconde impulsion à tous les travaux qui facilitent les communications et assurent ainsi à la fois la prospérité de l'agriculture, du commerce et de l'industrie !

» Au ministre si digne interprète de la pensée de l'Empereur dans sa sollicitude pour l'agriculture, et qui, parmi ses plus utiles créations, compte la fondation des primes d'honneur, cet instrument si puissant d'émulation et de progrès !

» Au ministre, homme de cœur autant que d'intelligence, qui s'est toujours montré le digne et affectueux fils de notre belle Auvergne, si fière de pouvoir l'inscrire au nombre de ses plus glorieux et de ses plus illustres enfants ! »

Par M. Armand Guibail :

» Aux vaincus du concours régional de 1863 !

» Messieurs,

» Nous venons manquer à tous les usages, nous venons boire à la gloire des vaincus, et non à la gloire des vainqueurs ; à l'utilité féconde et souvent méconnue des efforts échoués, et non aux satisfactions toujours applaudies des réussites. Il nous a semblé que bien souvent ce sont des labeurs infertiles en apparence, ou des tentatives prématurées jetées avant l'heure dans le sillon, qui vont former plus tard la gloire des heureux ; et nous avons pensé qu'il pouvait être bon de le dire, afin que, devant ce relèvement mérité, les enivrements du succès fussent toujours modestes, et les déceptions que laissent après eux nos pacifiques concours, moins amères et plus glorifiées. »

Des applaudissements chaleureux ont accueilli non-seulement ces toasts, mais tous ceux dont il nous a été impossible de nous procurer le texte.

MM. les commissaires du banquet ont déployé dans l'accomplissement de leur tâche difficile un zèle au-dessus de tout éloge.

A la chute du jour, les édifices publics ont été illuminés, et un feu d'artifice, parfaitement réussi, de M. Ruggieri, artificier de l'Empereur, a terminé ces fêtes agricoles, qui certainement laisseront un souvenir vivace dans l'esprit de nos populations.

RAPPORT SUR LA PRIME D'HONNEUR.

« Messieurs,

» Une commission nommée par Son Excellence M. le Ministre de l'agriculture, et présidée par M. Boitelle, inspecteur général, a visité les domaines concourant pour la prime d'honneur agricole.

» Quinze concurrents se sont présentés, cinq dans l'arrondissement de Thiers, quatre dans l'arrondissement d'Issoire, trois dans l'arrondissement de Clermont, deux dans l'arrondissement de Riom, un dans l'arrondissement d'Ambert.

» Si la commission avait dû juger de la fertilité de ce beau département par les propriétés soumises à son examen, elle eût gardé de son inspection une idée complètement erronée. Les parties les plus fertiles de la plaine se sont abstenues d'entrer dans ce concours, et nous avons été forcés de nous demander, en présence de cette abstention presque complète, si le Puy-de-Dôme ne s'était pas un peu endormi dans les délices de la Limagne, et si nous n'avions pas trouvé au centre de ce beau pays une population d'agriculteurs satisfaits, assez heureux de la fertilité naturelle de leur sol, pour ne pas faire de grands efforts en vue d'améliorations plus complètes.

» Avant de vous parler des propriétés que le jury a récompensées, laissez-nous vous faire part de quelques impressions générales.

» Nous avons trouvé les terres de ce département désolées par une sécheresse exceptionnelle ; nous reconnaissons qu'on ne pouvait les voir sous un aspect plus défavorable : au lieu d'être fatiguées par une vigoureuse végétation, qui souvent, comme une parure, cache bien des défauts, elles étaient désarmées devant nous ; une étendue disproportionnée de céréales envahies par les mauvaises herbes occupait le sol ; on aurait dit que toute la fertilité de la Limagne ne produisait plus que de grandes herbes parasites, qu'une nombreuse et active population agricole ne suffisait pas à enlever.

» Evidemment cette étendue démesurée de céréales excluait toute possibilité d'un assolement régulier et réparateur ; nous avions sous les yeux la faute, et nous avons cru voir aussi la punition. Notre conviction devenait encore plus ferme quand nous rencontrions des exceptions que des renseignements précis venaient éclairer ; les céréales qui succédaient à d'autres céréales étaient les plus mauvaises et les plus envahies par les herbes ; nous nous applaudissions alors de voir les préceptes les plus élémentaires de l'agriculture triompher des mauvaises pratiques, même dans les cas les plus exceptionnels.

» On peut suivre des assolements aussi riches et produisant des résultats plus sûrs que les récoltes successives et non interrompues de céréales, que la fertilité du sol semble encourager, nous en avons vu des exemples dans cette même Limagne, sur lesquels nous sommes fâchés de n'avoir pas eu un nom à écrire ; mais ces exemples ont passé sous nos yeux éloquents et certains comme la vérité.

» Il y a dans ces belles plaines du Puy-de-Dôme des agriculteurs, imprudents ou aveugles, qui cultivent la terre comme une usine qu'on exploite ; la Limagne elle-même, soumise à ce régime, arriverait à l'épuisement ; une fécondité éternelle est dans l'ordre agricole ce que le mouvement perpétuel est dans l'ordre mécanique.

» Le morcellement et le fermage par petites parcelles ont placé les meilleures terres de ce département dans les conditions et les nécessités de la petite culture, qui, employant relativement plus de travail que d'engrais, épuise plus directement que la grande culture la fécondité naturelle du sol. Il serait dans l'intérêt de tous, du propriétaire, du fermier et de la terre, d'économiser par un peu plus d'engrais une partie du travail dépensé ; soyez certains d'ailleurs, Messieurs, que c'est pour cette dernière valeur que sont toutes les chances de hausse.

» La partie montagneuse de ce département et les terres les moins favorisées qui entourent la Limagne, étant précisément celles où se trouvent les terres des concurrents, nous aurons occasion de vous parler des efforts d'amélioration qui ont été essayés souvent avec succès sur des terres naturellement peu fertiles ; il semble que l'attrait irrésistible qui l'attache au magnifique travail de la transformation du sol par l'agriculture soit d'autant plus fort que la terre que l'on exploite a plus à recevoir de nous et gardera mieux l'empreinte de nos travaux ; c'est sans doute ce sentiment qui attache à leur pauvre sol ces hommes persévérants et laborieux qui vous représentent la civilisation et le progrès au milieu des paysans, défrichant les terres incultes, portant la fertilité et le travail où régnaient l'abandon et la solitude, de leurs mauvaises terres faisant de bonnes terres, continuant ainsi chaque jour, sans relâche, l'œuvre de la création.

» Une culture qui, par la richesse et par la consommation ascendante de ses produits, attire chaque année vers elle une plus grande somme de travail et de capitaux, occupe dans le Puy-de-Dôme une place très-importante. La vigne y est généralement bien cultivée. Quelques propriétaires soigneux et intelligents, placés à la tête de l'industrie vinicole, obtiennent des succès d'autant plus précieux qu'ils profitent à leur pays par la bonne renommée qu'ils donnent à ses vins.

» Cette culture de la vigne n'apporte pas à la terre son contingent d'engrais, elle en prend au contraire une notable quantité; il serait dès lors à désirer que les propriétaires de vignes fussent constamment préoccupés de produire assez de fumier pour que les autres cultures pussent recevoir la part qui leur est nécessaire. Nous avons généralement remarqué qu'à côté des vignes les mieux tenues et les plus productives se trouvaient les terres les plus négligées.

» Un mot maintenant, Messieurs, sur le mouvement moral agricole de ce département. Le plus grand service à rendre à l'agriculture, c'est de la faire aimer; après ceux qui la font aimer, viennent les hommes qui l'enseignent. Le Puy-de-Dôme a le rare bonheur d'avoir à sa tête une société d'agriculture dont nous avons trouvé partout la salutaire influence. Lien naturel et accrédité entre les agriculteurs isolés et le gouvernement, ses encouragements et ses récompenses ont mérité et maintenu l'amour des professions rurales, répandu l'enseignement des bonnes pratiques, et poussé dans la voie du travail agricole des hommes qui peut-être n'auraient jamais regardé de ce côté.

» Tout ce qui porte un caractère d'intérêt général, et qui par sa nature rentre dans les attributions d'une association de ce genre, a été généreusement patronné par elle; nous avons été heureux dans notre passage de rencontrer si souvent des preuves très-certaines de son action bienfaisante.

» Sous l'habile direction de son secrétaire perpétuel, M. Baudet-Lafarge, elle a réuni les documents les plus complets sur l'agriculture du Puy-de-Dôme. Si chaque département possédait un livre aussi remarquable et aussi sérieusement écrit, la situation agricole de la France serait bien connue.

» Voici maintenant, Messieurs, quelles ont été les décisions prises par le jury, composé de toutes les sections réunies, après la lecture d'un rapport détaillé sur les visites de la commission.

» Le logement des paysans est en agriculture une chose importante, puisqu'il a sur la santé des cultivateurs une grande influence. Donner de bons exemples dans ce genre de constructions, unir le bon marché à la solidité et aux conditions hygiéniques, c'est faire une bonne action que le jury récompense par une médaille d'argent accordée à M. Ondet.

» Certaines terres ont avant toutes choses besoin d'être assainies. La position qu'elles occupent fait de ces assainissements une question capitale; aucune amélioration ne réussit si les eaux qui s'y trouvent en excès et sans écoulement ne sont pas enlevées; débuter par un drainage assez complet pour changer les conditions culturales d'un pareil terrain, c'est faire preuve de jugement et de savoir agricole. Le jury accorde à Mme veuve Peyronnet et à M. Grellet une médaille d'argent pour le drainage de leurs propriétés de l'Armonière et de Laribière.

» Comme nous l'avons déjà dit, la vigne est un des produits les plus importants de ce département; il est juste que le concurrent chez lequel la commission a vu les vignes les mieux cultivées et les mieux traitées sous tous les rapports, soit désigné au pays par l'obtention d'une récompense. Le jury accorde à M. Chaudesaigues de Tarrieux une médaille d'or pour la culture de la vigne.

» Il ne suffit pas, Messieurs, pour l'amélioration du produit de la vigne, de la bien cultiver, il faut encore une bonne vinification; le propriétaire qui s'est fait remarquer par la bonne tenue de ses caves, par ses bons procédés de fabrication et par l'excellence de ses produits, mérite de fixer votre attention; une comptabilité très-exactement tenue pendant une durée de quarante ans, et un tableau indiquant pour chaque saison les variations de la température et leur influence sur la récolte du vin, doit avoir une incontestable utilité. Le jury accorde à M. de La Salle une médaille d'or pour la bonne tenue de ses caves, sa bonne vinification et sa comptabilité.

» L'emploi des amendements calcaires convenablement appliqués est peut-être de toutes les pratiques celle qui amène les transformations les plus rapides. Lorsque l'exemple du progrès est donné par un agriculteur recommandé dans l'opinion publique par son savoir et par une carrière agricole à la fois progressive et prudente, l'exemple porte rapidement ses fruits. Le jury a rencontré cet agriculteur dans M. Baudet-Lafarge, il lui accorde une médaille d'or pour l'emploi de la marne sur ses terres et la propagation de cet amendement.

» Les bâtiments ruraux de la propriété de Blot-l'Eglise sont les mieux disposés et les plus complets; ils s'élèvent au milieu d'une contrée montagneuse et presque sauvage, dont la main persévérante et hardie de M. Vayron a commencé la transformation.

» Les récoltes sarclées, ce point de départ de la civilisation agricole, ont pris sur cette propriété un développement important, leur réussite est très-remarquable.

» Le jury décerne à M. Vayron une médaille d'or pour ses constructions rurales et ses récoltes sarclées.

» La propriété de la Gagère, à M. le marquis de Pierre, par ses grands travaux de défrichement et de drainage, par l'étendue de ses récoltes sarclées, par la création d'une porcherie dont l'importance et les résultats sont peut-être sans exemple, arrivait à un très-haut rang dans l'appréciation de la commission. Le jury, soit qu'il ait considéré cette grande entreprise agricole sous le rapport des bénéfices qu'elle produit, soit qu'il ait envisagé le mode d'exploitation adopté, où l'association du capital, du sol et du travail se trouve réalisée dans des conditions équitables, l'a maintenue à ce rang élevé. Il a accordé à M. le marquis de Pierre une médaille d'or grand module pour l'élevage des porcs et la mise en valeur d'une grande étendue de terres improductives.

» Le domaine de Saint-Quentin, dont M. de Longueil est propriétaire, s'était trouvé, lors des premières visites de la commission, dans une position exceptionnellement défavorable, le jury en a eu la preuve dans le rapport dont il a entendu la lecture.

» La commission, vu les circonstances exceptionnelles où se trouvait le département du Puy-de-Dôme en 1862, dans son désir d'apprécier dans des conditions plus normales les concurrents qui lui avaient paru être les plus méritants pour l'obtention de la prime d'honneur, a de nouveau visité leurs propriétés.

» En parcourant cette terre de Saint-Quentin, que la sécheresse avait dévastée, la commission s'était arrêtée devant ce désastre comme devant un malheur immérité. Les pratiques agricoles étaient bonnes, les instruments nombreux et bien appropriés, les constructions très-suffisantes, bien aérées et bien disposées pour le service, les animaux nombreux et bien nourris, les labours vigoureusement exécutés, les assolements régulièrement suivis, le chaulage avait été pratiqué sur une large échelle, les terres humides avaient été drainées, la vigne plantée sur de pauvres terres était productive et bien cultivée, et enfin les résultats des années précédentes, dont la comptabilité de M. de Longueil nous donnait les chiffres exacts, annonçait que cette terre, quelle que fût sa nature infertile et rebelle, avait été jusque-là domptée par un maître expérimenté.

» Nos prévisions ne nous trompaient pas; lors de notre dernière visite tout était rentré dans l'ordre, de vastes étendues de fourrages couvraient le sol, les céréales étaient magnifiques, une importante sole de récoltes sarclées était bien préparée, les animaux étaient aussi nombreux et en très-bon état, malgré la rareté des fourrages de la précédente récolte, toutes les lacunes de l'année dernière étaient comblées, et l'on sentait avec sa conscience entièrement satisfaite que l'exception avait fait place à la règle.

» M. de Longueil, qui cultive une terre ingrate et difficile, a bien su réunir dans son exploitation la science et la pratique, et le jury ne saurait offrir au département du Puy-de-Dôme un exemple plus complet; il attribue à M. le marquis de Longueil la prime d'honneur agricole.

» Voilà, messieurs, quelle a été la décision du jury.

» C'est peut-être à la terre la plus ingrate qu'a été décernée la prime d'honneur; nous devons dire que chez tous les concurrents nous avons trouvé, à des degrés bien différents sans doute, des idées d'amélioration et de progrès.

Ce mouvement de l'intelligence et des classes élevées vers l'agriculture, que révèle à un si haut degré l'éclat de nos concours; cette belle institution de la prime d'honneur, qui terminera l'an prochain la revue agricole de la France, faisant connaître à la fois ses ressources, ses besoins et ses hommes, ont mis à découvert, pour tous ceux que l'esprit du temps pénètre et soulève, de magnifiques perspectives.

» Le gouvernement calme et fort qui préside à nos destinées a, grâce à Dieu, fait perdre aux choses du progrès leur caractère révolutionnaire; et nous pouvons nous approcher sans crainte de ces prétendues impossibilités du passé, dont aucune époque n'avait fait jusqu'ici une aussi vaste liquidation. Reine prédestinée des nations agricoles, la France marche dans cette voie qui mène aux royautés; que la main de l'État continue de l'y soutenir et de l'y guider!

» Lorsque les doges de Venise, alors reine des mers, prenaient possession du pouvoir suprême, ils s'avançaient sur les bords de l'Adriatique, et là, en présence du peuple assemblé, devenaient les époux de la mer, en jetant dans ses flots l'anneau sacré des fiançailles.

Le jour est proche, Messieurs, où ceux que la France a élevés à sa tête jetteront aussi l'anneau des fiançailles dans le sein entr'ouvert de la terre, cette mère nourricière de leur peuple; la France, alors fécondée par cette union, sera la reine de la terre, comme Venise était la reine des mers.

» Armand Guibail. »

RAPPORT SUR LES ANIMAUX.

« Messieurs,

» Appelé pour la première fois à élever la voix en public, je ne puis me défendre d'une vive émotion; je prie humblement l'auditoire imposant auquel je vais avoir l'honneur de faire part des impressions du jury chargé de juger les animaux appartenant à l'espèce bovine, d'être indulgent pour un nouveau venu dont la main est plus accoutumée à diriger une charrue qu'à tenir une plume.

» Je serai bref.

» Le concours régional de Clermont en 1863 est de beaucoup supérieur à son devancier, et met en lumière un pas immense fait dans la voie du progrès. Quatre cent cinquante têtes de gros bétail et plus ont fixé pendant de longues heures l'attention du jury, et ce n'est pas toujours sans hésiter qu'il a donné les prix considérables et nombreux qu'il avait à distribuer.

» La production de la viande et du lait, d'où découle en grande partie la richesse agricole, devient aujourd'hui une nécessité. Les exigences de bien-être et les tendances à une hygiène meilleure, comprises par toutes les classes, tracent au producteur une voie sûre où il fera bien de s'engager, certain d'avance de trouver des débouchés faciles et des prix rémunérateurs.

» Avant d'aller à l'abattoir, quelques races ont un rôle important à remplir dans nos exploitations; sans elles les travaux les plus rudes, les plus pénibles défrichements, resteraient inachevés. Au premier rang de ces travailleurs se présente la race de Salers; ses types sont ici nombreux et magnifiques. Vous les avez reconnus à leur pelage d'un rouge foncé et presque toujours sans tache, à leur large front bien corné, à l'ampleur de leurs épaules et de leur poitrine, à leur corps cylindrique que supportent des membres courts et nerveux, à cet aspect d'énergie et de force enfin, qui décèlent chez eux une rare aptitude au travail.

» Les éleveurs sages et éclairés qui voient naître ces belles bêtes, en connaissent toute la valeur et se gardent bien de risquer des croisements, imprudents à leurs yeux; c'est par la race elle-même qu'ils améliorent la race et parviennent, lentement peut-être, mais sûrement, à corriger quelques légers défauts et à développer les qualités qu'ils possèdent.

» Ce que nous avons sous les yeux prouve que le succès le plus complet viendra couronner leurs efforts.

» Les membres du jury ont été obligés de se livrer à l'examen le plus minutieux, tant les concurrents étaient satisfaisants et de formes et de qualité, avant d'attribuer les récompenses.

» La section des vaches mères était surtout remarquablement composée.

» Les animaux de race ferrandaise, dont les longues files multicolores nous ont paru occuper une large place dans ce concours, et par leur nombre et par leur mérite sous certains rapports, ont très-sérieusement occupé le jury; et si, après une étude minutieuse, approfondie, il ne les place pas au premier rang des races françaises, il n'a pu se refuser à reconnaître les précieuses qualités qui les rendent chers aux cultivateurs de la Limagne, tout en se demandant si cette race ne pourrait pas être améliorée, soit par sélection, soit en recevant l'empreinte énergique d'un sang plus riche.

» La race d'Aubrac, comme celle de Salers, a ses caractères bien tranchés, les voici : le manteau est jaune plus ou moins foncé, les joues, les oreilles sont couleur de suie, les yeux vifs et bordés de noir, le mufle est entouré d'un liseré blanc; son air sauvage, étrange, attire l'attention des personnes qui ne la rencontrent pas souvent. Les jarrets sont larges et droits, sa conformation excellente comme race résistante et rustique.

» Cette catégorie, composée d'animaux hors ligne, justifiait une réputation depuis longtemps acquise et contribuait à rehausser l'éclat du concours.

» Quelques champions, pour la plupart partis des environs de Guéret, sont venus soutenir l'honneur de la race limousine. Deux prix seulement, bien mérités il est vrai, ont été accordés dans la section des taureaux au-dessous de vingt-quatre mois. Leurs aînés, ils étaient quatre, n'ont été classés qu'après mûre délibération; une mention honorable a été accordée au dernier.

» Si parmi les femelles il y a eu quelques beaux spécimens, il y a eu aussi quelques lacunes; leurs rangs n'étaient pas serrés : peu de prix ont été accordés.

» Les éleveurs du *département* de la Creuse n'ont pas voulu rester en arrière; ils se sont empressés d'amener à Clermont leurs animaux de race marchoise pure, dont la petite phalange a bravement soutenu l'examen dont elle était l'objet. Le jury, là aussi, a consciencieusement rempli son mandat; il a remarqué la bonne conformation, la finesse, l'aptitude à l'engraissement de cette jolie race, qui naît et grandit dans la Creuse pour aller travailler et s'engraisser dans le Poitou, dans l'Anjou, d'où elle part pour les abattoirs de Paris. Chacun sait combien sont appréciés les bœufs dit de Chollet dont elle vient grossir les bandes. Tous les prix, dans toutes les sections, ont trouvé maître, et deux mentions honorables ont été données sans regret.

» La race charollaise n'a pas paru ici avec sa splendeur ordinaire, et nos voisins du Bourbonnais, du Berry et du Nivernais, ont dû trouver ses représentants bien inférieurs en nombre et en qualité à ce qu'ils ont l'habitude de voir dans leurs riches pâturages.

» Néanmoins presque tous les prix ont été décernés à des animaux dont le mérite relatif justifiait le choix du jury.

» La catégorie des races françaises diverses pures se compose généralement d'animaux nés hors de la région où on les fait concourir; là nous voyons des Bretons, ici un Flamand; plus loin c'est une Vendéenne, une Cotentine à la robe zébrée, et enfin quelques sujets foréziens.

» Quatre prix seulement, sur dix, ont pu être décernés.

» La race Durham n'a été représentée que fort incomplètement; pourquoi? Verra-t-on dans ce fait une sorte de routine, une trace de non-savoir? Serait-ce de la timidité voisine de la sagesse? Il nous semble que, sur un sol aussi riche que l'est celui que nous foulons, on pourrait essayer, je dis essayer et rien de plus, de donner au bétail de la plaine, au moyen de reproducteurs mieux choisis, un peu de la finesse qui lui manque, de diminuer son ossature et d'augmenter ses dispositions à l'engraissement. Un seul animal a été présenté dans cette catégorie, et ne nous a pas paru mériter un premier prix.

» Les sujets provenant de croisement Durham avec diverses races, notamment la charollaise, sans être parfaits, présentaient, ce nous semble, une supériorité marquée sous le rapport de l'embonpoint; et cependant tous, ou à peu près, sont nés et ont été élevés loin des riches plaines de la Limagne, occupées par la race ferrandaise; on se demande ce qu'ils seraient devenus sous un climat plus doux, sur un sol plus fertile. Cette observation pourrait peut-être porter ses fruits; c'est un enseignement qu'il ne faut pas négliger. Pour cela il faut essayer et ne pas sembler convaincu que nul progrès n'est possible, que le but est atteint.

» Dans la catégorie des croisements divers, quelques bêtes issues de taureaux de Devon et de vaches de Salers ont paru attirer plus particulièrement l'attention des jurés, tant par leur finesse que par leur bonne conformation. Là encore se présente un vaste champ d'observations prudentes et sages. Qui nous dit que le sang de Devon ne viendra pas en aide aux éleveurs en leur fournissant des reproducteurs de mérite?

» Dans cette dernière série, nous remarquons quelques Hollandais, des Schwitz, des Suffolk. Quatre prix ont été décernés à des animaux remarquables.

» Telles sont, Messieurs, les appréciations du jury; qu'il lui soit permis, en terminant une tâche ardue et difficile, de féliciter MM. les éleveurs de leur zèle et du courage avec lequel ils répandent autour d'eux les enseignements frappants d'une pratique éclairée. Honneur aux débutants, honneur aussi aux vétérans qui, depuis vingt ans, ont su planter bien haut et maintenir *énergiquement sur la brèche* notre drapeau agricole!

» Comte DE MONTAIGNAC. »

RAPPORT SUR LES MACHINES ET INSTRUMENTS AGRICOLES.

Messieurs,

» Le concours des deux séries de machines et instruments agricoles a été soumis aux opérations d'un seul et même jury.

» Le lundi 4 mai les membres, désignés pour en faire partie, se sont transportés au champ des Gravanches, voisin de l'usine de Bourdon. Les attelages et les ouvriers de ce grand établissement ont été obligeamment mis à leur disposition.

» Le champ des épreuves était en plaine, d'une dimension suffisante, couvert d'une vieille luzerne à défoncer.

» Les charrues lourdes, à entrure profonde, avaient un avantage très-marqué sur les charrues plus légères.

» Ces dernières, rencontrant de la part des fortes et épaisses racines de la légumineuse, une résistance très-prononcée, n'étant pas retenues par une pression suffisante de la terre sur le soc et sur le versoir, difficilement maintenues malgré l'habileté des bouviers suivant des raies régulières, tendaient à divaguer.

» Les charrues lourdes, à profonde entrure, coupant les racines en un point où se présentait beaucoup moins de difficulté, et trouvant dans la forte résistance des couches supérieures un puissant motif de stabilité, se comportaient parfaitement bien.

» Dans l'appréciation du mérite des charrues, le jury a dû tenir compte de cette circonstance.

» Le jury a d'abord remarqué le bon effet de la puissante charrue appartenant à l'usine de Bourdon. Cet instrument, établi dans le meilleur système Dombasle, grand modèle avec hausse, attelé de trois paires de bœufs, permettait des labours de 0 m. 30 de profondeur, et défonçait le champ de luzerne avec la plus grande facilité, et avec une régularité qui ne laissait rien à désirer.

» Cette charrue, n'étant pas inscrite au catalogue, a été mise hors de concours.

» Durant les épreuves, l'attention du jury s'est spécialement portée sur deux charrues, système Dombasle, grand modèle, construites par MM. Caunceilles et Demone d'Aulnat.

» Ces instruments sont simples, solidement établis, d'un bas prix, font un excellent travail, en un mot sont très-pratiques.

» Il a également remarqué le travail de deux charrues, moyen modèle, construites par M. Pardoux de Randan; l'une si parfaitement équilibrée en toutes ses parties, que, malgré la résistance insolite qu'elle éprouvait en traversant les couches où la luzerne présentait la plus forte résistance, elle se dirigeait seule, et faisait un bon travail; l'autre à double soc et à navette.

» Hors de la région, il a principalement remarqué :

» Le travail d'une charrue de MM. Bruell frères, de Moulins, à pointes mobiles, facilitant l'ouverture des terrains pierreux, et permettant de ménager le soc par l'usure de la pointe mobile ;

» Le travail de deux charrues l'une et l'autre fort bien établies et présentées par MM. Tritschler, de Limoges, et Josso, du Morbihan.

» Le jury, prenant en considération les difficultés exceptionnelles du sol pour les charrues légères, et le bon établissement des deux charrues présentées par M. Pardoux, ne pouvant accorder de récompense du même ordre, rappelle les prix donnés à ces deux instruments lors des expositions internationales de Paris et de Londres.

» Il rappelle également la médaille d'or donnée à M. Josso, dans le concours régional du Morbihan.

» Accorde dans la région le 1er et le 2e prix à MM. Caunceille et

Demone, et hors de la région le 1er et le 2e prix à MM. Bruell, de Moulins, et Tritschler, de Limoges.

» Il n'a été présenté dans la région aucune charrue sous-sol, aucune herse, aucun rouleau.

» Hors de la région MM. Bruel ont mis au concours deux charrues sous-sol. L'une d'elle, la charrue fouilleuse, a été jugée digne du 1er prix.

» Le jury a suivi avec le plus vif intérêt l'excellent travail de la herse à chaînes tordues présentée par M. Auvillain, de l'Indre. Cette herse est aussi solide que les anciennes à chaînons soudés. Elle opère aussi bien et coûte seulement moitié prix, 70 fr. les 100 kilog.

» Il a également remarqué la parfaite exécution et l'excellent travail de la herse articulée exécutée par MM. Bruell, de Moulins.

» Il a cru devoir accorder un premier prix à MM. Bruell, pour l'importation de deux excellents rouleaux Croskill dans une contrée où ils étaient inconnus.

» Un habitant de la région, M. Lenègre, de Besse, a présenté deux instruments fort imparfaits ; l'un armé de socs, ayant quelque analogie avec les extirpateurs primitifs, l'autre, armé de coutres, avec les scarificateurs. Il les emploie avec succès au défrichement des terrains couverts de gazon.

» Ces instruments sont très-primitifs; nécessitant un tirage hors de proportion avec l'effet produit, ils laissent beaucoup à désirer. Le jury a néanmoins voulu récompenser la bonne volonté de M. Lenègre.

» Hors de la région, le jury a remarqué la facilité avec laquelle deux excellents scarificateurs à socs recourbés, présentés par MM. Auvillain et Bruell, exécutaient un travail des plus difficiles, à une grande profondeurs, dans une luzerne défoncée.

» Un semoir à brouette, exposé par M. Missonen, de Mezel, a excité l'intérêt du jury. La graine, élevée par une roue à augets, est projetée contre une paroi formant plan incliné, suit cette paroi, et sort par une petite ouverture réglée au moyen de coulises. Ce petit instrument annonce, de la part de l'auteur, de bonnes idées mécaniques.

» Hors de la région il rappelle la médaille d'argent donnée à M. Bocquin au concours de Moulins pour le semoir articulé de son invention.

» Aucune houe à cheval provenant de la région n'a été exposée.

» Hors de la région, le bon travail exécuté par les houes de MM. Bruell et Tritschler ont fixé l'attention du jury. Malgré les difficultés d'un sol mêlé de luzerne récemment défoncée, les houes s'engorgeaient fort peu. Un simple mouvement facile à exécuter, suffisait pour les dégorger immédiatement.

» Le jury a remarqué le bon travail d'un butteur à versoirs mobiles, construit par M. Portepain, de Pont-du-Château.

» Il n'a été exposé aucune machine soit à faucher, soit à faner, soit à râteler, provenant de la région.

» Hors de la région, le jury a fixé son attention sur la machine à faner de Samuelson, présentée par M. Ganneron, de Paris, et sur les râteaux à cheval de MM. Bruell et Ganneron, également établis suivant le système Samuelson. Le jury a jugé convenable de récompenser par les prix dont il pouvait disposer l'importation de ces machines anglaises dans un pays où elles étaient inconnues, et où elles sont appelées à rendre de grands services à cause de la multiplicité des prairies.

» Un seul véhicule pour transports ruraux a été mis au concours par M. Michel Morel, de Nohanent. Le jury a récompensé la bonne exécution de cet exposant.

» Il n'existait aucune pompe à purin provenant de la région.

» Un seul exposant, M. Eldin, de Lyon, a présenté des pompes, où le clapet-soupape est remplacé par une boule en caoutchouc, mobile dans un tube légèrement conique. Cet appareil est simple et ne laisse rien à désirer. Le jury a cru devoir récompenser l'importation d'une pompe aussi simple, aussi utile, d'un prix aussi peu élevé, dans un pays où elle peut rendre de grands services.

» L'exposition des ruches était très-complète. Plusieurs n'étaient pas portées au catalogue arrêté au ministère. Quoique dignes d'intérêt, elles n'ont pu être admises au concours.

» Le jury, donnant la préférence aux deux ruches à compartiments verticaux séparés, établies d'après le système de M. de Bovoys, a accordé les deux prix à MM. Dubroc-Barnicaud, de Clermont-Ferrand, et Girard, de Châteauneuf.

» Il a également remarqué avec intérêt la ruche exposée par M. Mallet père, de Beaumont, formée de trois compartiments juxtaposés sur un même plan horizontal. Il a trouvé cette disposition fort ingénieuse pour la récolte du miel; mais il a pensé qu'il y avait un vice dans l'emploi d'une ouverture pour chaque compartiment, par ce motif que les parasites peuvent plus facilement s'introduire dans chaque compartiment, dès que le travail des abeilles a cessé.

» Le jury a remarqué avec satisfaction l'excellent choix et la bonne exécution des instruments exposés par M. Pierre Thomas, d'Issoire.

» Il a visité avec intérêt la collection exposée par Jean Mallet, de Beaumont.

» Après avoir examiné, apprécié et classé les machines et les instruments agricoles appartenant aux travaux extérieurs, le jury a reporté tous ses soins aux machines et instruments de l'intérieur d'une ferme.

» Il n'a été produit dans la région aucun outil, instrument ou machine relatif au drainage.

» Hors de la région, MM. Bruell seuls ont exposé une collection complète de beaux et bons outils d'origine anglaise.

» Un seul manége a été exposé par M. Lardy, de Pontgibaud.

» Ce manége, établi suivant un système défectueux, depuis longtemps abandonné, exige une grande dépense de force et donne peu d'effet utile; cependant le jury a cru devoir récompenser par une mention la bonne volonté de ce constructeur.

» Hors de la région, le jury, spécialement préoccupé du point de vue des services qu'ils étaient appelés à rendre dans le concours, la mise en jeu des machines à battre, a remarqué les quatre manéges exposés par d'habiles constructeurs : MM. Pinet, d'Indre-et-Loire; Girard, de Vierzon-Ville; Cumming, d'Orléans; Creuzé, des Roches de l'Indre.

» Il croit devoir rappeler les nombreuses récompenses déjà obtenues par M. Pinet, et regrette que les dispositions précises de l'article 10 du règlement ne lui permettent pas d'accorder la même distinction, méritée par les trois autres concurrents.

» Aucune machine à vapeur, employée dans la région, n'a été produite au concours.

» Hors de la région, la belle machine à vapeur de M. Cumming, d'Orléans, a attiré l'attention spéciale du jury, par l'emploi d'un appareil fumivore et par la disposition du piston de la pompe alimentaire. Placé sur l'axe même du piston moteur, il est mis en mouvement par une transmission directe. Ces heureuses modifications ont paru mériter un premier prix.

» Une seule machine à battre, appartenant à cette catégorie et à la région, a été exposée au concours par M. Pardoux, de Randan.

» L'apparition de cette belle machine étant le fait capital produit dans la troisième division du concours, il paraît opportun d'entrer en quelques détails succincts.

» Dans l'établissement des batteuses, jusqu'à ce jour employées à dépiquer les grains, les inventeurs ont pris pour point de départ l'action du fléau : ils ont agi par percussion.

» Ils ont employé un cylindre batteur armé d'ailes, tournant avec une grande vitesse, et un cylindre enveloppant fixe, nommé contre-batteur, destiné à maintenir les épis à portée de l'action des ailes du batteur.

» L'énergie de la machine est réglée par l'écartement donné au contre-batteur.

» Quel que soit cet écartement, le dépiquage complet exige toujours la mise en action d'une vitesse de rotation très-considérable.

» Dès lors, la force motrice est très-partiellement employée au travail utile poursuivi, l'extraction des grains du corps de l'épi ; une partie notable est absorbée, soit par la résistance de l'air au mouvement violent des ailes, soit par la production d'une série de chocs brusques, violents, précipités, indispensables pour assurer, dans le jeu de cette machine, la séparation des grains.

» Une partie non moins notable est employée à produire un travail fâcheux, l'écrasement des grains, la séparation de l'épi, l'extraction de la balle, la brisure de la paille.

» Ces machines ont les qualités et les défauts inhérents au principe, point de départ des inventeurs. Elles sont simples, d'une exécution facile, peu chères quoique très-solidement établies ; mais elles vont bien au-delà du but poursuivi et produisent plusieurs effets fâcheux.

» L'égreneuse Pardoux est fondée sur un principe tout différent.

» A l'action du fléau, au choc, point de départ de la construction des batteuses, l'inventeur substitue l'égrenage par extraction et par friction.

» Au cylindre batteur armé de ses ailes, il substitue un cylindre à surface pleine, hérissée en pointes diamantées.

» Au contre-batteur, il substitue trois cylindres en caoutchouc, chacun d'un développement moitié moindre, symétriquement disposés autour du grand cylindre, et le touchant dans toute sa longueur.

» Ils peuvent tourner autour de tourillons, dont les distances à l'axe du cylindre central sont modifiées à l'aide de vis de rappel. On peut ainsi, dans chaque cas particulier, suivant les difficultés de l'égrenage, régler le degré de pression auquel les épis doivent être soumis.

» Ils sont liés au cylindre central par un engrenage réglé de manière à leur communiquer une vitesse de superficie égale au tiers de la vitesse du grand cylindre, en sorte que les mouvements différentiels sont à la superficie des cylindres en contact les deux tiers du mouvement imprimé au cylindre en fonte.

» La puissance d'action de la machine repose sur une exacte détermination de ces nombres, puisque toute variation du rapport des vitesses a pour conséquence, d'une part, la variation en sens direct de la friction, soit en durée, soit en intensité; de l'autre, la variation en sens inverse du volume de la paille débitée par la machine, et qu'il doit en définitive s'établir une égalité de travail entre ces deux quantités.

» La différence des diamètres, les vitesses convergentes imprimées, permettant à la paille de s'engager avec la plus grande facilité entre le grand et les petits cylindres, ces derniers, par l'élasticité propre au caoutchouc, par l'action des ressorts auxquels ils sont liés, livrent un passage facile à la paille en exerçant une pression dont l'intensité, réglée par l'action des vis de rappel ci-dessus désignées, peut toujours être établie telle que, étant insuffisante pour écraser la paille, elle soit néanmoins suffisante pour aplatir l'épi.

» Alors les pointes diamantées du cylindre en fonte pénètrent dans les parties molles de l'épi et chassent les graines plus résistantes dans les petites cavités ménagées entre ces pointes. Lorsque cette action se produit, les deux cylindres étant animés sur les deux arêtes en contact d'une vitesse différentielle notable, il s'exerce en ces points une friction proportionnelle à cette vitesse. En ce moment la paille, sollicitée par le mouvement de l'un et de l'autre cylindre, est animée d'une vitesse de translation moyenne entre les vitesses des deux surfaces cylindriques, tandis que le grain, logé dans les petites cavités du cylindre central, emporté par le mouvement de ce cylindre, est extrait de l'épi.

» Ces divers effets, répétés au passage entre les cylindres disposés autour du cylindre central, déterminent un égrenage toujours complet, quelle que soit la vitesse donnée.

» Par ce caractère, l'égreneuse Pardoux diffère essentiellement des batteuses ordinaires.

» Elle en diffère également par d'autres qualités essentielles. La force motrice n'est jamais partiellement détruite par des chocs brusques, violents, incessants. La machine est réglée de manière à pouvoir atteindre toujours le but poursuivi, sans le dépasser. Aucune force n'est employée à briser les grains, la paille, etc.

» Ces importantes qualités paraissent devoir assurer à la belle découverte de M. Pardoux un brillant avenir.

» L'expérience, ce juge souverain, pourra seule fournir les données suffisantes pour régler les divers organes de cette machine avec tout le degré de précision dont ils sont susceptibles; seule, elle pourra démontrer si les cylindres en caoutchouc conserveront l'élasticité nécessaire et suffisante pour assurer le jeu régulier de la machine, tel qu'il a été constaté par le jury.

» Si ce double but est atteint, l'égreneuse Pardoux réalisera dans la pratique les brillants avantages que lui assure la théorie.

» Hors de la région, le jury a suivi avec le plus vif intérêt le jeu de la machine à battre exposée par M. Cumming, d'Orléans.

» Il a remarqué pour la première fois dans cette machine l'établissement d'un aspirateur reportant sur le cylindre batteur le débris des épis contenant encore des grains. Il a récompensé par une médaille d'or cette heureuse importation anglaise.

» Il a également fixé son attention sur la belle machine analogue, exposée par M. Girard, de Vierzon-Ville.

» Dans la région, une seule machine à battre, ne vannant, ni ne criblant, a été exposée par M. Lardy, de Pontgibaud. Cette machine laisse à désirer. Néanmoins le jury a jugé dignes de récompense les efforts de ce constructeur.

» Hors de la région, ont fonctionné les belles machines de MM. Pinet, Girard, Tritschler et Creuzé des Roches.

» Le jury a accordé à M. Pinet un rappel de médaille d'argent.

» Un seul habitant de la région, M. Milliroux, de Clermont, a exposé deux tarares. Le système d'engrenage de ces instruments est tout à fait primitif et laisse beaucoup à désirer. Néanmoins le jury a accordé une mention à cet exposant.

» Hors de la région, l'attention du jury s'est portée :

» Sur la bonne machine produite par M. Pinet, sous le nom de débourreur ;

» Et sur un tarare présenté par M. Vermorel, du Rhône, remarquable par la légèreté du ventilateur en tôle, complètement évidé dans le milieu, et courbé sur les bords de manière à produire le maximum d'effet utile.

» Le seul instrument fourni par la région pouvant être classé dans cette catégorie, est un instrument à nettoyer les grains produit par M. Labourier-Tynaire, d'Issoire. Cet instrument est solidement établi et fonctionne très-bien.

» Hors de la région, le jury a remarqué l'excellent crible trieur présenté par M. Presson, du Cher.

» Il n'a pu examiner les qualités ou les défauts d'un crible trieur exposé par M. Ducroquet, de la Somme, le propriétaire étant absent lors des opérations du jury.

» Il n'est parvenu de la région ni concasseur, ni coupe-racine, ni hache-paille, ni appareil à cuire les légumes.

» Le jury a jugé dignes de récompenses :

» Le concasseur de MM. Bruell ;

» L'excellent coupe-racines conique de M. Pinet ;

» Le coupe-racines vertical de MM. Bruell ;

» Les excellents hache-paille de MM. Bruell et Ganneron.

» En accordant ces divers prix, le jury a voulu récompenser les services qu'ont rendus ces constructeurs en important ces utiles instruments dans un pays où le nom et l'usage en sont à peine connus.

» Les barattes mises au concours par M. Lenègre ont fixé l'attention du jury et lui ont paru établies en de bonnes conditions. Elles n'ont pu être expérimentées.

» Une seule bascule pour peser les fourrages avait été présentée par un habitant de la région, M. Daumel, de Sugères. Cet instrument, exécuté avec le plus grand soin, avait fixé d'une manière toute spéciale l'attention du jury; n'ayant pas été porté au catalogue, il n'a pu être primé.

» Hors de la région, le jury a remarqué la bonne exécution d'une bascule à peser les bestiaux présentée par M. Bascans-Barthelau, de l'Allier.

» Aucun pressoir de la région n'a été présenté au jury.

» Hors de la région, le jury a visité avec intérêt les beaux pressoirs provenant des ateliers de M. Lemonier, de la Côte-d'Or. Il a surtout remarqué l'excellente exécution des engrenages et le bon agencement des diverses parties, habilement distribuées sur un espace fort restreint.

» Aucune collection des instruments et ustensiles usités dans l'intérieur d'une ferme, provenant de la région, n'a figuré à l'exposition.

» Hors de la région, le jury a décerné le premier prix à MM. Bruell, de Moulins, pour le service qu'ils ont rendu en produisant une collection très-complète en un pays où l'emploi de ces utiles instruments n'est pas connu.

» Après avoir passé en revue les divers outils, instruments et machines, figurant aux deux sous-sections de l'article 16, le jury, usant de la faculté laissée par le dernier paragraphe de cet article, a cru devoir accorder pour la région cinq médailles d'argent, deux médailles de bronze, quatre mentions honorables.

» Les cinq médailles d'argent ont été attribuées :

» A M. Léon Missonen, de Mezel, pour sa machine à fabriquer les douves. Cette machine se compose de deux fortes mâchoires, donnant au bois la courbure voulue, et d'un rabot dont l'action est maintenue suivant cette courbure par un point d'attache. Le petit établi sur lequel est posé cet appareil si simple, si facile à manœuvrer, est remarquable par sa disposition sur un espace extrêmement réduit; il offre tout ce qui est utile à l'état de M. Missonen;

» A M. Mallet, de Beaumont, pour son appareil raidisseur, servant à tendre les fils. Ce petit instrument, très-simple, très-ingénieux, de l'emploi le plus facile, est appelé à rendre de grands services dans un pays essentiellement vinicole, où le bois manque;

» A M. Léon Amenc, de Clermont-Ferrand, pour son godet graisseur automatique. Ce petit appareil est ingénieux et rendra de bons services;

» A M. Bourgoignon, de Clermont-Ferrand, pour ses applications de l'asphalte aux fosses à purin, aux étableries, aux crèches, aux auges. Ces emplois de l'asphalte permettent de tirer un meilleur parti des purins que les cultivateurs laissent généralement perdre, et de donner plus de durée aux crèches et aux auges;

» A M. Eguillon, pour son appareil à redresser les cornes des animaux. Cet appareil a déjà rendu de bons services. Moyennant quelques modifications de détail, faciles à introduire, il pourra devenir d'un usage plus commode.

» Les médailles de bronze ont été accordées à M. Cauneilles, d'Aulnat, pour sa collection de fers à cheval; et à M. Laurent, de Saint-Beauzire, pour la bonne exécution de son appareil à battre les faux.

» En dehors de la région, il a été attribué :

» Le rappel de médaille d'or à MM. Brisgault frères, et de médaille d'argent à M. Mesmet-Thibaud, l'un et l'autre d'Indre-et-Loire, pour les belles collections de meules qu'ils ont exposées.

» Une médaille d'or à M. Brisson, pour l'exposition de son joli moulin agricole à meules oscillantes.

» Ce moulin a attiré l'attention la plus spéciale du jury, par le petit espace qu'il occupe et par son rendement néanmoins considérable.

» Au lieu d'être invariablement fixée, la meule inférieure, suspendue en son centre de gravité, peut osciller sous les chocs répétés de la meule supérieure. Dès lors, au lieu de ces chocs souvent si intenses dans les autres systèmes, dont les conséquences sont l'usure ou la déformation de la meule, l'échauffement des farines, des pertes notables de forces motrices, il s'établit une suite de mouvements doux, tels que, l'effort étant toujours proportionnel à la résistance, l'effet cherché est toujours atteint sans être jamais dépassé. On obtient ainsi avec un moteur donné un effet utile plus considérable.

» Une médaille d'or à M. Pinet, pour l'égreneuse qu'il a présentée au concours. Cette machine permet la prompte et complète décortication des graines de légumineuses. Elle rend de grands services en facilitant une opération actuellement très-longue par l'emploi des procédés en usage.

» Une médaille d'argent à M. Eldin, de Lyon, pour ses pompes d'arrosage à air comprimé et à jet continu. Ces machines, portées sur une brouette légère servant de réservoir, sont parfaitement établies.

» Une médaille d'argent à M. Labarthe, des Landes, pour son appareil à transvaser les vins.

» Le transvasement s'opère par la pression de l'air, que refoule une pompe. On évite ainsi les pertes de temps et les difficultés du mode généralement adopté.

» Une médaille d'argent à M. Bascans-Barthelau, pour son appareil à nettoyer les grains, déjà primé à Moulins, et sa collection complète des instruments employés dans l'intérieur d'un moulin.

» Tel est, Messieurs, l'exposé sommaire des opérations du jury.

» Si l'on en résume l'ensemble, on trouve :

» Que sur trente-neuf premiers prix, mis à sa disposition pour le concours des outils, instruments ou machines appartenant à la région, le jury a pu en attribuer six seulement aux charrues, aux ruches, aux collections d'instruments, aux machines à battre vannant et criblant, aux trieurs, aux barattes ;

» Qu'en outre cette partie de l'exposition régionale a été fort incomplète sur sept articles, savoir : les scarificateurs, les semoirs, les butteurs, les véhicules destinés aux transports ruraux, les manéges, les machines à battre ne vannant ni ne criblant, les tarares ;

» Enfin qu'elle a été tout à fait nulle sur vingt-quatre articles.

» Il en a été tout autrement pour les outils, instruments et machines étrangers à la région.

» Malgré quelques lacunes peu importantes au point de vue pratique, cette partie de l'exposition a été complète.

» Chacun de vous, Messieurs, est frappé des principales causes d'une différence aussi notable.

» Aucune ligne de fer ne relie le département aux autres points de la circonscription régionale. Dès lors le transport des instruments et machines devient extrêmement difficile, et nécessite des dépenses telles, que le Puy-de-Dôme, abandonné des autres points de la circonscription, est réduit à ses seules ressources.

» Le département lui-même est sur son propre territoire dans une situation analogue. Il possède une seule voie de communications faciles et rapides. Cette ligne ferrée traverse une suite de contrées riches et fertiles, où la terre, extrêmement morcelée, livrée à la petite culture, travaillée annuellement à la bêche, depuis longtemps ameublie comme le sol des jardins, ne peut exiger au même degré l'emploi de ces puissants et rapides moyens de culture mis par la science et par l'industrie à la disposition des grandes exploitations; aussi le concours régional auquel nous venons d'assister, offre-t-il seulement un aperçu des moyens d'action mis en usage par les habitants voisins de la voie ferrée.

» A cette cause capitale se joignent l'insouciance des populations, portée à un haut degré dans un pays où l'industrie est peu avancée, l'ignorance des grands avantages que procure la comparaison des divers modes de culture usités en différents pays, et par-dessus tout la confiance illimitée en un sol d'une grande fertilité relative, réelle il est vrai, mais diminuant chaque jour par l'absence de meilleurs assolements et de moyens d'action trop négligés dans le Puy-de-Dôme.

» Espérons, Messieurs, que les causes inhérentes à la constitution topographique de la région, à celle du département, disparaîtront par suite de la création des nouveaux chemins de fer en projet; que les populations comprendront enfin la nécessité d'employer quelques-uns de ces puissants moyens de culture et d'exploitation, dont l'utilité leur est révélée par l'exposition actuelle; et que, au prochain concours à tenir dans cette ville, le jury aura la satisfaction de constater de notables progrès dans l'importante section où il est condamné à signaler aujourd'hui une fâcheuse lacune.

» GUYOT,

» *Ingénieur en chef des ponts et chaussées.* »

RAPPORT SUR LES PRODUITS AGRICOLES.

« Chargé par la Commission qui a apprécié l'exposition de vos produits de vous dire le résultat de ses appréciations, ce n'est qu'à regret que j'ai accepté cette mission.

» Les éminents agriculteurs dont j'ai eu l'honneur de partager les travaux, étaient seuls autorisés à vous faire entendre leur voix.

» C'était surtout à l'un deux, à M. le docteur Guyot, que ses talents et ses travaux ont rendu célèbre dans l'art de cultiver la vigne, à vous dire le résultat de ses appréciations sur votre exposition vinicole.

» Si des raisons particulières empêchent ce savant agriculteur d'accepter aujourd'hui cette mission, et me laissent la charge impossible de le remplacer, je ferai au moins mes efforts pour rendre, aussi fidèlement que ma pensée aura pu les saisir, les bons conseils qu'il vous adresse.

» Ce qui m'encourage, Messieurs, c'est que celui au nom duquel je parle, ne vous apporte que de bonnes nouvelles. Il vient d'étudier la culture de vos vignes et de goûter vos vins. De ses recherches il résulte que, si vous n'avez pas encore atteint la perfection dans l'art de la viticulture, vous êtes dans la bonne voie, et il vous annonce que les temps heureux de la bonne vigne et du bon vin vont revenir.

» Parmi les riches produits que présente votre exposition, les vins attirent surtout l'attention, et semblent indiquer que l'agriculture a reconnu dans les produits de la vigne une des bases les plus importantes de sa force et de sa fortune.

» Aussi la Commission a-t-elle décerné aux vins la plus grande part des récompenses trop restreintes dont elle pouvait disposer; elle a jugé que, pour donner à l'application des récompenses la plus grande portée et la plus grande utilité possible, elle devait attribuer les médailles d'or et d'argent aux vins alimentaires et de consommation usuelle, en un mot aux vins ordinaires des repas et à la meilleure série de ces vins représentant la pureté, la droiture et la bonté soutenue pendant plusieurs années, excluant ainsi, malgré leurs qualités souvent remarquables, les vins blancs mousseux, les vins de paille et tous les vins de consommation exceptionnelle sortant de l'usage habituel et de l'alimentation régulière.

» La Commission espère que sa décision sera bien accueillie, car la véritable valeur, la grande qualité des vins d'Auvergne est d'être essentiellement alimentaire, de s'associer merveilleusement aux repas, dont ils rendent la digestion facile, et d'augmenter les forces du corps, du cœur et de l'intelligence, sans attaquer les nerfs ni fatiguer la tête.

» La série des vins rouges qui nous a paru la meilleure, la mieux soutenue pendant la plus longue période de 1834 à 1862, est celle exposée par M. de la Salle. Une médaille d'or lui a été décernée.

» Des médailles d'argent ont été accordées à MM. Dunaud, Chauvassaigne, Dubroc-Barnicaud, pour de très-bonnes séries de vins présentant une amélioration progressive et régulière jusqu'à l'âge de cinq ans environ, où ils paraissent arrivés à leur apogée. La commission a voulu également récompenser dans ce dernier un commerce honorable qui s'occupe exclusivement d'ouvrir des débouchés aux produits purs et sincères du pays. Elle accorde un rappel de médaille d'argent à M. d'Hauterive pour ses vins du Fel.

» La Commission a décerné six médailles de bronze pour des vins de bonne qualité.

» Un vin de paille offert par M. Faye, de Beaumont, à l'Empereur, a été présenté après les délais.

» Il nous suffit de dire que sa qualité hors ligne le rendait digne de la distinction dont il a été honoré, qui l'élève au-dessus de toute récompense.

» Comme nous, Messieurs, vous savez que les plantes sarclées sont la base de toute bonne culture, surtout dans un pays comme le vôtre qui se prête à toutes les exigences des semences qu'on lui confie.

» M. de Tarrieux joint à une bonne exposition de produits de ce genre l'application à la taille de la vigne d'un procédé dont les bons effets sont évidents. La Commission lui accorde une médaille d'or pour l'ensemble de son exposition.

» Je ne vous ferai pas l'énumération de tous les produits primés ; je dois en finissant vous dire que la Commission a constaté la bonne qualité des fromages de la Guiole et du Cantal, exposés par MM. Baduel et de la Farge, et qu'elle leur accorde des médailles d'argent.

» Elle a vu avec bonheur que quelques agriculteurs s'occupent de l'amélioration de ces produits, qui forment la richesse de toute la partie montagneuse de notre région.

» A côté de cette ancienne fabrication des fromages d'Auvergne, importante, mais peut-être un peu retardataire, se font partout des essais qui tendent à lui substituer les fromages plus productifs tirés de pays étrangers, soit à la région, soit à la France.

» C'est ainsi, Messieurs, que vous avez remarqué des échantillons de fromages façon Roquefort, Hollande et Chester.

» La Commission a été heureuse d'encourager ces essais, en accordant des médailles aux plus habiles de ces hommes de progrès, dont quelques-uns d'ailleurs tiennent le premier rang dans la pratique et la science agricole.

» A côté de ces produits, vous avez tous remarqué, Messieurs, une collection de graines qui se recommandait à votre attention, tant par son importance propre que par le nom de son auteur, M. Lecoq. La Commission a admiré ces collections, fruit de savantes et utiles recherches. Elle aurait désiré pouvoir disposer d'une récompense applicable à ce genre de produits, et surtout digne du savant exposant, dont le nom ne peut être séparé de l'agriculture de l'Auvergne.

» SARRAUSTE. »

LISTE DES RÉCOMPENSES.

Ire CLASSE. — ESPÈCE BOVINE.

RACE DE SALERS PURE. — MALES.

1re *Section.* — *Animaux nés depuis le* 1er *mai* 1861 *et avant le* 1er *mai* 1862.

1er prix, Mme Marthe Mercier, à Menet (Cantal); 2e prix, M. Chavaroche, à Trizac (Cantal); 3e prix, M. Joseph Delau, à Auzers (Cantal); 4e prix, M. Lescurrier-d'Espérière, à Anglards-de-Salers (Cantal).

2e *Section.* — *Animaux nés avant le* 1er *mai* 1861.

1er prix, M. Eugène Majonerik, à Aurillac (Cantal); 2e prix, M. Vergue, à Saint-Bonnet-de-Salers (Cantal); 3e prix, M. de Laforce, à Beaulieu (Cantal ; 4e prix, M. Damprunt, à Charbonnières-les-Varennes (Puy-de-Dôme).

FEMELLES.

1re *Section.* — *Génisses nées depuis le 1er mai 1860 et avant le 1er mai 1861, n'ayant pas encore fait veau.*

1er prix, M. Pierre Boyer, à Menet (Cantal); 2e prix, M. Marien Taravant, à Tauves (Puy-de-Dôme; 3e prix, M. Borne, à Saint-Bonnet-de-Salers (Cantal). Mention honorable, M. de Laforce, précité.

2e *Section.* — *Génisses nées depuis le 1er mai 1861 et avant 1er mai 1862, pleines ou à lait.*

1er prix, M. Chavaroche, précité; 2e prix, M. Célarier, à Salnis (Cantal); 3e prix, M. de Laforce, précité. 1re mention honorable, M. Marien Taravant, précité; 2e mention honorable, M. Stéphane de Benoist, à Maringues (Puy-de-Dôme).

3e *Section.* — *Vaches nées avant le 1er mai 1860, pleines ou à lait.*

1er prix, M. Antoine Clary, à Moussayes (Cantal); 2e prix, M. Ernest Teyras, à Coudes (Puy-de-Dôme); 3e prix, M. Odon Périer, à Mauriac (Cantal); 4e prix, M. le comte Cornudet, précité. Mentions honorables, M. de Laforce, précité; M. Momont, à Aulnat (Puy-de-Dôme); M. Daupeyroux, à Blanzat (Puy-de-Dôme).

RACE FERRANDAISE. — MALES.

1re *Section.* — *Animaux nés depuis le 1er mai 1861 et avant le 1er mai 1862.*

1er prix, M. Michel Germain, à Saint-Laure (Puy-de-Dôme); 2e prix, M. Pommerol-Bonnet, à Gerzat (Puy-de-Dôme); 3e prix, M. Amable Chauty, à Riom (Puy-de-Dôme); 4e prix, M. Jean Rochon, à Clermont-Ferrand (Puy-de-Dôme).

2e *Section.* — *Animaux nés avant le 1er mai 1861.*

1er prix, M. Delsuc, à Latour-d'Auvergne (Puy-de-Dôme); 2e prix, M. Germain, à Saint-Beauzire (Puy-de-Dôme); 3e prix, M. Lenègre, à Besse-en-Chandesse (Puy-de-Dôme); 4e prix, M. Morange, à Rochefort-Montagne (Puy-de-Dôme).

FEMELLES.

1re *Section.* — *Génisses nées depuis le 1er mai 1861 et avant le 1er mai 1862, n'ayant pas encore fait veau.*

1er prix, M. de Laroussille, à Vertaizon (Puy-de-Dôme); 2e prix, M. Michel Jay, à Châteaugay (Puy-de-Dôme); 3e prix, M. Claude Beauvallot, à Gerzat (Puy-de-Dôme). Mentions honorables, M. Rochon, à Montferrand (Puy-de-Dôme); M. Vimal du Monteil, à Ambert (Puy-de-Dôme).

2e *Section.* — *Génisses nées depuis le 1er mai 1860 et avant le 1er mai 1861, pleines ou à lait.*

1er prix, M. Domas, à Pérignat-ès-Allier (Puy-de-Dôme); 2e prix, M. Benoît Piale, à Orcet (Puy-de-Dôme); 3e prix, M. Rebière de Land, à Authezat (Puy-de-Dôme). Mention honorable, M. Joseph Pommerol, à Gerzat (Puy-de-Dôme).

3e *Section.* — *Vaches nées avant le 1er mai 1860, pleines ou à lait.*

1er prix, M. Michel Germain, à Saint-Laure (Puy-de-Dôme); 2e prix, MM. Meinadier et Cie, à Clermont; 3e prix, M. Jacques Forestier, à Gerzat (Puy-de-Dôme); 4e prix, M. Jean Goy, à Clermont. Mention honorable, M. le vicomte de Pierre, précité.

RACE MARCHOISE PURE. — MALES.

1re *Section.* — *Animaux nés depuis le 1er mai 1861 et avant le 1er mai 1862.*

1er prix, M. Bouttelas-Desmoulins, à Guéret (Creuse); 2e prix, M. Blanchet, à Saint-Sulpice-le-Guérétois; 3e prix, M. le vicomte Barthon-Montbas, à Ahun (Creuse). Mentions honorables, M. Jouannique, à Alleyrat (Creuse); M. Pierre Gaillard, à Guéret (Creuse).

2e *Section.* — *Animaux nés avant le 1er mai 1861.*

1er prix, M. Martin de Lignac, à Saint-Sulpice-le-Guérétois (Creuse); 2e prix, M. Jouannique, précité; 3e prix, M. Bouttelas-Desmoulins, précité.

FEMELLES.

1re *Section.* — *Génisses nées depuis le 1er mai 1861, n'ayant pas encore fait veau.*

1er prix, M. Pierre Florand, à Guéret (Creuse); 2e prix, M. Martin de Lignac, précité; 3e prix, M. Dumiral, à Villeneuve (Creuse).

2e *Section.* — *Génisses nées depuis le 1er mai 1860 et avant le 1er mai 1861, pleines ou à lait.*

1er prix, M. Martin de Lignac, précité; 2e prix, M. Antoine Filloux, précité; 3e prix, M. le vicomte de Barthon-Montbas, précité.

3e *Section.* — *Vaches nées avant le 1er mai 1860, pleines ou à lait.*

1er prix, M. Martin de Lignac, précité; 2e prix, M. Pierre Florand, précité; 3e prix, M. Rousseau, à Guéret (Creuse).

RACE D'AUBRAC PURE. — MALES.

1re *Section.* — *Animaux nés depuis le 1er mai 1861 et avant le 1er mai 1862.*

1er prix, M. Charles Colrat, à Montrozier (Aveyron); 2e prix, M. Jucry, à Saint-Urcize (Cantal); 3e prix, M. Charles Dauban, à Campnac (Aveyron); 4e prix, M. Dauban, à Pruynes (Aveyron).

2e *Section. — Animaux nés avant le 1er mai 1861.*

1er prix, M. Durand fils, précité; 2e prix, M. de Saint-Mande, à Saint-Yvoine (Puy-de-Dôme); 3e prix, M. Alexandre Baduel, précité; 4e prix, M. Charles Colrat, précité. Mention honorable, M. Guillaume Nicolas, à Saint-Urcize (Cantal).

FEMELLES.

1re *Section. — Génisses nées depuis le 1er mai 1861 et avant le 1er mai 1862, n'ayant pas encore fait veau.*

1er prix, M. Charles Colrat, précité; 2e prix, M. Durand fils, précité; 3e prix, M. Jean Compte, à Laguiolle (Aveyron). Mention honorable, M. Charles Dauban, précité.

2e *Section. — Génisses nées depuis le 1er mai 1860 et avant le 1er mai 1861, pleines ou à lait.*

1er prix, M. Guillaume Nicolas, précité; 2e prix, M. Alexandre Baduel, précité; 3e prix, M. Durand fils, précité.

3e *Section. — Vaches nées avant le 1er mai 1860, pleines ou à lait.*

1er prix, M. de Saint-Mande, précité; 2e prix, M. Durand fils, précité; 3e prix, M. Baduel, précité; 4e prix, M. Charles Colrat, précité.

RACE LIMOUSINE PURE. — MALES.

1er prix, M. Gardavaux, à Saint-Chabrais (Creuse); 2e prix, M. Joseph Coulaud, à Montboucher (Creuse). Pas de 3e prix.

2e *Section. Animaux nés avant le 1er mai 1861.*

1er prix, M. Jouannique, précité; 2e prix, M. Pierre-Auguste Duret, à Chénéraille (Creuse); 3e prix, M. le vicomte de Barthon de Montbas, précité. Mention honorable, M. Martin de Lignac, précité.

FEMELLES.

1re *Section. — Génisses nées depuis le 1er mai 1861 et avant le 1er mai 1862, n'ayant pas encore fait veau.*

2e prix, M. Gardavaux, précité.

2e *Section. — Génisses nées depuis le 1er mai 1860 et avant le 1er mai 1861, pleines ou à lait.*

1er prix, M. de Longueil, à Saint-Quentin (Puy-de-Dôme); 2e prix, M. Gardavaux, précité.

3e *Section. — Vaches nées avant le 1er mai 1860, pleines ou à lait.*

1er prix, M. le comte de Pontgibaud, à Pontgibaud (Puy-de-Dôme); 2e prix, M. le général de Solliers, précité; 3e prix, MM. Meynadier et Cie, précités.

RACE CHAROLLAISE PURE. — MALES.

1re *Section.* — *Animaux nés depuis le* 1er *mai* 1861 *et avant le* 1er *mai* 1862.

2e prix, M. Picaud, à Evaux (Creuse); 3e prix, M. Blatin, à Saint-Agoulin (Puy-de-Dôme).

2e *Section.* — *Animaux nés avant le* 1er *mai* 1861.

3e prix, M. le vicomte de Pierre, précité.

FEMELLES.

1re *Section.* — *Génisses nées depuis le* 1er *mai* 1861 *et avant le* 1er *mai* 1862, *n'ayant pas encore fait veau.*

1er prix, M. Blatin, précité; 2e prix, M. Antoine Chauvassaignes, précité.

2e *Section.* — *Génisses nées depuis le* 1er *mai* 1860 *et avant le* 1er *mai* 1861, *pleines ou à lait.*

1er prix, M. Gagnon-Gaymy, à Aigueperse (Puy-de-Dôme.

3e *Section.* — *Vaches nées avant le* 1er *mai* 1860, *pleines ou à lait.*

1er prix, M. le vicomte d'Aurelle, à Crevant (Puy-de-Dôme); 2e prix, M. Gardavaux, précité; 3e prix, M. P.-Félix Faure, à Clermont.

RACES FRANÇAISES DIVERSES PURES, AUTRES QUE CELLES CI-DESSUS. — *(Races d'Angles, etc., etc.)* — MALES.

1re *Section.* — *Animaux nés depuis le* 1er *mai* 1861 *et avant le* 1er *mai* 1862.

2e prix, M. de la Boisserie, à Ambert (Puy-de-Dôme).

2e *Section.* — *Animaux nés avant le* 1er *mai* 1861.

3e prix, M. Jean Grangeon, à Ambert (Puy-de-Dôme).

FEMELLES.

1re *Section.* — *Génisses nées depuis le* 1er *mai* 1861 *et avant le* 1er *mai* 1862, *n'ayant pas encore fait veau.*

2e prix, M. Jean Grangeon, précité.

2e *Section.* — *Génisses nées depuis le* 1er *mai* 1860 *et avant le* 1er *mai* 1861, *pleines ou à lait.*

Pas de prix décerné.

3e *Section.* — *Vaches nées avant le* 1er *mai* 1860, *pleines ou à lait.*

1er prix, M. Dumiral, précité; 2e prix, MM. Costes et Ledieu, à Ambert (Puy-de-Dôme); 3e prix, M. de Marpon, à Chamalières (Puy-de-Dôme).

RACE DURHAM PURE. — *(Short horned improved.)* — MALES.

2e *Section. — Animaux nés avant le 1er mai* 1861.

2e prix, M. le comte de Pontgibaud, précité.

RACES ÉTRANGÈRES PURES AUTRES QUE LA RACE DE DURHAM. — MALES.

2e *Section. — Animaux nés avant le 1er mai* 1861.

1er prix, M. Olombel la Sagne, à Mazamet (Tarn).

FEMELLES.

1re *Section. — Génisses nées depuis le 1er mai* 1861 *et avant le 1er mai* 1862, *n'ayant pas encore fait veau.*

1er prix, M. Olombel la Sagne, précité.

3e *Section. — Vaches nées avant le 1er mai* 1860, *pleines ou à lait.*

1er prix, M. Olombel la Sagne, précité; 2e prix, M. le comte Cornudet, précité.

CROISEMENTS DURHAM. — MALES.

2e prix, M. Louis Vayron, à Blot-l'Église (Puy-de-Dôme).

2e *Section. — Animaux nés avant le 1er mai* 1861.

1er prix, M. Rochette de Lempdes, à Saint-Genès-Champanelle (Puy-de-Dôme); 2e prix, M. Louis Vayron, précité.

FEMELLES.

1re *Section. — Génisses nées depuis le 1er mai* 1861 *et avant le 1er mai* 1862, *n'ayant pas encore fait veau.*

2e prix, M. Martin de Lignac, précité.

2e *Section. — Génisses nées depuis le 1er mai* 1860 *et avant le 1er mai* 1861, *pleines ou à lait.*

2e prix, M. Dumiral, précité.

3e *Section. — Vaches nées avant le 1er mai* 1860, *pleines ou à lait.*

2e prix, M. Martin de Lignac, précité.

CROISEMENTS DIVERS. — MALES.

1re *Section. — Animaux nés depuis le 1er mai* 1861 *et avant le 1er mai* 1862.

2e prix, M. Ch. Dauban, précité.

2e *Section. — Animaux nés avant le 1er mai* 1861.

2e prix, M. le comte Cornudet, précité.

FEMELLES.

1re *Section.* — *Génisses nées depuis le 1er mai 1861 et avant le 1er mai 1862, n'ayant pas encore fait veau.*

1er prix, M. Paumara, à Antignac (Cantal); 2e prix, M. Pierre Maynial, précité.

2e *Section.* — *Génisses nées depuis le 1er mai 1860 et avant le 1er mai 1861, pleines ou à lait.*

1er prix, M. Joseph Delfau, précité; 2e prix, M. Pierre Maynial, précité.

3e *Section.* — *Vaches nées avant le 1er mai 1860, pleines ou à lait.*

1er prix, M. Jacques Amilhon, précité; 2e prix, M. Michel Germain, à Lussat (Puy-de-Dôme); 3e prix, M. Viollet, à Vébret (Cantal).

2e CLASSE. — ESPÈCE OVINE.

1re CATÉGORIE. — RACES FRANÇAISES PURES.

Mâles.

1er prix, M. Fouilhade de la Rivière, à Montvalent (Creuse); 2e, prix, M. Jouannique, à Alleyrat (Creuse); 3e prix, M. Charles Lafon, à Saint-Georges-de-Lusençon (Aveyron); 4e prix, M. Madinas, à Beaumont (Puy-de-Dôme); 5e prix, M. Aureille-Gazards, à Roffiac (Cantal).

Femelles.

1er prix, M. le général de Solliers, à Grand-Bourg (Creuse); 2e prix, M. Jouannique, précité; 3e prix, M. Aureille-Gazards, précité; 4e prix, M. Charles Lafon, précité.

2e CATÉGORIE. — RACES ÉTRANGÈRES PURES.

Mâles.

1er prix, M. Du-Autier, à Auriat (Creuse); 2e prix, M. Aureille-Gazards, précité, 3e prix, M. Fouilhade de la Rivière, précité; 4e prix, M. Segrette de la Ribière, à Augères (Creuse).

Femelles.

3e prix, M. Aureille-Gazards, précité.

3e CATÉGORIE. — CROISEMENTS DIVERS.

Mâles.

1er prix, M. Aureille-Gazards; 2e prix, M. Fouilhade de la Rivière; 3e prix, M. Jouannique, précité; 4e prix, M. Louis Vayron, à Blot-l'Eglise (Puy-de-Dôme); 5e prix, M. Bonnabry, à Clermont-Ferrand.

Femelles.

1er prix, M. Aureille-Gazards ; 2e prix, M. Nauzières, à Tanavelle (Cantal) ; 3e prix, M. Martin de Gibergue, à Billom (Puy-de-Dôme) ; 4e prix, M. Moreau, à Bonnat (Creuse) ; 5e prix, M. Guy, à Saint-Bonnet-de Salers (Cantal).

3e CLASSE. — ESPÈCE PORCINE.

1re CATÉGORIE. — RACE INDIGÈNE.

Mâles.

3e prix, M. Segrette de la Ribière.

Femelles.

1er prix, M. le vicomte de Pierre, à la Gagère (Puy-de-Dôme) ; 2e prix, M. François Paquet, à Toulx (Creuse).

2e CATÉGORIE. — RACES ÉTRANGÈRES.

Mâles.

1er prix, M. Delapchier du Chassaing, à Courpière (Puy-de-Dôme; 2e prix, M. le comte de Cornudet, à Crocq (Creuse) ; 3e prix, M. Du Autier, précité ; 4e prix, M. Gilbert Bony, à Gerzat (Puy-de-Dôme) ; 5e prix, M. Téalier, à Trézioux (Puy-de-Dôme).

Femelles.

1er prix, M. Jouannique, précité ; 2e prix M, Jean Andraux, à Sauxillanges (Puy-de-Dôme) ; 3e prix, M. le vicomte de Pierre, précité ; 4e prix, M. Puissance, à Maringues (Puy-de-Dôme) ; 5e prix, Mme Noyer de Leyras, à Pont-du-Château (Puy-de-Dôme).

3e CATÉGORIE. — CROISEMEMENTS DIVERS.

Mâles.

1er prix, M. Jouannique ; 2e prix, M. le vicomte de Pierre.

1er prix, M. Jouannique ; 2e prix, M. le comte Cornudet ; 3e prix, M. Vimal, à Bongheat (Puy-de-Dôme).

4e CLASSE. — ANIMAUX DE BASSE-COUR.

Médailles d'argent.

M. Des Forêts, à Plauzat, pour un lot de coq et poules Crèvecœur ;

M. de Marpont, à Chamalières, pour un lot de coq et poules andalous ;

M. Verchère, à Clermont, pour un lot de coq et poules houdan.

Médailles de bronze.

M. Aureille-Gazards, à Roffiac (Cantal), pour un lot d'oies de Toulouse ;

M. Bourlheix, à Lempdes (Puy-de-Dôme), pour un lot de paons ;

M. Boutal, de Clermont, pour un lot de pintades ;

M. Faure, à Aubière (Puy-de-Dôme), pour un lot d'oies de Toulouse.

M. Egal, d'Issoire, pour un lot de canards normands.

M. Lepaitre, à Cournon, pour un lot de coq et poules brahma;

M. Levadoux, à Riom, pour un lot de pintades grises;

M. Léger Bouillon, à Clermont, pour un lot de coq et poules brahma;

Mme Mouty, à Clermont, pour un lot d'oies;

M. Petit de Montséjour, au Cendre, pour un lot de dindons.

PISCICULTURE.

Médailles d'or.

M. de Marpont, à Chamalière, et M. Rico, à Clermont.

Médaille de bronze.

M. Thomas, à Pontgibaud.

Médaille d'argent.

M. Passion, à Meilhaud, pour un lot de sangsues.

INSTRUMENTS AGRICOLES.

PREMIÈRE SECTION.

Charrues. — Rappel des récompenses obtenues au concours international de Paris et à l'exposition de Londres, à M. Pardoux, à Randan (Puy-de-Dôme), pour sa charrue tourne-oreille n° 74. 1er prix, une médaille d'or à M. Alexis Cauneille, à Aulnat (Puy-de-Dôme), pour la charrue n° 9; 2e prix, une médaille d'argent à M. Demone, Benoît, à Aulnat (Puy-de-Dôme), pour la charrue n° 16; 3e prix, une médaille de bronze à M. Laurent, Jean, à Saint-Beauzire (Puy-de-Dôme), pour la charrue n° 36.

Scarificateurs et extirpateurs. — Mention honorable à M. Lenègre, à Besse (Puy-de-Dôme), pour l'extirpateur n° 39.

Semoirs. — 2e prix, une médaille de bronze à M. Missonen, Léon, à Mezel (Puy-de-Dôme), pour le semoir à brouette n° 65.

Butteurs. — Prix unique, une médaille de bronze à M. Portepain, Eugène, à Pont-du-Château (Puy-de-Dôme), pour le butteur n° 84.

Véhicules. — 3e prix, une médaille de bronze à M. Morel, Michel, à Nohanent (Puy-de-Dôme), pour le chariot n° 70.

Collections d'instruments à main pour les travaux extérieurs. — 1er prix, une médaille d'argent à M. Pierre Thomas, à Issoire (Puy-de-Dôme), pour sa collection d'instruments n° 191 à 94, 2e prix, une médaille de bronze à M. Jean Mallet, à Beaumont (Puy-de-Dôme), pour sa collection d'instruments n° 40 à 56.

Ruches. — 1er prix, une médaille d'argent à M. Dubroc-Barnicaud, à Clermont-Ferrand, pour la ruche système Debeauvoye n° 19; 2e prix, une médaille de bronze à M. Girard de Châteauneuf, à Chanonat (Puy-de-Dôme), pour la ruche n° 30. Mention honorable à M. Mallet père, à Beaumont (Puy-de-Dôme), pour la ruche n° 57.

Manéges applicables aux divers besoins de l'agriculture. — Médaille d'argent à M. Lardy, Jean, à Pontgibaud (Puy-de-Dôme), pour le manége n° 34.

Machines à battre mobiles rendant le grain vanné. — 1er prix, une médaille d'or à M. Pardoux, à Randan (Puy-de-Dôme), pour son égreneuse n° 72.

Machines ne vannant ni ne criblant. — 2e prix, une médaille de bronze à M. Lardy, Jean, à Pontgibaud (Puy-de-Dôme), pour la machine n° 33.

Tarares. — Mention honorable à M. Milliroux, à Clermont-Ferrand, pour le tarare n° 63.

Barattes. — 1er prix, une médaille d'argent à M. Lenègre, à Besse (Puy-de-Dôme), pour la baratte n° 42.

DEUXIÈME SECTION.

Charrues. — 1er prix, une médaille d'or à MM. Bruel frères, à Moulins (Allier), pour la charrue Grignon à pointes mobiles n° 154; 2e prix, une médaille d'argent à MM. Tritschler et fils, à Limoges (Haute-Vienne), pour la charrue n° 316. Rappel de médaille d'argent à M. Auvillain, à Cluis (Indre), pour la charrue n° 97. Rappel de médaille d'or à M. Josso, à Laroche-Bernard (Morbihan), pour la charrue n° 226.

Charrues sous-sol. — 1er prix, une médaille d'argent à MM. Bruel frères, à Moulins (Allier), pour la charrue fouilleuse n° 159.

Herses. — 1er prix, une médaille d'argent à M. Auvillain, à Cluis (Indre), pour la herse, chaînes tordues, n° 106; 2e prix, une médaille de bronze à MM. Bruel frères, à Moulins, pour la herse articulée n° 135.

Rouleaux. — 1er prix, une médaille d'argent à MM. Bruel frères, à Moulins, pour le rouleau Croskill n° 174.

Scarificateurs et extirpateurs. — 1er prix, une médaille d'argent à M. Auvillain, à Cluis, pour le scarificateur n° 105; 2e prix, une médaille de bronze à MM. Bruel frères, à Moulins, pour le cultivateur n° 170.

Semoirs. — Rappel de médaille d'argent à M. Maurice Bocquin, à Lyon (Rhône), pour le semoir articulé n° 120.

Houes à cheval. — 1er prix, une médaille d'argent à MM. Bruel frères, à Moulins, pour la houe à cheval n° 166; 2e prix, une médaille de bronze à MM. Tritschler et fils, à Limoges (Haute-Vienne), pour la houe à cheval n° 318.

Butteurs. — Prix unique. Une médaille de bronze à MM. Bruel frères, à Moulins, pour le butteur n° 168.

Machines à faner. — 1er prix, une médaille d'or à M. Ganneron, à Paris, pour la machine Samuelson n° 212.

Râteaux à cheval. — 1er prix, une médaille d'argent à MM. Bruel frères, à Moulins, pour le râteau Samuelson n° 142 ; 2e prix, une médaille de bronze à M. Ganneron, à Paris, pour le râteau Howard, n° 213.

Pompes à purin. — 1er prix, une médaille d'argent à M. Eldin fils, à Lyon (Rhône), pour la pompe à purin n° 209.

Collections d'instruments pour le drainage. — 1er prix, une médaille d'argent à MM. Bruel frères, à Moulins, pour la collection d'instruments de drainage n° 179.

Manéges applicables aux divers besoins de l'agriculture. — Rappel des récompenses antérieures à M. Pinet fils, à Abilly (Indre-et-Loire), pour le manége n° 238.

Machines à vapeur mobiles, applicables à la machine à battre ou à tout autre usage agricole. — 1er prix, une médaille d'or à M. Cumming, à Orléans (Loiret), pour la machine n° 189.

Machines à battre mobiles, rendant le grain tout nettoyé, propre à être conduit au marché. — 1er prix, une médaille d'or à M. Cumming, à Orléans, pour la machine n° 192.

Rappel des récompenses antérieures à M. Girard, Célestin, à Vierzon-Ville (Cher), pour la machine n° 219.

Machines à battre mobiles, ne vannant ni ne criblant. — Rappel des récompenses antérieures à M. Pinet fils, à Abilly (Indre-et-Loire), pour sa machine n° 236.

Tarares. — 1er prix, une médaille d'argent à M. Pinet fils, à Abilly, pour le tarare débourreur n° 240 ; 2e prix, une médaille de bronze à M. Vermorel, à Villefranche (Rhône), pour le tarare n° 320. — Mention honorable à M. Presson, à Bourges, pour le tarare n° 246. Mention honorable à MM. Bruel frères, à Moulins, pour le tarare n° 146.

Cribleurs et trieurs. — 1er prix, une médaille d'argent à M. Presson, à Bourges, pour le trieur n° 245.

Concasseurs de graines. — 1er prix, une médaille d'argent à MM. Bruel frères, à Moulins, pour le concasseur n° 143.

Coupe-racines. — 1er prix, une médaille d'argent à M. Pinet fils, à Abilly, pour le coupe-racines n° 241 ; 2e prix, une médaille de bronze à MM. Bruel frères, à Moulins, pour le coupe-racines de pulpeur n° 131.

Hache-paille. — 1er prix, une médaille d'argent à MM. Bruel frères, à Moulins, pour le hache-paille n° 132 ; 2e prix, une médaille de bronze à M. Ganneron, à Paris, pour le hache-paille n° 214.

Bascules pour peser les animaux et les fourrages. — 1er prix, une médaille d'argent à M. Bascans-Barthelaix, à Gannat (Allier), pour la bascule n° 110.

Pressoirs. — 1er prix, une médaille d'or à M. Lemonnier-July, à Châtillon-sur-Seine (Côte-d'or), pour le pressoir n° 233; 3e prix, une médaille de bronze à MM. Tritschler et fils, à Limoges, pour le pressoir n° 315.

Collections d'instruments et ustensiles d'intérieur de ferme. — 1er prix, une médaille d'argent à MM. Bruel frères, à Moulins, pour leur collection d'instruments de culture n° 179.

Instruments non prévus au programme. — Rappel de médaille d'or à MM. Brisgault frères, à Cinq-Mars-la-Pile (Indre-et-Loire), pour ses meules n° 125.

Rappel de médaille d'argent à M. Mesnet-Thibault, à Cinq-Mars-la-Pile (Indre-et-Loire), pour ses meules n° 232.

Une médaille d'or à M. Brisson, à Orléans (Loiret), pour son moulin à meules oscillantes n° 122.

Une médaille d'or à M. Pinet fils, à Abilly, pour son égreneuse n° 242.

Une médaille d'argent à M. Léon Missonen, à Mezel (Puy-de Dôme), pour sa machine à fabriquer les douves n° 66.

Une médaille d'argent à M. Mallet père, à Beaumont (Puy-de-Dôme), pour le raidisseur n° 52.

Une médaille d'argent à M. Bourgoignon, Gabriel, à Clermont, pour ses applications de bitume nos 6 à 8.

Une médaille d'argent à M. Léon Amene, pour ses godets graisseurs.

Une médaille d'argent à M. Labourier-Tynaire, à Issoire (Puy-de-Dôme, pour son nettoyage de moulins n° 348.

Une médaille d'argent à M. Eguillon, Gustave-Joseph, à Vensat (Puy-de-Dôme), pour l'appareil à redresser les cornes des animaux, n° 27.

Médaille d'argent à M. Eldin, Félix, à Lyon (Rhône), pour les pompes d'arrosage n° 211.

Une médaille d'argent à M. Labarthe, Clément, à Mont-de-Marsan (Landes), pour l'appareil à soutirer les liquides n° 231.

Une médaille d'argent à M. Bascans-Barthelaix, à Gannat, pour le nettoyage des grains n° 112.

Une médaille de bronze à M. Cauneille, Alexis, à Aulnat (Puy-de-Dôme), pour sa collection de fers de chevaux et outils nos 10 et 11.

Une médaille de bronze à M. Laurent, Jean, à Saint-Beauzire (Puy-de-Dôme), pour une machine à battre les faulx n° 38.

Mention honorable à M. Bouttelas-Desmoulins, à Guéret (Creuse), pour une bonde à pêcherie n° 5.

Mention honorable à M. Celeyron, Gustave, à Ambert (Puy-de-Dôme), pour un modèle de râtelier n° 12.

Mention honorable à M. Lenègre, à Besse (Puy-de-Dôme), pour son coupe-gazon n° 39.

Mention honorable à M. Mallet-Augue, à Beaumont (Puy-de-Dôme), pour son instrument à échalasser n° 59.

Produits agricoles. — Médaille d'or à M. de Tarrieux, à Saint-Bonnet-ès-Allier (Puy-de-Dôme), pour l'ensemble de son exposition, nos 223 à 238.

Médaille d'or à M. de la Salle, à Saint-Germain-Lembron (Puy-de-Dôme), pour ses vins rouges no 219.

Rappel de médaille d'argent à M. d'Hauterive, à Enguialès (Aveyron), pour ses vins du Fel no 143.

Médaille d'argent à M. Baduel, Alexandre, à la Guiole (Aveyron), pour ses fromages no 13.

Médaille d'argent à M. le vicomte de Barthon de Montbas, à Ahun (Creuse), pour l'ensemble de son exposition nos 27 à 33.

Médaille d'argent à M. Chauvassaignes, à Mirefleurs (Puy-de-Dôme), pour ses vins nos 42 à 47.

Médaille d'argent à M. Dubroc-Barnicaud, à Clermont-Ferrand, pour l'ensemble de son exposition nos 86 à 96.

Médaille d'argent à M. de la Farge, à Saint-Paul près Salers (Cantal), pour ses fromages de ferme no 109.

Médaille d'argent à M. Denaud, à Ambert (Puy-de-Dôme), pour son vin no 102.

Médaille de bronze à M. Constant, à Thiers (Puy-de-Dôme), pour vins rouges et blancs mousseux no 62.

Médaille de bronze à M. Domas, à Pérignat-ès-Allier (Puy-de-Dôme), pour l'ensemble de son exposition nos 83 à 85.

Médaille de bronze à M. Duranton, à Issoire (Puy-de-Dôme), pour ses tartres no 105.

Médaille de bronze à M. Grandjean, à Ambert (Puy-de-Dôme), pour ses fromages no 127.

Médaille de bronze à M. Jaloustre fils, à Clermont-Ferrand, pour ses vins no 147.

Médaille de bronze à M. Ligier de la Prade, à Mezel (Puy-de-Dôme), pour ses vins no 169.

Médaille de bronze à M. le comte de Pontgibaud (Puy-de-Dôme), pour ses fromages no 207.

Médaille d'argent à M. Richard, Antoine, à Pierrefort (Cantal), pour ses fromages façon Hollande no 213.

Médaille de bronze à M. Rodier, Eugène, à Orcet (Puy-de-Dôme), pour ses vins nos 214 à 216.

Médaille de bronze à M. Téalier, Jean, à Trézioux (Puy-de-Dôme), pour l'ensemble de son exposition nos 239 à 240.

Médaille de bronze à M. Martin de Lignac, à Saint-Sulpice-le-Guérétois (Creuse), pour ses fromages façon Chester no 176.

Mention honorable à M. Baudet-Lafarge, à Vinzelles (Puy-de-Dôme), pour l'ensemble de son exposition nos 24 à 26.

Mention honorable à M. Celeyron, Gustave, à Ambert (Puy-de-Dôme), pour ses fromages no 50.

Mention honorable à M. le vicomte de Chaignon, à Plauzat (Puy-de-Dôme), pour ses vins rouges et blancs no 51.

Mention honorable à Mme Faugière, à Olliergues (Puy-de-Dôme), pour son fromage no 112.

Mention honorable au Comice agricole de Riom (Puy-de-Dôme), pour chanvres de différentes espèces no 57.

Mention honorable à M. Jarton fils, à Clermont-Ferrand, pour ses vins rouges et gris nos 148 à 151.

Mention honorable à M. Cournon (Puy-de-Dôme), pour ses produits agricoles nos 161 à 163.

Mention honorable à M. Maradeix, Antoine, à Beaumont (Puy-de-Dôme), pour ses vins no 174.

Mention honorable à M. Petit de Montséjour, au Cendre (Puy-de-Dôme), pour ses vins no 204.

Mention honorable à M. Poisson, à Vertaizon (Puy-de-Dôme), pour résidus de graines oléagineuses no 206.

Mention honorable à M. Prade, à Saint-Vincent (Puy-de-Dôme), pour l'ensemble de son exposition nos 208 à 210.

Mention honorable à M. Roussel, Antoine, à Laqueuille (Puy-de-Dôme), pour ses fromages no 217.

PRIME D'HONNEUR :

M. le marquis de Longueil, à Saint-Quintin (Puy-de-Dôme).

EXPOSITION

DE CLERMONT-FERRAND

CONSIDÉRATIONS GÉNÉRALES.

Une des études les plus dignes d'attirer l'attention du philosophe ou du penseur, est celle des moyens mis en œuvre par la civilisation moderne pour reculer les bornes de son pacifique empire.

Ce qui frappe tout d'abord en elle, ce qui la distingue par un caractère radical, essentiel, des civilisations anciennes, c'est qu'elle n'a besoin pour s'imposer ni de la violence ni de la conquête; elle se fait accepter librement par la seule évidence des choses; elle arrive à son but lentement, sans secousse, par le seul fait de ses forces virtuelles. Comme chacune des individualités organiques de la création primitive, elle a, suivant la parole même de Moïse, sa semence en elle-même : *semen in semetipsa*, c'est-à-dire toutes les conditions d'une expansion exubérante, infinie. Calme et sereine comme tout ce qui est véritablement grand et fort, elle possède la conscience de sa plénitude et de sa majesté. Conviant les peuples de tous les points du globe à de solennelles assises de l'intelligence, elle déploie devant eux ses resssources fécondes, leur ouvre des horizons nouveaux, les unit dans une fraternelle communion de sentiments et d'idées, et leur montre enfin qu'il ne suffit pas d'utiliser et d'asservir toutes les forces de la nature, de faire de la matière inerte l'esclave de l'intelligence, mais qu'ils doivent poursuivre la solution du grand problème de la réalisation du beau dans l'utile, de l'hymen de l'art et de l'industrie.

Les expositions sont un des faits caractéristiques de notre époque. Antérieurement mille obstacles s'opposaient à leur réalisation. Il fallait que la civilisation en fût arrivée à ce point de maturité; que toutes les entraves qui obstruaient sa marche progressive fussent chassées de sa voie; il fallait que les peuples, sans atteindre toutefois à cet état de félicité parfaite que rêvait pour eux le bon abbé de Saint-Pierre, vécussent dans une tranquillité relative, qu'une pondération normale, qu'un équilibre stable, rendissent à peu près impossible le retour d'un de ces grands cataclysmes politiques, comme en virent et l'empire romain et le moyen âge; il fallait que deux agents gigantesques, la vapeur et l'électricité, en centuplant les forces, fissent disparaître l'espace, missent en communication presque immédiate les différents points du globe; que l'imprimerie changeât la face du monde; que la science, vulgarisée par la presse, s'infiltrât dans les masses, et devînt accessible à tous; il fallait qu'un esprit général de tolérance et de liberté laissât à la pensée son libre essor et la vivifiât de son souffle fécond.

Toutes ces conditions étaient indispensables; aussi l'idée même d'une exposition devait être naturellement incompatible avec des époques comme celles où l'aveugle préjugé régnait brutalement, où l'on ne pouvait, marchand ou voyageur, s'aventurer sur une grand'route sans risquer d'être détroussé par quelque baron pillard, où l'imprimerie naissante était proscrite comme un art magique et pernicieux, où le crédit n'existait pas même de nom, où l'intolérance allumait des bûchers, où elle eût certainement brûlé Arago comme hérétique, Daguerre et Fulton comme sorciers : il n'y a pas plus de deux cents ans qu'on renfermait Salomon de Caus à Bicêtre !

Les expositions viennent à peine de naître ; mais tout enveloppées de langes qu'elles sont encore, on a pu mesurer leur incalculable portée par la grandeur des résultats obtenus ; toutefois elles se sont dès le principe radicalement modifiées. On a compris que, pour multiplier leur action, pour arriver à leur faire produire leur maximum d'effet, elles devaient dépouiller leur caractère de généralité exclusive, que d'universelles elles devaient devenir locales. Aussi, procédant du composé au simple par voie de déduction, elles se sont dédoublées, ramifiées à l'infini. Elles ont étendu partout leur vaste réseau, sans crainte de voir leurs forces s'affaiblir par une division trop grande, sachant qu'il serait toujours loisible de coordonner dans une vaste synthèse leurs découvertes communes, de centraliser leurs résultats individuels.

Cette localisation présente un double avantage : elle propage jusqu'aux extrémités les plus reculées des provinces les réformes de la civilisation ; elle exhume de la poussière de l'oubli mille faits curieux, mais d'un intérêt local, et qui se fussent nécessairement perdus dans l'ensemble d'une exposition universelle. De là comparaison de ces débris des âges disparus avec les productions actuelles, la lumière jaillit, de grands pas sont faits dans la voie du progrès.

Voltaire disait qu'il n'y avait pas de livre, si mauvais qu'il fût, dont on ne pût tirer quelque chose de bon. Il n'y a pas d'exposition, si incomplète qu'elle soit, dont on ne puisse tirer quelque profit, et qui n'apporte sa pierre à l'édifice commun.

Notre siècle, on l'a dit souvent avec raison, est plus industriel qu'artistique ; il est possédé d'une sorte de furie de production qui laisse peu de place au culte de la forme ; il faut produire vite et sans cesse : *time is money*. Devant ce courant envahisseur le goût s'émousse, le sens artistique s'oblitère. Nous ignorons si les Grecs fabriquaient à aussi bon marché que nous les mille objets destinés à leurs usages journaliers, mais nous savons que le plus médiocre d'entre eux décèle, par la pureté et l'élégance de ses formes, un sentiment artistique bien supérieur au nôtre.

Un peuple vivait mille ans environ avant l'ère chrétienne qui a laissé à peine quelques traces dans l'histoire ; mais tant qu'il restera un seul des bijoux ou des vases étrusques disséminés dans nos musées, ce peuple vivra, car l'art c'est la vie, l'immortalité.

Nos producteurs modernes trouvent chez les anciens des modèles qu'ils n'ont pu dépasser.

Depuis la renaissance, Benvenuto, Palissy, Lucca della Robbia, ont eu quelquefois des rivaux ; des maîtres, jamais.

Or, les expositions sont peut-être le plus sûr moyen de remédier à cet état de choses ; elles seules peuvent revivifier en nous le culte de la forme qui sommeille parfois au fond du cœur de l'homme, mais n'y meurt jamais tout entier. Elles régénèreront, en nous montrant notre infériorité artistique, le plus noble et le plus élevé de nos sentiments, celui du beau ; elles l'infiltreront dans les masses, et assigneront à l'art le véritable rôle qu'il doit remplir à notre époque, celui de pontife suprême de l'industrie.

HISTORIQUE DES EXPOSITIONS.

Les foires d'autrefois sont, nous le pensons avec un historien, les ancêtres de nos exhibitions actuelles ; c'est dans l'établissement de ces vastes bazars, où l'industrie et même les arts de chaque époque étalaient leurs merveilles, qu'il faut chercher l'idée première des grandes manifestations d'aujourd'hui.

Les foires tendent à disparaître ; le consommateur trouve de nos jours, aussitôt qu'il en éprouve le besoin, les objets qu'il ne pouvait se procurer jadis qu'à certaines époques. L'industrie a pénétré partout ; elle répand ses produits dans les grandes cités comme dans les petites bourgades. De plus, la facilité des voies de communication achève de ruiner des usages qui bientôt n'existeront plus qu'à l'état de souvenir.

Mais les lois du progrès ne permettent pas l'anéantissement d'une force, quelle qu'elle soit ; ils la déplacent, la modifient et lui donnent une nouvelle application ; de là les exhibitions, où le consommateur se renseigne, compare et achète.

Ce fut en 1797, an VI de la république, qu'eut lieu la première exposition des produits de l'industrie française. Elle dura trois jours ; douze médailles furent décernées. Une grande rénovation sociale s'opérait alors, et l'agitation des esprits ne permit pas d'obtenir de sérieux résultats. Cet essai suffit cependant pour en faire désirer le renouvellement. Une seconde exhibition fut organisée en 1801 dans la cour du Louvre ; douze médailles d'or, vingt médailles d'argent, trente médailles de bronze récompensèrent les principaux exposants. Cette exhibition obtint plus de succès que sa devancière.

Quelques mois après la signature du traité de paix d'Amiens (1802), une nouvelle exposition s'ouvrit à Paris. Vingt-deux médailles d'or, un grand nombre de médailles d'argent et de bronze furent accordées par l'Etat aux exposants. Déjà les progrès étaient sensibles. Chaptal, dans son ouvrage sur l'industrie française, en parlant de cette solennité, rapporte le fait suivant : « Je me rappelle que, après la conclusion du traité d'Amiens, le célèbre Fox et lord Cornwallis se rendirent à Paris. Je proposai à nos deux illustres étrangers de les conduire à l'exposition : ils furent émerveillés de la richesse et de la beauté des objets que présentait cette réunion ; mais M. Fox me fit l'observation qu'on ne paraissait travailler que pour le luxe, et qu'il ne trouvait point ce qu'on voit partout en Angleterre, c'est-à-dire des produits destinés à l'usage du peuple et revêtus néanmoins de toutes les qualités désirables. Je sentis que son objection était juste, et le conduisis dans la boutique d'un *coutelier de Thiers*, à qui je demandai les objets dont je viens de parler. Ce ne fut pas sans peine que j'obtins du fabricant qu'il allât les chercher dans le fond du magasin où il les avait relégués pour ne faire parade que de quelques instruments de coutellerie dont il avait soigné la fabrication. M. Fox fut étonné du bas prix et de la qualité de tout ce qu'on lui présentait ; il en remplit ses poches, en assurant qu'il n'y avait rien de comparable en Angleterre. De là je le fis entrer chez un horloger de Besançon, où il trouva des montres avec boîte d'argent, au prix de treize francs ; il en acheta six, et m'avoua franchement qu'il venait de prendre de l'industrie française une idée toute différente de celle qu'il avait eue jusqu'alors. »

L'année 1806 vit renouveler les tentatives précédentes. Une exhibition de l'industrie fut organisée dans les salles de l'hôtel des Ponts et chaussées ; elle dura dix jours et fut très-brillante : le nombre des exposants avait décuplé. On remarqua un progrès immense dans la production de la laine, de la soie, et dans la fabrication des draps, des étoffes de coton, des fers, des aciers, des cristaux, etc.

L'exposition de 1819 permit de constater de nouveaux progrès. Elle eut lieu dans la cour du Louvre et dura trente-sept jours ; de nombreuses médailles, des décorations, des titres de noblesse même, furent accordés aux exposants. Un journal anglais rendit compte en ces termes de cette solennité : « Imaginez vingt-huit salles du plus magnifique palais de l'Europe, remplies de tout ce que peuvent perfectionner le goût et le luxe, de tout ce que le génie peut créer, de tout ce que le talent peut exécuter. C'est un véritable triomphe pour la France, triomphe plus glorieux que tous ceux qu'elle a jamais obtenus. Dans ce pays les arts marchent à pas de géant vers la perfection ; des manufactures encore dans l'enfance il y a cinq ans, sont déjà parvenues au plus haut point de développement ; d'autres, à peine connues l'année dernière, appellent aujourd'hui les regards et l'attention. Dans les arts d'agrément, les Français ont toujours occupé le premier rang parmi les nations industrielles; les voilà pour le moins au second dans les produits des choses usuelles. »

Louis XVIII, appréciant comme elles le méritaient les expositions de l'industrie, décida qu'elles auraient lieu tous les cinq ans.

L'année 1823 vit donc une nouvelle exhibition; celle-ci eut également le Louvre pour théâtre; sa durée fut de cinquante jours; soixante-treize départements y concoururent. Elle fut jugée par tous les critiques de l'époque supérieure à ses aînées. Plus de douze cents récompenses furent distribuées; mais les lauréats de ce grand concours ne reçurent aucun titre de noblesse.

L'exposition de 1827 eut beaucoup de ressemblance avec celle de 1823; les objets de luxe y dominèrent.

L'exhibition de 1834 fut très-satisfaisante, bien que l'on eût à regretter que le nombre des machines employées dans nos manufactures fût peu considérable. En somme, progrès remarquables dans la filature des laines peignées et la beauté des draps, des étoffes brochées et surtout des chales; immense développement de la filature du coton, grâce au métier à la Jacquard.

L'exposition de 1839 permit de constater de plus grands progrès encore, notamment dans la filature de la laine à la mécanique. On y remarqua des machines à coudre portées à un haut degré de perfection, des métiers à la Jacquard améliorés. Deux nouvelles industries se produisirent pour la première fois en public : la bougie stéarique et le bleu de Prusse; la fabrication des aiguilles fut l'objet d'une attention toute spéciale; enfin la perfection des cuirs vernis exposés força l'Angleterre à venir acheter désormais en France ces sortes de produits, que nous lui avions empruntés jusque-là.

L'exhibition de 1844 eut beaucoup de ressemblance avec celle qui l'avait précédée.

En 1849, les expositions nationales, qui jusque-là avaient satisfait l'activité industrielle de la France, ne lui suffirent plus : il fallait à son ambition une plus vaste arène. L'idée des expositions universelles fut mise au jour; mais les orages de la rue, les tourmentes de la tribune l'étouffèrent dans son germe.

L'Angleterre s'en empara, et quelques années plus tard, en 1851, on voyait s'ouvrir dans le palais de Cristal la première exposition de ce genre.

En 1855, la France offrait à son tour l'hospitalité du palais des Champs-Elysées à tous les industriels et à tous les artistes du monde; la Russie seule ne se trouvait pas représentée à ces grandes assises du travail. Le palais de l'exposition, calculé sur des dimensions plus grandes que celles du palais de Hyde-Parck, se trouva malgré cela beaucoup trop petit. On fut obligé de construire une annexe dite du Bord-de-l'Eau, qui tenait toute la longueur du cours la Reine. On connaît le succès de cette exposition.

Après sept ans de repos, l'Angleterre appelait de nouveau chez elle l'invasion du travail et de l'intelligence. Les producteurs répondirent avec un tel empressement à son invitation, que le palais babylonien, bâti pour recevoir leurs produits, fut rempli du sol jusqu'aux combles. La France remporta à elle seule plus du tiers des récompenses.

Soixante-sept ans sépareront la première exhibition française de celle qui se prépare. Que sera-t-elle? Nul ne peut le dire; mais si nous en jugeons par ses aînées, elle doit offrir aux yeux de ses visiteurs tout un monde de merveilles.

Faisons ici remarquer que c'est à la France qu'appartient l'initiative des expositions publiques. Ce système fut adopté plus tard par toute l'Europe, et à notre exemple l'Angleterre, l'Autriche, l'Espagne, le Piémont, le Portugal, le royaume de Naples, la Prusse, la Bavière, la Belgique, la Hollande, le Danemark, la Suède et la Russie organisèrent successivement des exhibitions périodiques qui partout avancèrent les progrès de l'industrie. Constantinople même vient d'avoir son exhibition.

En 1858 la province voulut à son tour constater ses progrès et ses richesses. Des expositions régionales et départementales furent organisées. Limoges donna l'exemple la première. En juillet 1858, elle ouvrait les portes de son exhibition aux départements du Puy-de-Dôme, du Cher, de la Charente, de l'Indre, de la Gironde et de la Dordogne. Dijon imitait Limoges quelques jours plus tard. C'était le tour de Bordeaux en 1859; de Besançon, Toulouse, Rouen, en 1860; de Metz, Châlons-sur-Marne, Nantes, Marseille et Riom en 1861. L'exposition de Londres absorba les forces vives en 1862 : tous les efforts étaient tournés du côté de l'Angleterre. Quelques petites exhibitions furent cependant organisées. L'année 1863, plus heureuse, verra joindre des exhibitions artistiques et industrielles à presque tous ses concours régionaux.

Clermont ne pouvait rester en dehors de ce mouvement. Lors du concours agricole départemental de 1862, il avait été fortement question d'une solennité de ce genre parmi nous; elle fut remise avec raison à l'époque du concours régional qui devait avoir lieu l'année suivante.

L'exposition de Clermont a été pour ainsi dire improvisée : deux mois à peine se sont écoulés entre la première réunion de ses organisateurs et son ouverture; cependant son installation ne laissait rien à désirer. Les exposants étaient nombreux, et la plupart des objets et produits exposés remarquables.

C'est le sept mai, à midi, dans une des salles affectées aux beaux-arts, qu'a eu lieu l'ouverture solennelle de l'exposition clermontoise. M. le préfet du Puy-de-Dôme, Mgr l'évêque de Clermont, M. le général de Chabron, M. Boitelle, inspecteur général de l'agriculture, MM. les commissaires de l'exhibition, ainsi que grand nombre de fonctionnaires et de notabilités assistaient à cette intéressante cérémonie.

M. le maire de Clermont a prononcé le discours suivant :

« Messieurs,

» Avant de jeter les yeux sur ces œuvres d'art, sur ces produits industriels, horticoles, groupés autour de nous, permettez-moi d'adresser de publics remercîments à ceux qui ont bien voulu participer à l'organisation de cette fête. Aux plus précieuses aptitudes, ils ont joint un zèle, une activité se renouvelant à chaque heure; les difficultés sans nombre qu'ils rencontraient, les obstacles que présentait une installation nouvelle, ils ont su tout aplanir.

» Cependant, la ville de Clermont seule n'aurait pu obtenir un si brillant résultat; et c'est grâce à la bonne volonte de nos voisins que nous pourrons aujourd'hui voir avec orgueil de nombreux visiteurs parcourir les vastes locaux de nos expositions.

» Siége du concours régional pour l'année 1863, la ville de Clermont, imitant l'exemple qui lui a été déjà donné, a voulu que les beaux-arts, l'industrie, l'horticulture, vinssent orner de tout leur éclat la fête purement agricole.

» Aussi, quand l'idée première d'une exposition a surgi, a-t-elle été acceptée avec empressement.

» Une seule pensée jetait quelque inquiétude dans les esprits : l'époque du concours était bien rapprochée, aurait-on le temps nécessaire pour mener à bonne fin une pareille entreprise?

» Les résultats, messieurs, ont répondu à cette question. L'initiative généreuse du conseil municipal, le zèle toujours si actif de la Société d'agriculture, les efforts multipliés de nos concitoyens, ont supplée au défaut de temps, et l'œuvre improvisée peut être considérée comme une œuvre accomplie.

» L'année dernière, les habitants de notre province accouraient ici en foule pour saluer de leurs acclamations l'élu du suffrage universel. — Aujourd'hui, ils viennent fêter l'agriculture, les arts, l'industrie, et en agissant ainsi, ils rendent un nouvel hommage au souverain qui se préoccupe sans cesse de tout ce qui peut améliorer le bien-être moral et matériel des populations.

» Acceptons avec reconnaissance toutes les occasions qui nous sont offertes pour faire apprécier notre beau pays, actuellement accessible jusque dans ses plus modestes hameaux, grâce à l'administration intelligente du premier magistrat de notre département. Montrons à ceux qui nous visitent, nos plaines fertiles, véritables greniers d'abondance, nos montagnes couvertes de prairies, nos sites pittoresques où la nature étale toutes ses magnificences.

» Montrons-leur aussi ces usines, ces manufactures, ces industries déjà si importantes et déjà si prospères, ces établissements thermaux qui rivalisent avec les plus favorisés.

» Et lorsque, satisfaites de notre réception, ces populations retourneront dans leurs foyers, elles diront qu'il y a au centre de la France un pays riche par son sol, son industrie, un pays digne d'attirer l'attention de l'agriculteur, du savant et du touriste.

» Messieurs, les concours régionaux, les expositions municipales, peuvent être envisagés sous des aspects divers.

» Quant à nous, il ne nous appartient pas d'entrer dans un examen détaillé. Ce rôle reviendra plus tard à des voix mieux autorisées, plus éloquentes que les nôtres.

» Cependant, qu'il me soit permis de vous présenter quelques observations.

» Le travail, on l'a dit bien souvent, ne vit, ne progresse que par la comparaison, la concurrence. C'est cette idée qui a donné naissance aux concours, aux expositions.

» Depuis, un progrès marqué s'est fait sentir dans l'agriculture, dans les arts, dans l'industrie,

» La liberté, Messieurs, est aussi en toutes choses un puissant élément de succès. Sous son égide bienfaisante, les intérêts se développent, et les dernières entraves apportées aux opérations commerciales disparaissent pour toujours.

» Sachons nous rendre dignes de toutes ces grandes choses, et rappelons-nous avec espoir l'admirable discours prononcé devant les exposants à leur retour de Londres. Une voix auguste leur disait en terminant :

« Pénétrez-vous sans cesse des saines doctrines politiques et com-
» merciales, unissez-vous dans une même pensée de conservation, et
» stimulez chez les individus une spontanéité énergique pour tout ce
» qui est beau et utile. Telle est votre tâche. La mienne sera de prendre
» constamment le sage progrès de l'opinion publique pour mesure des
» améliorations, et de débarrasser des entraves administratives le
» chemin que vous devez parcourir. »

» Si, sortant du domaine des idées générales, nous examinons ce qui se rattache plus directement à notre pays, combien nous devons être heureux et fiers d'avoir réuni dans un même faisceau nos forces jusqu'alors éparses et ignorées!

» L'agriculture est dignement représentée.

» Les arts! qui de vous, Messieurs, aurait pu croire à toutes nos richesses?

» Ces tableaux sans nombre, parmi lesquels nous voyons des œuvres d'un mérite rare, où se trouvaient-ils? Hier encore ils étaient fixés au mur d'une chapelle, ou au panneau d'un salon. Aujourd'hui, les ateliers de ces artistes que nous aimons tous, et dont nous admirons le talent, sont deserts; les demeures particulières sont dépouillées, la richesse individuelle est devenue la richesse commune; et nous pouvons rendre un éclatant hommage aux travaux remarquables d'un artiste dont notre ville déplore la perte récente.

» Dans l'industrie, Messieurs, nous occupons depuis longtemps une place honorable; les produits si divers de nos usines, de nos manufactures, ont déjà obtenu dans les grandes expositions de hautes et légitimes récompenses.

» Aujourd'hui, comme pour les beaux-arts, ces produits autrefois disséminés, sont réunis dans une exhibition solennelle.

» Messieurs, que la date de cette fête soit inscrite dans nos annales; que tous, artistes, patrons, ouvriers, cultivateurs, en retirent d'utiles enseignements; qu'ils se souviennent que l'ordre, le travail, la stabilité, le respect des droits de chacun sont les conditions indispensables de toute liberté, de tout progrès!

» Messieurs, les expositions municipales sont ouvertes; elles seront, je l'espère, dignes de toutes les villes qui ont bien voulu nous prêter leur appui. »

Après ce discours, accueilli par les plus chaleureux applaudissements, les personnes présentes se sont répandues dans les divers locaux de l'exposition; elles ont pu constater que l'exhibition clermontoise était des plus intéressantes, et que les efforts de ses organisateurs avaient produit d'heureux résultats.

INSTALLATION.

Au siècles derniers, les rois se faisaient construire des palais; Versailles, Trianon surgissaient un beau jour et étalaient à tous les yeux surpris les merveilles d'un grand règne. Des monuments disparus, géants des siècles de foi, élevaient dans les airs leurs tours majestueuses; et des cloches sans nombre jetaient aux quatre vents du ciel leur pieuse harmonie. Mais le temps a fait son œuvre; la main de Dieu s'est appesantie sur les monuments que nous regrettons, et le progrès, fils de la Providence, a inauguré l'ère des innovations qui doivent transformer le monde.

A côté des somptueuses demeures des souverains s'élèvent les temples des beaux-arts, de l'agriculture et de l'industrie : le travailleur a ses palais. De nombreuses basiliques honorent encore nos cités; mais près d'elles les cheminées d'innombrables usines jettent dans l'air leurs colonnes de fumée, et le bruit des enclumes sonores remplace le doux chant des campanilles d'autrefois. Le vieux monde a secoué son front, et Dieu a laissé tomber sur lui la féconde rosée de l'intelligence.

Dans ces monuments élevés au génie de l'homme, dans ces palais où chacun peut constater le chemin parcouru, les progrès réalisés, la foule s'assemble; nous la voyons, curieuse, admirer les œuvres de nos artistes, chercher à deviner les moteurs de nos machines, ou apprécier les produits si divers de notre industrie.

Si la ville de Clermont ne pouvait élever un palais aux artistes, aux amateurs et aux industriels de notre province, elle avait du moins à leur offrir un asile digne de leur intelligence et de leurs productions. Son magnifique hôtel, si vaste et si bien aménagé, pouvait contenir les principales parties d'une exposition, et permettre à un public nombreux de circuler à l'aise.

L'organisation de notre exhibition, est des plus convenables; elle décèle des études sérieuses alliées à un goût sûr.

Toutes les pièces, reliées entre elles, permettent de parcourir successivement les divers locaux consacrés aux arts et à l'industrie.

Le public pénètre dans le palais municipal par l'escalier de gauche; il parcourt quatre pièces exclusivement affectées aux beaux-arts et arrive dans la grande salle, mise à la disposition de l'industrie.

Trois nouvelles pièces, dites des portraits, des curiosités et des dessins, succèdent au grand salon et se relient à l'escalier de droite. Les deux couloirs qui se présentent ensuite appartiennent aux beaux-arts; l'un d'eux conduit aux salles réservées à l'exposition des œuvres de M. Degeorges, au salon des nouveautés, à la salle des pas perdus, occupée par les tapissiers et les miroitiers, et enfin à l'escalier du tribunal.

Le cloître donne asile à un grand nombre d'industries qui n'ont pu trouver place dans l'intérieur de l'édifice. De plus, un vaste baraquement établi sur la Poterne abrite les objets qui demandaient un espace relativement considérable.

Tout l'édifice municipal, à l'exception de quelques salles réservées pour les divers services du tribunal et de la mairie, a été abandonné aux organisateurs de notre exposition.

BEAUX-ARTS.

PEINTURE.

Le beau, « ce soleil de l'art, » a été recherché par les grands esprits de tous les siècles, et la plupart d'entre eux ont voulu le définir. Homère le voyait dans la poésie, Phidias l'admirait dans son Jupiter Olympien, Platon ne le trouvait que dans la vérité, Aristote ne le cherchait que dans l'imitation de la nature. Après les grands hommes de l'antiquité, Loke en Angleterre, et Leibnitz en Allemagne, définirent le beau par l'œil du corps ou l'œil de l'âme. Burke l'appelait la légèreté, la douceur, le poli; Kant, Winkelmann ne sont que les échos de Platon; Hutchinson voit la beauté à l'aide d'un sixième sens qui lui permet de la découvrir partout où elle se trouve; Diderot l'apercevait dans l'idéal.

Les contemporains ont aussi cherché à l'expliquer. Lamenais l'appelle la forme du vrai; Cousin ne la voit que dans l'expression; Lamartine en fait une énigme que l'homme ne peut deviner:

> Nul ne sait ton secret, tout subit ton empire,
> Toute âme, à ton aspect, ou s'écrie ou soupire.

Il faudrait plusieurs valumes pour suivre les philosophes et les poètes à la recherche du beau.

Pour nous, il se trouve, comme pour le Tasse, « dans la nature vue à travers la poésie. » C'est ainsi que l'avaient compris ces génies nommés Raphaël, Michel-Ange, le Titien, etc., dont les chefs-d'œuvre feront longtemps encore l'admiration des gens de goût.

Mais le beau prend des formes multiples, ses manifestations sont innombrables; de plus, l'homme sympathise avec les choses qui se rapprochent de son organisation; il cherche dans les autres un reflet de lui-même, il imprime enfin à ses œuvres une originalité que l'on nomme parfois génie; voilà pourquoi Murillo, Rubens, Rembrandt, Léonard de Vinci ont produit des œuvres si différentes.

« Les peintres anciens comme les peintres modernes, dit un savant critique, peuvent se diviser en deux classes : les dessinateurs et les coloristes. Les premiers sont accusés de négliger la couleur pour le dessin ; les seconds, le dessin pour la couleur. »

Cette classification, selon, nous, ne saurait être rigoureuse. Il existe une troisième classe, qui possède à un degré plus ou moins élevé les qualités des deux autres.

Celle-ci tient le sceptre de la peinture.

Les personnes qui n'ont pas étudié cet art, préfèrent généralement les coloristes aux dessinateurs : la couleur, ce luxe admirable qui cache souvent la forme qu'elle devrait faire ressortir, les charme et les attire ; cependant le dessin lui est bien supérieur.

La couleur n'est que le complément du dessin ; elle ne peut exister sans lui, tandis qu'il peut se passer d'elle : exemples, la gravure, la lithographie.

Le dessin est une science proprement dite ; le travail seul permet de l'acquérir ; la couleur est plutôt un instinct qu'un art ; on naît coloriste comme on naît poète.

Cela établi, il est facile de comprendre qu'il n'est pas de bon tableau sans un dessin suffisant, et que la phalange des coloristes ne peut, aux yeux des gens érudits, disputer le pas aux dessinateurs.

Grand nombre de personnes se figurent que le dessin consiste seulement dans la ligne qui limite le sujet ; elles se trompent. Il simule aussi, au moyen des lumières et des ombres, le relief sur une surface plane.

La minutie dans les détails ne constitue pas un bon dessin. A mesure qu'un objet ou un personnage se rapproche de l'horizon, ses formes deviennent vagues, les détails disparaissent ; il arrive enfin à ne plus présenter que des masses d'ombre et de lumière. Cependant, quel que soit le vague de cette image, elle exige un dessin d'une exécution souvent plus difficile que si elle se trouvait placée au premier plan. Aussi l'artiste peintre doit-il dessiner beaucoup d'après nature, étudier profondément la perspective aérienne, la déperdition de la couleur, etc.

Généralement on appelle un tableau fini celui dont les tons sont soigneusement fondus, dont tous les détails sont minutieusement exécutés, et ceci est encore une erreur. Le fini ne consiste pas en cela ; tel tableau empâté est plus fini que tel autre très-léché. Les détails qui semblent négligés aux derniers plans dénotent des études sérieuses, le talent de l'observation, plus nécessaire aux peintres qu'à tous les autres artistes.

Le peintre, disions-nous plus haut, doit avant tout imiter la nature, et cela nous amène à parler de ces artistes qui trouvent beaucoup trop pauvre l'œuvre du Créateur et s'appliquent à l'embellir à leur façon. Ceci est encore un travers, moins blâmable cependant que le prétendu réalisme de certaine école.

Nous ne parlerons ni de la composition, ni du sentiment, ni de l'harmonie; cela nous mènerait trop loin. Disons en terminant que les qualités essentielles d'un bon tableau sont un dessin correct, une couleur bien entendue, de l'expression et de la vérité.

TABLEAUX ANCIENS.

Partant de cette idée que l'art est *un* et qu'il doit être *universel*, comme la nature, son seul guide et son seul modèle, Léonard de Vinci et tous les grands artistes italiens, jusqu'au seizième siècle, n'admirent point la division de la peinture en plusieurs genres.

Les premières divisions se firent par *école* ou nationalité. Mais lorsque l'art se popularisa, que les tableaux se multiplièrent, que de nombreux musées s'établirent, et que tout homme riche ou simplement aisé voulut avoir sa galerie ou son cabinet, force fut, pour s'y reconnaître, de recourir à des classifications nombreuses, comme pour toutes les sciences ou industries susceptibles d'être cataloguées.

Aujourd'hui, et d'un commun accord, la peinture se divise en cinq classes : 1° *l'Histoire*, qui retrace les faits mémorables anciens et modernes; 2° *le Portrait*, qui dérive de l'histoire, puisqu'il reproduit l'image des héros et des notabilités; 3° *le Genre*, dont les toiles, connues sous le nom de tableaux de chevalet, représentent des scènes familières, etc., etc.; 4° *le Paysage*, qui comporte les vues historiques, les sites champêtres; les perspectives prises dans les cités et les marines; 5° *les Natures mortes*, c'est-à-dire les fleurs, les fruits, les légumes, le gibier, le poisson, les ustensiles de chasse, etc., etc.

Nous suivrons la tradition en commençant notre compte rendu par les tableaux d'histoire que possède notre exposition. Nous comprendrons dans cette classe les tableaux de chevalet, dont les sujets sont empruntés aux événements du passé, quoique certains critiques les fassent figurer dans le genre.

Les gothiques sont rares à l'exposition clermontoise, et nous ne trouvons à signaler dans cette classe intéressante qu'un nombre très-restreint de tableaux.

Saint Luc, si nous en croyons la tradition, se livrait à l'art de la peinture; les vierges qu'on lui attribue sont nombreuses. Il existe en France, notamment dans le nord, plusieurs tableaux représentant la Mère du Christ peinte par le saint Apôtre. Saint Luc avait-il inspiré les artistes byzantins qui vinrent se réfugier en Italie après la prise de Constantinople par Mahomet II? On serait tenté de le croire en voyant *la Vierge* (180), appartenant à M. Villelume, qui figure à notre exposition. Une sorte d'encadrement et des médaillons en grisaille, paraissant d'une époque différente, entourent la figure principale, qui rappelle la grâce naïve des peintres de la fin du xive siècle.

Le saint Sébastien de l'église d'Aigueperse est bien certainement une œuvre intéressante. Ce tableau, attribué à Mantégna, et provenant de la maison de Bourbon, est particulièrement remarquable, comme la plupart des peintures de son époque du reste, par la naïveté de la composition, le soin des détails et l'expression des physionomies. C'est avec raison que l'on attache un grand prix à cette œuvre, précieuse à plus d'un titre (417).

Un panneau de triptyque, représentant la *duchesse de Bourbon et saint Jean* (365), est attribué par le livret à l'école italienne, et nous cherchons en vain dans cette œuvre les caractères qui distinguent les gothiques peints au xvie siècle par les artistes de l'Italie. Les tons rouges, les contours arrêtés du saint Jean, et surtout la noble dame agenouillée près de lui, rappellent beaucoup plus Van Eyck que Massaccio ou Fra Philippo. Quelle que soit son origine, le tableau de M. Emile Thibaud est une œuvre très-intéressante.

Un tableau, dont le paysage aux teintes lugubres l'a fait sans doute attribuer à Salvator Rosa, « le peintre des tempêtes, » la *Fuite en Egypte* (231), possède des personnages remarquables, dont la grâce rappelle l'Albane plutôt que le Carrache. Ce tableau appartient à M. Blanc.

Si le proverbe : « On ne prête qu'aux riches, » est vrai, nous ne connaissons pas de peintre plus fortuné que le Guide; il n'existe pas de musée public ou particulier où le maître bolonais ne soit représenté.

Notre exposition ne pouvait faire exception; aussi y remarquons-nous une toile de valeur attribuée au célèbre artiste (217), à Mme de Carbon. *Arthémise*, les yeux levés au ciel, tient entre ses mains la coupe qui contient les cendres de son époux. La tête est expressive, les mains d'un dessin remarquable, les draperies savamment agencées. Nous retrouvons ici la touche moëlleuse et légère du maître bolonais; mais nous cherchons en vain son coloris si frais, si brillant, caché, nous le pensons, sous un mauvais vernis.

Signalons encore dans les tableaux historiques appartenant à l'école italienne; une *descente de Croix*, pleine de mouvement (228), à M. de Guérin; — une charmante *Tête de Vierge*, rappelant la grâce et l'expression de l'école de Raphaël (244), à M. Rochette de Lempdes; — *Le Christ mort sur les genoux de sa mère*, page intéressante et pleine d'expression (249), à M. Viallard; — une *Tête de Christ*, attribuée au Corrège (321), à l'église de Pont-du-Château; — *L'apparition de la Vierge et de l'enfant Jésus*, œuvre remarquable par l'expression des figures (348); — une *Vierge et l'enfant Jésus*, qui rappelle Rubens (329), à M. Pyrent; — un *Ecce Homo* (363), à M. Villelume; — une *Adoration des Bergers* (402), à M. de Chazelles; — *Le Christ au jardin des Olives* (441), à M. Fournier; — une très-belle copie de la *Maîtresse du Giorgione* (439), à M. Roussel; — enfin une *Vierge*, vigoureusement peinte (396), à M. le vicomte de Vaulx.

Nous n'avons à signaler parmi les tableaux historiques appartenant à l'école espagnole qu'une esquisse très-remarquable : *La Vierge, l'enfant Jésus et saint Joseph* (257), à M. Gaillard. Ce tableau, a été rapporté d'Espagne lors des dernières guerres, ce qui explique l'origine qu'on lui attribue; cependant nous serions tenté de le donner à l'école de Van Dyck plutôt qu'à celle de Murillo. Quoi qu'il en soit, cette esquisse est bien certainement une œuvre de maître.

Une adoration des Bergers (260), à M. Rochette de Lempdes, est attribuée par le livret à un maître allemand. Ce tableau, d'un coloris vigoureux, d'un dessin savant, est, selon nous, l'œuvre d'un peintre français. Dans cette vierge pleine de mignardise, dans la pose théâtrale des autres personnages, nous cherchons en vain les lignes raides de l'école allemande. En somme œuvre remarquable.

Une page intéressante : *Calvaire* (360), à M. Bonhomme, doit figurer au rang des peintures de l'Allemagne.

L'école flamande se trouve représentée d'une façon très-satisfaisante à l'exposition clermontoise. *Le Martyre d'une Vierge* (197), à M. Léo Tissandier, est certainement un excellent tableau. Toutes les magies de la couleur se trouvent réunies dans cette œuvre, dont la composition rappelle les pages les plus renommées de Van Dyck.

Un Crucifiement (214), à M. Boutarel, appartient bien à l'école de Rubens.

Passons à ce maître et arrêtons-nous un instant devant *la Naissance de Vénus* (282), à M. Bertrand, conseiller). La mère des amours, appuyée sur Neptune, vient de sortir du sein de l'onde; des fleuves, des tritons et des sirènes l'entourent; des animaux féroces s'échappent des roseaux et viennent contempler les merveilleuses beautés de la déesse. Nous retrouvons dans cette toile le pinceau si large et si fécond de l'illustre maître flamand. Cette sirène, qui s'avance appuyée sur un crocodile, rappelle bien ses sœurs de la galerie de Médicis; cependant, en regardant ce tableau, nous ne pouvons nous empêcher de nous souvenir de ces lignes d'un savant critique : « Ici Rubens ressemble à un grand écrivain qui, ne pouvant jamais dépouiller entièrement son génie, jette des traits sublimes dans une page trop vite conçue, trop vite exécutée. ».

Voici un petit tableau très-intéressant, l'*Incendie de Sodome* (245), à M. Montader. La ville maudite est livrée aux flammes; les lueurs de l'incendie font ressortir ses monuments et éclairent la rade qui la précède. Le juste, guidé par l'envoyé du Seigneur, fuit la cité vouée à la vengeance céleste, effet saisissant, perspective remarquable.

L'*Adoration des Mages* (267), à M. E. Pyrent, est certainement l'œuvre d'un élève de Rubens. Voici les dames de son temps vêtues de soieries et parées de joyaux.

Les Frank, ces artistes si féconds, étalent à l'exhibition clermontoise leurs personnages maniérés, leurs compositions naïves. Citons de ces maîtres *Rébecca et Eliéser* (205), à Mme de Carbon; une *Descente de Croix* (248), à Mme de la Faye; la *Visitation* (351), à M. d'Orcière, et un *Tableau à compartiments* (490), à M. Tallon.

Un tableau hollandais, appartenant à l'histoire, mérite une mention spéciale, *Loth et ses filles* (200), à M. F. Chabrol. Le patriarche, affaissé sur le sol, tend encore sa coupe à ses filles qui le soutiennent et lui versent à longs traits un vin généreux. Ce tableau rappelle à la fois l'école de Jordans et celle de Rembrandt.

Citons encore dans l'école flamande une excellente étude de femme attribuée à Honstorst (316), à M. Bonnabaud.

Les œuvres des peintres français sont nombreuses à notre salon, et nous remarquons au milieu d'elles des pages réellement remarquables.

Voici d'abord la *Vision de Godefroy de Bouillon*, signé Claude Vignon, peintre tourangeau (190), à M. Verdier Latour. Godefroy a la révélation de la grande destinée qui l'attend ; une voix prophétique lui annonce qu'il règnera sur la cité sainte. Une sorte de religieuse et un enfant tenant un livre entre les mains sont placés près du guerrier recouvert d'une armure et le casque en tête. Cette page vigoureuse a très-peu de ressemblance avec les œuvres des peintres français du dix-septième siècle ; on y trouve, au contraire, tous les caractères qui distinguaient les peintres espagnols de cette époque.

La *Toilette de Vénus*, page attribuée à Raoux, possède bien la grâce mignarde des peintres français du XVIIIe siècle. Il est à regretter que cette toile ait été maladroitement restaurée (200), à M. Domingon.

Un tableau du même genre, attribué à Largillière, *Allégorie* (212), à M. le marquis d'Espinchal, nous montre une jeune et charmante femme traversant les mers entourée de sirènes et de tritons. L'un des compagnons d'Eole pousse la conque marine et conduit la séduisante voyageuse vers quelque amoureux rivage. Charmante composition, frais coloris, dessin savant ; en somme, un bon tableau.

Voici un des maîtres justement renommés de l'école française, Carl Vanloo : *Eve* (531), à Mme Boutarel. La compagne du premier homme repousse les conseils de l'esprit du mal. Très-belle figure, entente parfaite de la lumière, rappelant les belles pages du Titien.

Une œuvre intéressante, quoique signée d'un nom peu connu, représente la *mort de Raphaël* (367), à M. de Chazelles. Le grand artiste vient d'expirer, ses élèves et ses admirateurs entourent son cadavre. L'un d'eux montre d'un geste désespéré l'œuvre que la mort est venue interrompre. Les personnages rappellent pour la plupart les tableaux historiques des peintres de l'Empire que nous voyons figurer dans les galeries de l'Etat ; un prêtre, lisant assis au pied du lit mortuaire, attire particulièrement l'attention.

Mentionnons encore, d'une façon toute spéciale, le gothique allemand, *Portrait d'une dame suisse*, attribué à Holbein (341), à M. Bertrand, conseiller ; *la Femme adultère*, composition remarquable attribuée à Vien (326), à l'église de Randan ; *deux tableaux de concours* de Girodet (387 et 388), à M. de Chazelles, enfin *La religion éclairant le paganisme* (342) et *Arthémise au tombeau de Mausole* (344), à M. de Laverchère, et *le Meurtre de Virginie*, esquisse vigoureuse attribuée à Lethière (353), à M. Germain.

PORTRAITS.

Les portraits sont nombreux à l'exposition clermontoise, où ils tiennent un rang très-remarquable. L'école française domine dans ce genre, et nous y cherchons en vain une toile digne d'être mentionnée appartenant à l'école italienne, le tableau représentant un soldat appuyé sur la garde de son épée étant évidemment un tableau de genre.

Le portrait d'un docteur, à la physionomie fine et spirituelle, est attribué à l'école allemande (207 à Mme Chaudessolles).

Un personnage au regard profond, qui rapelle un de ces savants qu'Holbein peignit pendant son voyage en Angleterre, est, dit-on, l'œuvre d'Antoni de Moor, peintre hollandais. Ce portrait un peu sec, mais possédant des qualités sérieuses, appartient, selon nous, à l'école du grand maître d'Augsbourg. (334 à M. Bertrand, conseiller.)

L'école flamande se trouve représentée par l'élégant Van Dyck. Voici encore un cavalier à la fine moustache, au profil délicat, à la physionomie expressive. Très-bonne toile, qui gagnerait à être débarrassée du mauvais vernis qui la recouvre. (235 à Mme de Carbon.)

Le portrait de Janhs de Lyens, signé Largillière (220, à M. de Lafoulhouze), est bien certainement une des œuvres les plus remarquables de ce maître. La force d'expression s'unit ici à la science du modelé, à la vigueur d'un coloris digne des peintres italiens les plus renommés.

Ces éloges sont applicables au *Portrait d'une dame de Saint-Cyr*, attribué par erreur sans doute à Rigaud, et que nous croyons l'œuvre du maître de *Janhs de Lyens*. (222 à Mme de Romagnat.)

Mais de la force passons à la grâce, et jetons les yeux sur les deux charmantes femmes dont Nattier nous a conservé l'image. Rien de plus frais, de plus gracieux que les séduisantes duchesses *de Vintimille* et *de Chateauroux*. En admirant ces heureuses physionomies on se prend à regretter que la charmante Mme de Mailly ne complète pas ce trio d'amoureuse et royale mémoire (233, à M. V. de Riberolles) (236, à M. de Riberolles-Beaucène.) Signalons encore du même maître le gracieux portrait d'une dame jouant de la viole (575, à M. Sauty.)

Le tableau de Mignard, représentant *la duchesse de X****, est bien certainement une des œuvres les plus réussies du maître qui l'a signée. La duchesse, femme charmante, au profil délicat, à la gorge de marbre, tient d'une main le flambeau de l'Hyménée, de l'autre, elle appuie sur ses genoux la tête du dieu malin, dont les yeux sont recouverts d'un bandeau. Rien de plus frais, de plus chatoyant que cette charmante page aux draperies savantes, au coloris brillant, et qui mérite certainement de figurer dans les galeries les plus renommées (390, à M. de Chazelles).

Le portrait de femme de M. Cohendy, attribué avec raison, selon nous, à Mignard, est une œuvre des plus remarquables. Comme dans la toile dont nous venons de faire l'éloge, la grâce dispute ici le pas à la science. Rien de plus vrai et de plus vivant que cet enfant qui attache une guirlande de fleurs sur l'épaule de la belle et souriante marquise (327, à M. Cohendy).

Les portraits d'*Honoré Bérard du Bourget* et de *Mme Bérard du Bourget*, par H. Rigaud, possèdent toutes les qualités qui distinguent le peintre du grand roi. Nous retrouvons dans ces deux belles toiles le type de ces portraits du règne de Louis XIV, si justement appréciés. Le portrait du *P. Jacques de Saint-Gabriel*, peint par Rigaud, rappelle les maîtres italiens de la meilleure époque (603, 607 et 507, à M. de Chazelles).

La bibliothèque des avocats de Clermont a prêté à l'exhibition clermontoise un magnifique portrait du célèbre jurisconsulte Pothier (570); dans cette œuvre, due évidemment à un grand maître, la science du modelé s'unit à l'expression.

Une noble dame, *Diane de Saint-Hérem* (552, à M. d'Aurelle), représentée en Diane chasseresse, tient un arc élégant à la main, près d'elle se montre la tête d'un lévrier. Très-beau portrait, quoique retouché.

Le tableau exposé par M. Gaillard (538), sous le titre de *Portraits*, pourrait, selon nous, être classé parmi les tableaux de genre ; les deux personnages à la physionomie expressive que nous y voyons figurer, sont certainement l'œuvre d'un artiste habile.

Mentionnons encore un très-beau portrait de *Franklin* (614, à M. de Chazelles) ; — un portrait de *Pascal*, très-ancien, et qui a servi de type à tous ceux que nous connaissons (602, à Mme la baronne de Romagnat); — un magnifique portrait de *Benjamin Thomson, comte de Rumfort* (606, à M. de Chazelles); — un *portrait d'homme*, expressif, vivant (560, à M. d'Aurelle); — deux très-beau *portraits d'homme*, à Mlle du Crozet (562 et 563); — le portrait de *M. Edouard Onslow* (590, à Mme d'Auriac); — le *portrait de l'abbé Antoine Banier* (545, à M. Christophle); — le curieux portrait de *Mlle Aragonnés* (599, à M. le vicomte d'Orcet); — un charmant *portrait de femme*, attribué à Mignard (195, à Mme de Chabrol); — le *portrait du cardinal de Noailles* (550, à M. Margeride); — le portrait de *F. Gaultier de Biauzat* (540, à M. Ledru); — un portrait de *Rabelais* (618, à M. Ollcris); — un *portrait de religieuse* (240, appartenant à M. Desbouis).

GENRE.

Il existe à toutes les expositions, dans tous les musées, un grand nombre de tableaux de genre, et cela s'explique. Ici l'artiste peut donner carrière à son imagination, suivre sa fantaisie et laisser parler ses goûts personnels, en même temps qu'il satisfait aux goûts si variés de la nombreuse classe des amateurs gens du monde.

Des œuvres très-remarquables, appartenant au genre, figurent à l'exhibition clermontoise.

L'école italienne, qui doit nous occuper d'abord, compte dans cette classe plusieurs tableaux dignes de la plus sérieuse attention. Voici un *Joueur de flûte* (188, à M. F. Chabrol), un jeune page, sans doute, à la toque élégante, au pourpoint de velours. Son attitude est naturelle, ses mains, habilement dessinées, soutiennent parfaitement l'instrument. Peinture excellente, aussi large que facile.

Deux petits tableaux, ou plutôt deux fragments de tableaux, représentant des têtes de femmes souriantes, *Nymphes et Bacchantes*, rappellent évidemment l'école de Jordaens, quoique attribués au pinceau d'un artiste italien (252 et 253, à M. Guillemot).

L'homme à l'épée (277, à M. Montader), que nous avons cru devoir classer dans le genre, appartient bien à l'école italienne du XVIIe siècle. Nous retrouvons dans cette œuvre, peinte d'une façon aussi large que hardie, le pinceau magistral des grandes écoles de cette époque; cependant nous y cherchons en vain l'éclatant coloris des Vénitiens auxquels on l'attribue.

Nous arrivons à une des œuvres les plus remarquables de notre exposition, une *Tête de jeune homme*, attribuée à Bellini (309, à M. le marquis de Bar). Quelle physionomie expressive! quelle vie! quelle animation dans ce regard de feu! Quelle poésie dans ce front qui pense et semble élaborer quelque poème! En regardant cette tête charmante, on se prend à admirer les ressources du génie, qui du sujet le plus simple fait une œuvre digne de l'admiration de tous.

Mentionnons encore dans l'école italienne, une *Tête d'Ange*, attribuée à Sirani (378, à M. le marquis de Bar), et le *Campement dans les Ruines* (263, à M. d'Orcières).

Dans le tableau de M. Verdier-Latour (189), *Saint Jérôme méditant*, nous retrouvons à quelques détails près une œuvre curieuse de l'école allemande, qui figure dans une des principales galeries du Nord. Saint Jérôme, assis devant une table, médite la main appuyée sur un crâne. Près de lui se trouvent un chapeau de cardinal et divers accessoires. Dans le fond de l'appartement une fenêtre s'ouvre sur la campagne. Cette œuvre, due, selon nous, au pinceau de Quentin Metsis, est remarquable au double point de vue de la peinture et de l'archéologie.

Passons à l'école hollandaise, beaucoup mieux représentée à l'exposition clermontoise que l'école allemande.

Une jeune Cuisinière (193, à M. Bertrand, conseiller) tient à la main un poisson qu'elle semble montrer à quelque personne placée sous sa fenêtre. Bon coloris, physionomie expressive, en somme une œuvre intéressante.

En sortant d'un cabaret dont la porte est encore entr'ouverte, deux ivrognes se sont pris de querelle, les couteaux ont été tirés, et les femmes des combattants cherchent en vain à les retenir. Ce tableau, signé Cuyp, quoique très-mouvementé, ne rappelle ni la manière ni la couleur du maître (202, à M. F. Chabrol).

Un petit tableau aux personnages pleins d'expression, aux accessoires minutieusement exécutés, *la Marchande de gibier* (203, à M. de Tissandier), est attribué à Mieris.

Voici venir un illustre peintre de batailles, Wouvermans (232 et 237 à M. Bouillet). Les chevaux se heurtent, les fers se choquent;

c'est bien cette mêlée mouvementée si familière au célèbre maître hollandais.

Nous retrouvons Wouvermans tout entier dans l'*Escarmouche*, appartenant à M. Rochette de Lempdes (289). Dans cette œuvre remarquable, le célèbre artiste a déployé toutes les ressources de sa couleur, toute la science de son dessin.

Nous n'adresserons pas au *Berger et à la Bergère gardant des moutons*, attribué à Cuyp (284, à M. Rochette de Lempdes) le reproche que nous faisions plus haut à la lutte de cabaret signée de ce maître. Nous trouvons dans la petite toile qui nous occupe un coloris, une expression qui rappellent le savant artiste de l'école hollandaise qui rivalisa non-seulement avec les peintres d'animaux les plus célèbres, mais sut égaler les portraitistes les plus renommés.

Poelemburg à l'ombre d'un bosquet nous montre des faunes et des bacchantes se livrant au plaisir de la danse (268, à Mme de Carbon). Tableau remarquable par le mouvement des personnages et appartenant évidemment au maître auquel on l'attribue.

Signalons de plus dans l'école hollandaise *Le Repos*, scène champêtre, attribuée à Cornelius Bega (320, à Mme de Carbon); *la Visite du médecin*, charmante composition de Jean Steen (311, à M. le marquis de Bar); *Un Peintre hollandais et sa famille*, signé Graat (219, à M. Hubler); *des Moutons dans un pacage*, attribués à Karel-Dujardin (307, à M. le marquis de Bar), et un *Troupeau à l'abreuvoir*, attribué à Berghem (198, à M. Léo de Tissandier).

Arrivons à l'école flamande, et parlons d'abord d'une magnifique *Tête de vieillard* (229, à Mme de Carbon), très-judicieusement attribuée à Jordaens. Nous retrouvons ici la couleur passionnée et incandescente, le pinceau large et puissant de l'élève de Rubens.

Les Deux Avares (254, à M. Degeorges), nous paraissent l'œuvre de David Rikaert, quoique le coloris des personnages qui composent ce tableau possède une épaisseur qu'on ne rencontre pas ordinairement chez ce maître.

Téniers figure aussi parmi les artistes flamands représentés à l'exhibition clermontoise. Voici du célèbre peintre un petit *Intérieur de cabaret* (242, à M. Rochette de Lempdes), c'est-à-dire une variante du thème brodé tant de fois par l'habile maître.

Le tableau de Vandermeulen, *La Chasse du roi à Vincennes* (373, à M. le marquis de Bar), est une sorte de réduction des grandes pages du Louvre. Nous y trouvons les mêmes chevaux, les mêmes cavaliers, le mouvement et le soin des détails qui distinguent les œuvres du peintre du grand roi.

Puisque la fougue, le mouvement, la hardiesse dans les attitudes, l'originalité dans la composition, distinguent essentiellement le talent de Rubens, on a eu raison de lui attribuer la *Chasse au lion*, appartenant à M. le comte de Villelume (221).

L'*Alchimiste* (383, à M. Fabre), tableau très-intéressant, nous paraît l'œuvre d'un élève de Téniers.

Ajoutons aux tableaux appartenant à l'école flamande une charmante toile représentant une femme endormie, à laquelle un filou dérobe sa bourse (406, à M. J. Peghoux), une *Tête de vieillard*, vigoureusement peinte (411, à M. d'Aurelle), *Une Kermesse flamande*, attribuée à Téniers (230, à M. Léo de Tissandier), une gracieuse composition d'un coloris remarquable, *Jeune femme à sa toilette* (350, à M. Bertrand, conseiller), *Une Kermesse flamande* (404, à Mlle Garet), et *Une noce flamande* (262, à Mme de Carbon).

L'école française, qui à défaut du prestige de la couleur possède la science du dessin, compte à notre salon quelques toiles remarquables. *L'Amour maître d'école* (223, à M. de Chazelles), unit l'originalité à la grâce, et l'on serait tenté de donner ce charmant tableau à Greuze, dont on retrouve ici toutes les qualités.

Dans le panneau attribué à Lancret, *Scène galante* (349, à M. Bertrand, conseiller), nous retrouvons encore une des compositions favorites de cet artiste : du mouvement, un pinceau élégant et facile distinguent l'œuvre du maître français.

Voici une excellente figure, pleine de bonhomie, et qui rappelle les maîtres flamands de la bonne époque : *Portrait d'un orfèvre* (352, à M. Victor).

Une toile, dans laquelle on remarque une certaine entente de la lumière, *Moine dans un laboratoire* (343, à Mme Aline Peghoux), est attribuée à Lombard, de Saint-Flour. La composition ferait classer cette œuvre dans l'école de Lesueur, si le coloris, la profondeur que nous y remarquons ne l'éloignait de ce maître.

Mentionnons encore dans l'école française une charmante étude de femme : *Naïade*, à M. Cohendy (537) ; — *Une escarmouche*, attribuée à Bourguignon (382, à M. Christofle) ; un tableau représentant une action semblable, attribué à Parrocel (374, à M. Montader) ; —

Une tête d'enfant, attribuée à Mlle Ledoux, élève de Greuze (332, à M. Adrien Cavy); — *Le facteur*, attribué à Demarne et dans lequel on remarque un très-bel effet de lumière (317, à M. Bancal de Bonneval); — *Groupe d'Amours*, genre Boucher (274, à M. Bonnay); — *Une tête d'enfant*, attribuée à Greuze (293, à M. L. Jay), — et enfin *Un groupe de mendiants*, attribué à Sébastien Bourdon (201, à Mme de Carbon).

PAYSAGE.

Les paysages sont rares à l'exhibition clermontoise, et nous trouvons dans ce genre très-peu de chose à glaner pour notre compte rendu.

Van der Neer nous apparaît tout entier dans *un Effet de clair de Lune* des plus saisissants (283, à M. Rochette de Lempdes). De grands nuages aux formes apocalyptiques courent dans le ciel et laissent un espace libre à travers lequel l'astre de la nuit jette ses pâles rayons sur les rives d'un fleuve défendu par une sorte de forteresse. Cette page poétique, où la couleur savamment détaillée semble sortie d'une palette rembranesque, est bien certainement une des meilleures compositions du maître.

Deux paysages (288 et 290, à M. Rochette de Lempdes), attribués à Moucheron, rappellent la manière du Poussin, particulièrement celui qui a pour titre : *Effet de soleil couchant*.

Les ruines (278, à M. Desbouis), nous paraissent l'œuvre d'un artiste italien. L'architecture, les arbres au feuillage vigoureux que nous trouvons dans ce tableau, semblent sortis du pinceau d'un élève de Panini.

Le tombeau de Virgile (307, à M. Montader), appartient évidemment à l'école du Poussin. Dans le mausolée, dans les montagnes qui bornent l'horizon, on retrouve les traits principaux qui distinguent les compositions de l'illustre paysagiste.

Un grand paysage (271, à M. de Marpon), attribué à l'école flamande, est, selon nous, l'œuvre de Téniers. Les tons argentins de certaines parties de ce tableau, les personnages que l'artiste y a placés, enfin l'harmonie générale qui le distingue, nous portent à l'assimiler aux toiles de cette dimension et de ce maître que nous avons rencontrées dans plusieurs galeries de la province.

Callot était-il réellement peintre? Cette question a été soulevée par plusieurs critiques et résolue affirmativement par les uns, négativement par les autres. Nous sommes de l'avis des premiers. Callot s'est livré à l'art de la peinture; mais ses tableaux sont extrêmement rares. *Un paysage* vigoureux (340, à M. Bertrand), rappelle bien la manière de ce maître; les personnages que nous y voyons figurer ressemblent à ceux du célèbre dessinateur; cependant nous n'oserions affirmer qu'ils sont sortis de son pinceau.

Voici une marine remarquable : *Un fort à l'embouchure de l'Escaut* (393, à M. de Chazelles), belle composition, couleur lumineuse, en somme un très-bon tableau.

Notons encore *Un paysage hollandais* (258, à M. Rochette de Lempdes); — *Deux petits paysages avec figures*, attribués à Téniers (314-315, à Mme de Carbon); — *Une vue prise dans un parc*, signée Swagers (338, à M. le docteur Bonnabaud); — *Un paysage* lumineux, effet de soleil couchant, attribué à J. Both (395, à M. de La Salle); — et *Un paysage* (381, à M. Félix Chabrol).

NATURE MORTE.

Dans les natures mortes la qualité rachète largement la quantité. Nous avons à signaler des œuvres très-remarquables appartenant à ce genre.

Un vase garni de fleurs (192, à M. Villiet), doit nous occuper d'abord. C'est avec raison que l'admirable page attribuée à Van Huysum a été enrichie de l'inscription suivante : « Il est impossible de voir un tableau représentant plus exactement des fleurs de toute espèce. S. Mattheï. » Ajoutons qu'on ne peut rencontrer une facture plus puissante, une couleur plus fière et plus harmonieuse à la fois, une membrure plus solide, un pinceau plus délicat. Tout dans cette œuvre dénote la main d'un maître. Le vase rempli d'une eau limpide, les fleurs délicates qui s'y rafraîchissent, le Christ, la montre, les coquillages qui ornent la partie basse du tableau sont autant de petits chefs-d'œuvre.

Les fleurs et fruits d'Abraham Mignon (196, à M. Villiet), sans avoir la valeur du tableau dont nous venons de faire si justement l'éloge, sont aussi très-remarquables.

Certains artistes, qui ne peignent que la figure, ont eu pour collaborateurs d'habiles peintres de nature morte. *La Chasse de Diane* est évidemment le résultat d'une association de ce genre, association heureuse à laquelle notre salon doit une toile de valeur. Diane a terminé sa chasse et se repose, entourée de ses nymphes, à l'ombre de grands arbres. Trois d'entre elles se sont emparées d'un petit singe dont la mère gît sur le sol, le cœur traversé d'une flèche. Des oiseaux de diverses espèces, un cerf, des lièvres, des lapins, couvrent le premier plan de ce tableau remarquable, œuvre de Grief pour les animaux, et d'un élève de Rubens pour les figures (234, à M. Ligier de Laprade).

Un très-beau *Dávid de Heem*, dans lequel le prestige de la couleur s'unit à la délicatesse du dessin, figure aussi parmi les œuvres envoyées à notre exposition (295, à M. Bonnay).

Signalons encore dans ce genre une *Nature morte* (394, à M. Grange) ; — une *Visitation* entourée d'une plantureuse guirlande de fleurs et de fruits (359, à Mme de Guérin ; — des *Fruits sur une table*, signés Hormans (376, à M. le vicomte de Wauthier) ; — des *Fruits et des légumes* (238, à M. le vicomte d'Orcet), — et enfin des *Fruits et des animaux* (246-247, à M. P. Chabrol).

TABLEAUX MODERNES.

Grand nombre de critiques, en parlant de l'exposition qui vient de s'ouvrir à Paris, ont cru devoir exhaler l'éternelle jérémiade de la décadence de l'art. Selon eux, la double pléiade artistique et littéraire a disparu ; il ne nous reste plus en France qu'une foule d'ouvriers peintres et littérateurs.

Ces exagérations doivent être combattues. Malgré nos préoccupations industrielles, malgré le positivisme de notre époque, nous comptons heureusement encore de véritables artistes, des littérateurs consciencieux, qui n'ont rien de commun avec les avides trafiquants que le Christ chassa du temple.

L'art a ses périodes plus ou moins glorieuses, il est vrai ; mais si parfois quelques vapeurs voilent l'éclat de son ciel splendide, l'astre qui lui dispense la lumière n'en poursuit pas moins son cours.

Le sentiment que certains critiques nous dénient est inhérent à la nature humaine. Si nous trouvons une foule de bons esprits sur le chemin décevant de l'intelligence, c'est que la voix de Dieu, la voix de l'art est plus puissante dans leur âme que la voix du siècle ; c'est que, parmi les ombres d'un morne tableau, il faut nécessairement quelques points lumineux.

Pourquoi jeter le découragement dans l'âme de ces lutteurs intrépides? à ces digues vivantes opposées au matérialisme du siècle, pourquoi venir crier : Vous n'êtes que des monticules de sable, incapables de résister aux flots?

Certainement nous ne pouvons approuver ces artistes qui barbouillent des tableaux aussi insignifiants que ridicules, et s'imaginent arriver par là aux honneurs et à la fortune. A ces faux bonshommes de l'art, nous dirons qu'ils ont pris l'amour du lucre et les chatouillements de l'orgueil pour la vocation du génie, et nous les engagerons à entrer dans quelque comptoir où l'argent pourra les dédommager des dédains de la renommée.

Une singulière manie s'est emparée de certains écrivains. Amis quand même du passé, nous les voyons sans cesse dénigrer leur époque au profit des siècles écoulés.

Selon eux, nous ne possédons pas un peintre qui puisse être comparé aux maîtres d'autrefois. Nos célébrités ne sont à leurs yeux que d'inhabiles pasticheurs sans originalité, presque sans talent. Leur prose n'est qu'un long ruisseau de larmes coulant à travers un amas de ruines.

L'un de ces apôtres de la désillusion lançait ces jours derniers la question suivante : « Existe-t-il en France un seul artiste qui puisse être classé parmi les maîtres? »

Ce problème, posé par un journal étranger, nous semble une grave insulte pour notre pays. Quoi! la reine des nations, la messagère du progrès ne compterait pas un artiste qui méritât le nom de maître? Ceci est une aberration ou une méchanceté. Qu'est-ce donc qu'Ingres, Delacroix, Messonnier, etc., etc.? Des fabricants de tableaux, sans doute, que leurs devanciers eussent considérés d'un œil de pitié.

Un peu plus d'indulgence, s'il vous plaît, superbes démolisseurs qui croyez faire des nains difformes de nos robustes artistes. S'ils n'atteignent pas à la taille de ces géants que l'on nommait Raphaël, Michel-Ange, Rubens ou Rembrandt, sont-ils pour cela perdus dans la foule, et n'ont-ils pas dans le ciel de l'art une place glorieuse que votre partialité voudrait leur ravir?

Non, l'art n'est point à notre époque ce que vous voulez bien dire;

et si l'on constate le grand nombre des appelés, il faut nécessairement enregistrer le petit nombre des élus.

Ces élus existent, malgré les tendances de notre siècle, malgré les jérémiades des pessimistes.

« Le véritable artiste, dit un critique célèbre, est celui qui voit et qui sent. » Sommes-nous donc à ce point déshérités de ne plus ni voir ni sentir?

Nous le répèterons encore, le sentiment de l'art, l'amour du beau et du grand est inhérent à la nature humaine, et il doit surmonter toutes les persécutions, survivre à tous les naufrages.

M. le duc de Morny, chacun le sait, est non-seulement un éminent homme d'Etat, mais encore un amateur éclairé des beaux-arts, un véritable artiste qui jette à ses moments de loisir de petits chefs-d'œuvre dans le cercle de ses amis intimes.

« Beaucoup d'amateurs, dit M. Léon Lagrange, possèdent des tableaux; quelques-uns ont un cabinet, bien peu une galerie. Le cabinet, c'est la réunion intime d'objets acquis au jour le jour, au prix de grands efforts, souvent même de sacrifices; cercle discret d'amis dont chacun pourrait raconter son histoire; société un peu mêlée parfois, où l'occasion, la fantaisie du jour, une affection surprise, auront fait entrer plus d'un intrus. La galerie est un cabinet d'apparat. Rien n'y entre qui ne veuille être vu et bien vu. La richesse garde le seuil et paye sans marchander sur la présentation d'un diplôme. Aussi le choix pourra être plus sévère. Rien ne sera remis au hasard ou au caprice. La hiérarchie marquera les rangs. Dans ce salon officiel, il n'y aura plus place pour les parents pauvres, pour les méconnus ou les délaissés. Une foule en habit de gala s'y montre la tête haute, jetant à l'huissier des titres retentissants. Le cabinet me représente le gynécée d'un homme de goût; la galerie, c'est le musée au petit pied d'un amateur de qualité. »

M. le duc de Morny a une galerie.

Véritable sanctuaire défendu par un goût sûr, par des connaissances sérieuses, il ne donne asile qu'à des toiles de choix. Il ne faut pas chercher dans la galerie de M. le duc de Morny un résumé de l'art de la peinture, les pages nombreuses à l'aide desquelles certains musées nous initient à son histoire. L'éclectisme n'a pas présidé à la réunion des œuvres remarquables qu'elle possède; restreinte dans certaines limites, elle emprunte son harmonie aux liens de parenté qui unissent entre eux les artistes qui s'y trouvent représentés.

Les grandes écoles italienne et espagnole n'y comptent que quelques maîtres; Guardi, Salvator Rosa, Morone, Murillo, Velasquez, rappellent seuls les illustres familles auxquelles ils appartiennent. Rien de la grâce idéale de Raphaël, rien de la force puissante de Ribeira. L'école française, à part une marine de Claude Lorrain, n'apparaît qu'avec Watteau; mais elle peut revendiquer ensuite les noms de Chardin, Boucher, Vernet, Greuze, Fragonard, Prudhon, Géricault, Decamps. L'art flamand est réduit à deux représentants : David Téniers et Huysmans, de Malines. C'est à l'école hollandaise qu'est réservée la plus large place : Rembrandt, Van der Helst, Terburg, Metzu, Pierre de Hooghe, Ruysdael, Hachaert, Hobbema, Van de Velde, Wynants, Karel Dujardin, Wouwermans, la représentent sous ses divers aspects.

La plupart des tableaux de ces maîtres sont des chefs-d'œuvre, qui font de la galerie de M. le duc de Morny, sinon une rivale, du moins le complément précieux des grandes collections de l'Etat.

M. le duc de Morny professe pour les maîtres anciens un culte fervent, mais il honore les artistes modernes d'une juste considération; aussi trouvons-nous dans sa somptueuse demeure des toiles appartenant aux peintres les plus renommés de notre époque.

Quelques-unes de ces toiles ont été envoyées à l'exposition clermontoise par M. le duc de Morny; leur incontestable valeur les désigne tout d'abord à notre attention.

Un portrait, il nous semble, doit être la représentation complète de l'individu. Il faut, pour que l'œuvre soit digne de l'approbation de tous, que la vérité s'unisse à l'expression, qu'il existe de la continuité dans le dessin, de l'harmonie dans la couleur, de la vie, de la pensée dans l'ensemble de la physionomie. Ces problèmes difficiles ont été résolus par M. Roller : *Portrait de l'auteur* (34). Rien de plus calme et de plus vivant à la fois que l'image du savant artiste; on ne peut se lasser d'admirer l'habile distribution de l'ombre et de la lumière, les lignes correctes, la transparence, le relief qui distinguent cette œuvre remarquable.

M. Willems, comme M. Meissonnier, dédaigne les vastes horizons pour quelques coins choisis du ciel; les grandes scènes ne peuvent le captiver; il faut à son talent observateur et vrai un sujet qu'il puisse revoir souvent et caresser à son aise. Voyez ces gentilshommes le verre en main (33); ils boivent à la santé du roi, la conviction est dans leurs regards; c'est bien du fond du cœur qu'ils jettent aux échos de la salle où ils se trouvent réunis le cri chevaleresque de la noblesse d'autrefois. M. Willems, qui peint le velours et le satin comme Terburg, join dans cette œuvre remarquable le dessin le plus expressif et le plus correct à l'entente la plus sage de la couleur.

Voici venir un des poètes du paysage, M. Calame. *Un torrent dans les Alpes* (26). Entre des rochers qui laissent apercevoir un coin du ciel, une cascade jette son écume d'argent; des pins noirs étendent leurs longs bras; une montagne montre sa tête neigeuse, et l'ombre et la lumière se livrent un combat que nous voyons tourner au profit de l'harmonie générale. En somme, œuvre magistrale, saisissante, de la grandeur et du mouvement à la fois.

Après le mouvement, la passion, voici le calme, la sérénité: *Une vallée du Cantal* (38). Pas un rayon de soleil dans cette toile; le ciel est gris, la couleur sans éclat; une sorte de tristesse poétique s'étend sur ce coin de notre Auvergne, et l'on se demande si les ruines de ce château, dont on voit la silhouette étrange sur le sommet d'une montagne, ne servent pas de refuge à quelque fantôme. Deux personnages, habilement dessinés, animent seuls cette page remarquable, grand morceau de la nature, savamment enchâssé dans un cadre étroit.

Un grand intérêt s'attache au tableau de Schoppin: *Le Divorce de l'Impératrice Joséphine* (35), et cela s'explique facilement: au mérite de l'œuvre proprement dite viennent s'ajouter la ressemblance des personnages et ce sentiment de curiosité si naturelle qui s'attache à tous les actes du fondateur de la dynastie Napoléonienne.

Aucun paysagiste contemporain n'est plus large dans les masses que Diaz; nul n'entend mieux que lui l'art de faire courir un rayon de soleil à travers le feuillage, de le répandre sur de blanches épaules, sur un gracieux visage. Voyez cet *Intérieur de forêt* (46); l'air y circule à l'aise; le soleil jette des teintes d'orange et de lilas sur le tronc des grands arbres, et l'œil peut suivre au loin les savantes éclaircies de l'adepte de la couleur.

Après Diaz, parler de Couderc c'est passer tout d'un coup à l'antithèse. En effet, si l'un s'arrête seulement aux masses, l'autre recherche le fini des détails; aussi rien qui se prête mieux à l'analyse scrupuleuse, mais aussi rien de plus charmant que les *Natures mortes* de l'habile artiste (45).

Deux tableaux de M. Philippe Rousseau figurent à l'exposition clermontoise : *Une Basse-cour* et *Une Chasse au canard* (41 et 47, à M. Getting). Cette dernière toile, où la magie de la couleur s'unit à la hardiesse du pinceau, est particulièrement remarquable.

Ce canal qui reflète un ciel bleu, cette magnifique perspective, ces palais, ces barques et ces pêcheurs, c'est Venise, Venise la belle ; Venise avec sa poésie, ses souvenirs et son azur. Canaletti n'a certainement pas mieux fait. L'effet est harmonieux, le ciel d'une limpidité, d'une transparence qui fait illusion ; en somme, une magnifique toile de Joyant, digne des galeries les plus renommées (62, à M. Léon Blanc).

Nous ne tomberons pas dans de nouvelles redites à propos des *Nymphes de la fontaine*, de Diaz (42, à M. Getting). Nous retrouvons ici une des compositions favorites du maître, et en même temps toutes les qualités qui font de lui un des plus grands coloristes de notre époque.

Qui ne connaît Gustave Doré? Depuis dix ans, le sympathique artiste crée, avec la fécondité du génie, des tableaux, des dessins, des fantaisies charmantes, et fait revivre nos légendes d'autrefois. Il réveille les fées, et sème de spirituelles illustrations les ouvrages de nos grands écrivains. Ame d'artiste au plus haut degré, doué d'une des imaginations les plus puissantes de notre temps, Gustave Doré, tout jeune encore, a compris mieux que personne la forte poésie de la nature et ses aspects grandioses. Nous possédons un paysage de cet artiste à notre exposition, et ce paysage est une œuvre magistrale. Une vallée escarpée, une sapinière et des pics couverts de neige, voilà toute cette composition. Peu de tableaux nous ont autant remué et transporté si loin des misères humaines. On est au milieu des solitudes alpestres ; on y respire un air vif chargé de parfums. Rien de commun, rien de vulgaire. La couleur est étincelante, la composition parfaite. Il ne faut pas s'arrêter aux détails ; on est saisi par l'ensemble, et cet ensemble est d'une poésie achevée (50, à M. Girard).

M. Foulongne est un fervent admirateur de la ligne ; l'antique a pour le savant artiste des charmes puissants. Son imagination s'est souvent transportée dans les temples de la Grèce, et il y a admiré les œuvres de Phidias et de Praxitèle. Le *Printemps*, de M. Foulongne, comme l'*Horoscope tiré d'une fleur*, (1 et 2), sont des œuvres remarquables à tous égards. Ces jeunes femmes assises sur une rive fleurie, cette barque qui porte joyeuse compagnie et glisse doucement sur l'eau transparente, forment une composition pleine de charme, où la poésie, l'harmonie de la couleur, se joignent à la science du dessin. L'horoscope nous montre aussi des femmes ou plutôt des statues taillées dans le marbre de Paros, et auxquelles le temps a donné cette teinte harmonieuse qui rapproche encore de la vie les œuvres des grands maîtres d'autrefois. M. Foulongne, grand prix de Rome, est appelé, nous le pensons, à tenir une place distinguée parmi les grands peintres de notre époque. Cet artiste expose de plus *Mœlenis chez une Sibylle* et un remarquable paysage, *Sous les châtaigniers de Royat*.

M. Gros (Claude), dont nous voyons un charmant portrait à notre exposition, a été pris à parti, dans ces derniers temps, par un de nos célèbres critiques, qui déniait à cet artiste le sentiment du dessin et de la couleur. Nous nous permettrons de ne pas être de son avis Le *portrait du fils de M. de C.* possède une valeur incontestable, et dénote chez son auteur les qualités les plus sérieuses (27, à M. L. de Chazelles).

M. J. Laurens n'est pas notre compatriotte, mais il aime notre belle Auvergne, et chaque année il se plaît à venir dans nos montagnes y étudier les richesses de la nature, les types de nos populations et même les mœurs de nos contrées, car il est aussi profond philosophe qu'excellent peintre.

Jules Laurens a étudié dans l'atelier de Paul Delaroche. Le salon actuel de Paris compte de Jules Laurens un grand paysage et une scène empruntée à la Haute-Perse, ainsi qu'un sujet de l'Auvergne. *Le Tour du monde*, de la librairie Hachette, prépare plusieurs livraisons sur notre province, dont les nombreuses illustrations ont été confiées à son habile crayon. Depuis dix ans environ, il a produit une quantité de lithographies d'art, d'après les chefs-d'œuvres de Décamps, de Flandrin, de Delacroix, de Diaz, de Troyon, etc.

Un tableau représentant une paysanne à la jupe retroussée, battant vigoureusement la crème qui doit se transformer en beurre, a été envoyé à notre exposition par M. J. Laurens. Cette page, fortement peinte, rappelle dans plusieurs de ses parties le savant pinceau de Metzu (30).

Les pêcheurs à la marée basse, de M. Isabey (37, à M. Moinier), n'ont rien qui les distingue des compositions ordinaires de cet artiste. Ce sont les mêmes barques, les mêmes matelots, la même vigueur et les tons jaunes habituels.

Une chaumière bretonne s'ouvre devant nous. Voici la salle du foyer ; on y mange, on y boit, on y travaille et l'on y dort. Les hôtes ordinaires du logis causent, boivent ou fument. Une fenêtre ouverte laisse entrer un rayon de soleil dans le logis enfumé. Etude originale, physionomies expressives ; somme toute, une toile très-intéressante de Char es Fortin (40, à M. de Chazelles).

Du calme, des scènes d'intérieur qui reposent l'esprit, passons au drame qui l'agite. Une ferme est la proie des flammes, les lueurs rouges de l'incendie colorent le ciel et donnent un aspect étrange aux animaux qui fuient, aux personnes qui viennent le combattre. Dans le tableau de M. Coignard (48, à M. Girard), la couleur déploie ses gammes les plus originales, et l'on voit un pinceau audacieux poursuivre les effets de lumière dont certains maîtres flamands possédaient si bien le secret.

Voici une des plus charmants tableaux de notre exhibition, une *Tête de vieux paysan*, par M. William Hunt, peintre anglais (59, à M. Bonnay). Rien de plus vrai que ce visage rougi, que ces vêtements usés. Le procédé du peintre est digne d'être remarqué : c'est par des coups de pinceau martelés, par une sorte de mosaïque qu'il arrive à l'achèvement de son œuvre. Rien de léché, de blairoté dans cette page remarquable, mais au contraire partout une main sûre, qui semble trouver dans l'exagération de certains procédés ce que les plus savants maîtres y cherchèrent en vain.

Les noms les plus célèbres figurent dans le livret de notre exposition ; et nous avons à enregistrer celui d'un artiste infiniment regrettable, Horace Vernet, dont une charmante petite toile représentant *un cheval arabe*, nous rappelle le talent (32, à M. Getting).

Les *Promenades dans le Parc* (85 et 86, à M. Brousse) nous semblent quelques réminiscences des charmantes compositions de Watteau. Ce sont les seigneurs, les grandes dames, les parcs ombreux de ce gracieux artiste que nous montre M. Dévéria.

On trouve dans les tableaux de M. Desgoffes des singularités, des accidents de couleur qui choquent au premier abord ; mais en revenant devant les œuvres de l'habile artiste, on y découvre une sérieuse étude de la nature, une brosse habile qui ne recule devant aucune difficulté. La *Vue prise dans la Haute-Loire* est certainement une œuvre de valeur digne de l'attention de tous les gens de goût (73, à M. H. Doniol).

Il existe peu de tableaux dont la reproduction par la lithographie ait obtenu autant de vogue que le *Hussard entreprenant* de Destouche (84, à M. de Fos). Ce succès s'explique facilement lorsqu'on a sous les yeux cette page spirituelle. Un jeune hussard parvient, à l'aide d'une échelle, jusqu'à la jeune fille qu'il courtise. Mais au milieu de l'amoureuse conversation survient la grand'mère, qui lève sa canne et chasse de l'heureuse fenêtre le galant qui se disposait sans doute à l'escalader. Rien de plus gracieux, de plus vrai et de plus habile à la fois que ce spirituel tableau, légué par un riche et savant collectionneur à la personne qui le possède aujourd'hui.

Mlle Ferrand nous fait assister aux derniers moments de Milton; le grand poète va poursuivre dans un autre monde les admirables poèmes qu'il rêva sur la terre. Sa fille, ses amis l'entourent et recueillent ses dernières paroles. Bonne composition, pinceau habile et expressif (83, à Mme Montbrun).

L'*Episode de la guerre de Vendée* (82, à M. Girard) est-il un original ou une copie? Nous ne saurions le dire. Quoi qu'il en soit, cette toile est intéressante et habilement exécutée.

M. Queyroy, au milieu d'une lande immense, sous un ciel gris et froid, pose sur de longues échasses un berger au costume pittoresque. Quelque étude d'après nature, sans doute, mais qui ne suffit pas, selon nous, pour composer un tableau (8).

Ces moutons, ces chèvres qui se reposent dans une étable, ces pigeons si vivants et si vrais sont l'œuvre de l'un des principaux peintres d'animaux de notre époque, l'Allemand Robbes. Il suffit de jeter les yeux sur ce tableau pour y reconnaître l'œuvre d'un maître (61, à M. J. Peghoux).

Trois tableaux justement remarqués à notre exhibition sont dus à un jeune disciple de M. de La Salle, le frère Athanase de la doctrine chrétienne. Comme le Giotto, dès l'âge le plus tendre il manifesta de grandes dispositions pour l'art auquel il se livre aujourd'hui. A quinze ans, l'enfant du peuple entrait en qualité de novice chez les frères de Paris. Quelques années plus tard, nous le retrouvons professeur de dessin au pensionnat de Passy et élève de Barrias.

Horace Vernet, depuis que son pinceau magistral avait reproduit les traits du frère Philippe, rendait de fréquentes visites à ce pensionnat;

c'est là qu'il remarqua les essais du jeune frère, conçut une amitié réelle pour lui et résolut de le guider dans l'art qu'il pratiquait si bien. Le frère Athanase suivait depuis quelque temps les leçons d'Horace Vernet, lorsque la mort vint lui enlever son éminent professeur.

L'*Attaque du bastion central à Sébastopol* (118), dénote l'élève de notre grand peintre de batailles. Voici ses attitudes hardies, son entrain, sa couleur un peu grise, mais aussi son dessin correct, sa composition mouvementée. Les soldats montent bien à l'assaut; on entend les paroles énergiques de leur général, on s'associe à leurs glorieux efforts.

Mais les combats succèdent aux combats; une nouvelle bataille doit se livrer bientôt, et la pensée de Dieu vient s'interposer entre le soldat et l'amour de la gloire. C'est cette pensée qui courbe le front de ce jeune officier et lui fait demander au ministre du Seigneur la bénédiction qui réconcilie l'homme avec le ciel. Rien de plus sympathique que cet épisode, que ces deux personnages si différents. Ajoutons que le dessin est dans cette toile aussi remarquable que la couleur, et qu'ils concourent tous deux à en faire une œuvre réellement digne d'intérêt. *Avant la bataille* (130).

L'herbe a couvert les tombes de Sébastopol; le souvenir des grandes luttes qui se livrèrent sous les murs de la cité célèbre sont encore dans tous les esprits; mais la France poursuit de pacifiques conquêtes. L'illustre souverain qui la gouverne visite une de ses plus belles contrées: Napoléon III est au milieu de nous. Voici Beaumont, son arc de triomphe et sa population enthousiaste. Le maire vient de prononcer son discours, il offre à l'Empereur le vin de ses coteaux. Cette toile, où l'on retrouve les costumes de l'Auvergne, où les principaux personnages sont des portraits, unit l'habileté de la composition à l'entente de la couleur. La foule se presse, chacun est en mouvement, cependant rien de confus ne résulte de cette action; chaque groupe est à sa place, il se meut à l'aise et possède le caractère qui lui convient.

Parmi les apôtres de la pensée, parmi ces artistes qui font de leurs tableaux des poëmes attachants que chacun peut lire, nous croyons devoir faire ressortir d'une façon toute spéciale M. Jules Léonard, de Valenciennes, auteur du tableau *Le Suicide par désespoir d'amour* (466).

M. Léonard est essentiellement coloriste. Le Titien et Rembrandt possèdent la sympathie du jeune artiste, qui, néanmoins, honore Raphaël comme le dieu du dessin, et fait chaque jour de nouveaux sacrifices sur son autel.

M. Léonard est bien certainement un peintre de sentiment; les sujets philosophiques conviennent à sa nature réfléchie, à son âme généreuse et poétique; aussi préférons-nous à ses scènes rustiques *Son Médecin des pauvres*, ou la grande page qui figure à l'exhibition clermontoise.

Sur la froide pierre d'une sorte de morgue, un cadavre de jeune fille est étendu. — L'histoire de cette malheureuse se devine aisément. Confiante et pure, elle a cru à l'amour d'un homme qui l'a trompée, et la naïve enfant a demandé à la mort l'oubli de sa cruelle déception. L'amant pleure aux pieds de celle qu'il a conduite au tombeau. Un médecin, penché sur la jeune fille, cherche à saisir une dernière étincelle de vie chez l'être inanimé qui n'est plus, hélas! qu'un cadavre. La famille éplorée exhale sa douleur; la foule des curieux, parmi laquelle on distingue des personnes appartenant à toutes les classes de la société, se presse autour du groupe principal. — Ici ce sont de vieilles femmes qui commentent l'événement; — là de robustes ouvriers muets et compatissants; — de ce côté, une jeune modiste et un dandy; de l'autre, un mendiant et des gamins; en un mot tout le public ordinaire de ces spectacles, public aussi vrai qu'habilement groupé.

A la gauche du tableau, nous voyons la perspective d'une rue bordée par l'Escaut. — Çà et là des individus rassemblés ou isolés.

Cette œuvre remarquable possède, selon nous, des qualités aussi rares que précieuses. Ici, en effet, rien de jeté au hasard, de négligé. Toutes les parties de ce tableau ont été les objets d'une étude spéciale. Depuis ce grand bâtiment, débris des siècles passés, jusqu'à cette jeune fille penchée curieusement vers le cadavre, tout a été pris sur nature, soigneusement placé et travaillé avec conscience. La lumière, savamment répandue, tombe sur le groupe principal et produit un de ces effets de clair-obscur familiers aux maîtres hollandais d'autrefois.

Somme toute, le tableau de M. Léonard est une œuvre très-remarquable qui assigne à son auteur une place distinguée parmi les artistes d'élite que la France s'honore de posséder.

Le même artiste, dans une *Scène du massacre des innocents* (20), aborde le genre historique. Une femme, pâle d'épouvante, fuit emportant entre ses bras les deux enfants qu'elle veut dérober au glaive des soldats d'Hérode. Nous retrouvons dans cette composition toutes les qualités qui distinguent le talent si sympathique de M. Léonard, sa palette vigoureuse, son dessin expressif.

M. Léonard, lauréat dans plusieurs concours artistiques, voyait acheter, il y a quelque temps, par la ville de Valenciennes, après avoir obtenu la grande médaille d'or à l'exposition de Cambrai, une de ses meilleures toiles : *Le médecin des pauvres*; l'Athènes du nord, en accordant à l'œuvre de son fils d'adoption une place d'honneur dans son remarquable musée, voulait sans doute, tout en honorant le talent d'un artiste dont elle se montre fière à juste titre, donner un noble exemple à toutes les cités progressistes.

M. Théodore Frère glane dans le champ de notre regrettable Marilhat, et cela, nous devons le constater d'une heureuse façon; son *Campement de Bédouins*, son *Abreuvoir des chameaux*, sa *Caravane en marche*, ses *Bords du Nil*, rappellent la manière du célèbre artiste que nous avons perdu (131-132, à M. Peghoux; — 159, 160, à M. de Lafaye).

Un charmant paysage se trouve à côté des toiles de M. Frère. A travers une éclaircie où s'avancent quelques animaux guidés par une jeune fille, l'œil découvre un vaste horizon. Les animaux rappellent Paul Potter; le paysage, nos meilleurs maîtres en ce genre; aussi est-il signé Karl Girardet (161, à M. de Lafaye).

Une œuvre originale, que nous avons prise d'abord pour une copie de quelque maître ancien, a droit à toute notre attention. Le Sauveur du monde repose sur les bras de sa mère, saint Jean contemple l'enfant-Dieu. Charmante composition, dessin remarquable, coloris délicat, en somme un très-bon tableau (111, à M. Bachemalet).

Citons encore parmi les œuvres appartenant aux artistes étrangers à l'Auvergne, *une jeune Fille en prière*, esquisse par Ary Scheffer (44, à M. Sauty), *une Marine*, par M. Gudin (109); *une étude d'Ane*, par M. Antigna (164, à M. X.); *le Zouave blessé*, par M. Bauderon (31, à M. Getting); *Charles-Quint après son abdication*, attribué à Bonington (39, à M. Bertrand, conseiller); *Une Italienne à la fontaine*, par M. A. Richter (71, à M. Léon Blanc); *Le Moulin à vent*, paysage par M. Bohn (72); *Une Famille romaine en voyage*, par M. Masson (93, à M. Getting); *les deux Sœurs*, imitation de Greuze par Mme E. Delattre (105); *Halte près des ruines de Bal-beck*, par M. Berchères (124, à M. le docteur Bertrand); *La Bouquetière*, belle copie, d'après Destouches (447), à M. Lavandier; *Les bords de la Marne*, par M. Baudit (91, à M. le docteur Dosias); *Un paysage*, par M. Victor Dupré (165, à M. Bonnay); Une *Vue de la vallée de Royat*, attribuée à Watelet, (170, à M. H. Doniol).

L'Auvergne a produit le maître des paysagistes modernes. Nommer Marilhat, c'est réveiller de légitimes regrets, mais c'est aussi rappeler de glorieux souvenirs.

Doué d'une organisation tout exceptionnelle, Marilhat devait à son intelligence, à ses dispositions particulières, ce que beaucoup d'autres ont en vain demandé à l'enseignement. La couleur avec ses ressources infinies captivait l'habile artiste, aussi choisissait-il pour arène ordinaire les contrées dorées par le soleil. Il fallait à l'adepte du Titien l'Orient et sa chaude lumière, les longues caravanes et les fraîches oasis.

Notre exposition possède à peine deux spécimens du talent de Marilhat: *Vue prise sur les bords du Nil* (70, à Mme Lucas-Laganc), et une *Etude faite en Egypte* (67, à M. Astaix de Lavesne). Nous regrettons que des œuvres achevées ne nous aient pas permis d'admirer une fois de plus le dessin élégant et fin du maître, sa composition poétique, son splendide coloris.

M. Devedeux, comme Marilhat, aime le soleil et ses ombres puissantes; sa palette est une sorte de réservoir magique où se trouvent réunies toutes les ressources de la couleur. Le charmant artiste, outre un dessin remarquable, possède cet heureux don de la composition que cherchent en vain une foule d'artistes doués d'un talent sérieux. Spirituel et poétique à la fois, il sait trouver des sujets qui parlent à l'esprit et au cœur; c'est avec une sorte de curiosité sympathique que la foule s'arrête devant les œuvres de l'habile artiste; elle sourit, comprend et admire. Devedeux a abandonné l'Auvergne pour un plus vaste théâtre; dédaignant l'exemple des maîtres d'autrefois, il a demandé à la grande ville la consécration d'un talent aujourd'hui hautement reconnu, justement apprécié, d'un talent qui l'assimile aux sommités artistiques de notre époque, et assure à son nom une place glorieuse dans les annales du pays qui l'a vu naître.

La femme turque et ses enfants, *les Portraits de M. et de Mlle M****, sont les seules toiles du savant artiste que possède l'exhibition clermontoise. Elles suffisent pour permettre de constater son remarquable talent. Rien de plus frais, de plus gracieux, de plus vigoureux à la fois que cette sultane entourée de sa famille. Les portraits de M. M*** et de sa fille sont des chefs-d'œuvre de vérité et d'expression (11, à M. Bonnadier; 9 et 10, à M. Montader).

M. de la Foulhouze tient à Devedeux par des liens étroits. Comme lui, il possède une palette brillante, un dessin habile; homme de goût et d'esprit, il sème dans ses nombreuses compositions tous les éléments d'un art sérieux et charmant à la fois. Les problèmes de la couleur ont longtemps préoccupé l'habile artiste; longtemps, comme nos grands coloristes, il a cherché le soleil du Titien, les brocards de Véronèse. Quoique sympathique au talent de Ingres, il professe une profonde admiration pour Delacroix; Diaz lui-même l'attire; il aime ses parcs ombreux, ses femmes élégantes, ses eaux où se reflète leur image. *La Fontaine du Parc* (154, à M. Bonnay), rappelle les meilleures compositions de cet artiste; voici son soleil aux chatoyants rayons, ses grands arbres, ses puissantes oppositions: la composition est charmante, l'exécution remarquable. *Les vues de Fontenailles et de la chaîne des monts Dômes* possèdent toutes les qualités qui font les bons paysages: l'éclat, la transparence, la légèreté; — les ciels, les lointains sont particulièrement réussis (117 et 119, à M. le comte de Preissac).

Les tableaux de genre de M. de la Foulhouze se recommandent comme ses paysages par les qualités les plus sérieuses. C'est une œuvre de sentiment que cette enfant charmante qui tend la main à l'aumône (6, à M. Cavy). Ce cavalier qui penche sa tête curieuse au-dessus de la gracieuse dame qui écrit près de lui (63); cette odalisque nonchalante, mollement accroupie sur les coussins du harem (150, à M. Cavy); ces *laveuses du Bourbonnais*, noyées dans la brume (135, à M. Collas des Echerolles); enfin ses gracieux pastiches de Watteau sont autant d'œuvres de valeur dignes de l'attention des gens de goût.

Les portraits de M. de la Foulhouze joignent une couleur pleine de charme à un dessin parfaitement étudié. Rien de cru, de heurté, une expression calme, une attitude à la fois libre et digne; voilà les qualités que nous remarquons dans les *Portraits de Mme C. de R**** (5, à M. C. de Riberolles); *de Mme de T**** (54, à M. Bonnay); *de M. Armand P**** (57, à M. Pestel).

M. Roux est aussi coloriste; il possède un pinceau vigoureux et professe pour la nature le culte le plus intelligent. M. Roux n'est à l'aise qu'en pleine campagne; il aime les sites grandioses, les arbres centénaires et les rochers de nos montagnes. Son paysage : *Effet d'automne*, aura certainement des éloges de tous les artistes, de tous les connaisseurs (153, à M. Lecourt d'Hauterive). Sa *Vue de Châteldon* (162, à M. le docteur Nivet); son *Effet de Neige* (168, à M. Croix), sa *Vue de Royat* (29), dénotent certainement une habileté peu commune.

M. Peghoux consacre ses loisirs à la peinture, et l'on ne devinerait pas dans ses toiles si fraîches et si transparentes les œuvres d'un amateur ; une foule d'artistes de profession seraient heureux de les signer. M. Michel Peghoux expose plusieurs paysages très-remarquables, notamment *Une vue des bords de la Durolle* (158, à M. le comte de Preissac); — *Une vue prise dans la Creuse* (129), et une délicieuse *Vue des bords de la Durolle* (36, à M. le docteur Bertrand). Rien de plus frais, de plus harmonieux que cette page remarquable. On regrette, afin de compléter le rêve, qu'une petite maison aux murs blancs et au toit rouge ne se trouve pas au milieu de ce site poétique.

Les paysages de M. Guillemot, qui dénotent un pinceau habile, des études sérieuses, possèdent surtout une profondeur remarquable ; de vastes horizons s'y déroulent, et l'œil peut suivre au loin les lignes qui vont se confondre avec le ciel. Sa *Vue de la vallée de Thiers*, qui sort un peu de sa manière ordinaire, possède une vigueur de ton digne de nos meilleurs coloristes (68).

M. Ed. Onslow recherche les scènes d'intérieur. Il pénètre dans les demeures de nos paysans et peint sur nature les sujets de ses toiles intéressantes. Les personnages sont vrais, pleins d'expression ; ils se meuvent à l'aise, et tout ce qui les entoure, aussi soigneusement étudié qu'habilement reproduit, ajoute encore au mérite de ses œuvres (65, 113, 115).

Le frère Yacinthe, des Ecoles chrétiennes de Clermont, se livre, comme le frère Athanase, à l'art de la peinture; nous trouvons de cet artiste plusieurs toiles dignes d'intérêt à l'exhibition clermontoise, notamment la *Bénédiction d'un Enfant par saint Dominique* (442), l'*Enfance de la Vierge*, bonne copie d'après Lazerges, qui indique chez son auteur, qui appartient à l'Auvergne, les aptitudes les plus sérieuses (462).

Un artiste, originaire du Puy-de-Dôme, M. Tamisier, expose deux petits paysages d'un coloris remarquable, et un bouquet de fleurs très-habilement peint (14).

Une tête d'étude, peinte par M. Derrode avec une ampleur remarquable, rappelle les maîtres italiens de la meilleure époque (21).

Le portrait du docteur G. C., par M. Bouché, joint à une ressemblance parfaite des qualités de dessin remarquables (53). Nous trouvons du même artiste, élève d'Ary Scheffer, une belle copie de la *Françoise de Rimini* du grand maître, ainsi que deux intéressants pastiches de son *Faust* et de sa *Marguerite* (109, 493 et 493 *bis*).

Un très-bon portrait par Mlle d'Orcet figure dans la grande galerie sous le numéro 438. Belle couleur, dessin correct, expression vraie, en somme, une œuvre remarquable.

M. Delorieux, le doyen de nos professeurs, qui eut l'honneur de guider les premiers pas de nos artistes dans la voie de l'art, est toujours un infatigable travailleur. Un grand nombre de toiles de cet artiste, appartenant aux différents genres figurent à l'exhibition clermontoise, et l'on a particulièrement remarqué de lui un *Intérieur rustique* et une *Vue prise à Royat* (75 et 469).

M. A. Onslow, comme M. Delorieux, nous offre de nombreux spécimens de son goût pour les arts. Ce sont en général des copies des œuvres des principaux maîtres de notre époque. Son *Cercle de la Poterne* et sa *Prise de Malakoff*, d'après Yvon, attirent spécialement les regards du public.

Citons encore parmi les toiles remarquables appartenant aux artistes nés en Auvergne ou qui l'habitent à l'heure qu'il est, un portrait de M. Thévenot, par M. Anatole Dauvergne (4, à M. Thévenot); — *Le Christ et Saint-Jean* et une *Sainte Famille*, d'après Raphaël, par M. Bonhomme (40 et 461); — *La Vierge et l'enfant Jésus*, par M. Robert (58); — *Une marine* et *Une plage*, par M. E. Thibaud (66 et 163); — *Des fleurs*, par Mlle Desperiers (80); — *Une femme conduisant un troupeau*, par M. le marquis de Bar (128); — *Les mauvais anges expulsés du paradis*, par M. Poyet (138); — un remarquable *Portrait* et *Une scène d'Afrique*, par Mlle Hervier (52 et 172); — Plusieurs *Marines*, de M. Nadaud; — les portraits d'un *jeune homme et d'une jeune fille*, par feu Poyet (450 et 451); — *Une cascade* et *Les bords d'une rivière*, par M. de La Salle (459 et 532); — *Le Printemps* et *l'Odalisque*, copie par le même (486 et 487).

PEINTURE. — SALLES DEGEORGES.

Puisqu'il est vrai qu'un pays doit les plus beaux fleurons de sa couronne aux artistes qu'il a produits, l'Auvergne honore à bon droit la mémoire de M. Degeorges. Ce n'est pas sans une émotion facile à comprendre qu'on examine l'œuvre de l'artiste regretté, qu'on analyse son remarquable talent.

M. Degeorges avait reçu les leçons de David, et nous retrouvons chez l'élève les principales qualités du maître.

« David, dit un savant critique, David aimait le style, il détestait la manière; elle était proscrite de son école. La nature, voilà le guide qu'il suivait; mais il la voulait noble et belle, jamais basse et vulgaire. Il préférait une timidité fidèle à une hardiesse sans fidélité. Cet éminent artiste répétait sans cesse : Il faut étudier les beautés de l'antique pour retrouver les mêmes beautés dans le modèle, et toutefois c'est l'esprit du modèle qu'il faut suivre pour les rendre bien, d'après l'antique. »

Judicieux préceptes dont il faut reconnaître toute la valeur !

Le talent de M. Degeorges offre à l'examen du critique deux caractères distincts. Ici nous le trouvons élégant, facile, correct, comme le maître qui l'a fait éclore; là nous le voyons vigoureux, inspiré, poursuivant les problèmes de la couleur, résolus par les plus illustres maîtres des écoles italiennes.

Dans les compositions, dans les portraits même, nous revoyons l'adepte de la grande école du peintre de l'empire. Devant les copies des maîtres de l'Italie, nous cherchons un élève de Véronèse, de Michel-Ange ou du Titien.

M. Degeorges, selon nous, possédait une admirable organisation, jointe à une étude profonde de son art. Il aimait à la fois la nature et les saines traditions qui font les artistes réellement sérieux.

M. Degeorges peignait l'histoire et le portrait; mais il portait une affection particulière à ce dernier genre. Il avait compris tout ce qu'il y a d'attachant dans la reproduction de la figure humaine, d'une individualité qu'il faut faire vivre aux yeux de tous.

Les nombreux portraits de notre regrettable concitoyen, apportés à l'exhibition clermontoise, joignent à un dessin correct, à une couleur bien entendue, des qualités de ressemblance et d'expression qui frappent tout d'abord. Nous avons particulièrement remarqué des portraits de femmes aussi gracieux que soignés, plusieurs portraits de personnages connus parmi nous, et que nous regrettons de ne pouvoir désigner par des noms qui n'existent pas au livret. Notons cependant le portrait de l'artiste, celui de son épouse, de son frère, du général Beker, de Mme Terreyre, de M. de Montlosier, de M. de Tarrieux, de M. le docteur Breschet, de M. Charolois, etc., etc.

Les compositions historiques de M. Degeorges rappellent sous tous les rapports les œuvres de David. Son *OEnone refusant à Pâris de le guérir*, est bien certainement une page remarquable. Les personnages bien groupés, l'expression des diverses figures, notamment celle de Pâris, la correction du dessin, désignent ce tableau à l'attention des connaisseurs.

Cet éloge peut s'appliquer à la *Mort de Jacob*, au *Retour de l'enfant prodigue*, au *Vieillard et ses trois fils*.

M. Degeorges aimait à reproduire les types divers de l'Auvergne, nous en trouvons la preuve dans les œuvres qu'il nous a laissées. Rien de plus gracieux, de plus charmant que cette petite *Glaneuse*, de plus énergique que ce paysan repassant sa faulx. Que de vérité d'expression dans cette jeune fille appuyée sur un arbre et tenant une couronne de bleuets à la main! Sa *Marchande de pommes*, son *Jeune paysan de Blanzat* sont aussi des toiles très-remarquables.

De nombreuses esquisses figurent dans l'exhibition de M. Degeorges; elles font doublement regretter la mort de l'artiste, qui devait en faire sans doute des œuvres achevées.

Les copies de M. Degeorges ont à nos yeux une grande valeur artistique; elles dénotent chez leur auteur une facilité, une étude de la couleur qu'on ne saurait trop apprécier. Copier ainsi, c'est bien certainement posséder une partie du talent des maîtres qui vous inspirent.

Notons encore plusieurs études très-réussies, entre autres la *Réflexion* et la *Surprise*, et surtout un buste de Bonchamp, qui rappelle la manière de Géricault.

Plus de cent toiles de M. Degeorges figurent à l'exhibition clermontoise, et cependant elles ne forment pas l'œuvre entière de l'artiste. « Notre regrettable concitoyen, nous apprend M. Conchon, fut chargé par M. le comte de Chabrol, préfet de la Seine, de l'exécution de plusieurs tableaux. Il peignit pour les diverses églises de Paris:

l'*Ensevelissement du Christ*, le *Martyre de saint Jacques le Mineur* et un *Christ à la Colonne*. Il exécuta avec Vinchon, qui en avait nominalement l'entreprise, les fresques de la chapelle Saint-Maurice de l'église Saint-Sulpice, et il fit pour Mme Adélaïde d'Orléans le tableau qui décore l'un des autels de celle de Neuilly.

» Il composa aussi, à peu près dans le même temps, la *Mort de Patrocle*, *Ulysse et Télémaque poursuivant les prétendants de Pénélope*, et le trait de ces deux jeunes Athéniens lauréats des jeux olympiques qui, après avoir déposé leurs couronnes sur la tête de leur vieux père, qui devait en mourir de bonheur, le portent en triomphe au milieu de leurs concitoyens accourus pour assister à cette scène touchante de piété filiale.

» Jusque-là, tous les sujets traités par Degeorges lui avaient été en quelque sorte commandés. Sur la fin du règne de Charles X, il voulut produire une œuvre complètement de son choix. L'histoire de nos guerres civiles lui en fournit la donnée. La scène se passe sur l'un des champs de bataille de la Vendée.

» Le moment choisi est celui des derniers instants de Bonchamp. Couché sous un hangar, le jeune chef tient un papier à la main et le donne à l'un des officiers qui entourent son lit de mort. L'officier, c'est le comte d'Autichamp, son compagnon d'armes et son ami; le papier, c'est la grâce de quatre mille Français destinés peut-être, par la fatale loi des représailles, à tomber sans combattre sous des balles françaises. Un groupe de soldats vendéens assiste, dans un morne recueillement, à cette scène de douleur et de magnanimité. Un prêtre se montre au milieu de ce groupe désolé. L'homme de Dieu élève au-dessus de la tête du héros chrétien qui souffre et qui pardonne l'emblême de toutes les souffrances et de toutes les miséricordes. Voilà le drame dans sa touchante simplicité. »

Cette belle page, ainsi qu'une toile restée inachevée par suite du décès de l'auteur : *La mort de saint Amable*, se trouve à la bibliothèque de notre ville.

L'exhibition clermontoise, en réunissant les œuvres de M. Degeorges, a prouvé que l'Auvergne pouvait revendiquer toutes les gloires.

Le frère du regrettable artiste dont nous venons d'entretenir nos lecteurs, expose des dessins d'architecture et les plans de la Cour impériale de Riom; il démontre une fois de plus que le talent est l'heureux apanage de certaines familles.

MINIATURES.

La miniature est une peinture à l'eau gommée ; seulement elle s'exécute en pointillant au lieu de traîner le pinceau, et ne s'applique, comme son nom l'indique, qu'à des figures ou sujets de petite proportion. Quelques auteurs font dériver le nom de *miniature* ou *mignature* du vieux mot français *mignard*. Il est plus probable qu'il vient du mot *minium*, substance qu'on employait autrefois aux petites peintures qui accompagnaient les manuscrits, et qu'on appelait alors *enluminures*.

Ce genre est d'origine française ; les Italiens n'ont point de terme dans leur langue pour le désigner, et le Dante, dans son poème de l'*Enfer*, voulant parler d'un miniaturiste italien, dit que son art est celui que les Parisiens nomment *enluminure*.

Dans l'origine, on n'y employait que très-peu de couleurs, et on ne s'en servait que sur une matière blanche, le marbre, l'ivoire, l'albâtre. Ce n'est guère qu'au dix-neuvième siècle que cet art a atteint le degré de perfection où l'ont conduit d'habiles peintres.

De la peinture en miniature est née la peinture *sudorique* (huile et eau), qu'on emploie pour les plus petits sujets, tels que portraits pour tabatières, bracelets et bagues. L'invention en est due à Vincent de Montpetit (1759).

Les miniatures modernes ne sont pas nombreuses à notre exposition, et nous n'avons à signaler dans ce genre qu'un très-beau *Portrait du général Lassalle*, par Isabey (100, à M. Getting) ; *Les miniatures* de M. Bosmorin-Lasseau (191, 192, 193 de la 2e série) ; — *les miniatures* de M. Bonhomme (194 et 195, 2e série) ; — *Une Hébé*, par Mlle Despériers (101) ; — *La Vierge et l'enfant Jésus*, par M. du Ranquet de Chalus (102), et *le Denier de César*, par M. T. Faure (103).

PASTELS.

Les pastels sont des crayons colorés qu'on tire d'une plante bisannuelle, à tige velue et rameuse *(isatis tinctoria)*, et dont on se sert pour peindre sur papier ou vélin. Ce genre de peinture exprime bien le moelleux des étoffes, la fraîcheur et l'éclat du coloris ; son velouté imite parfaitement la nature; mais il se prête moins bien aux contours arrêtés, et ne résiste pas aux frottements. Malgré les procédés ingénieux mis en usage pour fixer le pastel sur le papier, il se détache de lui-même et moisit à la longue.

L'invention de ce genre de peinture est attribuée par les uns à Thècle, d'Erfort (1685-1752); par d'autres à Mlle Heid, de Dantzick (1688-1753).

Latour, Liotard et Rosalba se sont surtout distingués dans ce genre. En 1761, Loriot trouva le secret de fixer le pastel. Pellechet parvint à lui donner la consistance d'un tableau à l'huile. Terstein, peintre allemand, a donné plus de solidité aux crayons et fixé d'une manière plus durable toutes les parties du tableau.

Dans ces derniers temps, on est parvenu à rendre la couleur que fournit la plante aussi belle que l'indigo, et à l'employer même à la teinture des draps.

Quelques pastels de notre exposition méritent une mention spéciale: *Un Portrait d'homme*, pastel ancien signé Péronneau (571, à M. Schreiber); le *gracieux Portrait de Mme de T****, pastel moderne par M. Sewrin (25, à M. Léon de Chazelles); *Une jeune fille*, pastel d'après Vidal, par Mlle Hervier (101, 2e série); *Le Passage d'une rivière*, effet de clair de lune (98, 2e série), par M. Knitel, et *Une jeune fille lisant*, pastel par Mlle Fourrau (197, 2e série).

ÉMAUX.

M. Robert, comme on serait tenté de le croire en voyant ses émaux, n'a pas retrouvé les secrets des artistes d'autrefois; il ne fait qu'imiter par des procédés ingénieux les œuvres des peintres en émail des siècles écoulés. Les procédés de M. Robert nous sont inconnus; nous ignorons par quel moyen il rend la transparence, l'épaisseur, le coloris des émaux de nos vieux maîtres. Nous ne pouvons que constater le travail sérieux de l'artiste, les excellents résultats qu'il a obtenus, et applaudir des deux mains à ses efforts (84 et 85, 2e série).

VITRAUX.

La peinture sur verre appartient aux temps modernes; car la fabrique du verre à vitre lui-même ne remonte qu'au septième siècle, et son emploi comme garniture de fenêtres ne date guère que du douzième. Même au quatorzième siècle, les fenêtres de la plupart des maisons n'étaient fermées que par des volets de bois et quelques carreaux de papier ou de canevas. On ne trouvait de vitres que dans les hôtels des seigneurs et les palais des rois. Quelquefois ces vitres étaient ornées de peintures.

Grossières d'abord, ces peintures ne tardèrent point à se perfectionner au point de représenter sur les vitres toutes sortes de figures, et même des histoires entières. Mais les anciens peintres verriers n'avaient à leur disposition que le gris, le brun, le roussâtre et le noir, seules couleurs d'apprêt que la chimie eût appropriées à leur art; ce qui les empêchait de rendre les carnations et aucun des objets qui comportent une certaine finesse de coloris et de teinte.

C'est une grave erreur de croire, comme on l'a répété à satiété, et même imprimé, comme la multitude le croit encore, que l'art de la peinture sur verre est perdu, ou, comme l'ont orgueilleusement avancé quelques artistes modernes, que ce sont eux qui l'ont retrouvé. Depuis deux siècles, nombre de livres ont donné la description de ces procédés, Nery et Kunkel en 1693, d'Haudicquer de Blancourt en 1697, Leviel en 1774, Fourcroy en son temps, et Brongniard en 1824, ont prouvé qu'il n'avait pas cessé d'être pratiqué dans un pays ou dans un autre, ainsi que l'attestent les beaux vitraux exécutés pour les églises d'Oxford, depuis le commencement du dix-septième siècle jusqu'au milieu du dix-huitième.

Une seule des couleurs données à la pâte du verre, *le rouge purpurin*, resta très-longtemps sans emploi, à raison des difficultés qu'il fallait vaincre pour l'obtenir; mais on n'avait pas cessé d'en posséder le secret, consigné d'ailleurs dans l'ouvrage d'Haudicquer de Blancourt, et perfectionné depuis par M. Robert (de Sèvres), M. Bontems et la verrerie de Besançon. Du reste ces verres colorés, ne donnant que des couleurs plates et monotones, ne pouvaient produire qu'une espèce de marqueterie dénuée de tout effet de clair obscur.

Aujourd'hui que la chimie a fait de plus grands progrès, on applique à la pointe du pinceau, sur l'une ou l'autre face du verre coloré, toutes les couleurs vitrifiables, à l'instar de celles que l'on emploie pour peindre la porcelaine, et qui, comme ces dernières, passées au feu de la moufle, se fixent et s'incorporent jusqu'à un certain point au verre. C'est ainsi qu'on a reproduit, avec une incomparable supériorité, l'éclatant prestige des anciens vitraux.

Les artistes qui se sont particulièrement distingués dans ce genre, sont M. Dilz, en 1800; M. Mortelique, de 1809 à 1823; M. Paris, de 1823 à 1825; M. Leclair, en 1826; et M. P. Robert, de la manufacture de Sèvres, de 1823 à nos jours. C'est à cette manufacture que sont dus de magnifiques vitraux représentant un saint Marc et l'Assomption de la Vierge, exécutés par le concours du verre coloré dans la pâte et des couleurs d'apprêt.

M. Delécluze, dans son traité de la peinture, voit, dans l'œuvre du peintre verrier, plutôt une branche d'industrie qu'un art. Elle est l'un et l'autre; car, prise dans son ensemble, dans ses résultats, la peinture sur verre est bien un art décoratif, qui, consacré presque exclusivement aux sujets religieux, peut et doit marcher de pair avec la peinture murale dans les églises. Sans doute les procédés d'exécution, qui exigent des connaissances variées et permettent l'extrême division du travail, sont du ressort de l'industrie: le metteur en œuvre construit le vitrail, trace le réseau de plomb, arrête les divisions et l'armature en fer, et, comme un tisseur qui assortit ses laines, choisit les verres colorés dont les tons doivent donner plus d'éclat à sa mosaïque; le coupeur de verre, à son tour mis en possession des cartons, découpe dans des feuilles de verre blanc ou coloré chacune des mille pièces composant l'ensemble du vitrail, en suivant avec une extrême précision les sinuosités et les contours du dessin; viennent ensuite les peintres-verriers, appelés à calquer et à dessiner sur les pièces de verre découpées toutes les parties du carton: les uns chargés des ornements et des fonds; les autres, des dais et pinacles d'architecture; les plus habiles, de l'ébauche des figures et draperies. Enfin, après la retouche des peintures, et le vitrail étant débarrassé de son réseau provisoire de plomb, commence pour le cuiseur-vitrificateur l'opération si délicate de l'enfournement, du défournement, et de la direction du feu de vitrification poussé au rouge, qui doit fixer d'une manière inaltérable le travail du peintre sur verre.

Toutes ces opérations et le remontage en plomb du vitrail, et son ajustement aux ferrures, et sa mise en place aux baies des édifices, sont œuvres manuelles de fabrique et manufacture ; mais à toutes ces mains ouvrières il faut une direction unique, instruite et intelligente. Il faut au peintre verrier, qui ne peut appeler à son aide l'habileté de la brosse et l'empâtement des couleurs, une grande correction de dessin, des couleurs larges mais bien arrêtées ; des silhouettes de draperies qui se profilent sur des fonds vigoureusement colorés, des carnations tout à la fois lumineuses et accentuées. Il lui faut encore des connaissances en archéologie et en iconographie chrétiennes, pour pouvoir harmoniser ses décorations transparentes avec le style et la tradition des monuments ; comme aussi des connaissances en chimie, pour analyser, imiter et perfectionner au besoin les procédés anciens sur la vitrerie, le colorage et la plomberie.

Tout cela, c'est de la science et de l'art.

Les beaux vitraux d'autrefois, si amèrement regrettés par les archéologues, peuvent être aujourd'hui remplacés. L'art de la peinture sur verre tend sans cesse à se perfectionner, et nos artistes n'ont plus rien à envier à leurs confrères des siècles passés. Nous en trouvons la preuve dans l'exhibition de Mme veuve Thévenot et de M. E. Thibaud. La correction du dessin, la pureté du style luttent dans ces œuvres remarquables avec l'éclat et la fraîcheur du coloris. Un grand nombre de nos églises doivent aux artistes dont nous faisons l'éloge de précieux ornements ; nous dirons plus, le complément indispensable du temple saint. C'est aux vitraux colorés que nos temples empruntent la pénombre poétique qui dispose à la prière ; c'est à l'aide de ces vitraux que le soleil trace sur les murailles de nos cathédrales ces grandes mosaïques lumineuses que nous avons souvent admirées. L'Auvergne peut s'enorgueillir à bon droit de posséder une des industries artistiques les plus intéressantes de notre époque.

M. Faure expose, comme ses confrères, des vitraux dignes d'une sérieuse attention.

AQUARELLE.

Les aquarelles sont rares à l'exhibition clermontoise ; cependant nous trouvons à signaler quelques œuvres charmantes dans ce genre. Voici d'abord trois études pleines d'expression, d'une facture réellement artistique, par M. J. Laurens (99, à M. Gonod fils; 104, 108, 2e série, propriété de l'auteur); puis une charmante esquisse de Greuze (97, à M. Cohendy); — *Deux épisodes de la guerre de Crimée*, par M. C. de Luna (112 et 113, à M. Getting); — *les Falaises sur les bords de la Manche, Un paysage* et *Une étude d'arbres*, de M. Foulongne (117, à M. Bardoux; 150, 163 et 164, 2e série, à l'artiste); — *Une jeune paysanne*, par M. Chaplin (205, à M. Rochette de Lempdes); — *Une Rose*, de Redouté (96, à M. Cohendy); — une reproduction de *Tapisserie du seizième siècle*, par M. Peghoux (169); — la *Vue d'un vieux château*, par M. X. (131); — les *Détails de peintures au quatorzième siècle*, retrouvées au château de Saint-Floret, et relevées par M. Anatole Dauvergne (58); — enfin les *Plantes*, de M. le docteur Dourif (132, 133 et 134).

GOUACHE.

La gouache s'exécute au moyen de couleurs délayées avec de l'eau et de la gomme, et couchées à plat en traînant le pinceau. Cette manière de peindre, qui nous a été apportée d'Italie, où elle est nommée *guazzo*, est la plus ancienne que l'on connaisse. Prompte et expéditive, elle a de l'éclat et paraît surtout propre à peindre le paysage d'après nature. Pour y réussir, l'artiste doit surtout avoir soin de bien fondre ses nuances.

Les gouaches sont encore moins nombreuses que les aquarelles, et nous n'aurons à mentionner ici que des œuvres d'une valeur incontestable : Les *Lavandières du Bourbonnais*, les *Bords de la Garonne*, les *Bords de la Marne*, par M. de la Foulhouze (111, à M. Rochette de Lempdes); — (100, à M. le comte de Preissac); — (119, à M. Cavy); — une *Vue du Caire*, par M. Tesson (93, à M. Getting); — une *Gouache* de Ciceri (118, à M. Pinon); et une *Tête de vieillard*, par A. Delacroix (130, à M. Rochette de Lempdes). (Tous de la 2e série.)

DESSINS.

En tête des dessins nous devons placer les magnifiques pages de M. Vallette. Notre exposition doit certainement à ce savant artiste quelques-unes de ses œuvres les plus remarquables. Rien de plus harmonieux et de plus habile à la fois que ses splendides paysages; c'est la nature grandiose dans toute sa beauté; l'air circule à travers le feuillage, on entend le murmure des ruisseaux, et l'on peut suivre des yeux les nuages qui baisent en passant les crêtes de nos montagnes. M. Valette a obtenu les plus brillants succès dans nos principales expositions, et les plus honorables récompenses ont consacré l'incontestable talent de l'habile et savant artiste. (86, 98, 106 et 175, 2e série, aux Frères de la Doctrine chrétienne).

De M. Valette à M. Courtois la distance est très-courte; si l'un reproduit les grandes scènes de la nature d'une façon magistrale, l'autre fait vivre de la façon la plus charmante et la plus vraie l'œuvre principale du Créateur. Ses portraits sont autant de petits chefs-d'œuvre; on ne peut trouver un crayon plus délicat, plus spirituel, plus expressif surtout; ses personnages vont parler, la pensée se lit dans leur regard, et, selon l'expression d'un savant critique, « ils sont les pages éloquentes d'un livre où chacun peut trouver une histoire (102, 105, 107, 109, 151, 160, 165, 2e série). »

Citons de plus un très-beau *Croquis* à la mine de plomb, signé A. Delacroix (90, à M. H. Doniol); — la curieuse *Danse macabre de la Chaise-Dieu*, dessinée par M. A. de Planhol (116, à M. le marquis de Saint-Poncy); — un *Dessin à la pierre noire*, par Wouvermans (135, à M. Rochette de Lempdes); — un *Sermon à l'église du Port*, composition intéressante par M. Marmay (156, à M. Martial de Champflour); — une *Chasse*, esquisse à la sépia par Horace Vernet (161, à M. Delorieux); — les *Moutons au pacage*, dessin au fusain par M. de Bar (185); — les *Bords de la Brenta et du lac de Trasimène*, par M. Bourdon de la Coutterie (187, à Mlle du Crozet); — un *Trompe-l'œil*, par le frère Aulin de la Doctrine chrétienne (189); — *Scène de la campagne*, par Huet (190, à M. Getting); — et enfin un *Dessin à la plume*, par M. Dalbine (203).

GRAVURES, LITHOGRAPHIES.

Quelques gravures dignes d'une sérieuse attention figurent à notre exposition.

En 1566, les Belges, menacés par l'Espagne de voir établir chez eux l'inquisition, organisèrent une confédération dont le but se trouve complètement développé dans le compromis suivant rédigé par le comte de Marnix :

« Comme certaines personnes mal intentionnées ont persuadé au roi notre seigneur d'introduire dans ces provinces le tribunal de l'inquisition, nous avons juré de pourvoir à la sûreté de nos familles, de nos biens et de nos personnes ; et à cette fin, nous nous obligeons et nous réunissons par une confédération sacrée, promettant, par un serment solennel, de nous opposer de tout notre pouvoir à l'établissement de ladite inquisition dans nos provinces, soit qu'on l'entreprenne ouvertement ou secrètement, et de quelque nom qu'elle soit revêtue. Nous déclarons, en outre, que nous sommes bien éloignés de vouloir rien entreprendre de préjudiciable aux intérêts du roi notre souverain ; notre intention invariable est au contraire de soutenir et de défendre son gouvernement, de maintenir la paix et de résister de tout notre pouvoir à toute sédition, tumulte ou révolte. Conformément à ces résolutions, nous avons juré et jurons de nouveau de respecter le gouvernement, et nous prenons Dieu à témoin que jamais nous ne l'affaiblirons ni n'agirons contre lui, soit par paroles, soit par actions.

» Nous promettons aussi et jurons de nous défendre mutuellement les uns les autres en tous lieux et en toute occasion, contre toute attaque qui aurait pour objet les intérêts énoncés dans ce compromis. Nous déclarons encore qu'aucune inculpation de nos persécuteurs, de quelque nom qu'ils qualifient notre conduite, soit rébellion, soit sédition, ou toute autre épithète, ne sera en état de nous dégager de l'exécution de nos serments et de notre promesse envers l'accusé. Aucune action qui tend à nous arracher aux jugements des inquisiteurs, ne mérite le nom de révolte. Par conséquent, si quelqu'un de nous est attaqué pour ce motif, nous nous obligeons à le secourir de tout notre pouvoir, et à procurer sa délivrance par tous les moyens légitimes. Dans ce cas, et dans tout ce qui concerne l'inquisition, nous nous soumettons à l'opinion générale des confédérés, ou à l'avis de ceux que nous désignerons consciencieusement pour nous aider de leurs conseils.

» En foi de quoi nous invoquons le saint nom de Dieu vivant, créateur du ciel et de la terre et de tout ce qu'ils renferment, qui pénètre les cœurs, les consciences et les pensées, et qui connaît la pureté de nos intentions. Nous le prions de nous accorder la grâce de son saint Esprit, afin que toutes nos entreprises puissent être couronnées du succès, augmenter la gloire de son nom et procurer la paix et la prospérité à notre patrie. »

C'est la signature de ce compromis que vient de reproduire M. Desvachez, d'après le tableau de M. Édouard de Biefve (31, 2e série). M. Desvachez est un de ces artistes sérieux qui font de leur noble profession une sorte d'apostolat pour lequel rien ne leur coûte. L'amour de l'art, l'amour de la gloire, de cette gloire précieuse basée sur le talent, voilà les seuls mobiles qui font agir l'honorable artiste dont nous sommes heureux de faire aujourd'hui l'éloge.

« Il y a dix-huit mois, dit un critique belge, M. Desvachez se rendit en Italie dans le seul but d'apporter à sa grande planche du *Compromis des Nobles* plus de perfection. »

Ce trait parle éloquemment en faveur de cet artiste et explique jusqu'à un certain point la haute valeur de son œuvre.

M. Desvachez, qui habite aujourd'hui Bruxelles, où il a obtenu les plus éclatants et les plus légitimes succès, est très-connu à l'étranger. — Il travailla longtemps pour une publication anglaise fort-répandue, l'*Art-Journal*. — Il fut de plus chargé de graver, pour la Galerie de Florence, une des plus célèbres du monde, le portrait du pape Jules II, d'après Raphaël.

L'infatigable artiste a consacré six années à sa gravure du *Compromis des Nobles*; aussi nous paraît-il impossible de pousser plus loin la perfection d'une œuvre de ce genre, œuvre de patience et d'intelligence tout à la fois, devant laquelle on ne peut rester indifférent.

« Dans la gravure de M. Desvachez, dit un critique, tout est beau, simple et vrai. Pas d'artifices, pas d'escamotage artistique, pas de ficelle. Les difficultés, et elles sont nombreuses, ont été abordées carrément. Aussi, quand on considère cette page, se sent-on impressionné doublement en faveur de l'artiste. On conçoit et on aime le courage qu'il a fallu pour aborder un travail de cette importance, et on est heureux du succès qui a couronné tant d'audace. — On comprend les méditations, les calculs, les combinaisons de tout genre qui ont dû assaillir le créateur de la belle œuvre que l'on contemple. — Et quand je dis créateur, c'est à bon droit; car, s'il faut du talent pour rendre, par la peinture, le caractère véritable d'un fait historique tel que le *Compromis des Nobles*, il n'en faut pas moins, pour reproduire par la gravure une scène dont les détails, la grandeur, le sentiment même doivent tout demander au burin. Aux brillantes oppositions, aux mille contrastes de la couleur, qui servent si bien à personnifier la vie réelle, la gravure doit suppléer par la rude antithèse de la lumière et de l'ombre. »

Que dire après ces lignes éloquentes, sinon que l'œuvre de M. Desvachez est appelée à un grand succès dans le monde artistique?

Ajoutons encore cependant que la gravure de M. Desvachez nous semble de beaucoup supérieure au tableau qu'elle reproduit; l'œuvre du graveur possède, selon nous, plus d'harmonie, plus de grandeur que celle du peintre. En un mot, la gravure de M. Desvachez complète heureusement le tableau de M. de Biefve.

M. Desvachez, nous en sommes convaincu, est appelé à jouir de la plus haute réputation. Ses œuvres, comme celles d'Albert Durer, de Rembrandt, etc., doivent un jour figurer dans les plus riches collections de l'Europe.

Voici une très-belle gravure avant la lettre : *La Femme paralytique*, d'après Gerard Dow. Les effets de lumière du grand artiste ont été rendus avec beaucoup d'habileté par le graveur ; le burin est à la fois plein de vigueur et d'harmonie (30, à M. Tézenas).

Mentionnons encore *le Pape Léon X*, d'après Raphaël, magnifique gravure par Samuel Jesi (32, à M. Vidal Léon) ; des *gravures sur bois*, par M. Pierdon (1, 2, 3, 33 et 34, 2e série) ; *l'Arrivée au Sabbat*, gravure par Aliamet, d'après Teniers (4, à M. Boudet).

M. Léonard est non-seulement un peintre de grand talent, mais encore un artiste lithographe de premier ordre. Voyez cette tête aux traits larges, ce front où le génie semble lutter avec la souffrance, ce regard profond d'où la pensée s'enfuit ; c'est bien cette individualité puissante qu'on nomme une intelligence artistique ; le portrait d'*Albert Seigne* (8) est une de ces œuvres de sentiment que certains artistes peuvent seuls produire. C'est une touchante histoire que celle de cette lithographie. Seigne, une des célébrités artistiques du nord de la France, marchait à grands pas vers la tombe ; le savant artiste, qui déjà oubliait les chants de la terre pour les sublimes mélodies du ciel, voulait cependant laisser ici-bas un souvenir de son passage ; il pria Léonard de reproduire ses traits ; l'artiste se mit à l'œuvre, mais lorsqu'il apporta au savant violoniste la première épreuve de son image, il ne trouva qu'un cadavre. Comme Beethoven, Seigne était allé entendre dans un monde meilleur les symphonies qu'il avait rêvées au milieu de nous !

Des pages très-intéressantes sortant de l'imprimerie de M. Desrosiers, de Moulins, figurent à notre exposition sous le titre de : *Lithographies à la plume* et de *Chromo-lithographies* ; elles sont l'œuvre de MM. A. Champagnat, Mathieu et Bayot (53 à 57). L'importante imprimerie qui envoie ces spécimens à Clermont expose en outre des ouvrages aussi intéressants qu'habilement exécutés, notamment les ouvrages suivants : *la Légende de Saint-Pourçain*, mise en images par Achille Allier ; — *Armorial du Bourbonnais*, par le comte

George de Soultrait; — *Collection de figurines en argile*, avec les noms des céramistes, par Ed. Tudel; — *Histoire de Chantelle*, par M. l'abbé Boudant, et enfin l'*Album auvergnat*, recueil de poésies patoises, par J.-B. Bouillet.

Les spécimens de M. Gilberton doivent naturellement venir après les ouvrages que nous venons de mentionner. La grande *Carte géologique de l'Auvergne*, de notre savant professeur M. Lecoq, travail si hautement et si justement apprécié, a été exécutée par cet artiste, ainsi que par son gendre, M. Col. M. Gilberton possède à la fois un crayon habile et un goût sûr; chercheur intelligent, il sait trouver les procédés appelés à perfectionner encore l'art qu'il pratique déjà si bien.

Signalons encore parmi les lithographies une *Vue de Jérusalem* (71, à M. Pyrend), et les types d'après Callot, lithographiés par MM. Brugheat frères (77, 78 et 79).

PHOTOGRAPHIES.

Les progrès réalisés par la photographie depuis quelques années sont réellement prodigieux, et l'on en est venu à se demander quelles peuvent être les limites de cet art intéressant. Les photographes n'en sont plus à ces reproductions heurtées, dures, sans modelé, sans harmonie, à ces sortes de grotesques dont les traits exagérés rappelaient la nature en l'enlaidissant. De nos jours, la photographie a ses pages remarquables, comme le dessin et la peinture; elle a conquis son droit de cité, et nous la voyons tenir une place honorable dans nos principales exhibitions.

Quelques photographes seulement nous ont envoyé leurs œuvres : trois sont étrangers, et les lois de l'hospitalité nous obligent à nous en occuper d'abord.

M. Delsart-Crespel, de Valenciennes, est un de ces artistes intelligents, un de ces chercheurs infatigables auxquels l'art de la photographie doit d'incontestables progrès. Rien de plus harmonieux et de plus doux à la fois que les épreuves qui figurent à notre exposition. Le fini des détails, la pureté, la vigueur, font des photographies de M. Delsart des œuvres réellement remarquables : ses femmes sont charmantes, ses portraits d'hommes d'une ressemblance parfaite; ses reproductions de tableaux et de gravures défient le crayon ou le burin le plus habile. Si des photographies méritent le nom d'artistiques, ce sont bien certainement celles dont nous faisons en ce moment l'éloge.

Comme M. Delsart, M. d'Arlod, de Paris, est un photographe d'élite. S'il dédaigne le portrait pour la nature morte, il n'en fait pas moins des œuvres d'une valeur incontestable. Ses fleurs, aux détails si remarquables, ses reproductions de statues au modelé délicat, doivent attirer l'attention de tous les connaisseurs.

M. Pinac, d'Aubusson, expose aussi différents spécimens photographiques, notamment des portraits bien réussis.

M. Couton a fait faire un grand pas dans notre pays à l'art de la photographie. Véritable intelligence artistique, il s'est appliqué à résoudre ses problèmes les plus ardus. La perspective aérienne, cette difficulté que les peintres les plus habiles ne surmontent pas toujours, a trouvé, comme la reproduction plastique proprement dite, un habile maître dans M. Couton. Ses vues pittoresques unissent à une harmonie remarquable une vigueur, une vérité digne des plus sincères éloges. Toutes les couleurs photographiques sont familières à M. Couton; il n'en est plus à hésiter, il exécute hardiment, sans retouche, sans déceptions. Ses grandes épreuves, obtenues, les unes à l'aide des procédés secs, les autres à l'aide des procédés humides, parlent plus éloquemment que nous ne pourrions le faire en faveur de l'artiste. Toutes les personnes qui ont visité l'exposition se sont arrêtées comme nous devant les portraits remarquables de M. Couton, elles ont remarqué également ses grandes vues de la Cathédrale, du Mont-Dore, de Royat, etc.

M. Bérubet, comme M. Couton, se livre à une étude sérieuse des procédés photographiques. Ses épreuves sont vigoureuses, d'une bonne teinte; ses portraits, ses reproductions de gravures ou de tableaux méritent aussi une mention toute spéciale.

M. Renaud est certainement un photographe de valeur; certaines vues, certains portraits, exposés par cet artiste, se recommandent par les qualités les plus sérieuses.

SCULPTURE.

L'art de la sculpture a eu trois grandes époques sous les Grecs : la première personnifiée dans Phidias, ce maître sublime et majestueux à la fois ; la seconde représentée par Praxitèle, c'est-à-dire, la beauté, la grâce ; et la troisième qui se résume dans Lysippe, dont le contour ondoyant annonce déjà la décadence.

La désuétude de la sculpture est-elle bien réelle ? On ne peut la nier en admirant les chefs-d'œuvre des maîtres de l'antiquité ; mais il faut dire de cet art ce que nous disons plus haut de la peinture : si ses adeptes n'atteignent pas à la taille des géants d'autrefois, ils ne sont pas pour cela des nains difformes, comme le prétendent certains critiques. Il y a quelques liens de parenté entre les sculpteurs d'aujourd'hui et les artistes grecs des belles époques. Lysippe, Praxitèle et même Phidias auraient applaudi aux œuvres de nos maîtres modernes ; pourquoi se montrer plus sévère qu'eux ?

Les sculpteurs se divisent, de nos jours, en deux légions séparées par des pensées et des thèses bien distinctes. D'un côté, à part quelques rares personnalités, se trouve le camp des *néo*, amis passionnés du passé et ses imitateurs ; de l'autre les *indépendants*, qui pensent avec raison que l'art n'a pas dit son dernier mot, et lui demandent sans cesse de nouveaux secrets.

M. Chalonnax appartient à cette dernière école : chercheur infatigable, travailleur actif et intelligent, il poursuit, à l'aide d'une érudition sérieuse, les problèmes les plus ardus de l'art qu'il pratique. Aussi ses œuvres sont-elles remarquables, au double point de vue de la composition et des lignes.

M. Chalonnax, qui se sent comme Chénier quelque chose dans la tête, a voulu franchir d'un seul coup les derniers échelons de son art ; comme nos grands sculpteurs, il a conçu le projet d'une statue monumentale, et il l'a exécutée avec un talent que chacun se plaît à reconnaître.

La reproduction de l'image de Domat présentait de grandes difficultés. La perruque, le costume des magistrats d'autrefois sont peu favorables à la sculpture ; il fallait à la fois une attitude noble, des lignes larges et pures, du mouvement et de la pensée. M. Chalonnax a résolu tous ces problèmes.

L'ensemble de la statue est harmonieux, la tête fine et délicate, les mains élégantes, les plis des vêtements aussi larges que légers ; c'est en un mot une image très-réussie du grand législateur auvergnat.

L'œuvre magistrale de l'habile sculpteur se trouve parfaitement placée dans la cour de notre mairie, qui est aussi le siége du tribunal ; elle complète cette partie de l'édifice municipal et judiciaire, et nous avons l'espoir de la voir acheter par la ville de Clermont. En agissant ainsi, notre cité honorera non-seulement la mémoire d'un de ses plus grands hommes, mais elle fera encore acte de justice envers un artiste aussi modeste que distingué, qui ne sait se produire que par ses œuvres, et que tout recommande à la bienveillance de l'administration.

Domat ou Daumat (Jean), savant jurisconsulte, naquit à Clermont, en Auvergne, le 30 novembre 1625. Pascal, son compatriote et son ami, lui confia en mourant ses papiers les plus secrets ; la société de Port-Royal, avec laquelle il fut étroitement lié, avait souvent recours à ses lumières et le consultait même sur des matières de théologie. Les détails de sa vie, uniquement remplie de vertus et de travaux utiles, sont peu connus ; mais ses *Lois civiles dans leur ordre naturel* le sont beaucoup. Domat n'occupa jamais d'autre place que celle d'avocat du roi au présidial de Clermont ; sa piété, sa modestie et son amour pour le travail avaient éteint en lui toute idée d'ambition. Il dut sans doute à ses protecteurs la seule faveur qu'il obtint, celle d'être appelé à Paris, où le roi le gratifia d'une modique pension. Il mourut pauvre dans cette ville, le 14 mars 1695, à l'âge de 70 ans. Il voulut que cette simplicité, qui avait fait le caractère de sa vie, le suivît jusqu'au tombeau, et il ordonna qu'on l'enterrât avec les indigents, dans le cimetière de l'église de Saint-Benoît, sa paroisse.

Domat a laissé deux ouvrages importants qu'on a réunis dans des éditions in-folio :

1° *Les lois civiles*, qu'il publia de son vivant (1689-1694), sans nom d'auteur, en cinq volumes in-4° ;

2° Le *Legum delectus*, qui ne parut qu'après sa mort (Paris, 1700, in-4°).

Boileau, dans une lettre à son ami Brossette, appelle Domat le *restaurateur de la raison dans la jurisprudence*.

Daguesseau, juge plus compétent, ne parle jamais de Domat qu'avec le sentiment de la plus profonde estime, et fait surtout le plus grand cas du traité des lois qui précède celui des lois civiles. « Personne,

» dit-il, n'a mieux approfondi que Domat le véritable principe des
» lois, et ne l'a expliqué d'une manière plus digne d'un philosophe,
» d'un jurisconsulte et d'un chrétien.... C'est le plan général de la
» Société civile le mieux fait et le plus achevé qui ait jamais
» paru. »

Les étrangers mêmes rendirent justice au talent de Domat: Blackstone le cite dans son commentaire sur les lois anglaises, et c'est peut-être le seul des jurisconsultes français à qui les Anglais aient fait cet honneur.

Le buste de Vercingétorix, placé à l'entrée du grand escalier, se distingue, comme la statue de Domat, par des lignes aussi larges que correctes; le type est élégant et énergique à la fois; c'est bien là l'image d'un héros.

Le bilan de la sculpture, à l'exhibition clermontoise, est des plus simples, surtout après avoir parlé des œuvres de M. Chalonnax.

M. Derrode, qui compte à notre exposition diverses toiles de valeur, soumet à l'appréciation du public plusieurs groupes d'anges en bois doré destinés à l'église de Pontgibaud. Nous remarquons du même artiste une statuette pleine d'expression et de mouvement, représentant saint François d'Assise, œuvre dont M. Derrode fait en ce moment une grande reproduction.

Signalons encore les deux statues de M. Gournier, le *Printemps* et l'*Été*; et parmi les sculptures anciennes, le *Christ*, la *Vierge* et *Saint Jean*, statues provenant de la cathédrale de Clermont, et *Saint Louis et la Vierge*, très-curieuses statues en marbre blanc provenant de la sainte chapelle d'Aigueperse.

Le gouvernement a fait don à plusieurs musées de province d'une foule d'objets d'art provenant de la collection Campana. La ville de Clermont a été comprise dans cette munificence, et nous voyons à notre exposition plusieurs bustes, statues, bas-reliefs, vases, etc., provenant de la célèbre collection italienne, et destinés à notre musée.

ARCHITECTURE.

L'architecte de province, homme pratique avant tout, a peu de temps à donner aux ouvrages dits d'exposition; il se borne donc ordinairement à faire figurer dans les exhibitions locales les plans des travaux administratifs qui lui ont été confiés, et parfois aussi quelques projets d'utilité publique qu'il espère voir réaliser un jour. C'est ce que nous expérimentons une fois de plus parmi nous. Les œuvres que nous serions tenté d'appeler œuvres de fantaisie sont peu nombreuses à notre exposition, et nous ne voyons à signaler dans ce genre que les dessins de MM. Mallay fils et Compagnon.

La série de maisons, vraies ou supposées, que représente M. Mallay est une œuvre de patience ; seulement il eût été peut-être préférable d'en faire une œuvre archéologique proprement dite, en ne reproduisant que les maisons que nous voyons encore de nos jours. Nous ne pouvons cependant que féliciter M. Mallay d'avoir exécuté un travail aussi considérable ; nous devons aussi une mention spéciale aux châteaux de cet artiste.

L'ouvrage de M. Compagnon sur la serrurerie dénote autant de recherches que de talent d'exécution. Nous sommes heureux de rappeler que S. M. l'Empereur a vu avec un intérêt tout particulier les premières planches de ce travail, et qu'il a daigné engager son auteur à le mener à bonne fin.

Des spécimens de cet ouvrage ont déjà valu une médaille d'or à leur auteur, à la suite d'une des dernières expositions de Paris.

Nous remarquons de plus de M. Compagnon une étude de la restauration de la magnifique maison dite des *Consuls*, demandée à notre compatriote par M. le duc de Morny. Cette œuvre dénote un travail sérieux, des études aussi intelligentes que prolongées. Citons encore de M. Compagnon une reproduction d'un très-beau plafond du château de Ravel, véritable découverte archéologique, intéressante surtout au point de vue de l'histoire de notre pays.

L'*Esquisse d'un projet d'église gothique* par M. Ledru (16, 17) présente une façade réellement monumentale ; son clocher rappelle celui de Saint-Eutrope, mais il est plus élégant ; il possède une délicatesse de style que tous les gens de goût apprécieront. Le plan est conçu solidement, d'une façon pratique ; il dénote chez son auteur les connaissances les plus sérieuses.

Nous retrouvons tout entier, dans le *Projet de l'établissement thermal construit à Royat*, le talent sérieux de M. Ledru : rendu complet, plan bien ordonné, détails précis et d'une indication facile. L'artiste, dans cette œuvre remarquable, s'est évidemment inspiré de l'art romain et surtout des thermes de Caracalla.

Le projet de l'établissement des bains de vapeur du Mont-Dore nous paraît devoir répondre parfaitement à sa destination (20, 21, 2e série).

Le *Projet d'utilité publique* (22) de M. Ledru ferait certainement de notre cité une des plus belles villes de France ; il possède des avantages que tout le monde appréciera comme nous ; et quoiqu'il paraisse d'une exécution difficile, nous ne pouvons que féliciter M. Ledru de l'avoir produit. Rien n'est impossible au progrès, et M. Ledru a raison d'avoir confiance dans le sort futur de son travail.

Comme M. Ledru, MM. Jarrier et Mallay nous présentent un nouveau plan d'alignement, qui n'est qu'un aperçu des études entreprises sur une grande échelle par ces artistes ; nous regrettons que leur travail définitif n'ait pu être terminé pour l'ouverture de l'exposition. Espérons que ses auteurs le soumettront un de ces jours à l'appréciation du public.

Arrivons à M. Taché, l'architecte de nos belles maisons. Son projet de théâtre place ce monument dans une excellente situation ; seulement, un pareil édifice conviendrait-il à une cité comme la nôtre?

Voici le résumé du projet de M. Taché :

« Théâtre sur la place des Petits-Arbres, la rue du Billard étant ouverte et élargie dans toute la dimension de la façade du théâtre. Deux galeries, l'une à droite, l'autre à gauche du théâtre, partant au niveau de la place des Petits-Arbres. Deux autres galeries partant du niveau de la rue du Billard, communiquant à la place de Jaude par des rampes. Ces galeries superposées serviraient de promenoirs couverts et de bazar de marchandises, tels qu'on en fait les jours de foire sur la place des Petits-Arbres ; elles aboutiraient à des salles plus grandes du côté de Jaude et encadreraient le théâtre de trois côtés. »

Le travail soumis au public par M. Taché est encore incomplet ; on y remarque cependant une disposition savante et habile à la fois, des lignes réellement monumentales, dont la réalisation serait certainement des plus heureuses au point de vue de l'embellissement de la place de Jaude.

M. Mourton, architecte, utilise avec beaucoup de goût dans ses constructions la brique, si peu employée dans notre pays. Il en résulte non-seulement une notable économie, mais un aspect moins sévère, qui tranche sur les constructions en lave de Volvic, d'une teinte si monotone.

M. Aucler, agent voyer en chef du Puy-de-Dôme, a reçu de l'Empereur la mission de diriger les fouilles faites par son ordre à Gergovia, et qui devaient éclairer quelques points obscurs de l'histoire de César. M. Aucler, dans le but d'aider aux recherches qui lui étaient confiées, a fait un plan en relief de la célèbre montagne et de ses abords. Ce travail, remarquable par son exactitude, a été envoyé par son auteur à l'exhibition clermontoise.

M. Trinquart, géomètre, a tracé avec autant d'exactitude que de talent, une *Carte des voies romaines autour de Clermont,* travail qui a eu l'honneur d'attirer aussi l'attention de Sa Majesté.

Le modèle de la *Sainte-Chapelle de Paris*, par M. Versepuy, est certainement une œuvre intéressante. Ce qu'il a fallu de temps et de patience à son auteur pour l'exécuter ne peut se comprendre qu'en examinant tous les détails de cette pièce remarquable. Etablie d'une façon exacte, sur des données certaines, la reproduction de M. Versepuy se recommande au double point de vue de l'art et de la curiosité.

ARCHÉOLOGIE. — CURIOSITÉ.

Un grand nombre d'objets rares et précieux figurent à l'exposition clermontoise : des miniatures, des émaux, des bronzes, des manuscrits, des armes, des châsses, des statuettes, des bijoux, etc., etc., remplissent les vastes vitrines placées dans les locaux affectés aux beaux-arts. Nous voudrions pouvoir décrire minutieusement les plus précieux de ces objets, mais le temps et l'espace nous manquent pour une tâche semblable.

La première vitrine contient quelques belles miniatures, notamment un *Portrait du cardinal de Berulle,* à M. de Jabrun ; — un *Portrait de femme,* et trois médaillons en bronze, à M. du Ranquet de Chalus.

Nous remarquons dans la deuxième vitrine, de très-beaux émaux, entre autres : *Sainte Anne et la Vierge*, par J. Laudin, à Mme de Jabrun, et une suite complète de médaillons représentant *les douze Césars*, à M. du Ranquet de Chalus. Notons au-dessus de cette vitrine deux panneaux, volets de triptyque des plus intéressants, représentant onze portraits de la famille de Beaucaire de Puy-Guillon, à M. Favier fils.

La troisième vitrine est une des plus riches de notre exposition, tous les objets qui s'y trouvent appartiennent à la collection de M. Rochette de Lempdes. Nous y remarquons de très-belles *médailles* en or, d'une conservation parfaite; — une collection précieuse de *bagues*, ornées de pierres antiques; — un très-joli *vase* gallo-romain, en bronze; — un *serpent* en émail, par Bernard de Palissy; — une collection de *couteaux* arabes et persans; — un très-beau *Portrait du peintre Rotari;* — deux *éperons en fer doré,* ayant appartenu au duc de Mercœur; — enfin plusieurs émaux, entre autres un *Gloria in excelsis* et *La Vierge et l'enfant Jésus,* par Jean Laudin.

Les objets contenus dans la quatrième vitrine sont la propriété de M. Alfred de Lavergne. Nous y trouvons entre autres objets précieux une *Adoration des Mages* et une *Annonciation,* émaux allemands; — *La vision de Constantin,* émail par J. Laudin; — un *reliquaire* en filigrane d'or avec cristaux de roche; — un *bas-relief en ivoire*, fragment de diptyque, et un *portrait de Louis XVIII*, par Isabey.

La cinquième vitrine est consacrée aux manuscrits. On y voit un très-beau *Livre d'heures,* sur vélin, avec grandes et belles miniatures, à Mme Teillard; — un *livre de mariage,* manuscrit avec miniatures et ornements peints dans le genre des livres d'heures des treizième, quatorzième et quinzième siècles, à M. E. Mallay; — un *Virgilii Bucolica*, petit in-8° gothique, à M. Trincard. Parmi ces œuvres anciennes se trouve un beau manuscrit moderne contenant *l'Histoire généalogique de la maison de Bosredon et de ses cent cinquante alliances*, ouvrage en voie de publication chez M. Ferdinand Thibaud, et dû aux recherches et à la plume d'un jeune et savant généalogiste, M. Ambroise Tardieu.

Un intéressant jeu d'échecs indien en ivoire, figure dans la sixième vitrine. L'un des rois représente Napoléon Ier, dont la renommée s'est répandue jusque dans les contrées les plus reculées.

La grande vitrine renferme les objets les plus rares et les plus curieux à la fois. Voici d'abord une magnifique *Vierge* en ivoire, d'un style pur, d'un dessin exquis, en somme une œuvre précieuse à tous les points de vue; puis plusieurs châsses dignes de figurer dans les plus belles collections: — une *grande et belle châsse à deux pentes,* en cuivre doré et émaillé, représentant des scènes de la Passion, des apôtres, des saints (douzième siècle), appartenant au collége de Billom); une *châsse* en cuivre doré et émaillée, du treizième siècle, à M. Compagnon; — une *châsse* carrée, émail et cuivre doré, du douzième siècle, à l'église de la Voulte-Chilhac; — une *châsse* en ivoire sculpté, représentant des statuettes de saints, travail espagnol du treizième siècle, à M. le docteur Chaussat; — un magnifique *diptyque*, en ivoire sculpté, à M. Bellaigue de Bughas, contient douze panneaux représentant des scènes du nouveau Testament, encadrées par des bordures de saints et de saintes. Mentionnons encore une *Croix* très-curieuse en cuivre doré et émaillé, enrichie de pierres fines et de cabochons en cristal de roche, à M. de Villelume; — un *casque* damasquiné et gravé, provenant du château de Chantelle, dernière demeure du connétable de Bourbon, à M. Compagnon; — deux beaux *plats* en faïence bleue émaillée, par Bernard de Palissy; — un *coffret* en ivoire sculpté, représentant en plusieurs tableaux la légende de saint Eustache, à M. du Ranquet du Chalus; — une *statuette* en cuivre doré, à M. Fournier Latouraille; — un *coffret* en fer, d'un bon style et d'une parfaite exécution, à M. Compagnon; — un *coffret* du même genre, à M. de Marpon; — deux *chandeliers* en cuivre, gravés et argentés; — deux *autres chandeliers* très-rares, en cuivre doré et émaillé, à M. Compagnon; — un *buste* en bronze, de Louis XV, monté sur un socle en marbre, à M. L. de Fos; — un *vase* en vermeil, incrusté de vingt-cinq médailles en argent des ducs de Saxe, à M. Verdier-Latour; — une *carabine à rouet*, provenant de la collection d'Horace Vernet, à M. Rochette de Lempdes; — une *coupe* en métal avec couvercle argenté et doré, à M. Fabre; — un *gobelet* en cristal de Bohème, à Mme Peyronnet; — et enfin, un *poignard* et un *couteau de chasse*, à M. Compagnon.

La collection d'armes que possède notre exposition est aussi riche que curieuse. Nous y avons particulièrement remarqué un *Poignard persan*, garni d'émeraudes et de corail; — un *Sabre indien*, à poignée et bout de jade; — un *Poignard indien*, à poignée d'ivoire, à M. Rochette, de Lempdes; — une *Arbalète à rouet*, avec incrustations en ivoire gravé et boîte de traits, à M. Fouet de Ronzière; — un riche *Sabre japonais*, à M. de Marpon, — et une *Paire de Pistolets* montés en argent, à M. Alfred de Lavergne.

Le drapeau qui surmonte la console de la salle C est, au dire de son propriétaire, un de ceux que Charles-le-Téméraire perdit à la bataille de Granson. Un portrait de ce prince, actuellement au musée de Dijon, représente, en effet, dans un de ses angles un homme d'armes tenant un drapeau semblable à la main. On y voit deux épées à deux mains croisées, la pointe en l'air et surmontées d'un bonnet d'électeur de l'Empire. Le savant M. de Saulcy, qui a vu ce drapeau chez M. Compagnon, partage complètement son opinion à propos de l'origine qu'il lui attribue.

Plusieurs objets curieux se trouvent placés au-dessus de ce drapeau, notamment des croix repoussées et dorées; un *Buste* de Dulaure, à M. Larbaud-Chabrol, et des *fragments du sceptre de Louis VII, roi de France*, et d'étoffes tissées d'or, données par Collot-d'Herbois à M. Montel, après le pillage des tombeaux de Saint-Denis.

La Société d'émulation de l'Allier a envoyé à notre exposition grand nombre d'objets gallo-romains, provenant de fouilles faites dans nos contrées; ce sont des *Outils*, des *Colliers*, des *Styles*, des *Haches*. Il faut ajouter à ces pièces, précieuses au point de vue de l'archéologie de notre pays, un râteau à *sacrifices*, provenant d'Herculanum, une hache emmanchée, provenant de la Suisse, et un *Médaillon* en bois, représentant le cerf ailé du connétable de Bourbon.

La riche collection de M. Compagnon tient une large place dans la salle dite des curiosités. Nous y trouvons trois vitrines pleines de vases de toutes formes et de toutes couleurs, résultat des fouilles faites, à diverses époques, par notre concitoyen. Parmi ces poteries, les archéologues remarquent tous les instruments qui servaient autrefois au potier, plusieurs vases marqués Arverne; et des *ex-voto* d'une extrême rareté, représentant des personnages ornés de toges.

Voici de plus une pièce d'artillerie très-curieuse, provenant du château de Cebazat; des armes du moyen-âge, des haches celtiques, remarquables par leur emmanchement, etc., etc.

Un tableau d'objets de serrurerie, aussi exposé par M. Compagnon, nous montre à quel degré de perfection cet art était arrivé autrefois en France. La collection qui nous occupe a été faite en Auvergne; elle prouve donc, ce qui lui donne un double intérêt, que notre pays a eu aussi ses habiles maîtres ferronniers. Nous reviendrons du reste sur ce sujet, en parlant d'un ouvrage auquel M. Compagnon apporte des soins spéciaux, et qu'il doit livrer un de ces jours à la publicité.

Des objets rapportés des bords du Nil blanc, par M. Gustave Peghoux, figurent dans la salle qui nous occupe. Nous remarquons dans cette intéressante collection un siége, un tambour, une sorte de lyre et des armes aussi singulières que curieuses.

M. Millcroux, qui a fait de longs et intéressants voyages, expose deux tableaux en relief représentant des *Indiens de la Guyane.* Rien de plus original que ces œuvres de patience, empreintes d'une couleur locale qu'on ne peut méconnaître, et possédant le double mérite d'avoir été exécutées par un indigène du pays où elles ont été puisées.

S'inspirant de la pensée qui a donné naissance à notre concours régional, M. Largé, ancien inspecteur de l'Académie de Clermont, a choisi dans ses riches collections de médailles, monnaies, poids, sceaux, bagues, manuscrits et curiosités diverses, quelques specimens de ce que, à différentes époques, il avait pu recueillir dans les sept départements de la région dont Clermont est aujourd'hui le chef-lieu.

Limité par l'espace, et dans la prévision que ce doyen de nos antiquaires ne tardera pas à publier lui-même le catalogue raisonné du contingent qu'il a fourni à notre exposition, nous nous contenterons de signaler ici :

D'abord, et hors ligne, un *statère* d'or de Vercingétorix, avec épigraphe au T singulièrement placé, variété inédite jusqu'à ce jour, qu'accompagnent deux deniers consulaires au nom et à l'effigie de César, et dont le dernier, en or, appartient à la famille Hirtia ;

2° Des pièces gauloises d'Aquitaine, de Celtique et de Belgique, ainsi que des romaines de la famille Fabia, et des trois légions VIIIe, X^{e} et XVIe dont il est parlé par César et par Hirtius Pansa, son continuateur ;

3° Deux beaux philippes d'or, l'un au monogramme arvernien, l'autre avec *Diota* d'une forme particulière ; des subdivisions de ces *statères*, dont une avec une petite croix sur la joue :

4° Des *as* romains ou italiques avec leurs subdivisions, jusqu'à l'*uncia* inclusivement, d'une époque antérieure à la diminution du poids et du module de ces monnaies pendant la première guerre punique ; deux médaillons d'argent *didrachmes* avec le mot ROMA pour exergue, en creux dans l'un et en relief dans l'autre ; des pièces de tous métaux, planes, concaves, globuleuses, polyédriques, des différentes parties du monde ancien ; des empereurs, des Césars et des tyrans, nés, proclamés ou morts dans les Gaules ;

5° Les variétés les plus curieuses des monnaies d'Auvergne, avant, sous et après Alphonse, comte de Riom, de Poitiers et de Toulouse ;

6° Série complète, depuis la livre jusqu'au quart d'once, des poids toulousains ayant servi en Auvergne à partir de 1239 ; des coins et des séries diverses de monnaies de Riom, à partir de Henri II jusqu'à la suppression de cet atelier monétaire en 1772;

7° Des monétaires de la première race, dont deux de Clermont et un de Mauriac (variétés inédites); des deniers et oboles de Charlemagne, Louis-le-Débonnaire, Charles-le-Chauve, etc. ; des monnaies variées d'or et d'argent de la troisième race jusqu'en 1792, et de 1792 à l'époque actuelle;

8° Deux petites bagues d'or trouvées à Clermont, dont l'une avec le buste de Mercure en demi-relief, et l'autre ornée d'une pierre noire conique (forme attribuée au dieu syrien *Elagabale*, dont était prêtre l'empereur de ce nom); un bijou delphinal unique et inédit; un florin d'Humbert II, dernier dauphin de Viennois (mort dominicain à Clermont, en 1353); même pièce du premier dauphin de France, depuis Charles V; diverses monnaies dites de *plaisir* ou de *nécessité*; une semaine sainte de la grande Dauphine; un riche manuscrit sur vélin du quinzième siècle, avec prières d'une naïveté de foi touchante; et enfin divers objets de moindre valeur, mais empruntant aux grands événements de nos jours un certain intérêt d'actualité.

M. Cohendy, archiviste de la préfecture du Puy-de-Dôme, un de ces archéologues intelligents auxquels on doit d'intéressantes découvertes, a enrichi notre exhibition de plusieurs vitrines contenant des objets gallo-romains de toute nature, notamment un certain nombre d'émaux gaulois des plus curieux.

La sphragistique a pour objet l'étude des empreintes sigillaires fixées aux vieux parchemins; elle est, suivant le savant antiquaire Millin, « une source féconde d'instruction ; on y trouve la solution d'une infinité de questions et les éclaircissements les plus curieux pour l'histoire; les généalogies, les usages, les costumes du moyen âge et l'hagiologie ou l'histoire des saints; on y observe les progrès de la gravure. La sphragistique est la sœur de la numismatique. »

Le savant que nous venons de citer s'étonne de voir cette science si négligée, lorsque disparaissent chaque jour la plupart des richesses sur laquelle elle repose.

M. Cohendy vient de rendre un précieux service à cette branche de l'archéologie. Désormais, le temps ou l'ignorance pourront détruire les sceaux en cire de nos chartes, leurs empreintes exactement reproduites et coulées en métal permettront, non-seulement de poursuivre des études commencées, mais de former de précieuses collections.

Nous trouvons des spécimens de cet intéressant travail, exécuté avec beaucoup d'intelligence par M. Chatard, dans une des vitrines de la salle dite des Curiosités.

La grande galerie contient, outre ses nombreux tableaux, quelques meubles anciens très-remarquables, notamment une *Crédence* en bois sculpté, et une *Chaire gothique avec dais*, à M. de Marpon; une *Chaire*, parfaitement pure, à M. Cohendy; un *Prie-Dieu*, avec bas-relief, représentant le Crucifiement, à M. de Chamerlat; un *Dressoir*, du temps de Henri IV, à M. Alfred de Lavergne. Ajoutons à ces meubles anciens un riche *Cabinet* en laque de Chine, et deux vases en porcelaine de Chine avec leurs supports, en bois découpé à jour, à M. de Marpon.

Quelques-uns des meubles anciens qui figurent dans cette galerie, ont été faits ou restaurés par un de nos plus habiles sculpteurs sur bois, M. Baptiste Braymand. Nous remarquons de plus de cet artiste des armoiries de la maison de Sartiges, qui dénotent un ciseau aussi habile qu'intelligent.

L'exposition de M. Aigueperse offre quelques objets intéressants, notamment un beau triptyque de la Renaissance, deux cabinets d'Allemagne, l'un en corne, l'autre avec incrustations en ivoire, plusieurs manuscrits bien conservés et une magnifique pendule Louis XV.

M. Lassagne-Fabre, dans la travée qui suit l'exposition de M. Aigueperse, montre une très-habile restauration de meuble en bois de rose.

Signalons encore parmi les objets exposés dans les salles que nous venons de parcourir les tableaux d'écriture de M. Vigier.

Une pièce d'armure, non portée au catalogue, et placée sur une haute vitrine, ayant piqué notre curiosité, il nous a été permis de l'examiner, et, renseignements pris, de reconnaître qu'elle avait appartenu au roi Henri II, ainsi que l'indiquent les chiffres et les attributs qui l'enrichissent. Cette pièce d'armure est aujourd'hui la propriété de M. Compagnon.

Quelques tapisseries intéressantes ont été placées dans l'escalier qui conduit à l'exposition des beaux-arts; citons entre autres deux tapisseries du quinzième siècle, l'une représentant des figures diverses renfermées dans des encadrements gothiques; l'autre, *Sainte Adélaïde, un évêque et saint Jean*, à M. de Félgonde; — une autre tapisserie provenant du château de Lindrée, représentant un *Combat naval* (à la *Société d'émulation de l'Allier*); — enfin les tapisseries représentant un *Départ pour la chasse*, le *Colin-Maillard*, à M. Pyrent; une *Scène galante*, à M. de Riberolles-Beaucène, et des *Vendangeurs*, à M. Chapot-Laroche.

Un très-beau tableau, appartenant à M. Zani (743), orne cette partie de l'édifice municipal. *La Vierge, entourée de saints personnages, apparaît à plusieurs religieux.* Cette toile, attribuée à Montcalvi, élève de Raphaël, possède des parties très-remarquables, notamment le principal personnage, qui rappelle la grâce du célèbre artiste.

TRAVAUX DES ÉCOLES.

La ville de Clermont possède une des écoles professionnelles les mieux organisées de France; cette école produit les plus sérieux et les plus utiles résultats. Nous en trouvons de nouvelles preuves dans les travaux exposés par ses élèves. Parmi les classes de dessin, nous voyons figurer quelques pages qui dénotent les plus précieuses dispositions, notamment plusieurs grisailles, un *Candélabre*, un *Vase Médicis* à l'estompe, un *Génie suppliant*. Le cours qui les expose a fourni quelques sujets qui sont devenus de véritables artistes. Sa destination spéciale est l'étude de l'ornement mis à la portée des ouvriers et apprentis plâtriers, peintres en bâtiments, etc.; chacun y est exercé selon son état.

Le cours de dessin linéaire expose deux reliefs et plans topographiques du *Grand-Tournant* et *de la Baraque*, route de Clermont à Saintes, et un dessin de *Roue hydraulique*. Ces plans ont été exécutés par les élèves, d'après des croquis faits par eux-mêmes sur les lieux. Cette étude leur est d'autant plus utile que quelques-uns d'entre eux se préparent à entrer soit dans les ponts et chaussées, soit dans les chemins vicinaux, soit dans les chemins de fer. C'est ainsi que l'enseignement de l'école a pris et conserve un caractère spécial d'utilité pratique qui le fait rechercher avec tant d'empressement. Le corps des agents secondaires des ponts et chaussées et celui des agents voyers du département se sont recrutés en très-grande partie parmi les élèves de l'école. On sait la réputation de capacité dont jouissent ces agents.

Le cours de sculpture expose un bas-relief en plâtre, une étude d'après le Silène antique, et le modèle esquissé d'une cheminée monumentale, composée par M. Chalonnax et exécutée par ses élèves, œuvres très-remarquables qui font autant d'honneur à ces derniers qu'à leur guide savant et dévoué.

Le cours de sculpture, bien que fondé à peine depuis sept ans, a déjà rendu de grands services. Il n'y est admis que des apprentis ou des ouvriers qui ont fait profiter leurs patrons de leurs études. C'est ainsi que nos maîtres sculpteurs de Clermont voient s'étendre rapidement la réputation de leurs ateliers et qu'il leur arrive une clientèle importante des départements voisins. Clermont aura bientôt le monopole de la sculpture pour les églises dans un assez grand rayon.

Les élèves-maîtres de troisième année de l'Ecole normale primaire de Clermont, avant d'aller remplir les modestes et honorables fonctions d'instituteurs dans les communes où ils seront appelés, ont essayé de payer leur tribut de reconnaissance au département qui a fait si généreusement les frais de leur instruction, en envoyant à l'exposition plusieurs dessins au trait et au lavis, ainsi qu'une carte de la France agricole divisée en contrées, provinces et régions, et faisant connaître d'une manière symbolique les vignobles principaux, les pépinières départementales, les écoles d'agriculture vétérinaires, forestières, les dépôts d'étalons, etc., etc. Une carte historique des guerres de Napoléon, et trois autres d'histoire générale.

Le pensionnat des Frères de Clermont a envoyé à notre exposition une série de travaux réellement remarquables. Citons plusieurs *Tableaux de mathématiques*, de *statistique*, d'*astronomie*, de *physique*, d'*architecture*, de *dessins industriels* d'une perfection digne de nos plus habiles ingénieurs, enfin grand nombre de dessins à la plume, au crayon, d'ornements, figures, etc., qui font certainement honneur à l'habile professeur qui les a fait exécuter. Cette exposition présente le plus sérieux intérêt, et nous sommes heureux de pouvoir féliciter chaleureusement ses auteurs.

L'école de sculpture de Volvic est aussi représentée à l'exhibition clermontoise. Cette utile institution nous offre déjà quelques excellents résultats, notamment un *Cheval* en relief, divers ornements, et surtout un *Moine en prière*, plein de mouvement et d'expression.

Nous nous sommes occupé bien longtemps, dira-t-on peut-être, des travaux de nos écoles. A cela nous répondrons qu'après avoir salué tant de fois le présent, nous avons cru devoir nous arrêter quelques instants devant l'avenir.

INDUSTRIE.

Depuis que le premier homme ramassait un morceau de silex pour confectionner son premier outil, que de perfectionnements, que de progrès ! Quelle distance des haches de pierre des premiers habitants du monde aux machines à vapeur de leurs descendants ! Ce serait une étude curieuse à faire que celle de la marche de l'industrie depuis sa naissance jusqu'à nos jours. Mais notre livre ne comporte pas un travail semblable, qui exigerait à lui seul plusieurs volumes.

On a beaucoup parlé de l'industrie et du commerce de Tyr et de Carthage, sans se préoccuper des premiers âges de l'industrie et du commerce français, qui cependant présentent un intérêt sérieux.

Sous la domination romaine, Nantes, Bordeaux, Arles, Coutances, et surtout Narbonne, étaient des comptoirs célèbres où se rendaient les marchands de l'Égypte, de la Syrie, de la Sicile, de l'Espagne et de quelques contrées du Nord. Marseille, la ville phocéenne, était l'entrepôt général de la Gaule méridionale et le centre du commerce avec les pays septentrionaux. Les fabriques d'étoffes d'Arras passaient pour les premières de l'Empire.

Aux cinquième et sixième siècles, la France était placée au premier rang parmi les nations commerçantes de l'Europe ; et sous les deux premières races, le développement de l'industrie fut également favorisé par les rois francs, qui se plaisaient à tenir leur cour dans d'immenses fermes ; par l'Église, qui rendait le travail obligatoire pour chaque individu ; par les monastères, qui renfermaient dans leur enceinte des manufactures, des ateliers, des fabriques, où les évêques venaient donner eux-mêmes l'exemple du travail manuel ; les diplômes, chartes et ordonnances du temps en font foi. Charlemagne surtout encouragea l'industrie et favorisa le commerce, en construisant des places, creusant des canaux, réglementant la police des foires, et réglant celle des poids et mesures. Son seul tort fut de céder aux idées de son temps en restreignant la libre production par des lois somptuaires.

Les invasions si fréquentes des Normands, et surtout les abus monstrueux de la féodalité, détruisirent bientôt l'œuvre du grand empereur Mais au milieu des désastres, des ruines et de la misère de cette époque de servage, les corporations, dernière sauvegarde du commerce, étaient parvenues à se maintenir ; et le grand mouvement communal du douzième siècle, en les affranchissant et en assurant la sécurité du travail, ouvrit aux gens de métier une ère de prospérité nouvelle.

Louis IX, à son avènement au trône, fit recueillir et coordonner par Estienne Boyleaux toutes les coutumes, toute la législation traditionnelle de l'industrie, et en forma, sous le titre de *Livre des métiers*, un code complet, qui pendant plusieurs siècles répondit suffisamment aux besoins de l'époque.

Ce code industriel, l'affranchissement des communes sous Louis-le-Gros, et le grand mouvement des croisades qui appauvrit les seigneurs et mit en communication l'Orient et l'Occident, donnèrent, dans les treizième et quatorzième siècles, au commerce et à l'industrie, une grande impulsion. Des halles, des foires, des marchés s'établirent partout ; partout surgirent de nouvelles industries dont quelques-unes se sont perpétuées jusqu'à nos jours. On cite particulièrement les fabriques de Lyon, de Nîmes, de Montpellier, de Beaucaire, de Provins, de Reims et de Cambrai. La Renaissance, en créant de nouveaux besoins, ajouta encore aux progrès de l'industrie.

De leur côté, les rois en secondèrent puissamment le développement : on doit à Charles V et à Charles VII d'utiles et sages règlements ; à Louis XI, l'établissement de fabriques, manufactures et foires ; à François Ier, la propagation de la culture du mûrier.

Les guerres de religion anéantirent complètement les manufactures. Henri IV les releva malgré l'opposition de Sully, dont le rigorisme protestant s'effrayait de tout ce qui pouvait favoriser le luxe. Ce grand Roi, qu'on retrouve partout où il y a du bien à faire, alla jusqu'à établir dans ses propres palais, et à ses frais, des ateliers où des ouvriers étrangers vinrent importer des industries nouvelles dont la France s'enrichit.

Après Henri IV (car Richelieu ne s'occupa qu'à abaisser les grands à l'intérieur et à élever la puissance de la France au dehors), vint Colbert, dont il suffit de citer le nom pour rappeler le plus grand développement qui ait jamais été donné en France au commerce et aux manufactures.

Là s'arrête la gloire industrielle de notre pays sous l'ancien régime ; la vieillesse de Louis XIV, signalée par des guerres ruineuses et la révocation de l'édit de Nantes ; la licence de la Régence ; le règne indolent et voluptueux de Louis XV ; celui même de Louis XVI, malgré les bonnes intentions du monarque et les tentatives avortées de Turgot ; enfin la Terreur au nom néfaste, furent des époques désastreuses pour l'industrie française.

C'est sous le Directoire, qui n'était déjà plus la république quoiqu'il en portât encore le nom, que fut tenté le premier essai de régénération, lorsque le ministre de l'intérieur, François de Neufchâteau, conçut l'heureuse idée d'associer à la fête d'un sanglant anniversaire une exposition pacifique des produits de l'industrie nationale.

Nous avons esquissé plus haut l'histoire de ces exhibitions, aujourd'hui si florissantes.

« On a voulu, dit M. Micholowski, en parlant de la dernière exposition universelle, évaluer par des chiffres les progrès accomplis. Si l'on compare, par exemple, la puissance productive de l'homme dans l'industrie de la mouture aujourd'hui, à ce qu'elle était à l'époque de la guerre de Troie, selon ce que rapporte Homère de la tenue de la maison d'Ulysse à Ithaque, on a lieu d'estimer que la progression a été de 1 à 150 environ ; c'est-à-dire que, par tête d'homme occupé à ce travail, la quantité de blé moulu est aujourd'hui, dans un moulin bien monté, 150 fois plus grande que dans l'atelier où de pauvres femmes esclaves s'exténuaient à écraser du blé par la force de leurs bras, pour la reine d'Ithaque et pour les cinquante prétendants obstinés à demander sa main.

» Dans l'industrie du fer on peut admettre que, depuis les croisades, la puissance productive est devenue trente fois plus grande. Dans la filature du coton, le changement a été encore plus marqué, quoiqu'il n'ait commencé qu'à l'époque d'Arkwright, qui prit son brevet d'invention en 1769. Un homme appliqué à un métier fait trois cents et quatre cents fois plus de fil qu'une bonne fileuse en produisait jadis. Cet exemple montre assez avec quelle rapidité la puissance productive s'accroît dans les temps modernes.

» La période qui sépare les expositions universelles n'est pas assez longue pour qu'il y ait toujours dans cet intervalle des progrès considérables. Cependant l'industrie n'a point été stationnaire, à beaucoup près, depuis 1851 ni depuis 1855. Voici ce qu'on peut signaler de plus important.

» La machine à vapeur s'est perfectionnée de plusieurs manières. On a trouvé moyen de faire rendre à la machine fixe le même effet utile avec une moindre consommation de combustible, en perfectionnant surtout l'emploi de la détente variable de la vapeur dans le cylindre. On a rendu la machine moins encombrante. Celle de Watt avait son cylindre debout et se présentait avec un grand balancier, elle était soutenue sur des colonnes de fonte qui lui donnaient un aspect imposant; mais cette majesté coûtait cher. On fait aujourd'hui des machines à cylindre horizontal, et l'ensemble du mécanisme, fort perfectionné, est ramassé sur un petit massif de maçonnerie. Il est bon de noter que, il y a quarante ans, une machine de 50 chevaux, système Watt, coûtait à Paris un peu plus de 100,000 fr.; elle y coûterait aujourd'hui moins de 50,000 fr.

» La locomobile a été imaginée pour l'agriculture. C'est un engin léger, assis sur deux roues, qu'une paire de chevaux traîne aisément; il vient de pénétrer dans les ateliers, et il y est jugé d'une commodité extrême. La machine à gaz va, en ce genre, plus loin encore; on peut l'asseoir sur un plancher et la transporter au grenier. Ce sera bientôt le moteur de l'ouvrier en chambre, travaillant avec ses enfants.

» Enfin, la machine locomotive a acquis une grande puissance. On a vu à l'exposition une locomotive qui, placée à la tête et à la queue d'un convoi, pourrait traîner des chargements nets de 150 tonnes environ sur des rampes de 40 millimètres par mètre. C'est la pente extrême autorisée sur les routes impériales; le moment et donc venu de dire qu'il n'y a plus ni Alpes ni Pyrénées. La construction des chemins de fer est devenue plus active que jamais; à la fin de 1861 il y avait déjà en Europe et en Amérique au-delà de cent mille kilomètres en exploitation, qui ont coûté plus de trente mille millions de francs. La discrétion est une grande vertu. Si MM. les Ingénieurs avaient laissé entrevoir un tel chiffre de prime abord, nous ne serions peut-être pas si avancés aujourd'hui.

» *Machines hydrauliques*. On fait de mieux en mieux les roues, les béliers, les presses hydrauliques. Dans le dock flottant de Blackwall, la presse hydraulique, armée par les Anglais d'une machine à vapeur, retire un navire de l'eau en quelques quarts d'heure. Un tel dock dispense complètement de ces constructions dispendieuses qu'on appelle les formes de radoub. Un autre emploi ingénieux de la presse hydraulique mérite d'être remarqué, c'est celui qui a pour but la fabrication d'objets d'art en *bois durci*. L'action énergique de la presse s'y combine avec celle de la chaleur produite par des jets de gaz enflammé pour donner une grande dureté à la poussière de bois dont on a rempli les moules. A Saint-Etienne, on se sert d'un procédé analogue pour agglomérer le charbon menu.

» *Machines à air comprimé*. Sur l'emploi de ces machines est fondée en ce moment l'entreprise hardie du percement du mont Cenis sur une longueur de 13 kilomètres. Non-seulement on pourvoit ainsi au besoin de l'air respirable dans les profondeurs du tunnel, mais l'air comprimé fait encore mouvoir les outils perforant le sol. Dans les grès calcaires qu'il s'agit de perforer, les ouvriers, par les moyens ordinaires, n'auraient pu percer, de chaque côté, au-delà de vingt centimètres par jour, ce qui ferait 115 ans pour la trouée complète. Heureusement on avance trente fois plus rapidement avec le nouveau procédé. Enthousiasmé par cette solution du problème du percement des montagnes, un ingénieur propose un chemin de fer de Paris à cette CAPITALE DU NORD, dont le nom inscrit en caractères glorieux sur la poitrine des soldats français, n'est pas la moindre merveille de ce siècle merveilleux. Je parle de Pe-King.

» Dans les fleuves dont le lit offre une épaisseur indéfinie de terrains meubles, l'air comprimé rend praticable la fondation des piles. Le pont du Rhin, à Kehl, est un remarquable exemple de cette difficulté surmontée. Le procédé du refoulement des liquides par l'air est appliqué dans plusieurs industries, dans les savonneries entre autres.

» *Machines-outils.* Elles servent à faire mécaniquement les opérations par lesquelles doivent passer les pièces de métal, afin de devenir les organes des machines. On admirait à l'exposition un arbre de couche pour une machine à feu de vaisseau, pièce longue de neuf mètres et deux fois coudée, tournée et polie dans la perfection. La lime n'y a pas touché, les machines-outils ont tout fait. C'est une manière de bijouterie, mais de la bijouterie de Titans.

» *Acier.* Le procédé Bessemer ouvre des voies nouvelles à la fabrication de cette substance précieuse. Il se réduit à faire passer un courant d'air dans la fonte liquide, qu'on peut prendre au sortir du haut-fourneau, et il permet d'opérer à la fois sur 2,000 kilogrammes de matière, qui en un quart d'heure est passée à l'état d'acier. L'acier deviendra une substance commune, ce qui, pour la puissance du genre humain et pour son bien-être, est d'une autre portée que les découvertes de mines d'or.

» *Chimie et physique.* L'acide sulfurique, matière de première nécessité dans les arts, se fabrique aujourd'hui en employant au lieu du soufre les pyrites de fer, qui abondent et qui étaient sans emploi; aussi le prix de l'acide sulfurique s'est abaissé au dixième de ce qu'il était vers la fin du siècle passé. Le carbonate et le sulfate de soude et quelques sels de potasse sont également sur le point d'éprouver une baisse de prix sensible, par l'application, au traitement de l'eau de mer, de la machine à faire la glace de M. Carré. Cet appareil, qui laisse dérober à l'Océan, en quantité et à bon marché, la potasse qui s'y trouve en proportion imperceptible, ce même appareil produit la glace comestible à si bon compte, qu'il pourra entraîner souvent la suppression des glacières.

» On a retiré depuis peu du goudron produit par la distillation de la houille dans la fabrication du gaz, différentes couleurs de la plus grande beauté: un jaune, un rouge, un bleu, un violet, un vert, et un autre corps doué d'une propriété bien précieuse, celle d'empêcher la putréfaction des matières animales. Une solution contenant un centième de l'acide phénique suffit à cet effet. Le coaltar, qui lui doit sans doute ses propriétés désinfectantes, figurait à l'exposition à un titre nouveau. En élaguant les arbres et pour empêcher la pluie de s'infiltrer entre l'écorce et le bois, M. de Courval imagina d'enduire la plaie d'une couche de coaltar. Ce procédé fort simple a donné contre la carie de si bons résultats qu'on estime pour la France à plusieurs millions la plus-value que pourraient acquérir les coupes annuelles si l'usage du coaltar se généralisait.

» Le prix de l'aluminium est descendu à 80 fr. le kilogramme. C'est, pour certains usages, comme si la pièce d'argent de un franc ne valait que dix centimes. Le sulfure de carbonne, qu'on emploie pour extraire la graisse des résidus sans valeur, et pour détruire les insectes nuisibles, comme les charançons dans les silos de blé, est descendu de 200 francs à moins de vingt sous.

» Dans les arts dérivant de la science physique, l'exposition a constaté plusieurs perfectionnements notables. Le télégraphe électrique peut désormais reproduire un dessin et imprimer une dépêche plus vite qu'un imprimeur ne la composerait. La météorologie s'en est emparée avec succès. L'idée de *prévenir* les tempêtes par le télégraphe a été pour la première fois mise en avant dans la réunion de l'Association britannique tenue à Aberdeen en 1859. Elle a depuis rendu de bons services. Un soir, l'avis étant arrivé à Liverpool qu'une tempête était imminente, le capitaine du port prit toutes les précautions nécessaires, et un violent ouragan éclata quelques heures plus tard sans qu'il en arrivât aucune avarie pour les navires. La tempête qui fit périr la corvette prussienne l'*Amazone* avait été annoncée d'avance. On cite plusieurs exemples de prévisions ainsi réalisées.

» On a appliqué le courant électrique à la division des instruments de précision et on a obtenu une exactitude supérieure à tout ce qui avait été fait jusqu'à présent. La question de l'éclairage par l'électricité vient de faire un grand pas. En produisant le courant électrique au moyen d'aimants mis en mouvement par une force quelconque, on obtient une lumière égale, très-vive et à bas prix. Elle n'a qu'un défaut, mais il est grave pour la pratique ordinaire, c'est qu'on ne peut l'obtenir qu'en grande et indivisible quantité. Ce ne serait bon que pour un phare. Avec une petite dépense de combustible dans un moteur à vapeur on a une lumière équivalente à un millier de bougies. M. Edmond Becquerel estime que cette lumière coûterait à peine le dixième du tarif de l'éclairage au gaz à Paris.

» Ce serait une grande besogne que d'énumérer seulement les appareils secondaires économisant la main d'œuvre qui surgissent tous les jours, depuis le piano électrique, qui prétend dispenser les pianistes de tant remuer les doigts, jusqu'à la machine faisant les sacs de papier tout collés. Mais on ne peut pas omettre, dans l'appréciation même très-superficielle de l'industrie, l'introduction de produits nouveaux, comme la soie de l'ailante qui commence à donner des espérances, ou la jute. La jute est une nouvelle plante textile du Bengale et de la Chine; la ville écossaise de Dundee en importe déjà pour plus de 45 millions de francs, qu'elle a convertis provisoirement en tissus communs, comme ces tapis revenant sur les marchés français à un franc le mètre au plus, et qu'on voit aux étalages de Saint-Étienne portant l'étiquette : *tissu d'aloès, 1 fr. 65 le mètre.* Un capitaine de navire prend à Guayaquil, en guise de lest, des noyaux d'un arbre qui y abonde, durs, pesants et gros comme le poing. C'est l'origine du *coroso* ou ivoire végétal dont on fait maintenant les boutons d'habit. Le *cæsium*, le *rubidium*, le *thallium*, ne servent peut-être à rien, mais le procédé qui a fait découvrir ces corps nouveaux arrache des cris d'admiration. Si le télescope nous laisse, pour ainsi dire, sonder l'immensité des cieux, le spectre de Kirchoff et Bunsen nous permet d'atteindre l'atome, l'infini de la petitesse.

Il faut tenir également pour un progrès fécond l'accroissement considérable de l'importation des matières premières au profit de l'industrie européenne, comme les soies de la Chine et du Japon, ou les bois du Nouveau-Monde. Les fabriques anglaises d'allumettes dévorent les forêts du Canada ! Qu'on nous permette, à ce propos, de reproduire quelques renseignements sur les bois de l'Australie, dus aux exposants de la Nouvelles-Galles-du-Sud. Les arbres y sont généralement très-élevés, peu branchus et garnis de feuilles épaisses, dures, persistantes et riches en huiles essentielles, dont on tire souvent un très-grand profit pour l'éclairage, pour la fabrication des vernis, pour la parfumerie ou la médecine. Le bois, qui a rarement le cœur sain, se fend, non comme les nôtres, de la circonférence au centre, mais suivant des couches concentriques. Il est fort dense et doué d'une grande puissance calorifique, quoique très-difficile à allumer. Quelques-uns de ces bois durcissent considérablement après la coupe, grâce à la solidification des gommes et des résines qu'ils contiennent en grande abondance. Le nombre d'espèces est énorme, relativement à nos forêts qui en renferment vingt-cinq au plus; en Australie on en a compté plus de soixante dans un kilomètre de long. On ignore l'époque de la floraison et de la fructification de la plupart d'entre eux, non qu'on ait négligé de les observer, mais parce que ces phénomènes, loin d'être annuels, ne s'y reproduisent, à ce qu'on prétend, qu'à de longs intervalles. En somme, la flore comme la faune du Nouveau-Monde diffèrent singulièrement des nôtres; de là est venue l'idée à M. de Candolle que l'Australie comme l'Amérique appartiennent à une formation géologique beaucoup plus ancienne que l'Europe ou l'Asie. Le *nouveau* monde serait infiniment plus vieux que l'*ancien*. En Amérique nous aurions hérité des mastodontes, et l'Australie remonterait peut-être à une époque encore plus reculée puisqu'on y voit, en pleine végétation, les araucarias des terrains jurassiques ou les fougères arborescentes de nos houillères. Le berceau du genre humain appartient décidément à l'Asie, quoiqu'il soit maintenant indubitable que l'Europe elle-même était peuplée fort longtemps avant le déluge. Non-seulement on a découvert (dans le Somerset entre autres) des haches et des flèches en pierre, mêlées aux ossements des rhinocéros, par exemple, ce qui en détermine l'origine d'une manière irrécusable, mais on n'hésite plus à reconnaître dans l'accumulation des outils en silex rencontrés près d'Amiens, l'emplacement d'une fabrication en grand de ces outils, contemporaine à la période géologique qui laissait vivre dans nos contrées les animaux africains. Et il est permis d'en conclure, dans l'état de la biologie, que ces lointains ancêtres, que ces patriarches de l'industrie et du commerce, qui exploitaient le chantier de Saint-Acheul, devaient ressembler quelque peu aux habitants actuels de l'Afrique.

» Les riches toisons de l'Australie nous ramènent à l'industrie moderne. Les pays sont cultivés, dit Montesquieu, non en raison de leur fertilité, mais en raison de leur liberté. On serait en peine d'expliquer autrement les résultats suivants. Il y a 65 ans, Mac Arthur fit venir en Australie trois béliers mérinos et cinq brebis, pour améliorer un médiocre troupeau de moutons que la colonie possédait alors; elle en possède aujourd'hui plus de 20,000,000, et l'exportation de la laine en 1861 a dépassé 137,000,000 de fr.

» La division du travail de plus en plus parfaite, et l'agrandissement prodigieux des fabriques doivent concourir efficacement à la diminution des frais. M. Mame, éditeur d'ouvrages de piété à Tours, livre journellement, dit-on, environ vingt mille volumes, à un prix dépassant de quelques centimes à peine le prix du papier. Dans les filatures, il est commun aujourd'hui de voir des fabriques de quarante et cinquante mille broches; le point de départ c'est pourtant la fileuse à la main qui produit moins qu'une broche. La fabrique de Saltaire, de Yorkshire, livre chaque année, des tissus mélangés laine et coton, pour cinq cents millions de francs. Le câble transatlantique, qui maintenant gît inanimé dans les abîmes de l'Océan, a donné aussi une haute idée de notre puissance productive. Pour avoir le fil nécessaire à la formation de la spirale protectrice du fil conducteur, on a transformé en quelques mois une masse de fer qui serait représentée par un cube de vingt pieds de côté, pesant 2,500,000 kilogrammes. Cette masse de fer, après avoir passé par la dernière filière, a produit un fil de 126,000 de lieues de longueur, suffisant pour aller de la terre à la lune et faire une couple de cordons de ceinture à chacun de ces globes.

» Voici un autre exemple montrant à quelle souplesse notre industrie arrive au besoin. Une fabrique de boutons, près de la Bastille, a fait dans ce demi-siècle, suivant les exigences de la mode, environ 600,000 espèces de boutons, ce qui ferait, en calculant les heures du travail, un genre nouveau de boutons produit tous les quarts d'heure. A quel consommateur prodigieux doit-on attribuer un pareil tour de force? En général ce sont les dames et les militaires qui se boutonnent le plus; mais au point de vue ethnologique le pays d'Europe qui met le plus de variété et de magnificence en boutons, c'est l'Espagne incomparablement. Dans le monde entier l'Egypte emporterait la palme. Pendant que son suzerain émettait de la monnaie en papier, Saïd-Pacha commandait vingt mille uniformes, dont les boutons, même pour les simples soldats, sont d'argent massif et de grande dimension. Nos modestes boutons métalliques à suspendre les bretelles valent un centime les cinq, et on a pour le même prix de 16 à 34 boutons de porcelaine pour la lingerie.

» Plusieurs de nos amis ont visité le palais de Kensington; l'un d'eux nous a appris, qu'en fait de puissance industrielle ce qui l'a le plus impressionné, après la ville de Londres, c'est la ville de Manchester. C'était, il y a un siècle et demi, une bourgade comme Saint-Chamond; mais le souffle de la grande industrie a passé sur elle, et c'est maintenant une immense manufacture de cinq cent mille habitants, et d'un million d'ouvriers, parce qu'elle a converti à dix lieues à la ronde les villages et les hameaux en villes manufacturières de 30 à 100 mille habitants. Chaque jour, sauf le chômage, hélas! de 240,000 métiers qui battent dans le Lancashire, sortent tant de millions de mètres de cotonades qu'il y en aurait suffisamment pour faire une tente qui abriterait tout Saint-Etienne avec sa banlieue.

» Quelle est la branche de l'industrie qui, dans cet épanouissement presque magique du progrès, a fait le progrès le plus grand? Ce n'est pas l'agriculture ni l'art de vivre en paix. C'est, qui s'en serait douté? l'industrie de l'extraction de l'or. Les premiers mineurs de Californie lavaient les alluvions aurifères suivant la méthode qui est décrite sur les murailles des temples égyptiens, mais les gisements s'étant appauvris, le *génie* des mineurs a été vivement aiguillonné. Ils retirent maintenant, avec d'énormes profits, le kilogramme d'or noyé dans quatre millions de kilogrammes d'argile. Pour laver un mètre cube d'alluvions on dépensait à l'origine 75 francs; ces frais sont descendus à moins de trois centimes, ce qui constitue un progrès de 1 à 2,500.

» Signe du temps? Point du tout. M. Michel Chevallier est convaincu que l'homme a été captivé de temps immémorial par les qualités de l'or. On en voyait à l'exposition une preuve étonnante. Les vitrines de l'Egypte offraient aux regards du public des bijoux en or d'un bon dessin et d'une exécution très-soignée, provenant du tombeau d'une reine qui a vécu cinq cents ans avant l'époque du fameux veau d'or, pour lequel Aaron réclame dans l'Exode les pendants d'oreilles des femmes, des filles et des fils d'Israël.

» L'homme est toujours le même, il n'a pas encore changé, mais il changera peut-être dans ce siècle de lumières. Il se croyait le roi de la terre (selon l'expression de Buffon), pour avoir réduit à l'état de serviteurs dociles le cheval, le bœuf ou l'âne. Mais nous avons dompté et apprivoisé les affinités chimiques, les forces élastiques des vapeurs et des gaz, les puissances explosives des fulminales, le choc des vents, les courants des rivières et des lacs souterrains. Le magnétisme terrestre nous trace les voies de l'Océan, ou, à cheval sur le fil télégraphique, devance l'ouragan en portant nos dépêches. Nous avons mis le Jupiter tonnant en apprentissage chez M. Ruolz, et Phœbus s'essaie à nous tirer des portraits à un franc.

» O Prométhée! ô Empédocle! il n'y a plus sur le chemin qui conduit à l'arbre de la science de Chérubins armés de glaives de feu; les agents de la nature, les mystérieux éléments, nous obéissent. Nous allons « remplir la terre et la soumettre à notre domination. »

Mais localisons la question en remontant de nouveau la série des âges.

Lorsqu'une foule de peuples croupissaient encore dans la plus grossière barbarie, les druides *arvernes*, les maîtres de *Pythagore*, faisaient de leur patrie toute guerrière et à moitié sauvage un centre de lumières en fondant un gouvernement théocratique appuyé sur le dogme de l'immortalité de l'âme. Investis du pouvoir judiciaire et de l'instruction de la jeunesse, ils formaient des disciples qui devaient plus tard illustrer la Grèce et l'Italie, en y répandant les principes des sciences et de la philosophie qu'ils avaient reçus de leurs illustres maîtres.

Aristote assimile les druides aux *brachmanes;* Pline les appelle les *mages* des Gaulois; et Diogène Laërte nous apprend que les sages de la Grèce s'inspiraient de leur morale, que ces législateurs étudiaient les règles de leur justice pour en faire profiter les lois de leur pays.

« Il y avait chez les Gaulois, lisons-nous dans une excellente étude sur le langage de nos ancêtres, une classe d'hommes honorés et vénérés au-dessus des autres : c'étaient les druides. Ils s'occupaient de tout ce qui pouvait contribuer au perfectionnement physique et moral de l'homme. Ils étaient à la fois prêtres, législateurs, poètes, astronomes, médecins, ingénieurs hydrauliques et nautiques, d'un profond savoir. Parmi eux se trouvaient les evhages. A ceux-ci était dévolu le soin de traiter les malades ; ils s'occupaient en même temps des menus détails de la religion. C'est à ces ministres qu'il convient de rapporter tout ce que nous savons de la médecine druidique.

» Malheureusement la science des druides n'était pas écrite. On ne se servait de l'écriture que pour les affaires publiques ou civiles. Les caractères de cette écriture avaient assez de ressemblance avec les caractères grecs ; mais ils étaient plus frustes, c'est-à-dire plus simples, moins déliés, moins raffinés, par conséquent plus anciens que ceux des Grecs. Ces caractères avaient aussi quelque affinité avec les caractères *démotiques* des Égyptiens ; mais ces derniers étaient trop multipliés et trop variés pour être primordiaux. D'ailleurs, l'alphabet des druides ne contenait que seize signes, y compris les cinq voyelles. Ceci mérite une attention toute particulière, et prouve surabondamment que la lime scientifique n'avait pas encore mordu à cet alphabet mère.

» Au surplus, les druides avaient déjà inventé les signes qui *représentent le son*, quand les autres peuples, les Chinois, les Indiens, les Égyptiens, en étaient encore aux signes qui ne *représentent que les choses*. Aussi, quand les apôtres des Atlantes parurent dans les Indes et dans l'Egypte, leur alphabet à la main, et que les savants de ces pays eurent compris l'immense avantage d'une pareille méthode, ceux-ci ne durent pas tarder à échanger leurs caractères hiéroglyphiques contre des caractères démotiques, toutefois en donnant au nombre de ces nouveaux caractères un développement qui leur semblait manquer à l'alphabet primordial. Et voilà pourquoi l'alphabet sanscrit devint et est encore aujourd'hui l'alphabet le plus complet et le plus rationnel du monde. Il est évident que, si les druides eussent puisé à la source brahmanique, ils n'auraient pas manqué d'adopter une œuvre aussi complète.

» Les druides n'enseignaient leurs doctrines que verbalement. Il fallait un certain nombre d'années pour que l'élève y fût initié. Jules César nous apprend que « des élèves restaient quelquefois une vingtaine » d'années sous la discipline de leurs maîtres. » — « C'estoit, dit » Estienne Pasquier, afin que leurs peuples ou escoliers forclos de la » communication des escripts, feissent registres de leur mémoire, non » de papiers. » Probablement aussi leur enseignement ne durait-il si longtemps que par l'étendue des matières qu'il renfermait. — Aujourd'hui le haut enseignement est morcelé, fractionné, spécialisé en *Droit*, en *Médecine*, en *Théologie*, etc. Les druides, eux, réunissaient tout l'ensemble de leurs connaissances dans un enseignement synthétique, dans un vaste programme unitaire. De là sa longue durée.

» Ajoutons à cela qu'il est très-possible qu'ils n'en agissaient ainsi que dans le but de ne point livrer leurs connaissances au vulgaire. Toutefois, ce dernier point n'est pour nous que conjectural.

» Selon Polyhistor — la plus grande autorité qu'il y ait eue chez les anciens pour la connaissance des temps passés, — Pythagore aurait proclamé « *que les druides étaient les plus éclairés des* » *mortels*. »

» Tout le monde connaît le voyage tant renommé que fit le philosophe de la Grèce pour s'instruire à l'école des druides. « Il nous

» paraît inutile, dit J. Reynaud, de faire voyager jusque dans l'Inde
» ce grand initiateur de la Grèce; les leçons des semnothées devaient
» lui suffire pour lui communiquer les principes qui, par suite de la
» propagation qu'il en fit chez les Grecs, sont devenus la propriété
» de son nom. »

» Remarquons, en passant que la condition imposée par Pythagore à ses disciples, de garder un silence absolu pendant tout le temps de son enseignement, était complètement semblable à celle imposée par les druides à leurs adeptes.

» Mais quels étaient ces principes qui forment l'essence de la doctrine pythagoricienne? — Jules César va nous le dire : « Une des
» principales maximes des druides est que l'âme ne meurt pas, qu'elle
» passe d'un corps dans un autre corps. » C'est la métempsycose. Non pas cette métempsycose indéterminée, absurde et rétrograde, qu'on s'est plu, mais à tort, à attribuer à Pythagore, et qui consiste à faire voyager l'âme de l'homme tantôt dans le corps de tel animal, tantôt dans le corps de tel autre, suivant qu'on avait plus ou moins bien vécu; non! La métempsycose de Pythagore, comme celle de ses maîtres, les druides, était basée sur la loi même de la vie. C'est la perpétuité de la vie *dans l'espèce*, ou en d'autres termes, c'est *la renaissance de l'homme dans l'humanité*. Le dogme sacré de la *solidarité humaine* repose tout entier sur ce principe.

» Aristote range les druides dans la classe des philosophes qui ont endoctriné la terre. Selon Diogène Laërte, ce philosophe enseignait dans la Magique que « la philosophie *avait commencé chez les sem-*
» *nothées des Celtes, et que la Gaule était l'institutrice des*
» *Grecs.* »

» Jules César, quoique s'étant occupé de stratégie bien plus que de principes philosophiques, dit cependant dans la *Guerre des Gaules*,
« que les druides enseignaient plusieurs choses touchant les astres et
» leur mouvement, la grandeur et l'étendue de l'univers, la nature
» des choses, la grandeur et la puissance des dieux immortels. »

» Pomponius Mela, qui vivait dans les premiers siècles de notre ère, parle de la doctrine et de la science des druides tout à fait dans le même sens que le général romain.

» Une chose remarquable, que nous ne faisons que signaler en passant, c'est que les druides affirmaient ne tenir leurs sciences que d'eux-mêmes, et considéraient leur nation comme une des plus anciennes du globe. Personne n'a infirmé cette prétention. Ils se déclaraient autochtones du sol qu'ils foulaient, et faisaient descendre leurs premiers parents de Pluton ou dieu des sacrifices. Les mages, les brachmanes, les chaldéens, etc., avouaient au contraire qu'ils étaient étrangers aux pays qu'ils habitaient.

» En somme, les druides pratiquaient et enseignaient la *vie*. Ils connaissaient la vraie formule de l'*être*, la grande loi de la perfectibilité humaine. »

Les premiers dans l'antiquité qui possédèrent les secrets de la science et de la philosophie des druides, les Arvernes, furent les créateurs de l'industrie.

On leur doit la découverte de la fusion et de la combinaison des métaux, qu'ils portèrent à un haut degré de perfection, ainsi que l'attestent *Orosius* et *Florus* en parlant des armes magnifiques de *Bituitus*. Il se présenta au combat dans un char d'argent, remarquable par la richesse de ses ciselures. Il changea trois fois d'armure pendant la bataille. Le luxe déployé par ses soldats prouve à quel point les Arvernes étaient alors supérieurs aux autres peuples par leur civilisation et leur industrie. Parés de colliers en émail, de lourdes chaînes, de bracelets d'or et d'argent, les doigts ornés d'anneaux, ils avaient pour combattre des armes couvertes d'ornements précieux.

Un faux point d'honneur empêcha longtemps les Arvernes de fortifier leurs camps, mais ils savaient du moins attaquer et forcer ceux de leurs ennemis; et *Végèce* nous apprend qu'ils inventèrent les instruments de siége, les tours mouvantes, le bélier, la catapulte, les armes défensives en métal, les casques à cimier et à visière, les cuirasses, les cottes de mailles.

Aussi habiles qu'ingénieux, ils surpassaient, sans les connaître, les merveilles de l'industrie des grands peuples de l'Egypte. On leur doit les haches et les épées de bronze; ils savaient donner à ce métal la force nécessaire à la confection d'armes terribles par leur solidité et la puissance de leur tranchant.

Ils furent les inventeurs de diverses variétés de chars de guerre: le *rhéda*, char à deux roues; le *petorittum*, char à quatre roues; l'*essort*, char à plate forme; le *covin*, chariot armé de fers tranchants, etc. (César, *De bello Gallico.*)

Les premiers, ils firent usage de la charrue et du crible qui nettoie le grain. Ils employèrent la marne et la chaux pour fertiliser le sol. (Pline, liv. XVIII.)

Ils avaient des procédés chimiques pour hâter la maturité des fruits. (Pline, liv. XVII.) Ils connaissaient l'art de dorer et d'argenter. Le même auteur leur attribue plusieurs inventions qui dénotent une civilisation avancée: ainsi ils montaient les pierreries et cultivaient diverses plantes textiles dont ils formaient des tissus résistant au tranchant des glaives; ils fabriquaient eux-mêmes les étoffes de lin et de laine brochées d'or et d'argent qui leur servaient de vêtements, ainsi que les chaînes, bracelets, bagues et ceintures dont les deux sexes aimaient à se parer. Ils possédaient des procédés spéciaux pour teindre les étoffes. Avant toutes les autres nations, ils avaient su fabriquer le verre, les émaux dont ils composaient de magnifiques colliers. Ils furent les inventeurs du feutre (Pline, liv. xvi), du savon (Pline, liv. xxviii). De l'or qu'ils tiraient des mines ou des sables des fleuves de l'Aquitaine, ils faisaient de belles médailles (Strabon). Habiles à allier l'étain, l'or, l'argent et le cuivre, ils en composaient un métal connu sous le nom d'électrum, et en frappaient de belles pièces de monnaie. Au temps de Pline et suivant son témoignage, les ouvriers gaulois rivalisaient avec ceux de Babylone et d'Alexandrie dans le travail des tapisseries; ils aimaient à figurer sur ces brillantes étoffes des écussons ou compartiments en forme de losanges quadrillés comme de petits boucliers *(Scutula)*.

Voilà bien des titres glorieux; il ne faudrait pourtant pas en déduire que chez nos aïeux les arts et les sciences étaient arrivés à leur apogée, mais que, ainsi que leurs descendants, ils éclairaient les nations du flambeau de leur intelligence. Ils se répandirent du reste sur presque tous les points du monde connu, et y portèrent leur science profonde et leur industrie précieuse.

Ce sont les Celtes de l'Arvernie, s'il faut en croire une antique tradition, qui, sous la conduite d'*Ogmius*, l'Hercule gaulois, et vers l'an 1580 avant Jésus-Christ, franchirent les Pyrénées et peuplèrent la Celtibérie, pendant que d'autres soldats de son armée, transportés d'Espagne en Italie, traversant l'Etrurie, le Latium, la Campanie et l'Œnotrie, allaient se fixer en Sicile.

Ce sont les fils vaillants des Arvernes qui fondèrent les grandes colonies gauloises du nord de l'Europe; ce sont leurs jeunes guerriers qui portèrent le nom gaulois jusqu'en Asie; ce sont leurs redoutables cohortes qui peuplèrent les rives du Danube, et donnèrent naissance à ces vaillantes populations germaines, qui, gardiennes de l'indépendance et des nobles traditions de la mère patrie, vinrent plus tard, sous le nom de Francs, régénérer la Gaule flétrie par le servage des Romains. Ce fut le sang vigoureux de leur race puissante qui féconda la Thrace, dont les guerriers devaient être un jour si redoutables. Ce sont eux encore qui, bravant les éléments, se riant des neiges éternelles, traversèrent les Alpes pour aller s'établir dans les plaines fertiles de l'antique Saturnie.

Sous la conduite de Bellovèse, et après avoir aidé les Massiliens venus de Phocée s'établir sur le rivage où ils avaient abordé, et qui est aujourd'hui *Marseille*, ils conquirent la riche Ausonie, battirent les Etrusques, et fondèrent *Mediolanum* (Milan), après avoir soumis les *Insubres*, dont ils prirent le nom.

A leur exemple, d'autres Galls ou Gaulois conquirent le Bressan, l'ancienne Cénomanie, la Rhétie, s'établirent dans l'Etrurie et dans la Ligurie, bâtirent les villes de Brescia, de Crémone, de Vérone, et ne s'arrêtèrent qu'aux bords du Tésin. Deux siècles plus tard, Brennus, à la tête des Sénonais, entrait vainqueur dans Rome. L'Italie était prédestinée à être de tout temps le théâtre des exploits de la race gauloise, sans que jamais elle pût y asseoir ses conquêtes.

Ce furent encore les terribles Arvernes qui, sur les bords de l'Allia, et sous la conduite de Brennus, lavèrent dans le sang des enfants de Rome l'injure que d'imprudents ambassadeurs leur avaient faite.

Appelés par Denys de Syracuse à la défense des Spartiates dans leur lutte avec les Arcadiens et les Argiens, ils contribuèrent puissamment, sous la conduite du fils d'Agésilas, au succès de la bataille de Midée, qu'ils nommèrent *la journée sans larmes*, parce qu'aucun des leurs n'y perdit la vie.

Toujours animés de l'esprit guerrier, ils volèrent au secours de Carthage, et taillèrent en pièces les légions romaines. Ce fût à la valeur de ces énergiques auxiliaires qu'*Annibal* dut ses triomphes de *Trasimène*, de la *Trébie* et de *Cannes*.

Ce sont eux aussi qui défirent les fils de *Romulus*, placés sous les ordres du consul *Decius* (deuxième du nom), lequel, pour rendre favorable à ses légions les dieux terribles des Gaulois, leur sacrifia sa propre personne.

C'étaient encore les fils des Arvernes, de ces colonies gauloises établies en Illyrie, qui, interrogés par *Alexandre* sur ce qu'ils craignaient le plus sur la terre, répondirent à l'orgueilleux conquérant qu'ils ne craignaient que la chute du ciel.

Enfin, ne l'oublions pas, lorsque la Gaule, presque entièrement conquise, cédait de toutes parts à l'ascendant de César, ce fut un fils de l'Arvernie, Vercingétorix, qui, sous les murs de Gergovia, fit reculer pour la première fois le plus grand capitaine du monde.

Nous n'avons pu résister au mouvement patriotique qui nous a fait évoquer ici ces souvenirs glorieux, tels qu'ils se sont présentés à notre mémoire, mais nous n'avons pas la prétention d'écrire une histoire où il faudrait consigner les revers à côté des exploits, et nous revenons à notre sujet, en renvoyant les amis de notre vieille gloire à *Hérodote*, *Strabon*, *Polybe*, *Denys d'Halicarnasse*, *Philostrate*, *Lucien*, *Callimaque*, *Tite-Live*, *Salluste*, *Justin*, *Cicéron*, *César*, *Hésychius*, *Posidonius d'Apamée*, *Athénée*, *Appien*, *etc.*

Les instincts guerriers avaient remplacé depuis longtemps chez les Arvernes l'amour des sciences et de l'industrie, lorsqu'ils tombèrent sous la domination romaine. Nos ancêtres ne formaient plus déjà cette nation éclairée qui pouvait revendiquer les plus précieuses découvertes, il fallut la civilisation de leurs vainqueurs pour réveiller leurs aptitudes endormies; mais du moins nul mieux que les Arvernes ne seconda les grandes améliorations romaines, et n'aida les voluptueux fils de l'Italie à satisfaire leur amour pour le luxe.

Des temples, des cirques, des théâtres s'élevèrent de toutes parts; de nouvelles cités furent fondées, et de larges voies dont nous trouvons encore les traces de nos jours, les relièrent entre elles. *Augustonemetum*, aujourd'hui Clermont, remplaça l'illustre cité défendue par *Vercingétorix*, et aux colléges des druides succédèrent des écoles qui rappelèrent les belles époques de l'ancienne civilisation gauloise. La ville d'*Auguste* devint particulièrement célèbre sous la domination romaine, elle eut un sénat qui subsistait encore au septième siècle; elle fut admise à jouir du droit latin, et elle s'embellit de plusieurs monuments magnifiques, dont les plus remarquables étaient :

1° Le temple consacré, selon les uns, à Wasso (le Mars gaulois), selon les autres à Mercure, dont les murs intérieurs étaient revêtus de mosaïques, le pavé de marbre et le toit de plomb, et que Grégoire de Tours, qui n'en jugeait que d'après ses ruines, appelle une antique *merveille*;

2° La statue colossale en bronze du dieu Mercure, que Pline nomme aussi l'une des merveilles du monde, et qui surpassait en grandeur le colosse de Rhodes; œuvre de Zénodore, elle avait coûté dix ans de travail et 400,000 sesterces (cinq millions de notre monnaie).

Les instincts guerriers des Arvernes s'endormaient, grâce à la politique des Romains, pleine de magnificence et de libéralité; néanmoins, lorsque vinrent les mauvais jours de Rome, elle n'eut pas de plus fidèles et de plus terribles défenseurs que nos aïeux.

Avec la décadence de l'Empire romain, revinrent les grandes luttes pour les Arvernes, qui durent combattre les barbares du Nord, et leur disputer un reste de nationalité. L'histoire a conservé les noms glorieux de ces derniers défenseurs de leur patrie : Avitus, son fils Ecdicius, et un évêque à jamais illustre, Sidoine Apollinaire.

Lorsque, en 507, Clovis eut remporté la célèbre victoire de *Vouillé*, où les Arvernes, restés fidèles à Alaric qui les avait sagement gouvernés, se comportèrent avec leur intrépidité habituelle, ce roi franc, plein d'admiration pour la valeur de nos aïeux, leur rendit les prisonniers qu'il leur avait faits, et n'exigea des glorieux vaincus qu'une simple soumission.

Ce traitement généreux entraîna les Arvernes, qui se réunirent avec quelques peuples de l'Aquitaine au royaume des Francs.

Cette union ne fut pas heureuse, et pendant plusieurs siècles consécutifs l'Auvergne, et particulièrement la ville de Clermont, furent le théâtre de dévastations de toutes sortes, non-seulement par suite des invasions des Normands, mais encore et surtout par les guerres intestines et sanglantes que faisaient naître les partages de territoire entre les fils de rois, les prétentions et les révoltes des seigneurs, et les discussions sans cesse renaissantes des comtes et des évêques. Ce ne fut plus que ravages de terres, pillages de villes, destruction de monuments, sac, incendie et peste. Dans cette nuit sombre et orageuse, où le tonnerre gronde perpétuellement et qu'illuminent à peine de rares éclairs, apparaissent toutefois de loin en loin quelques belles et vénérables figures, se produisent quelques grands faits historiques. C'est saint Quintien faisant lever à Thierry le siége de Clermont, par le seul effet d'une procession aux flambeaux autour des remparts de la ville ; c'est, au sixième siècle, le concile de Clermont exigeant pour l'élection des évêques le concours du clergé et des citoyens ; la ville de Clermont fidèle à son roi et fermant ses portes à Chramne, ce fils rebelle en guerre contre son père ; l'évêque St Avit fondant en 1580 l'église du Port, comme un siècle auparavant la femme de saint Namase avait fait construire celle de Saint-Etienne, aujourd'hui Saint-Eutrope. C'est au septième siècle saint Genès, saint Prix et saint Bonnet, fondant des monastères, des hôpitaux et une école de droit et de belles-lettres ; c'est au neuvième siècle l'évêque Sigon faisant relever les églises brûlées ou saccagées par les Normands, et la grande figure de Gerbert, qui fut depuis pape sous le nom de Sylvestre II. Enfin au dixième siècle, et comme un des faits les plus mémorables de l'histoire, l'ermite Pierre et le pape Urbain II prêchant sur une des places de Clermont la première croisade, et voyant à leurs accents pathétiques toute une population ardente s'enrôler pour la Terre-Sainte aux cris mille fois répétés de *Deu lo wolt!* (Dieu le veut!)

Mais, hélas! dans toute cette période antérieure au moyen âge, nulle trace d'art, d'industrie et de commerce; rien de ce qui constitue la vie des peuples; l'âme semblait s'être retirée de ce corps meurtri et déchiré. Il faut descendre jusqu'au douzième siècle pour voir surgir avec les romans chevaleresques, les légendes gracieuses, les chants des troubadours et des trouvères, et l'ascendant de la femme dans la société féodale, les premiers éléments de l'art nouveau, de l'industrie renaissante.

« Le douzième siècle, dit A. Michel dans son remarquable ouvrage sur l'Auvergne et le Velay, est celui où l'on commence à voir poindre à l'horizon politique une classe nouvelle d'individus dans l'ordre social, une puissance robuste et tenace avec laquelle celles qui avaient dominé jusqu'alors seront désormais obligées de compter : nous voulons parler de la bourgeoisie émancipée par le travail et l'industrie. Fractionnée d'abord en *communes*, faibles et isolées, vivant petitement et précairement sous le bon plaisir des barons, cette bourgeoisie du douzième siècle va si vite en besogne, qu'en Italie elle forme de florissantes républiques; que dans les Flandres, elle chasse à coups de fourche princes et ducs de ses cités industrieuses et turbulentes; et qu'en France on la verra bientôt former un corps considérable, compact, répandu sur toute la surface du pays, aidant les rois à dompter la féodalité, et prenant rang dans les assemblées de la nation, sous le nom de tiers état.

» Le douzième siècle se fait surtout remarquer par un grand mouvement dans les esprits, par un développement de l'activité humaine jusqu'alors inouï dans la société du moyen âge, par des modifications importantes dans les idées et dans les mœurs. Le monde sort peu à peu de la hideuse barbarie dans laquelle il croupissait depuis tant de siècles. Le frottement des peuples et des races, occasionné par les longues et lointaines expéditions en Terre-Sainte, a fait jaillir des lumières qui n'étaient pas même soupçonnées. Le code de Justinien, ce trésor de la *raison écrite*, enseveli depuis des siècles sous les derniers débris de la civilisation romaine, a été retrouvé dans la Calabre : providentielle révélation de l'ordre et du droit pour ces populations de l'Occident trop longtemps livrées à tous les excès de l'anarchie et de la violence féodale. Les conditions sociales changent; les rapports de peuple à peuple, de cité à cité, d'homme à homme, s'étendent et se multiplient; et de tant de changements, du progrès des idées, quelque restreint encore qu'on le suppose, naissent une foule de besoins nouveaux qui stimulent l'essor du génie humain. »

Il faut rechercher les traces de l'industrie de nos aïeux à ces époques pleines de ténèbres, dans les monuments qu'ils nous ont laissés, dans les objets précieux qui les meublaient ou leur servaient de décoration, enfin dans les vestiges que nos archéologues recueillent chaque jour.

Il paraît toutefois qu'au treizième siècle Clermont jouissait déjà d'une certaine splendeur, puisque, en 1262, saint Louis, accompagné de presque toute la noblesse du royaume, vint y célébrer le mariage de Philippe-le-Hardi, son fils, avec Isabelle d'Aragon; mais les guerres des Anglais, les brigandages d'Aimerigot et autres aventuriers, les révoltes des paysans contre les nobles et le clergé, la guerre de la Praguerie, la prétendue *ligue du bien public*, qui n'était qu'une association de princes révoltés contre leur roi, et après quelques années de repos sous Louis XII et François Ier, les fatales guerres de religion, vinrent arrêter tout essor et replonger l'Auvergne dans le désordre et le chaos, malgré les généreux efforts d'un de ses enfants, l'illustre chancelier de l'Hospital.

Nous trouvons dans nos archives divers documents relatifs à la formation des communautés ou jurandes. Ils nous apprennent que les industries suivantes existaient en Auvergne au seizième siècle : Armuriers, — Barbiers, — Bottiers, — Bridiers, — Cadissiers, — Cardeurs, — Cartiers, — Chamoiseurs, — Chapeliers, — Charpentiers, — Charrons, — Chaudronniers, — Cloutiers, — Cordiers, — Cordonniers, — Corroyeurs, — Couteliers, — Couvreurs, — Eperonniers, — Epingliers, — Forgerons, — Formiers, — Fouleurs, — Fourbisseurs, — Gaîniers, — Gantiers, — Horlogers, — Imprimeurs, — Joueurs d'instruments, — Libraires, — Maçons, — Maréchaux, — Matelassiers, — Orfèvres, — Papetiers, — Pâtissiers, — Paveurs, — Peigneurs de chanvre, — Peintres à l'huile, — Peintres verriers, — Pelletiers, — Perruquiers, — Fabricants de dentelles, — Potiers d'étain, — Sculpteurs, — Selliers, Sergers, — Serruriers, — Tailleurs d'habits, — Tailleurs de pierre, — Tanneurs, — Tapissiers, — Teinturiers, — Tisserands, — Tondeurs de drap, etc.

Mais nous n'avons de données précises sur la situation de l'industrie en Auvergne depuis les Gaulois, qu'à dater du dix-septième siècle. A cette époque, les rapports des Intendants permettent d'apprécier nos richesses industrielles.

Encore que les traces des guerres civiles fussent lentes à disparaître, et que la misère du peuple fût grande pendant la première moitié du dix-septième siècle, nous voyons qu'alors l'Auvergne, qui se livrait principalement au commerce des denrées et des bestiaux, possédait néanmoins les industries les plus intéressantes. Elle fabriquait des toiles, des étamines, des cordons, des draps, des étoffes de diverses espèces, des fruits confits, des papiers, de la coutellerie, de la gaînerie. Clermont, Riom, Thiers, Maringues, Sauxillanges, étaient renommés par leurs tanneries et leurs mégisseries; Brassac possédait une verrerie; Pontgibaud, Thiers et Saint-Amant-Roche-Savine voyaient exploiter des mines de plomb et d'argent; Tallende possédait une manufacture de boutons et de boucles; Clermont, une fabrique de boutons d'or et d'argent; Beaumont, une pépinière de garance; Billom, un débit de fils de couleur, connu sous la dénomination de *fil de Bretagne;* Murat, plusieurs fabriques de dentelles, etc., etc.

L'Auvergne était en voie de devenir un pays aussi riche par les produits de son industrie que par la fécondité de son sol, lorsque éclata la révolution. Nos fabriques ressentirent le contre-coup de ce grand cataclysme; quelques-unes même succombèrent. Il fallut l'Empire et les jours de paix qui lui succédèrent pour lui permettre de marcher de nouveau dans la voie du progrès. L'exhibition dont nous allons commencer le compte rendu, quoique incomplète, permettra de constater le chemin parcouru.

L'origine des minerais métallifères a beaucoup occupé les géologues, et depuis que l'on exploite les filons, on s'est demandé bien souvent comment la nature avait pu accumuler toutes ces richesses dans le sein de la terre, et si, dans son inépuisable fécondité, elle remplaçait celles que l'ambition des hommes allait puiser dans les profondeurs du globe.

On ne peut assurer que des dépôts métallifères n'aient encore lieu sur différents points de la terre; mais nous ignorons encore la cause précise qui a disséminé les métaux dans l'écorce extérieure de notre planète; les vulcanistes et les neptuniens se sont faits les avocats de deux systèmes opposés. Les premiers voient dans les filons des injections de matières fondues que l'intérieur du globe, encore incandescent, envoie dans les failles ou cassures de l'extérieur; les seconds, plus patients, appellent à leur secours les eaux thermo-minérales, et ne voient dans les veines de minerais que la suie métallique déposée par les eaux pendant leur long trajet. Il ne nous appartient pas de discuter ces importantes questions; la vérité se trouve peut-être entre les deux. Mais que l'on invoque le feu des volcans ou que l'on attende les dépôts des eaux thermales, l'Auvergne peut répondre à tous. Si les feux souterrains sommeillent, ils ont laissé partout les traces de l'incendie, et les eaux qui s'échauffent dans les entrailles de la terre viennent continuellement nous rappeler l'intensité et la profondeur de leurs fournaises.

C'est au milieu des terrains primitifs, à découvert sur les trois quarts de notre département, que les minerais se présentent en filons, en amas, et quelquefois disséminés dans la roche elle-même.

D'autres mines n'ont pas la même origine; elles sont plus récentes peut-être, et sont toujours situées au-dessus des terrains primitifs; ce sont les houillères. Tous les naturalistes s'accordent à les considérer comme des produits de la végétation, comme les restes ensevelis des plus anciens représentants du règne végétal.

Les houilles occupent en Auvergne une large vallée dirigée presque nord-sud dans le terrain primitif, et de plus la grande dépression méridionale du bassin de l'Allier; peut-être même trouverait-on sous les calcaires lacustres de la Limagne, le prolongement et l'élargissement de ce bassin, qui contiendrait alors des richesses incalculables.

On trouve en Auvergne depuis le fer le plus commun jusqu'à l'or le plus pur. L'améthiste, la topaze, l'antimoine, le zinc, le cuivre, le manganèse, la baryte, le kaolin, la houille, l'alun, le tripoli, le plâtre, etc., etc., se rencontrent dans notre riche contrée.

Les tableaux suivants donneront une idée exacte de la situation de l'industrie minérale dans notre contrée.

PRODUCTION DES MINES DE HOUILLE EN 1861.

BASSINS HOUILLERS.	NOMS DES MINES.	Profondeur maximum des travaux.	Nombre des machines à vapeur	Force totale de ces machines.	Nombre d'ouvriers.	Quantité produite en tonnes.
(1) Brassac (Puy-de-Dôme et Haute-Loire)	La Combelle	330	3	100	248	35,699
	Charbonnier	152	1	13	56	9,323
	Le Grosmenil	180	4	120	196	34,054
	La Taupe	243	3	84	136	18,628
	Les Barthes	245	6	120	302	44,401
	Mege-Coste	80	1	18	76	10,010
Totaux	....	......	18	455	1,014	152,115
(2) Langeac (H.-L.)	Marsanges	70	1	30	33	3,607
(3) St-Eloi (Puy-de-Dôme)	La Vernade	135	1	16	232	25,650
	La Roche	147	2	19		
Totaux	....	......	3	35	232	25,650
(4) Singles et Messeix (Puy-de-D.)	Messeix	»	»	»	16	1,475
	Singles	»	»	»	7	250
Totaux	....	......	»	»	23	1,725
(5) Champagnac (Cantal)	Lempret	67	1	16	15	1,157

(1) Les exploitants du bassin de Brassac sont : 1° la compagnie dite des mines de Brassac, qui possède les mines des Barthes et de la Combelle; 2° la compagnie des houillères de la Haute-Loire, qui possède celles de Grosmenil et de la Taupe; 3° MM. Denier, concessionnaires de Charbonnier; 4° M. Cazati, concessionnaire de Mège-Coste.

Les principaux débouchés sont : la consommation de la compagnie du chemin de fer, qui possède dans le bassin deux ateliers très-importants, l'un pour la fabrication des briquettes avec le menu charbon aggloméré par le goudron (ces briquettes sont brûlées dans les foyers des locomotives des trains de marchandises); l'autre pour la fabrication du coke (ce dernier atelier exploité par la compagnie de Brassac); la consommation

PRODUCTION DE LA FONDERIE DE PONTGIBAUD, EN 1861.

FOURNEAUX.		Roues hydrauliques.		Nombre d'ouvriers.
Espèces.	Nombre.	Nombre.	Force.	
A réverbère	8			
A manche	4	1	50	80
De coupellation	1			
Chaudière Pattinson	11			
	24	1	50	80

de l'usine de Bourdon et de ses annexes. Viennent ensuite la consommation des diverses usines du bassin de la Limagne, le chauffage domestique, etc. Les exportations à de grandes distances, par exemple au-delà de Nevers, n'ont pas une grande importance.

Depuis l'établissement du chemin de fer, la production du bassin a triplé; elle est encore loin d'avoir atteint le chiffre que la richesse souterraine comporterait. Il n'existe dans le bassin de Brassac d'autre industrie étrangère aux mines que trois verreries; deux de ces établissements absorbent presque entièrement la production de Mège-Coste.

Le chemin de fer est la voie qui prend la presque totalité de la houille exportée du bassin. La batellerie a beaucoup décru. L'exploitation des mines de Brassac est fort ancienne; dans le siècle dernier, elles envoyaient des produits à Paris, et par la Loire jusqu'à Nantes. La nature de la houille varie depuis l'anthracite (Charbonnier), jusqu'à la houille grasse (les Barthes, Mège-Coste, la Taupe).

(2) Ce bassin n'a pas eu d'importance jusqu'à présent; il est éloigné de tout centre de consommation, et les transports sont fort coûteux. Le chemin de fer de Brioude à Alais en diminuera le prix, qui cependant restera plus élevé que pour les bassins concurrents; un seul gisement, d'étendue médiocre, est bien connu.

(3) Les gîtes connus n'occupent pas une grande surface, mais sont très-puissants et très-riches. En certains quartiers l'épaisseur de la houille peut s'évaluer à soixante mètres et plus. Houille sèche, à longue flamme, dure; pouvant faire du coke, mais assez difficilement; analogue aux houilles de Bézenet et de Doyet (Allier). La cherté des transports empêche l'extraction de se développer, mais les choses changeront lorsque le chemin de fer de Commentry à Gannat sera exécuté. Ces houillères s'y relieront par un embranchement de huit ou neuf kilomètres. Cette jonction faite, elles deviendront très-importantes, verseront leurs produits sur le marché de Montluçon, comme sur les marchés du Nord et de l'Ouest, et deviendront une annexe considérable du district minéralogique dont Commentry est la mine principale. La mise en valeur de ce bassin ne remonte guère qu'à une vingtaine d'années. Les deux mines appartiennent à une même société (M. Gabriel Dehaynin, administrateur).

(4) Gisement assez riche, médiocrement régulier; anthracite; mine dépourvue de débouchés.

Singles : houille grasse; gisements de très-peu de puissance; absence absolue de débouchés.

(5) Le gisement de Lempret est puissant, mais donne souvent une houille impure. Le bassin de Champagnac est vaste, peu connu encore; manque absolu de débouchés. Le seul espoir des exploitants de ce bassin, comme celui des exploitants des deux mines précédentes, est dans la mise à exécution des projets de chemin de fer, qui de Clermont ou d'autres points du Puy-de-Dôme et de l'Allier sont tracés sur Tulle et la basse Dordogne.

PRODUCTION DE LA FONDERIE DE PONTGIBAUD, EN 1861.

MINERAIS TRAITÉS.		MÉTAUX PRODUITS.		
Provenances.	Poids en tonnes	Espèces.	Poids.	Valeurs.
			kilogr.	
Mines de Pontgibaud.....	2514	Argent.....	3,127,40	689,397
		Plomb......	1,863,000 »	896,276
Provenances étrangères..	935	Litharge....	32,000 »	17,824
	3449			1,602,497

PRODUCTION DES MINES DE PLOMB ET ARGENT, EN 1861.

NOMS DES MINES.	Profondeur maximum des puits d'extraction.	H V	Force motrice. — Machines hydrauliques et Machines à vapeur. Nombre.	Force en chevaux.	Nombre d'ouvriers et ouvrières employés tant aux mines qu'aux laveries.	Poids du minerai lavé en tonnes
Roure-Rosier (1).........	»	V	7	254	»	»
Miache..................	100	H	2	24	606	2061
Pranal et Barbecot (1)....	95	H	10	112	150	465
Joursac (2)...............	20	H	1	1	87	220
Montnebout (3)...........	»	H	1	4	58	258
Monistrol-d'Allier (4).....	25	»	»	»	25	25
TOTAUX pour le plomb et l'argent....			21	395	1056	3029

(1) Les concessions de Roure et de Barbecot appartiennent à la compagnie de Pontgibaud. Ce sont elles qui alimentent principalement l'usine de Pontgibaud. Elles fournissent un minerai très-riche en argent.

Les installations de la concession de Roure sont très-vastes, et comprennent trois ou quatre mines distinctes, deux laveries dont une très-grande.

(2) La remise en exploitation de la concession de Joursac a entraîné de grandes dépenses; malgré la découverte d'une belle colonne minérale, les produits n'ont pas rémunéré le capital englouti, et depuis plus d'an an la mine est en chômage. (Galerie pauvre en argent.)

(3) Cette petite exploitation, sagement et économiquement conduite, donne de bons résultats, quoique n'ayant pas un gîte puissant. Elle livre ses produits à la fonderie de Pontgibaud. (Galerie pauvre en argent.)

(4) Produits vendus comme alquifoux pour les poteries.

De nombreux et magnifiques échantillons de houille figurent à notre exhibition ; il est à regretter que leurs propriétaires n'aient pas suivi la même marche pour nous renseigner sur leur valeur. Ainsi, pendant que les uns en donnent l'analyse, sans parler des prix, les autres indiquent les prix sans en fournir l'analyse.

Tout le monde sait qu'un charbon est d'autant plus riche qu'il renferme moins de cendre ; encore serait-il intéressant de connaître leur nature.

La Société des mines de Brassac, Bouxhors, la Combelle, expose de nombreux échantillons de ses produits. Nous trouvons parmi ces spécimens une houille vraiment remarquable dont nous croyons utile de reproduire l'analyse :

Partie volatile........	25 - 62
Carbone..............	72 - 54
Cendres..............	1 - 84

Cette houille est certainement une des plus riches de l'Auvergne.

Du menu lavé, destiné à faire du coke, renferme 3,50 p. 0/0 de cendres ; aussi ne sommes-nous pas surpris de voir, parmi les produits qui nous occupent, un coke qui peut rivaliser avec ceux de St-Etienne. Signalons aussi des spécimens de coke naturel, provenant de l'embrasement d'une mine.

Les houilles envoyées à l'exhibition clermontoise par la Compagnie des mines du Gros-Ménil, de la Taupe et de Fondary, exploitées depuis plusieurs siècles, méritent aussi une attention sérieuse. Nous y trouvons de la houille grasse pour forge, de la gayette, du menu lavé, du grenet, et enfin du coke qui nous paraît de très-bonne qualité. Nous regrettons que le manque d'analyse ne nous permette pas d'apprécier ces produits comme ils le méritent.

Les houillères de Saint-Eloy exposent un magnifique bloc de charbon du poids de 2,000 kilogr., d'une pureté presque absolue. Combien cette houille donne-t-elle de mètres cubes de gaz par tonne? On ne nous le dit pas. Elle nous paraît semblable à celle de Commentry, et, par conséquent, de bonne qualité ; aussi nous ne sommes pas surpris de lui voir donner un coke léger et cassant, cependant d'un excellent usage.

L'anthracite diffère de la houille en ce qu'il ne renferme qu'une très-petite quantité de gaz ; on lui donne parfois le nom de houille sèche. C'est le combustible le plus riche en carbone que l'on connaisse ; et lorsque, comme celui de Swantzy (Angleterre), il ne donne que 1,25 °/₀ de cendres, il est bien la matière minérale qui produit le calorique spécifique le plus puissant. Il y a quelques années à peine, ce combustible était peu estimé; une découverte récente permet de le convertir en excellent coke.

Nous trouvons à l'exposition de très-beaux spécimens de ce produit, envoyés par la concession de Charbonnier. Ils paraissent très-purs et offrent une particularité que nous croyons devoir faire remarquer; nous voulons parler de la forme globuleuse de quelques-uns d'entre eux. Est-elle due à quelque modification de cette matière qui de houille grasse serait passée brusquement à l'état de houille sèche, ou bien ces globules sont-ils les graines ou les fruits des végétaux gigantesques qui formèrent autrefois la houille? Nous laissons à de plus savants que nous le soin de résoudre ces questions.

Les mines anthraciteuses de Messeix ont exposé des blocs remarquables de charbon; ici encore nous trouvons une analyse.

Carbone............	84 - 43
Produit volatile......	12 - 50
Cendre.............	3 - 07

Nous connaissons de plus sa propriété calorifique, qui est de 32,28.

Cette houille se distingue par sa pureté.

L'exploitation des mines de Messeix est très-avantageuse pour le canton où elle se trouve; ses houilles sont employées à la cuisson du calcaire, si nécessaire à ses agriculteurs; elle nous semble appelée à un grand avenir.

Les houillères de Mège-Coste ont aussi envoyé à notre exhibition un bloc énorme de charbon, tiré de couches ayant 1 à 3 mètres d'épaisseur.

Notre région abonde en mines de plomb argentifère; les principales sont celles de Pontgibaud, Joursac, Saint-Jacques-d'Ambur, Augerolles, Saint-Amant-Roche-Savine et Grezolles. Pendant quelque temps elles ont été presque toutes exploitées; mais des difficultés de diverses natures en ont fait abandonner quelques-unes; aujourd'hui, l'usine de Pontgibaud est la plus grande exploitation de ce genre que nous possédions en Auvergne. Cette usine occupe plus de mille ouvriers, son organisation est très-remarquable; elle doit certainement l'amener à la plus grande prospérité.

La Société anonyme des plombs argentifères et des fonderies de Pontgibaud, qui déjà a obtenu d'honorables récompenses dans nos grandes exhibitions, expose divers spécimens de ses produits : blocs de minerai brut, minerai grillé, plomb d'œuvre, plomb dulcifié, plomb marchand, plomb riche, litharge, plomb provenant de la vérification des litharges, etc.; elle joint à ces spécimens des modèles de cylindres broyeurs, des bubles, des bassins, en un mot tous les objets propres à donner une idée des diverses phases des opérations dont voici un résumé aussi succinct que possible.

Le minerai est abattu dans les travaux intérieurs à prix fait, soit à l'aide de galeries pratiquées sur le cours des filons, soit à l'aide de marchepieds, et amené à la surface au moyen de machines à vapeur. Transporté aux laveries, il y subit plusieurs traitements qui ont pour but de séparer les matières utiles de la gangue, et de le rendre ainsi propre à la fusion. Le minerai lavé donne en moyenne 50 0/0 de plomb et de 1 kilog. à 1 kilog. 125 gr. d'argent par mille kilogrammes de minerai; il est alors conduit aux fonderies, où, par un traitement dont les échantillons exposés indiquent la marche, il est converti en plomb marchand et en argent.

L'antimoine à l'état de sulfure est très-commun dans notre région, particulièrement dans la Haute-Loire, qui possède de nombreux et puissants filons de ce minerai. Depuis quelques années, son exploitation a beaucoup diminué, les prix ayant baissé de plus de 50 p. 0/0, par suite de découvertes importantes faites en Afrique. Les mines d'Angles, canton de Pontgibaud, ont dû être abandonnées. L'antimoine pur est un très-beau métal; blanc comme l'argent, il sert aux alliages, notamment pour les caractères d'imprimerie, auxquels il donne de la consistance.

Nous trouvons à notre exposition de très-beaux échantillons d'antimoine sulfuré, cristallisés, appartenant à M. Fayet, de Massiac.

Mentionnons encore, dans la classe qui nous occupe, les riches échantillons de plomb argentifère des mines de Monistrol et Privat (Haute-Loire), exposés par M. Rigaudeau-Perdreaux, de Clermont; — les spécimens de régule d'antimoine, poudre et lingot de M. Ravoux, de Langeac; — les échantillons de minerai d'argent, plomb et antimoine, de M. Frédéric Rayne, de Clermont; — les échantillons de minerai d'argent, plomb et cuivre, des mines de Banson, exhibés par M. Blanc, de Marseille, — et enfin le minerai d'argent et les bitumes naturels et factices de M. Gobert, de Clermont.

BITUMES.

L'origine des bitumes a donné naissance à une foule d'intéressantes discussions. Quelques savants pensent qu'ils proviennent de la décomposition des matières végétales et animales renfermées dans les entrailles du globe; quelques géologues, au contraire, s'appuyant sur de nombreuses observations, les attribuent à une cause minérale jusqu'ici inconnue.

Le bitume, a-t-on dit, ne peut provenir que de matières végétales; et l'on cite à l'appui de cette opinion sa présence dans les houilles, ce qui, selon nous, ne prouve absolument rien, car on ne peut démontrer que le bitume ne se forme pas pendant la distillation du charbon.

Mais laissons à César ce qui appartient à César. Des hommes plus compétents que nous éclairciront un jour ce point de la science obscur jusqu'ici.

Le bitume était connu de l'antiquité; nous en trouvons chaque jour la preuve dans les constructions des Egyptiens, dont la civilisation avancée est un sujet d'étonnement pour notre siècle; mais l'usage de l'asphalte ne se répandit en Europe que vers 1721, époque où un professeur bernois en découvrit une mine dans les environs de Neufchâtel.

L'Auvergne, si riche en produits minéraux de toute nature, possède des asphaltes renommés pour leurs qualités spéciales. Leur abondance, les facilités qu'ils présentent à la manipulation permettent de réaliser de notables économies et leur assurent une incontestable supériorité sur les bitumes étrangers.

La découverte des asphaltes d'Auvergne remonte à une cinquantaine d'années. C'est M. Ledru père qui eut le premier, parmi nous, l'heureuse idée de les appliquer à la construction.

Des explorations intelligentes firent découvrir de riches gisements; des concessions furent faites, et M. Ledru fils donna, en 1840, une nouvelle impulsion à l'industrie établie par son père. En 1855, une Société, dite des *Mines de bitume* d'Auvergne, se fonda parmi nous; mais déjà M. Bourgoignon s'était livré à de sérieuses recherches et avait fait établir une importante usine sur la route de Montferrand : il est le seul aujourd'hui qui représente l'industrie des bitumes d'Auvergne dans notre contrée.

Le bitume, chacun le sait, est aujourd'hui d'un usage presque général ; il existe très-peu de villes à notre époque qui ne possèdent des trottoirs en asphalte. Il remplace avantageusement les dallages en pierres dans les cours, halles, places publiques, magasins de roulage, réservoirs, fosses d'aisances, rez-de-chaussée de maisons, écuries, étables, porcheries, aires de granges, magasins pour la conservation des blés, etc., etc.

Il entre de plus dans la construction proprement dite, en remplaçant ou accompagnant le plâtre ou le mortier, dans les maçonneries en pierre ou en briques.

Le macadam bitumineux, le pavé macadam sont aussi d'un usage fréquent pour les rues et les routes.

Le bitume est encore employé pour les chapes de voûtes ou de ponts, pour les chapes de tunnels, comme dalle portative et ciment lithoïque, etc., etc.

Le bitume offre des avantages incontestables sur toutes les matières appelées jusqu'ici à le suppléer.

Ses qualités hygiéniques, particulièrement son imperméabilité, en recommandent l'usage pour le sol des habitations qu'il assainit en faisant disparaître toute humidité. La santé des chevaux se ressent d'une façon sensible de l'application d'une couche de bitume dans les écuries. Le bitume en fusion préserve de pourriture le bois destiné à être mis en terre ; il remplace dans une foule de cas la peinture à l'huile pour les clôtures, etc., etc.

Le champ est vaste, on le voit, et peu de matières industrielles offrent de pareilles ressources.

M. Bourgoignon l'a parfaitement compris, nous en avons la preuve dans son exhibition, une des plus intelligentes et des plus complètes que nous ayons vues jusqu'ici.

Nous y trouvons l'asphalte à l'état de roche, le brai naturel extrait des grès bitumineux, et ces mêmes roches réduites en poussière.

Puis, viennent les plus intelligentes et les plus utiles applications de ces produits. Des spécimens de maçonnerie en pierres hourdées en bitume, pour l'assainissement des lieux humides ; — l'application d'un procédé qui permet de revêtir les murs intérieurement et extérieurement d'une couche de bitume, et par là de les préserver de toute humidité tout en permettant l'emploi d'une peinture décorative quelconque ; — un modèle de terrasse construite avec des poutrelles en fer et des canaux en béton-plâtre remplaçant les voûtes en briques ; — une toiture en bois recouverte d'une double application de bitume; la première couche est un grès bitumineux qui a la propriété d'être très-élastique, la seconde est un mastic ordinaire; l'élasticité du grès bitumineux permet au bois de se dilater sans communiquer son mouvement à la couche supérieure; — une petite écurie avec un sol à double couche; à l'extrémité du carrelage qui forme pente est placée une fosse à purin; — un nouveau grenier asphalté, offrant une grande sécurité contre l'incendie, la pluie et le froid, pouvant aussi conserver le blé et le préserver des charançons; — une caisse à égoutter les pâtes à l'usage des papeteries, enduite d'un mastic obtenu par un procédé hydraulique nouvellement breveté, et pouvant résister au chlore et aux acides. Ces mêmes enduits peuvent s'appliquer sur bois au doublage et revêtement des mangeoires, cuves, réservoirs, etc., emballage d'objets, pour les transports maritimes, cercueils et tombeaux, et à un grand nombre d'usages qu'il serait difficile de prévoir et d'énumérer; — des dalles portatives composées de grès et de roche calcaire, employées aux aires de grange pour le battage des blés, et aux magasins qui les conservent; — divers modèles d'applications bitumineuses sablées et polies à la spatule pour intérieur et extérieur des bâtiments. L'énumération est longue, mais l'intérêt qu'elle inspire ne nous permettait pas de l'abréger.

Il y a dans tous ces spécimens une industrie importante pour l'Auvergne, une industrie pleine d'avenir, et qui doit un jour prendre la plus grande extension. Nous devons, avec tous les esprits progressistes, savoir gré à M. Bourgoignon de lui consacrer tous ses soins, de lui assurer par son intelligence et son travail constant la place distinguée qui lui appartient parmi les grandes industries de France.

FONTE.

La fonte moulée apporte son tribut pour l'ornementation des habitations; la facilité avec laquelle elle se travaille permet de lui faire prendre les formes les plus déliées et les plus élégantes, et de remplacer le fer dans une foule de cas; elle fournit à bas prix les balcons, appuis de croisées, pilastres, lances, grilles, colonnes, tuyaux, appliques et garnitures de portes. Dans les parcs et dans les jardins on la retrouve sous la forme de vases, coupes, statues, bancs, fontaines, etc. Dans les cimetières, elle entoure notre dernier asile.

M. Juliard expose de nombreux spécimens de fonte moulée, provenant des grandes fonderies du val d'Osne, dont la réputation n'est plus à faire.

MM. Lhéritier frères ont eu l'heureuse pensée d'orner la cour de l'exposition de la Poterne d'une fort jolie fontaine, sortie des fonderies de M. Ducel, de Lyon. Cette fontaine produit un excellent effet au milieu de notre promenade, et il serait à désirer que la clôture de notre exhibition ne la fasse pas disparaître. MM. Lhéritier exposent de plus une Vierge immaculée, des bancs de jardin et des appuis de communion sortis de la fonderie qu'ils ont jointe à leurs ateliers de construction.

Les semelles des chaussures reçoivent une longue durée de l'application de petits clous appelés *béquets*. Leur fabrication présente des difficultés sérieuses. M. Julliard expose divers spécimens de clous de ce genre.

M. Jourdan, qui, outre sa fabrique de béquets, possède une tréfilerie pour étirer le fil de fer, et une fabrique de chaînes, exhibe quelques échantillons de ses produits.

VERRERIE.

Le verre, mélange de silice ou sable blanc, de soude, nitre ou potasse soumis à l'action d'un feu violent et continu, fut connu dès les temps les plus reculés; il en est parlé dans les livres de Moïse et de Job, dans Aristote, dans Lucrèce et dans Pline. Ce dernier rapporte même que des marchands de nitre s'étant arrêtés sur les bords du fleuve Bélus, en Phénicie, pour y faire cuire leurs aliments, mirent à défaut de pierres des morceaux de nitre pour soutenir leurs vases, et que ce nitre mêlé avec le sable ayant été embrasé par le feu, se fondit et forma une liqueur transparente et claire qui se figea et donna l'idée du verre. La première ville célèbre par sa verrerie fut *Sidon*, suivant les uns; la *Grande Diospolis*, capitale de la *Thébaïde*, selon les autres.

Bien qu'Aristote demande pourquoi nous voyons au travers du verre, il est certain que les anciens ne l'employaient point pour leurs fenêtres. Ils en faisaient pourtant des glaces et des miroirs, mais surtout des vases, des coupes, des gobelets imitant le cristal et jusqu'à des urnes cinéraires et des dalles colorées pour le pavage de leurs salles.

Dans les temps modernes, l'art de la verrerie fut introduit en France par les Italiens, et en 674, les Français l'importèrent en Angleterre, à l'occasion de la construction de la nouvelle abbaye de *Wirmouth*, dont l'église fut bâtie par des architectes et maçons venus de France.

Fortunat, poète de la fin du sixième siècle, décrit un festin où les volailles étaient servies sur des plats de verre. En 895 le Concile de Tibur défendit l'usage des calices de verre à raison de leur fragilité. Par une charte de 1338, Humbert, dauphin de Viennois, concéda au sieur *Guionet* une partie de la forêt de Chamborant pour y établir une verrerie, à la condition de lui fournir annuellement pour sa maison, des quantités déterminées de cloches, de petits verres évasés, de hanaps, d'amphores, d'urinals, d'écuelles, de plats, de pots, d'aiguières, de *gottefles*, de salières, de lampes, de chandeliers, de tasses, de petits barils et de grandes boîtes pour transporter le vin. Il est à remarquer que dans cette curieuse nomenclature il n'est point question de bouteilles dont la fabrication n'était sans doute pas encore connue.

Aux quinzième et seizième siècles les verreries françaises déchurent et finirent par tomber, ne pouvant soutenir la concurrence avec les manufactures de Venise. Les efforts de Henri II et de Henri IV furent impuissants à relever cette industrie, et ce ne fut qu'à la fin du dix-huitième siècle, sur un mémoire publié par *Bosc Vantie*, et couronné par l'Académie des sciences, que l'art de la verrerie, resté jusque-là imparfait et stationnaire, sortit de la routine et prit ce développement et cet éclat dont il jouit actuellement.

MM. Casati, de Mège-Coste, ont envoyé à notre exposition les produits de leur verrerie de Notre-Dame-du-Port. Ces messieurs n'emploient dans leur fabrication que des matières premières tirées des richesses minérales de l'Auvergne, ce qui leur donne une valeur toute particulière.

Les montagnes qui avoisinent le puy de Dôme leur fournissent la domite, et Gergovia les approvisionne de sable calcaire.

Leurs mines de houille fournissent le combustible dans de bonnes conditions économiques, ce qui est très-important quand on saura que la fabrication de 100 bouteilles exige 3 hectolitres de charbon.

Leurs verres à vitres sont très-beaux et très-limpides. Nous signalerons les verres façonnés en tuiles creuses, qui permettent d'établir facilement un ciel ouvert.

Ils exposent aussi différents types de bouteilles parfaitement appropriés aux usages auxquels on les destine. Celles en verre noir ont pour effet d'empêcher l'altération des eaux minérales par la lumière.

Les verreries de la Loire ont leur réputation faite depuis longtemps.

MM. Brule et Cie, fabricants à la Ricamarie, exposent une belle série d'objets en verre blanc destinés aux pharmaciens et aux liquoristes.

La Compagnie générale des verreries de Rive-de-Gier, dont MM. Chesneau et Ansaldi sont les représentants, a des échantillons pour satisfaire tous les goûts. Les produits si remarquables de cette fabrique occupent un rang qui ne peut leur être contesté.

MM. Zani père et fils possèdent aussi à notre exposition de très-beaux spécimens de verres de couleur et ouvragés, ainsi que quelques remarquables échantillons de verres à boire dit mousseline, et une collection de belles lettres en verre, remplaçant avec avantage les lettres en métal.

EAUX MINÉRALES ET ÉTABLISSEMENTS THERMAUX.

Les thermes du Puy-de-Dôme ne sont pas seulement des établissements scientifiques et médicaux, ce sont encore des établissements industriels qui augmentent chaque année d'importance, et deviennent des centres considérables de population. En 1788, le village du Mont-Dore était composé d'une soixantaine de maisons sans écuries ni remises ; la nourriture donnée aux malades était chère et mauvaise (Legrand d'Aussy). Les maisons étaient mal bâties, mal distribuées et malpropres ; il fallait y porter son linge et son lit (Brieude). En 1814, la population de cette commune était de 750 habitants ; aujourd'hui elle s'élève à 1,055. Deux belles routes conduisent en six ou huit heures de Clermont dans le joli bourg du Mont-Dore, où l'on trouve dans de grands et beaux hôtels bon gite, bonne table, des chevaux et des litières pour les malades et les promeneurs.

Nous nous sommes procuré des renseignements sur les dépenses des buveurs d'eau et des touristes ; il résulte des notes qui nous ont été transmises que le numéraire laissé par eux dans les stations thermales de notre département, s'élève à douze ou quinze cent mille francs. Des progrès nouveaux seront facilement réalisés le jour où une publicité plus étendue et la fermeture des maisons de jeux de l'Allemagne placeront nos établissements sur un pied complet d'égalité avec ceux d'outre Rhin.

Le département du Puy-de-Dôme est une des contrées de l'Europe où l'on rencontre les sources minérales acidulées, alcalines, salines et ferrugineuses les plus nombreuses et les plus variées.

L'espace nous manque pour parler longuement de nos ressources hydrominérales; mais nous ne pouvons nous dispenser de faire ici l'histoire abrégée de nos stations thermales les plus importantes.

Nous nous occuperons d'une manière spéciale des thermes du Mont-Dore, de Royat, de Clermont, de Châteauneuf, de Rouzat, de Saint-Nectaire, de la Bourboule et de Châtelguyon; nous dirons peu de chose des établissements moins considérables, et nous nous bornerons à énumérer les sources buvettes. Un certain nombre de bassins n'ont pas suffisamment fixé l'attention de l'industrie privée; tels sont ceux de Clermont, de Sainte-Marguerite près de Vic-le-Comte, de Mirefleurs, de Médagues et de Bard, près de Boudés.

Les sources de ces diverses localités deviendraient abondantes, si l'on pratiquait autour d'elles des fouilles ou des sondages bien dirigés.

Les notices qu'on va lire sont extraites des ouvrages de MM. Rotureau, Durand-Fardel, Patissier et Boutron-Chalard, Chevalier, Gonod fils, Ossian Henri père et fils, Michel Bertrand, Lecoq et Lefort; du *Dictionnaire des eaux minérales* du docteur Nivet, et des notices manuscrites ou imprimées qui nous ont été communiquées par MM. Vernière, inspecteur en chef, Goupil des Pallières, inspecteur adjoint, Richelot, Boudant, Mascarel, Chabory et Payot, médecins consultants, au Mont-Dore; Allard, inspecteur, et Boucaumont, médecin consultant, à Royat; Pénissat, inspecteur à Châteauneuf; Basset, inspecteur à Saint-Nectaire; Peyronnet, inspecteur à la Bourboule; Aguilhon, inspecteur à Châtelguyon; Lacaze, inspecteur à Rouzat; Planat, médecin à Vollore-Ville.

EAUX THERMALES DU MONT-DORE.

Les bains du Mont-Dore sont situés dans l'une des vallées les plus pittoresques de l'ancienne Auvergne.

Des eaux thermales justement célèbres, des sites ravissants, des espèces minéralogiques et botaniques nombreuses, des volcans anciens et modernes, y attirent chaque année une foule de malades, de curieux, de peintres et de naturalistes.

Cette vallée est creusée au milieu de formations trachytiques, parmi lesquelles on trouve des pierres ponces; elle présente des fontaines d'eaux minérales très-chaudes, traversées par des courants d'acide carbonique qui les font bouillonner; on peut, d'après cela, supposer avec une apparence de raison que les *Calentes Baiæ* de Sidoine Apollinaire, qui sortent en bouillonnant des pierres ponces, sont les eaux du Mont-Dore. (*Epist.* XIV, liv. V.)

Du côté du sud-est la vallée est fermée par une ceinture de montagnes et de plateaux élevés que domine la cime du pic de Sancy, le point culminant de la France centrale.

Les régions les plus hautes du Mont-Dore appartiennent à la zone pastorale; on y trouve de riches pâturages qui nourrissent de nombreux troupeaux de bêtes à cornes.

Plus bas de vieilles forêts de sapins dont le feuillage sombre contraste avec les couleurs plus vives de bois de hêtres; des aliziers, des sorbiers et des prairies couvrent les pentes de la vallée et descendent jusqu'aux bords de la rivière.

Dans les intervalles laissés par les forêts, on voit des éboulements stériles ou des escarpements d'où s'élancent des cascades qui offrent les aspects les plus variés. De vieux châteaux féodaux en ruine, de jolis lacs aux eaux fraîches et limpides, des vallées onduleuses, des gorges profondes hérissées de pyramides et d'aiguilles de trachytes, des clairières pleines de fraîcheur ménagées au milieu des bois, fournissent aux malades des buts de promenade agréables ou intéressants.

La Dordogne arrose ce beau pays; elle naît sur les pentes septentrionales du pic de Sancy, et se dirige vers le nord; puis elle se dévie et court à l'ouest jusqu'à sa sortie du département.

Le village des bains du Mont-Dore est placé au-dessous du coude formé par cette rivière. Il est à 1,052 mètres au-dessus du niveau de la mer; il est abrité du côté du nord-est par la montagne de l'Angle, du côté opposé par celle du Capucin.

L'air pur et léger qu'on respire dans ces hautes régions pendant la saison d'été, est rafraîchi par les brises du soir et par la vapeur d'eau que fournissent de nombreux ruisseaux; aussi est-il très-favorable au rétablissement des santés épuisées par le séjour au milieu de l'atmosphère énervante des grandes villes et des plaines basses.

Les sources thermales du Mont-Dore ont été connues des Gaulois, qui avaient construit au-dessous d'elles une vaste piscine en bois destinée à les recueillir (M. Bertrand).

A l'époque gallo-romaine, elles alimentaient des thermes grandioses; on a retrouvé et conservé une partie des restes de ces admirables constructions.

La destruction de l'établissement romain remonte probablement aux temps des incursions des hordes barbares qui ont eu lieu au cinquième siècle. Les éboulements de la montagne de l'Angle ont complété cette œuvre de vandalisme.

Vers 1420 on trouve le Mont-Dore mentionné dans le *Terrier* de Banége, sous le nom de *Panthéon* ou village des *Bains*. Ce village a longtemps appartenu à la famille de la Tour-d'Auvergne (Louis Piesse).

En 1505, Jean Banc dit que les bains du Mont-Dore sont fréquentés depuis longtemps; il signale la présence de ruines romaines importantes et parle de sources principales et des réservoirs dans lesquels on les reçoit pour les utiliser.

Des études nouvelles ont été faites par Fabre en 1630; et Duclos a compris les eaux thermales qui nous occupent dans son *Histoire générale des sources minérales de la France.*

Au commencement du dix-huitième siècle, la source des Bains de César est reçue dans un petit bassin circulaire de deux pieds quatre pouces de largeur (Chomel); et le grand Bain, placé dans un bâtiment voûté, renferme un bassin divisé en deux parties par une cloison. Le bain des chevaux dans lequel se rend la source de la Magdeleine, est sur la place, non loin de la rivière.

La source froide de Sainte-Marguerite ou du Tambour est signalée par Brieude et Chomel; Jean Banc en avait également parlé. Les chemins qui conduisent à travers les montagnes aux bains du Mont-Dore, sont si scabreux et si étroits, que les malades sont obligés de se faire transporter en litière ou à dos de mulets (Legrand d'Aussy).

Par lettres patentes du 27 septembre 1787, Louis XVI ordonna que de grands travaux seraient exécutés. L'intendant Chazerat fit ouvrir une route pour les voitures; les autres projets furent arrêtés par la grande révolution française.

Lorsque le calme fut revenu, on songea de nouveau à utiliser les eaux minérales du Mont-Dore; le préfet Ramond fit dresser en 1800 les plans d'un grand établissement thermal par MM. Ledru et Cournon, et le conseil général demanda en 1810 que les particuliers qui possédaient une partie des sources fussent expropriés pour cause d'utilité publique. Le gouvernement ordonna cette expropriation, qui devint la cause d'un long procès. Enfin, en 1817, sous l'administration de M. de Rigny, Louis XVIII accorda les premiers fonds, et les constructions furent commencées sous la direction de M. Ledru père, architecte à Clermont.

On a ajouté depuis des galeries et une annexe dont nous indiquerons plus tard la destination.

Les thermes actuels, dont l'architecture un peu massive rappelle, comme ceux de Royat, le style romain, comprennent : 1° la buvette, qui emprunte ses eaux à la source de la Magdeleine ou source Bertrand, et dont la température varie entre + 43° et + 44° centigrades ; 2° *sept* cabinets à bains dans la division de Saint-Jean ou du grand bain ; 3° *dix-huit* cabinets avec bains et douches dans la grande salle ; les baignoires sont en trachyte ; 4° *vingt-deux* cabinets dans la galerie du nord, les baignoires sont en zinc ; 5° *douze* baignoires en marbre noir dans la galerie du midi ; 6° *trois* grandes baignoires de famille ; 7° *deux* grandes piscines. Un grand nombre de cabinets sont munis d'appareils à douches ascendantes et descendantes. On administre également des bains de pieds, dans la division Saint-Jean ; il est à désirer que cette partie du service reçoive quelques améliorations. Dans une annexe qui est séparée de l'établissement par une rue, on trouve des douches, des bains de vapeur, des salles d'aspiration et des appareils qui permettent d'administrer l'eau minérale pulvérisée.

Pendant de longues années l'entretien de l'établissement thermal, très-onéreux, a été à la charge du département. Sous l'administration de M. le comte de Preissac, la ferme en a été concédée à M. Brosson, qui a réalisé des améliorations considérables, des embellissements indispensables, s'est chargé des frais d'entretien et a pris l'engagement de payer une redevance au département.

Les eaux thermales du Mont-Dore, signalées par un grand nombre d'auteurs anciens, étudiées avec soin par Brieude, ont été l'objet de travaux importants de la part du docteur Michel Bertrand ; c'est lui qui a préparé, dans l'admirable ouvrage qu'il a publié en 1823, la réputation des thermes dont il a été l'inspecteur pendant cinquante ans ; c'est encore lui qui le premier a introduit l'usage des salles d'aspiration, qui sont alimentées avec de l'eau minérale vaporisée en vases clos.

Les sources du Mont-Dore sortent des trachytes ; leur température varie entre + 39° et 45° centigrades.

Celles qui se rendent dans l'établissement portent les noms de sources Bertrand ou de la Magdeleine; de source du Grand-Bain, du Pavillon ou de Saint-Jean; de sources de César, de Rigny, de Ramond et de Boyer.

La quantité totale d'eau fournie par ces fontaines est de 207 litres par minute.

Pris au griffon, le liquide minéral est incolore et limpide, il offre une saveur acidule, puis un peu saline et ferrugineuse; il devient un peu louche quand il est exposé au contact de l'air. Presque toutes les sources sont traversées par des courants de gaz acide carbonique plus ou moins abondants.

Des études chimiques sans importance ont été publiées depuis 1679 jusqu'en 1739 par Duclos, Bompart et Lemercier, sur les eaux du Mont-Dore. Leur analyse sérieuse a été faite en 1810 par Michel Bertrand, en 1824 par M. Berthier, en 1863 par M. Lefort. Le travail de ce dernier chimiste étant le plus complet et le plus récent, nous allons en reproduire le résumé :

Matières solides et gazeuses contenues dans un litre d'eau.

TEMPÉRATURE et MINÉRALISATION.	SOURCES				
	Bertrand.	de St-Jean.	de Rigny.	de César.	de Ramond.
Température centigrade au griffon.	45°	42° à 45°	43°,50	43°,10	42°,40
	gr.	gr.	gr.	gr.	gr.
Acide carbonique libre.....	0,3522	0,3810	0,3644	0,5967	0,4997
Bicarbonate de soude......	0,5362	0,5452	0,5375	0,5361	0,5362
— de potasse..	0,0309	0,0309	0,0232	0,0212	0,0212
— d'oxyde de rubidium.	indices	indices.	indices.	indices.	indices.
— d'oxyde de cæsium..	indices.	indices.	indices.	indices.	indices.
— de lithine.........	traces.	traces.	traces.	traces.	traces.
— de chaux..........	0,3123	0,3142	0,3092	0,3209	0,2720
— de magnésie........	0,1757	0,1676	0,1628	0,1676	0,1647
— de protoxyde de fer..	0,0207	0,0235	0,0251	0,0258	0,0317
— de manganèse.......	traces.	traces.	traces.	traces.	traces.
Chlorure de sodium........	0,3685	0,3630	0,3599	0,3587	0,3578
Sulfate de soude..........	0,0761	0,0761	0,0761	0.0756	0,0737
Arséniate de soude........	0,00096	0,00096	0,00096	0.00096	0,00096
Barate de soude...	traces.	traces.	traces.	traces.	traces.
Iodure et fluorure de sodium	traces.	traces.	traces.	traces.	traces.
Acide silicique....	0,1654	0,1686	0,1653	0,1552	0,1550
Alumine..	0,0112	0,0094	0,0101	0,0083	0,0065
Matieres organiques.... ..	traces.	traces.	traces.	traces.	traces.
Totaux..........	2,08016	2,07776	3,03546	2,26736	2,11946

La source de Sainte-Marguerite ou du Tambour est froide, sa température est de 10°,8 à 11° centigrades. Elle contient, par litre, les substances suivantes :

Acide carbonique	1,1938
Bicarbonate de soude	0,0125
Bicarbonate de chaux	0,0198
Chlorure de sodium	0,0274
Acide silicique	0,0376
Total	1,2911

Résidu solide obtenu par l'évaporation, 0,0620.

Cette eau tient en outre en dissolution des traces de bicarbonates de magnésie, de potasse et de fer, de sulfates de chaux et d'alumine, et de matière organique.

Mêlée avec du vin, elle peut remplacer l'eau de Seltz artificielle.

Les vapeurs des salles d'aspiration renferment des quantités minimes de gaz acide carbonique et de matière organique, des proportions presque insignifiantes des matières salines dissoutes dans l'eau minérale, et des doses homœopathiques d'arséniate de soude.

Les eaux thermales du Mont-Dore sont acidules, légèrement salines et ferrugineuses; elles contiennent des doses très-minimes d'arséniate de soude. Elles sont indiquées dans les affections qui exigent l'emploi des liquides médicamenteux chauds un peu excitants et ferrugineux. Telles sont les maladies chroniques des organes pulmonaires, les affections atoniques et rhumatismales diverses, quel que soit leur siége.

Les bains et les douches d'eaux thermales sont des stimulants de la peau; ils secondent admirablement l'action des eaux prises en boissons. Les salles d'aspiration, les bains et les douches de vapeurs, excitent en même temps la peau et les membranes muqueuses des voies aériennes; ils sont très-utiles dans les affections rhumatismales, l'asthme humide et l'asthme sec, et les catarrhes pulmonaires.

On est quelquefois obligé de remplacer les salles d'aspiration par l'administration de l'eau thermale pulvérisée. Ce dernier moyen doit surtout être réservé pour les cas où l'on craint de surexciter les malades et de provoquer la fièvre ou des hémorrhagies. Le traitement hydrothermal du Mont-Dore a été opposé avec succès au coryza ou rhume de cerveau, à l'angine gutturale et à la laryngite chronique;

aux bronchites chroniques simples ou rhumatismales, dans la convalescence des pneumonies et des pleurésies.

On peut l'administrer, mais avec beaucoup de prudence et de réserve, aux individus atteints de phthisie, lorsqu'il y a absence de fièvre et d'hémoptysie. On peut encore le prescrire aux personnes qui ont des gastralgies subaiguës simples ou rhumatismales, des rhumatismes chroniques, ou qui, ayant une grande tendance à s'enrhumer, sont affectées de chlorose ou d'atonie générale. Elles conviennent surtout aux personnes qui ont été affaiblies par l'habitation des grandes villes.

La fièvre, quelle qu'en soit la cause, les hémorrhagies actives, les maladies graves du cœur et les affections cancéreuses, s'opposent à ce qu'on fasse usage du traitement hydrothermal du Mont-Dore.

EAUX MINÉRALES DE ROYAT ET DU BAIN DE CÉSAR.

La gorge ombreuse où est placé le village de Royat est profondément encaissée entre deux series de collines granitiques, dont les pentes inférieures sont baignées par le ruisseau de Tiretaine.

L'établissement thermal est à l'est, et à six cents mètres de ce village, à l'endroit où les soubassements des montagnes viennent se confondre avec les coteaux peu élevés et couverts de vignobles qui bordent la plaine fertile si bien décrite par Sidoine Apollinaire.

Protégée contre les vents de l'ouest et du sud-ouest par le puy de Chateix et les rochers de Saint-Mart, cette partie de la vallée est largement ouverte du côté de l'orient. L'air qu'on y respire est très-pur, et la température de l'atmosphère est aussi douce que dans la Limagne.

Pendant la belle saison, des voitures omnibus parcourent incessamment la route qui conduit de Clermont aux bains.

Des projets de promenades sont à l'étude; mais en attendant l'époque où ils auront été réalisés, les baigneurs peuvent se distraire en parcourant la magnifique vallée de Tiretaine.

« Les admirateurs des beautés de l'Allemagne et de la Suisse ne trouvent dans leurs albums rien de plus suave que le tableau formé par ces rochers, ces bois, ces cascades; ce village qui grimpe et qui sourit à travers les arbres touffus; cette église formidable et cette grotte merveilleuse qui semble être le frais et mystérieux asile d'une divinité mythologique, l'auguste boudoir des naïades. » (E. Guinot.)

Nous devons signaler aux touristes les terres mêlées de blé brûlé qui rappellent la destruction du château du duc Waifre par les troupes de Pépin. Ces restes d'un vaste incendie portent le nom inexact de Grenier de César. Ils couvrent une partie des pentes méridionales de la montagne de Chateix. La vieille église entourée de machicoulis et la belle croix gothique du village de Royat méritent de recevoir la visite des archéologues.

Les historiens n'ont point oublié le vallon de Saint-Mart, les sources minérales et les vieux thermes.

Jean Banc parle d'une *infinité de sources froides et chaudes, de bains ajencez par l'antiquité, qui marquent être une pièce fort ancienne d'emploi,* qu'il attribue aux Romains.

Belleforest, Fléchier, Audigier, Chomel et Delarbre en font aussi mention.

Avant 1843, trois sources existaient sur le territoire de Saint-Mart : celle du bain de César, qui alimentait et alimente encore un petit établissement thermal, et faisait monter le thermomètre à + 29° centigrades ; celle de Saint-Mart, qui n'était point utilisée ; et celle du bain des pauvres, qui était une émanation de la grande source de Royat.

Cette dernière source a été découverte sur les indications de M. Zani père, fontainier, en 1843. Le curé Vedrine et le maire Thibaud ont beaucoup encouragé les habitants de Royat à poursuivre les fouilles qui avaient été entreprises au mois de février 1843, et qui ont successivement amené la découverte d'une piscine carrée, d'un aqueduc, d'une deuxième piscine hexagonale, et de plusieurs sources fournissant 190 litres d'eau à la minute, et dont la température variait entre + 32° et + 35° centigrades.

Dans le rapport envoyé en 1853 à M. le préfet du Puy-de-Dôme par M. Nivet, inspecteur des thermes de Royat, ce médecin demandait que les calcaires travertins placés du côté du sud, et qui gênaient la sortie de l'eau thermale, fussent détruits. Cette opération a été entreprise avec beaucoup d'intelligence par M. Buchetti, au mois de décembre 1853 ; elle a augmenté successivement la quantité de l'eau minérale, dont le volume s'est élevé à 1,000 litres par minute, à basse pression.

Nous ne parlerons pas du bâtiment provisoire bâti en 1845, il n'en vaut pas la peine ; mais nous dirons quelques mots du bel établissement thermal qui a été construit en 1852 et 1853, d'après les plans de M. Agis Ledru, architecte à Clermont, par MM. Lhuer et Buchetti, concessionnaires, et dont la première pierre a été posée par M. Léon de Chazelles, ancien maire de Clermont.

La forme et l'ornementation des thermes de Royat rappellent les constructions romaines ; leur vestibule et leurs galeries sont grandioses ; ces galeries et les bâtiments annexés renferment des cabinets à douches et à bains de vapeur, deux salles d'aspiration, deux grandes piscines munies de douches, douze cabinets à bains et à douches, cinquante cabinets contenant cinquante-deux baignoires en pierre de lave ou en marbre blanc.

Le nouvel inspecteur, M. Allard, a obtenu, il y a quelques années, la construction d'un établissement hydrothérapique annexe.

L'établissement de Royat reçoit l'eau de la grande source thermale, dont la température est de + 35° centigrades au griffon, et de + 34°,5 à la buvette. Comme le volume d'eau dépasse de beaucoup les besoins du service, on laisse couler dans chaque baignoire, pendant toute la durée de l'immersion, un jet assez considérable pour que la température du bain ne varie pas. Il résulte de ce fait que les bains de baignoire présentent les avantages des bains de piscine, sans en avoir les inconvénients.

Les douches et les bains chauds sont obtenus en mêlant une petite quantité d'eau minérale chauffée en vases clos, à l'eau minérale naturelle.

L'eau thermale de Royat, prise à la source, est incolore et limpide ; sa saveur d'abord acidule est ensuite alcaline et un peu ferrugineuse. Vue en masse, elle paraît un peu louche quand elle a perdu une partie de son acide carbonique. Elle laisse déposer dans ces circonstances un sédiment rougeâtre. Elle a été analysée successivement : 1° par M. Aubergier ; 2° par M. Nivet ; 3° et par MM. les ingénieurs des mines. M. Chevalier, et plus tard M. Thénard, y ont découvert une quantité très-minime de sel arsénical ; M. Gonod fils, des traces d'iode.

L'analyse la plus complète a été faite par M. Lefort, de Paris ; nous allons la reproduire.

Nous indiquerons en même temps l'analyse de l'eau des bains de César et celle de la source de Royat, qui a été désignée dans ces derniers temps sous le nom de source Eugénie.

SUBSTANCES DISSOUTES.	Eau de Royat.	Bains de César.
Acide carbonique libre	0,748	1,229
Bicarbonate de soude	1,349	0,392
— de potasse	0,435	0,286
— de chaux	1,000	0,686
— de magnésie	0,677	0,397
— de fer	0,040	0,025
— de manganèse	Traces.	Traces.
Sulfate de soude	0,185	0,115
Phosphate de soude	0,018	0,014
Arséniate de soude	Traces.	Traces.
Chlorure de sodium	1,728	0,766
Iodure et bromure de sodium	Indices.	Indices.
Silice	0,156	0,167
Alumine	Traces.	Traces.
Matière organique	Indices.	Indices.
Totaux	6,336	4,067

Les eaux minérales de Royat se rapprochent beaucoup de celles d'Ems (Allemagne) ; elles ont d'autre part des propriétés analogues à celles du Mont-Dore ; seulement elles sont moins chaudes et contiennent une plus forte proportion de substances salines que ces dernières. Elles servent à traiter les mêmes maladies, mais elles sont plus particulièrement applicables aux constitutions molles et lymphatiques, aux tempéraments peu nerveux et peu irritables. Quelques tempéraments nervoso-lymphatiques s'en trouvent très-bien. On les prend sous la forme de boissons, de bains hydrominéraux, d'aspirations, de bains de vapeur, de douches de vapeur et de douches liquides descendantes et ascendantes.

Les eaux de Royat appartiennent à la classe des liquides acidules, ferrugineux, alcalins et salins ; elles sont anti-anémiques et un peu stimulantes ; elles contiennent des doses homœopathiques d'arséniate de soude.

On les administre aux personnes affectées de dyspepsies et de gastralgies chroniques, rhumatismales ou chlorotiques ; d'inflammations chroniques des bronches (catarrhes pulmonaires), d'asthmes secs et humides liés à des lésions nerveuses ou organiques des poumons. Elles servent à dissiper les engorgements pulmonaires qui compliquent et aggravent la phthisie.

L'usage des eaux et des bains tempérés est propre à combattre la gastralgie chronique, la chlorose, le rachitisme, l'anémie des convalescents, l'affaiblissement qui tient à l'habitation des grandes villes, des maisons et des ateliers malsains et mal éclairés, les affections scrofuleuses peu graves. Celles qui sont intenses exigent l'usage des bains de la Bourboule. Les mêmes bains tempérés réussissent quelques fois dans les affections dartreuses, Les douches et les bains chauds sont applicables aux rhumatismes chroniques. On a traité également par les douches et les bains les paralysies incomplètes.

Les bains et les injections tempérés ont été utilisés pour le traitement des engorgements de l'utérus et des leucorrhées ; on doit en surveiller les effets avec beaucoup de soin.

Les coryzas, les maux de gorge, les laryngites, les enrouements et les extinctions de voix, les bronchites chroniques, les phthisies apyrétiques sont améliorés ou guéris par les eaux et les salles d'aspirations, Les rhumatismes rebelles sont envoyés aux bains de vapeur.

Enfin, les douches et les bains dissipent les engorgements, les raideurs et les douleurs qui succèdent aux entorses, aux luxations et aux fractures.

Les bains de César sont frais et fortement acidulés; ils doivent être moins prolongés que ceux du grand établissement; vingt à trente minutes d'immersion suffisent pour amener la réaction.

On oppose l'usage des eaux et des bains de César aux pertes séminales, aux incontinences d'urine, au rachitisme, aux affections chroniques des organes génito-urinaires.

De même qu'au Mont-Dore, la fièvre, les maladies graves du cœur et le cancer confirmé, sont des contre-indications dont on doit tenir compte.

EAUX MINÉRALES DE CLERMONT.

Les eaux minérales de Clermont sont disséminées dans les quartiers de Jaude, de Sainte-Claire et de Saint-Alyre. Elles ne diffèrent entre elles que par leur température et par la quantité variable de fer qu'elles tiennent en dissolution.

Elles ont couvert de leurs immenses dépôts toute la partie de la ville qui est comprise entre le quartier de Jaude et la partie du ruisseau de Tiretaine qui longe le faubourg Saint-Alyre. Sur certains points, les calcaires travertins ont formé au-dessus de ce cours d'eau des ponts naturels, qui attirent depuis bien des années les voyageurs et les naturalistes; ils ont été visités par des têtes couronnées.

SOURCES DE JAUDE.

La source la plus ancienne est placée près de la petite barrière de Jaude, sous un hangar; elle est citée dans l'ouvrage de Jean Banc. Son eau est acidule alcaline, saline et ferrugineuse; sa température ne dépasse pas + 22° centigrades. On l'emploie pour combattre les chloroses, les débilités de l'estomac, la dyspepsie et les phlegmasies chroniques des organes urinaires.

Sources de Jaude.

Ses propriétés physiques, chimiques et médicinales sont à peu près les mêmes que celles de l'ancienne source. La saveur de l'eau minérale est un peu plus bitumineuse.

Source du Puits artésien.

A l'ouest et à quelques mètres de la source du puits artésien, existe un grand bassin rempli d'eau minérale dont la température est de 27 à 28°. Elevé à l'aide d'une pompe, ce liquide pourrait alimenter une piscine de natation dont l'utilité sera comprise de tout le monde.

Source du Champ-des-Pauvres.

Elle est enfermée dans une maison appartenant à la famille Chauvel, elle n'est point utilisée.

Sources de Sainte-Claire et de Saint-Alyre.

Plusieurs des sources de ce quartier ne sont point employées; telles sont celles de Fontgiève, de l'enclos de la Garde et de la rue des Chats.

D'autres sont conduites dans les cabinets à incrustations de la Grotte du Pérou, et dans ceux de Saint-Alyre. Ces sources sont celles de Sainte-Claire, de Saint-Arthème et la grande source incrustante.

Enfin, l'une des ramifications de la grande source incrustante se rend dans le petit établissement thermal de M. Clémentel.

Les fontaines de Sainte-Claire, les sources de Saint-Alyre et leurs dépôts, signalés dans la *Gallia Christiana*, dans le *Mundus subterraneus* de Kirchker, dans le dictionnaire de la Martinière, dans le dictionnaire de la France par d'Expilly, ont été cités avec quelques détails dans les ouvrages de Belleforest et Legrand d'Aussy.

MM. Lecoq, Girardin et Nivet ont successivement étudié la composition de plusieurs des eaux minérales que nous venons de citer, et M. Lefort a publié en 1863, sur les sources de Clermont, un travail dont nous allons consigner ici le résumé :

SUBSTANCES DISSOUTES DANS UN LITRE D'EAU.	NOMS DES SOURCES.			
	Jaude.	Ste-Claire	St-Alyre gr. source	Saint-Arthème.
Acide carbonique libre	1,752	0,751	1,631	1,633
Bicarbonate de soude	0,360	0,622	0,765	0,712
— de potasse	0,031	0,023	0.034	0,040
— de chaux	0,944	1,357	1,375	1,407
— de magnésie	0,460	0,656	0,668	0,659
— de protoxyde de fer	0,051	0,028	0,033	0,039
— de manganèse	Traces.	Traces.	Traces.	Traces.
Sulfate de potasse	0,077	0,105	0,100	0,100
— de strontiane	0,002	0,004	0,004	0,004
Chlorure de sodium	0,674	1,147	1,071	1,073
Iodure de potassium	Indices.	Indices.	Indices.	Indices.
Arséniate de soude	Indices.	Indices.	Indices.	Indices.
Phosphate de soude	0,002	0,002	0,002	0,002
Silice	0,096	0,088	0,109	0,100
Alumine	0,004	0,003	0,004	0,004
Matière organique	Indices.	Indices.	Indices.	Indices.
TOTAUX	4,453	4,784	5,436	5,773

Établissement de Saint-Alyre.

Il est alimenté par une dérivation de la grande source incrustante, dont la température est de + 24° centigrades ; il se compose de dix-neuf cabinets, qui contiennent une ou deux baignoires, et de deux douches descendantes.

Une partie de l'eau minérale est réchauffée à l'aide d'une machine à vapeur.

Les bains de Saint-Alyre sont prescrits aux convalescents, aux chlorotiques, aux personnes rachitiques, faibles et d'une constitution molle ou scrofuleuse, à celles qui ont des tumeurs blanches et des engorgements consécutifs aux fractures, aux entorses et aux luxations.

Le hameau de Rouzat est à sept kilomètres nord de Riom, dans la commune de Beauregard-Vandon. On trouve au-dessous du château de ce nom une source minérale abondante faisant monter le thermomètre centigrade à + 31°; elle a été découverte en 1842 pendant que l'on pratiquait des fouilles ordonnées par M. de Lausanne, son propriétaire. On a découvert autour de cette fontaine de beaux calcaires travertins, les restes d'une ancienne piscine, des vases anciens, des pierres sculptées, des médailles, des tuiles aux formes antiques, qui autorisent à penser que ces eaux ont été connues des Romains.

Elles ont été étudiées successivement par MM. Nivet, Ossian Henri et Lefort. Nous nous bornerons à citer l'analyse publiée en 1859 par ce dernier chimiste.

Analyse d'un litre d'eau minérale de Rouzat.

Acide carbonique libre	0 gr. 728
Bicarbonate de soude	0 109
— de chaux	1 098
— de magnésie	0 706
— de protoxyde de fer	0 036
Sulfate de soude	0 303
— de strontiane	0 006
Phosphate de soude	0 019
Arséniate de soude	traces.
Chlorure de sodium	0 887
— de potassium	0 179
Iodure de potassium	traces.
Silice	0 106
Alumine	traces.
Matière organique	traces.
Total	4 gr. 227

L'eau minérale de Rouzat s'accumule dans un grand réservoir, d'où elle se rend dans le petit bâtiment où l'on donne les bains; et comme sa température est peu élevée, on est obligé d'en chauffer une partie avant de la conduire dans les piscines, les baignoires et les appareils à douches.

Les eaux, les bains et les douches de Rouzat sont conseillés dans les affections atoniques, les maladies rhumatismales et rachitiques, la chloro-anémie, la dyspepsie, les scrofules, les maladies utérines, le catarrhe vésical chronique et l'ulcère atonique.

EAUX MINÉRALES DE CHATEAUNEUF.

La station thermale de Châteauneuf appartient à l'arrondissement de Riom ; elle est au nord-ouest, et à trente kilomètres de cette dernière ville. On y trouve des sources froides et chaudes, qui jaillissent presque toutes sur la rive gauche de la Sioule, des fentes d'une roche granitique. Les sources du Chambon sont seules placées sur la rive opposée.

Si l'on remonte le cours de la rivière, on trouve successivement :

1° Près du Hameau-du-Coin, la fontaine Désaix ;

2° Au Méritis, la fontaine de la Pyramide, la buvette du Bain-Chaud, les piscines du Bain-Auguste, du Bain-Chaud, du Bain-Tempéré et du Bain-Julie ;

3° Plus loin les sources du Petit-Moulin et du Pavillon ;

4° Sur le territoire des Bordats, les buvettes du Petit-Rocher et de Chevarier, les piscines du Petit-Rocher et de la Rotonde ;

5° Au hameau du Chambon, les sources Lacroix et Lagarenne ;

6° Quelques autres sources se perdent dans la rivière.

Les petits établissements qu'on a créés aux Bordats et au Méritis, sont abrités contre les vents d'ouest par des montagnes peu élevées. Cette partie de la vallée de la Sioule est assez pittoresque, mais elle est un peu aride. On cite parmi les curiosités que peuvent visiter les baigneurs, *Le bout du monde*, le lac ou *gour* de Tazana, quelques vieux châteaux en ruine, le bassin de Menat, et le bois de Saint-Bonnet.

Les eaux minérales de cette station ont été utilisées depuis bien des siècles ; on a trouvé en creusant l'une des piscines des médailles et des monnaies romaines.

Des études chimiques sur ces liquides médicamenteux, ont été faites en 1810 par Michel Bertrand, en 1828 par Traban, plus tard par Vallet, en 1834 par M. H. Lecoq, en 1846 par le docteur Nivet ; enfin, M. Lefort a publié en 1855 un travail d'une grande importance, dont nous allons reproduire les résultats principaux.

TEMPÉRATURE et MINÉRALISATION.	SOURCES MINÉRALES ET BUVETTES						
	Désaix.	De la Pyramide.	Du Petit-Moulin.	Du Pavillon.	Du Petit-Rocher.	De Chevarier.	De Chambe Lacroix
Température centigr..	16°,5	25°	15°,75	16°	21°,5	30°	19°,5
Acide carbonique libre	1,835	1,321	1,467	1,986	2,024	1,512	1,881
— sulfhydrique libre	»	Traces.	»	»	»	Traces.	»
Bicarbonate de soude.	1,612	1,580	0,984	1,620	0,528	0,772	0,757
— de potasse....	0,519	0,730	0,525	1,089	0,539	0,426	0,379
— de chaux.....	0,516	0,642	0,475	0,750	0,545	0,228	0,706
— de magnésie...	0,121	0,237	0,248	0,435	0,126	0,101	0,356
— protoxyde de fer	0,018	0,042	0,062	0,016	0,042	0,010	0,050
Sulfate de soude.....	0,250	0,485	0,234	0,391	0,271	0,186	0,126
Chlorure de sodium..	0,413	0,433	0,304	0,377	0,283	0,173	0,175
Silice.............	0,103	0,109	0,085	0,092	0,100	0,078	0,010
Totaux...	5,387	5,579	4,384	6,756	4,458	3,487	4,440

Tous ces liquides renferment en outre des indices de crénate de fer et des traces d'arséniate de soude, d'alumine, de lithine et de matière organique.

Les eaux de ces buvettes sont incolores et limpides ; elles ont une saveur acidule et ferrugineuse très-prononcée, surtout celles qui sont froides ; leur goût devient ensuite alcalin ou un peu salé. Les sources de Chevarier et de la Pyramide ont une odeur légèrement sulfureuse.

Les dépôts abandonnés par ces fontaines sont généralement ocreux.

Les eaux minérales de Châteauneuf qui sont les plus faciles à conserver, sont celles de Chambon-Lacroix, de Chambon-Lagarenne, du Pavillon et du Petit-Rocher.

1° La source Désaix est peu fréquentée des malades. L'eau qu'elle fournit est digestive, bicarbonatée sodique et légèrement ferrugineuse ; on la boit à table, après l'avoir mêlée avec du vin ;

2° *Source de la Pyramide.* — L'eau de cette source, assez fortement chargée de bicarbonates alcalins et ferreux, est peu employée ; elle pourrait convenir dans certains cas de gastralgies chlorotiques et rhumatismales ;

3° La fontaine du Petit-Moulin est surtout destinée aux anémiques et aux chlorotiques dont les poumons sont sains ;

4° La source de Champfleuret ou du Pavillon, est fortement chargée d'acide carbonique et de bicarbonates alcalins ; indépendamment de ses propriétés digestives et emménagogues, elle est plus spécialement destinée à fournir une boisson utile aux goutteux et aux individus affectés de gravelle, de phlegmasie chronique de la muqueuse urinaire et d'engorgement du foie.

4º *Buvette du Petit-Rocher.* — La grande quantité d'acide carbonique que contient l'eau de cette buvette, lui donne des propriétés diurétiques très-prononcées. On la conseille dans les mêmes maladies que la source du Pavillon.

6º *Source de Chevarier.* — Très peu fréquentée, elle pourrait être conseillée dans les catarrhes pulmonaires chroniques d'origine dartreuse.

7º *Sources de Chambon-Lacroix et de Chambon-Lagarenne.* — Froides, acidules, alcalines et fortement ferrugineuses, elles sont surtout réservées aux jeunes filles affectées des pâles couleurs, et aux malades atteints d'anémie ou de maladies symptômatiques de la chlorose.

8º La buvette du Bain-Chaud, dont nous indiquerons la température et la composition dans le tableau suivant, est indiquée dans les phlegmasies chroniques des organes pulmonaires et dans quelques variétés de gastralgies rhumatismales qui réclament l'usage des eaux thermales.

Analyse calculée d'un litre d'eau minérale de la buvette chaude et des sources de piscines.

Température et minéralisation.	Buvette ou Bain chaud.	Grand bain chaud	Bain Auguste.	Bain Julie.	Bain tempéré.	Bain du Petit-Rocher.	Bain de la Rotonde.
Température centigr..	33º,50	37º	32º	32º	35º	25º	29º
Acide carbonique libre	0,752	1,195	1,019	1,457	1,318	1,155	1,730
Bicarbonate de soude.	1,270	1,296	1,454	1,352	1,288	0,915	1,209
— de potasse. ...	0,621	0,540	0,498	0,575	0,551	0,430	0,664
— de chaux......	0,380	0,314	0,148	0,391	0,401	0,408	0,257
— de magnésie...	0.213	0,204	0,209	0,191	0,212	0,175	0,145
— protoxyde de fer	0,022	0,034	0,032	0,036	0,027	0,022	0,028
Sulfate de soude......	0,483	0,470	0,428	0,442	0,470	0,428	0,296
Chlorure de sodium...	0,374	0,395	0,449	0,411	0,451	0,340	0,375
Silice.....	0,115	0,101	0,122	0,126	0,121	0,095	0,095
TOTAUX........	4,239	4,549	4,659	4,981	4,839	3,968	4,799

Toutes ces eaux contiennent de plus des quantités minimes et indéterminées de crénate de fer, d'arséniate de soude, de lithine et de matière organique; on n'y a point signalé la présence de l'iode.

L'eau des piscines dont nous allons parler, est limpide quand on la recueille au griffon ; mais elle devient louche et blanchâtre quand on la laisse s'accumuler dans les réservoirs.

1° *Bain-Chaud.* — La source du Bain alimente deux piscines : l'une, destinée aux hommes, offre une longueur de 3 mètres 30 centimètres sur 1 mètre 90 centimètres de largeur ; on trouve à côté de la piscine, des douches, des cabinets avec baignoires et un vestiaire.

La piscine des femmes est plus grande que la précédente ; elle est également avoisinée par les douches descendantes et ascendantes, par les cabinets à bains, qui sont peu nombreux, et par le vestiaire.

Le Bain-Chaud a une grande efficacité dans les rhumatismes articulaires et fibreux chroniques, simples et goutteux ; dans les engorgements et raideurs qui succèdent aux entorses et aux fractures.

2° *Bain Tempéré ou de César.* — La piscine du bain tempéré est divisée en deux compartiments : l'un d'eux est destiné aux hommes, l'autre aux femmes ; comme annexe, nous trouvons trois cabinets à douches descendantes et des vestiaires.

Ce genre de bain est destiné aux personnes qui ne peuvent point supporter le bain chaud ; on peut aussi le prescrire aux malades atteints de gastro-entéralgies rhumatismales chroniques, ou d'autres rhumatismes viscéraux, de rachitisme ou de maladies scrofuleuses peu intenses.

3° *Bain-Julie.* — Ce bain est renfermé dans le même bâtiment que celui de César. La piscine où s'accumule l'eau thermale, est longue de deux mètres, et large d'un mètre cinquante centimètres.

D'après M. Rotureau, le Bain-Julie doit être opposé aux manifestations nerveuses exagérées, aux névralgies et aux névroses.

4° *Bain-Auguste.* — Placé dans un pavillon voisin du grand Bain-Chaud, le Bain-Auguste comprend une petite piscine, un cabinet à douches et un vestiaire.

Ses propriétés sont à peu près les mêmes que celles du bain de la Rotonde et du Bain-Julie.

5° *Bain de la Rotonde.* — La piscine de ce petit établissement offre une longueur de 4 mètres 50 centimètres, une largeur de 2 mètres 40 centimètres.

Ces bains sont dangereux chez les personnes rhumatisées, quand ils ne sont pas suivis d'une réaction prompte ; ils doivent être courts. Ils sont prescrits dans les affections atoniques, les engorgements de l'utérus, les leucorrhées chroniques, les spermatorrhées et les incontinences d'urine. Ils doivent être interdits aux personnes qui ont la poitrine délicate.

6° *Bain ou piscine du Petit-Rocher.* — Autrefois, les actions physiologiques et thérapeutiques de ce bain étaient semblables à celles que produit l'eau des bains de César, de Royat; dans ces derniers temps, on a dénaturé l'action de ce bain en chauffant artificiellement l'eau minérale.

On en conseille l'usage dans les maladies dartreuses, et spécialement dans l'eczéma chronique.

En dernière analyse, les variétés de composition et de température des buvettes et des bains de Châteauneuf, font de cette station thermale une des plus intéressantes du département du Puy-de-Dôme.

EAUX MINÉRALES DE SAINT-NECTAIRE.

Saint-Nectaire est situé dans une vallée sauvage, dont le fond un peu élargi est occupé par une prairie plantée d'arbres dont la verdure contraste avec l'aridité des pentes des montagnes voisines.

L'église de ce village est très-ancienne et très-belle; on cite parmi les curiosités de cette vallée les ruines de l'ancien château, les grottes du mont Cornador, les cascades de Lagrange et de Saillant, le château de Murols et le lac Chambon.

La station thermale de Saint-Nectaire est à l'ouest et à vingt-sept kilomètres d'Issoire; on y trouve un grand nombre de sources minérales froides et chaudes qui sortent du granite; elles sont entourées, dans plusieurs endroits, de dépôts de calcaires travertins très-curieux.

Les unes servent à préparer des incrustations, les autres sont administrées sous la forme de bains ou de boissons.

Les thermes de cette commune sont divisés en deux groupes.

L'établissement du Mont-Cornador est au-dessus du village; il reçoit deux sources qui sont traversées par des courants d'acide carbonique considérables.

La source chaude la plus abondante fait monter le thermomètre à 38°,9 centigrades (Rotureau).

La source intermittente jaillit toutes les quinze secondes; sa température est de 36°,2 centigrades.

Ces sources fournissent 52 litres de liquide à la minute.

L'eau de ces fontaines minérales est limpide et incolore, son goût est alcalin et peu agréable; elle est onctueuse au toucher; elle abandonne rapidement un sédiment calcaire et ferrugineux quand elle est exposées au contact de l'air.

Un gazomètre flotteur sert à recueillir le gaz acide carbonique.

L'eau minérale du mont Cornador a été analysée il y a bien des années par M. H. Lecoq; en 1858, par M. Terreil; peu de temps après, par M. Lefort, dont nous reproduirons plus loin l'analyse hypothétique.

Les deux sources du mont Cornador alimentent la buvette, douze cabinets munis de baignoires en pierre de Volvic, trois douches descendantes.

Les sources de Saint-Nectaire-d'En-Bas, qui sont destinées à l'usage médical, sont assez nombreuses et présentent des températures variées.

L'établissement Boëte renferme une petite source, dont l'eau fait monter le thermomètre centigrade à + 40°,9.

La source tempérée marque + 38°,2.

La troisième source ne dépasse pas + 28°,8.

La quantité d'eau minérale fournie par les sources chaude et tempérée, s'élève à cinquante litres par minute.

Ce bâtiment contient deux buvettes, neuf cabinets contenant onze baignoires et des douches descendantes; un seul cabinet renferme une douche ascendante.

Etablissement Mandon.

Il comprend : 1° la grande source, qui est surmontée d'un appareil destiné à recueillir le gaz acide carbonique, et dont l'eau minérale est claire et limpide. Sa saveur, d'abord acidule et alcaline, devient ensuite ferrugineuse; sa température est de + 37°,5 centigrades. Elle donne cinquante litres de liquide à la minute.

2° La petite source, qui est à côté de la maison; elle offre des qualités physiques et chimiques semblables, seulement elle ne fait pas monter le thermomètre au-delà de 24° centigrades.

3° L'établissement contient huit cabinets à bains munis de douches; des appareils à douches vaginales existent dans deux petites salles.

L'établissement Chandèze est très-peu important ; on y trouve la source Pauline, qui est peu abondante, fait monter le thermomètre à + 31°,7 centigrades. Elle sert principalement à donner des douches vaginales.

La source Rouge est au bord du chemin ; elle marque 23° au thermomètre centigrade.

Elle est très-gazeuse, et renferme un peu plus de fer que les autres buvettes.

La source Mandon a été analysée il y a bien des années, par Berthier ; celle de Boëte, par MM. Boullay et Henri ; plus tard, par M. Nivet. Dans ces derniers temps, MM. Terreil et Lefort ont publié des recherches importantes sur toutes les sources minérales dont nous venons de parler.

Analyse calculée d'un litre d'eau, par M. Lefort.

NOMS DES SUBSTANCES MINÉRALES.	SOURCE BOËTE chaude.	SOURCE thermale de Mandon.	source chaude du mont Cornador.
Acide carbonique	0,8600	1,5308	0,9464
Bicarbonate de soude	1,9511	2,0881	2,0001
— de potasse	0,0471	0,0407	0,0646
— de chaux	0,6590	0,7060	0,6480
— de magnésie	0,4681	0,4815	0,4384
— de protoxyde de fer	0,0115	0,0097	0,0122
Sulfate de soude	0,1609	0,1781	0,1309
— de strontiane	0,0070	0,0070	0,0070
Arséniate de soude	Traces.	Traces.	Traces.
Phosphate de soude	Traces.	Traces.	Traces.
Chlorure de sodium	2,7633	2,4148	2,1464
Iodure de sodium	Traces.	Traces.	Traces.
Alumine	0,0230	0,0205	0,0171
Acide silicique	0,1128	0,1030	0,1044
Matière organique bitumineuse	Traces.	Traces.	Traces.
TOTAUX	7,0642	7,5808	6,5155

En général les eaux minérales de Saint-Nectaire, prises à la source, sont limpides et incolores ; exposées au contact de l'air, elles se troublent et laissent déposer du calcaire ferrugineux. Leur goût, un peu acidule et ferrugineux, ne tarde pas à faire place à une saveur alcaline ou saline.

Les sources de cette localité sont plus actives que celles de Royat et de Châteauneuf; elles sont un peu moins stimulantes que celles de la Bourboule.

On les a employées avec succès à l'extérieur, sous la forme de douches et de bains; dans les rhumatismes articulaires et goutteux subaigus; dans les névralgies rhumatismales, et spécialement dans le lumbago et la sciatique; dans les paralysies nerveuses, dans celles qui sont liées à une hémorrhagie cérébrale sans ramollissement; dans les affections scrofuleuses de toute espèce, dans le rachitisme, les pâles couleurs, les gastralgies rhumatismales et chlorotiques, et les engorgements utérins.

Lorsque ces eaux surexcitent les malades ou déterminent de l'insomnie, on doit les cesser; une augmentation passagères de douleurs rhumatismales n'est pas une contre-indication. Les anévrismes graves du cœur et le cancer confirmé, doivent empêcher les malades de faire usage de ces eaux.

EAUX MINÉRALES DE LA BOURBOULE.

La station de la Bourboule est à sept kilomètres ouest du Mont-Dore, sur la rive droite de la Dordogne, au pied d'un rocher granitique désigné sous le nom de Roche-des-Fées. La cascade de la Vernière, la Roche-Vendeix et le ravin de l'Eau-Salée sont à une petite distance des sources. Le climat de la Bourboule est un peu moins rude que celui du Mont-Dore; son élévation au-dessus du niveau de la mer ne dépasse point 846 mètres.

Les sources minérales sortent les unes du granit, les autres des tufs ponceux qui le recouvrent.

La découverte d'une ancienne fosse et les restes d'une route romaine qui passait à la Bourboule, autorisent à penser que les sources de cette localité ont été connues avant l'ère chrétienne.

MM. Duclos, Chomel, Lemonnier, Michel Bertrand, Lecoq, Thénard, E. Gonod, ont fait sur les eaux minérales de la Bourboule des études chimiques partielles ou complètes. Le travail de M. Lefort, plus complet que ceux de ses devanciers, mérite une mention spéciale, nous allons en donner un résumé très-succinct :

NOMS DES SUBSTANCES contenues DANS UN LITRE D'EAU.	NOMS DES SOURCES.			
	Grand-Bain.	Bagnassou	Rotonde.	Source des Fièvres.
Température centigrade	49°	38°	34°,3	30°,6
Acide carbonique	0,3852	0,8789	0,9758	0,9324
Acide sulfhydrique	»	»	traces.	traces.
Bicarbonate de soude	2,2719	2,0157	2,0260	0,0455
— de chaux	0,1964	0,1911	0,1771	0,1774
— de protoxyde de fer	indices.	0,0033	0,0025	0,0063
Sulfate de soude	0,2788	0,2829	0,2342	0,2324
Arséniate de soude	0,01263	0,01468	0,00722	0,00717
Chlorure de sodium	3,3457	3,1972	3,0458	3,0298
— de potassium	0,2353	0,2295	0,2164	0,2213
— de magnésium	0,0390	0,0332	0,0255	0,0384
Alumine	0,0301	0,0218	0,0185	0,0182
Acide silicique	0,1093	0,1075	0,1080	0,1080
Totaux	6,90433	6,97578	6,83702	6,81687

M. Lefort a trouvé, en outre, dans ces diverses sources des indices de sels d'ammoniaque, de chlorures de cæsium, de lithium et de rubidium, d'iodures, de bromures de sodium et de matière organique.

La quantité d'eau fournie par minute par toutes les fontaines réunies, est de 34 à 35 litres.

Les liquides fournis par ces diverses sources sont limpides et transparents; ils deviennent louches et se couvrent d'une couche irisée, quand on les conserve dans des vases non fermés, ils sont très-onctueux. Leur odeur, lorsqu'on les agite, est celle de l'acide sulfhydrique affaibli; leur saveur est acidule, puis saline.

1° La source du Grand-Bain sort des fentes du tuf, elle a été notablement modifiée par des fouilles récentes; elle s'est divisée en plusieurs griffons que quelques auteurs ont nommés sources nouvelles. Sa température a un peu baissé. L'une de ses ramifications se rend, sous le nom de source du Coin, dans l'une des baignoires de l'établissement thermal.

2° La source du Bagnassou ou Petit-Bain, est traversée par un courant de gaz acide carbonique; elle est recueillie dans un puits carré en maçonnerie; elle arrive par un canal souterrain dans la baignoire n° 1 de l'établissement.

2° La source des Fièvres est à plus de 150 mètres de l'établissement thermal, elle s'échappe des fissures du granit; elle est intermittente. Son jet coule pendant 75 à 70 secondes, puis diminue beaucoup, réaugmente et acquiert son maximum au bout de 38 à 40 secondes.

4° *Source de la Rotonde.* — Placée dans une enceinte circulaire qui domine le village de la Bourboule, on l'a réunie à celle des Fièvres, pour la conduire dans l'établissement thermal, où elle fournit de l'eau tiède.

5° *Source du Communal ou du Jardin.* — Cette source s'épanche dans une mare, où elle se mêle aux eaux pluviales; on espère qu'elle sera prochainement recueillie et utilisée.

L'ancien établissement thermal, construit en 1821, contient huit baignoires très-rapprochées les unes des autres; sept d'entre elles sont munies d'appareils à douches.

L'établissement annexe, contigu au précédent, comprend quatre cabinets renfermant six baignoires.

Les eaux minérales de la Bourboule sont, de toutes les eaux de la Basse-Auvergne, celles qui contiennent la plus grande quantité de chlorure de sodium et d'arsenic. Appliquées à l'extérieur, elles sont fortement stimulantes; prises à l'intérieur, elles sont excitantes, diurétiques chez les uns, purgatives chez d'autres, surtout quand on en boit une certaine quantité en peu de temps.

Elles sont surtout efficaces lorsqu'il s'agit de combattre les affections scrofuleuses de toutes espèces, les maladies de peau et des ganglions lymphatiques, les tumeurs blanches entretenues par le vice scrofuleux, les ulcères chroniques et variqueux, les tumeurs blanches, les engorgements et les raideurs consécutives aux fractures, les affections rhumatismales rachitiques et paralytiques, les cachexies paludéennes, les atonies chlorotiques, en un mot toutes les affections chroniques qui exigent une médication excitante ayant une grande énergie.

L'action de ces eaux doit être surveillée avec soin par le médecin qui dirige le traitement.

EAUX MINÉRALES DE CHATELGUYON.

Châtelguyon est à sept kilomètres ouest de Riom; les eaux minérales thermales nombreuses qu'on y observe, et les souvenirs qui se rattachent à son vieux château, ont depuis longtemps rendu cette localité célèbre.

Les sources se font jour à travers les fentes du granit, au fond d'une jolie vallée qui est arrosée par le ruisseau du Sardon.

L'une des sources les plus abondantes de la rive droite est reçue dans deux petites piscines et deux cabinets à bains qui sont enfermés dans le petit établissement de la Vernière; plus bas, sur la même rive, on voit la source de *la Planche,* qui sert de buvette.

Plus bas encore, mais sur la rive gauche, des fouilles ont été faites, et elles ont mis à découvert des sources abondantes qui, jointes à quelques autres, alimentent l'établissement nouvellement construit par M. Brosson, de Pont-du-Château, et qui renferme deux piscines, huit baignoires en pierre de Volvic, quatre appareils à douches, et des douches ascendantes.

Ces eaux minérales, signalées par Jean Banc, Duclos, Guettard, Cadet de Paris, Roulin, Legrand d'Aussy; analysées par MM. Dufour, Barse et Nivet; étudiées d'une manière spéciale par M. Aguilhon, de Riom, ont été de la part de M. Chevalier l'objet de recherches chimiques qui tendent à prouver que ces liquides renferment les substances suivantes :

Chlorure d'aluminium	0 gr.	130
— de magnésium	0	034
— de calcium	0	120
— de sodium	3	100
Sulfate de chaux	0	277
— de magnésie	0	093
— de soude	0	003
— de potasse	0	111
Carbonate de fer	0	350
— de chaux	0	614
— de magnésie	0	825
Alumine	0	080
Arsenic, matières organiques et pertes	0	273
Total	6 gr.	000

Nous devons ajouter que la dose de l'arsenic, très-minime, n'a pas été déterminée.

L'eau de Châtelguyon, prise à la source, est limpide, incolore; sa saveur est acidule, puis salée et ferrugineuse.

La température des sources varie entre + 25° et + 36°. On est obligé de réchauffer une partie de l'eau minérale qui sert à préparer les douches et les bains chauds.

Les eaux minérales de Châtelguyon sont purgatives; on les oppose avec le plus grand succès aux constipations rebelles qui tiennent à une atonie du tube digestif. Elles sont également conseillées dans les dyspepsies, les engorgements des viscères abdominaux consécutifs aux fièvres paludéennes; dans les chloroses, les scrofules et le rachitisme; dans les engorgements des articulations; les paralysies et les atrophies des membres.

On les administre sous la forme de boissons, de bains, de douches ascendantes et descendantes.

EAUX MINÉRALES D'ARLANC.

Arlanc possède aussi ses eaux minérales; elles sont au nord, à peu de distance de ce bourg, sur la route d'Ambert. Elles appartiennent au docteur Bravard-Deriols. Elles sont froides et ferrugineuses. Un litre de cette eau fournit un peu plus d'un gramme de substances salines. Quelques cabinets à bains reçoivent les eaux qui ne sont pas absorbées par les buveurs.

La chlorose, l'anémie, la dyspepsie, les maladies chroniques des muqueuses génitale et urinaire, et les fièvres intermittentes rebelles, sont combattues avec succès par les eaux minérales d'Arlanc.

EAUX MINÉRALES DE CHABETOUT.

Les eaux minérales de cette localité sont situées dans la vallée de la Couze, à trois kilomètres d'Ardes, près de la route qui conduit à Saint-Germain-Lembron. Elles sont froides, peu abondantes; elles contiennent par litre quatre à cinq grammes de substances dissoutes, parmi lesquelles nous citerons comme jouant un rôle important l'acide carbonique, le bicarbonate de soude, le bicarbonate de fer, et des traces d'arsenic.

Un joli petit établissement, renfermant douze baignoires et deux petites piscines, a été construit à Chabetout sous la direction de M. Mallay, architecte.

Les eaux de cette localité sont prescrites aux personnes affectées d'ophthalmie chronique, de leucorrhées, d'engorgements indolents du col utérin, de débilité générale et de vices scrofuleux. Leur composition les rend propres à combattre la chlorose et la dyspepsie.

EAUX MINÉRALES DE SALET.

Plusieurs sources jaillissent au pied d'une montagne granitique, près du moulin de Roddias, à deux kilomètres et demi est de Courpière.

Elles sont limpides, froides, fortement acidules, alcalines et ferrugineuses, et contiennent par litre quatre grammes quarante-quatre centigrammes de substances salines. Elles ont été analysées par M. Nivet, et quelques années plus tard par M. Ossian Henri fils.

Les docteurs Nivet et Planat les conseillent aux personnes atteintes de dyspepsies atoniques, d'engorgements du foie et de la rate; dans les états cachectiques qui succèdent aux fièvres intermittentes, dans les chloroses et les anémies rebelles, les affections chroniques des reins et de la vessie. Un petit établissement thermal a été annexé aux buvettes.

EAUX MINÉRALES DE CHATELDON.

Les sources minérales de Châteldon jaillissent dans la jolie vallée qui vient s'ouvrir près du bourg de ce nom. Les sources Desbret sont situées à la partie inférieure de la vallée; elles sont froides; leur trop-plein se rend dans une petite maisonnette où l'on donne des bains.

Les sources de la montagne, qu'on a encore appelées sources Andral et sources du Mont-Carmel, sont également froides et vont sourdre un peu plus haut.

Les eaux minérales de cette localité ont été analysées par M. Ossian Henri et M. Gonod fils.

Chaque litre tient en dissolution trois à quatre grammes de substances salines et gazeuses, parmi lesquelles figurent au premier rang l'acide carbonique, les bicarbonates de soude, de potasse, de magnésie et de fer. On y trouve aussi des traces d'iodures et de bromures alcalins.

Les maladies traitées par ces eaux sont l'anémie, les chloroses, les dyspepsies, le catarrhe vésical chronique et la gravelle.

EAUX MINÉRALES DE SAINTE-MARGUERITE.

Les sources qui portent ce nom sont placées sur le territoire de la commune de Saint-Maurice, non loin de Vic-le-Comte; elles sont presque toutes dans le lit de l'Allier. Célèbres à l'époque de Jean Banc, elles sont peu fréquentées aujourd'hui. Elles offrent une composition et des propriétés médicinales qui les rapprochent beaucoup de celles de Saint-Nectaire ; leur température varie entre + 16° et + 33° centigrades. Quelques-unes se rendent dans une piscine qui est enfermée dans une maisonnette.

SOURCES BUVETTES.

Eaux minérales acidules, alcalines, salines et ferrugineuses :

1° Contenant moins d'un gramme de sels par litre d'eau :

Source de Grandrif, près d'Ambert.

2° Eaux minérales contenant par litre un à deux grammes de substances salines :

Source de la Pique, près du Chambon ;

Source d'Enval, près de Riom.

3° Eaux minérales renfermant deux à quatre grammes de sels :

Sources de Javelle et de Châteaufort, près de Pontgibaud ;

Source de la Réveille, près de Sauxillanges ;

Source de Beaulieu, près de Saint-Germain-Lembron ;

Sources de Barréges, commune d'Augnat ;

Source de Ternant, entre Ardes et Issoire.

4° Sources minérales fournissant par l'évaporation d'un litre d'eau quatre à six grammes de sels :

Source de Bard, près de Boudes ;

Source des Roches, près de Chamalières ;

Sources de Médagues, près de Joze ;

Sources du Tambour, près des Martres-de-Veyre.

5° Eaux minérales dont l'analyse n'a pas été faite :

Sources du Cornet, commune de Glaine-Montaigut ;

Sources de Sagnetat, de la Bêcherie et de la Couche, près de Job ;

Source de la Villetour, près de Besse ;

Sources du Saladi et de Saint-Martial, commune des Martres-de-Veyre ;

Source de Coudes ;

Source de la Gorce, près de Nébouzat ;

Sources de la Froude et de Pulvérière, près de Pontgibaud ;

Sources de Saint-Priest-des-Champs.

Ces fontaines sont toutes ferrugineuses, acidules, alcalines et plus ou moins salines. Elles sont conseillées aux personnes affectées de chlorose, d'anémie et d'atonie des organes digestifs et génito-urinaires.

SOURCE DU PUY DE LA POIX.

Nous citerons à part la source si remarquable du puy de la Poix, qui fournit des quantités minimes d'eau contenant une grande quantité de sel marin. Ce liquide est traversé par des bulles d'acide carbonique et sulfhydrique qui ramènent à sa surface des petites plaques de bitume noir et très-mou, que l'on rencontre également dans les fissures de la wakite qui compose la petite montagne du puy de la Poix.

Trois établissements thermaux de notre département ont exposé des produits de leurs sources : ce sont les établissements de Royat et de Châtelguyon. MM. Charbonnier, Vandable et Cie exhibent aussi des spécimens d'eaux minérales.

INCRUSTATIONS.

La fabrication des incrustations est devenue dans ces derniers temps une industrie lucrative.

La théorie de la formation de ces produits est connue depuis plus d'un demi-siècle, et l'on a bien peu ajouté à ce que Fourcroy enseignait en l'an IX de la république. « L'acide carbonique, écrit ce chimiste, dissout facilement le carbonate de chaux, et c'est ainsi qu'il est dissous dans toutes les eaux naturelles; lorsque cet acide se dégage de l'eau par le contact de l'air, et surtout par l'action du calorique, le carbonate de chaux s'en dépose. Voilà ce qui arrive aux eaux qui forment des incrustations sur les corps qu'elles mouillent, dans les canaux qu'elles parcourent, comme celles d'Arcueil, près Paris; de Saint-Alyre, à Clermont; des bains de Saint-Philippe, en Italie, et une foule d'autres... »

Fourcroy a omis de signaler certaines circonstances qui ont une influence prononcée sur les qualités des incrustations. En effet, la présence du fer, de la strontiane et de la silice, qui sont également dissous par l'acide carbonique en quantités variables, peuvent modifier la couleur et la solidité des incrustations, l'aspect de leur surface libre et de leur cassure.

Jean Banc ne dit rien des incrustations ; Fléchier parle seulement des ponts et des grottes de Saint-Alyre ; mais Chomel a vu des branches d'arbres, des fruits et d'autres corps se couvrir d'une croûte calcaire. Il a envoyé à Tournefort des grappes de raisin, des tiges de bouillon blanc et d'autres plantes *pétrifiées*.

En 1788, les habitants de Clermont utilisaient depuis longtemps les propriétés incrustantes des eaux de Saint-Alyre. Ils plaçaient sous le jet de la fontaine de petits objets qui se recouvraient d'une couche calcaire terne et jaunâtre, qu'ils montraient aux étrangers. Le jardinier de Saint-Alyre faisait un petit commerce d'animaux et de végétaux incrustés.

Plus tard, on a fait circuler l'eau minérale dans de longs canaux remplis de pierres où elle se dépouillait d'une partie du fer et de la matière organique qu'elle contenait, et les produits sont devenus plus blancs et plus durs.

En 1829, on découvrit les grottes du mont Cornador, dont les voûtes sont hérissées de stalactites, et la source minérale qui leur a donné naissance. C'est dans cette fontaine qu'on obtint pour la première fois des incrustations à surface brillante et cristalline.

Peu de temps après, M. Serre, sur les indications de M. Ledru père, imagina de préparer des camées et des médailles, en faisant couler sur des moules en creux, préparés avec du soufre fondu, des nappes d'eau convenablement dépouillée.

MM. Serre, Laussedat, Percepied et Chéron, ont continué de perfectionner ces produits jusqu'au moment où l'importation de la gutta-percha leur a permis d'obtenir des objets en relief qui sont fort remarquables. La famille Clémentel, qui avait acquis les sources de Saint-Alyre, a, de son côté, imité les procédés nouveaux qui avaient été employés à Saint-Nectaire. Enfin M. Alègre, en faisant couler l'eau minérale sur des lames de verre, a préparé des espèces de marbres qui sont très-beaux et bien polis.

Aujourd'hui les fabriques d'incrustations sont nombreuses; il en existe à Saint-Nectaire, dans le faubourg Saint-Alyre de Clermont, à Gimeaux, à Châtelguyon et à Rouzat.

Les couleurs des produits varient beaucoup. On obtient, à l'aide de procédés particuliers, le blanc pur, les diverses nuances de l'ivoire, et toutes les teintes depuis le brun jusqu'au rouge pâle et au nankin.

Certaines médailles, vues par transparence, produisent les mêmes effets que les lithophanies.

La forme des incrustations est assez variée. Ainsi on peut recouvrir d'une couche cristalline et brillante d'aragonite des bas-reliefs, des bustes, des médailles, des statuettes en soufre, en marbre, en terre cuite et en biscuit de porcelaine. On peut également faire incruster des feuilles, des fleurs et des fruits, quand leur tissu est suffisamment ferme et résistant; des œufs et des animaux empaillés, des paniers de métal ou d'osier. Enfin on prépare des camées ou des rondes-bosses, à l'aide de moules en creux faits avec le soufre fondu, la gutta-percha, ou le bitume purifié.

On trouve des magasins d'objets incrustés, de camées et de médailles, dans les localités où sont établies les fabriques; mais les dépôts les plus importants sont à Clermont, à Riom, et, pendant la saison d'été, au Mont-Dore et à Vichy.

Les incrustations d'Auvergne jouissent d'une grande réputation. La source de Saint-Alyre était autrefois citée comme une merveille. Nous trouvons à notre exposition des spécimens très-remarquables de l'industrie dite pétrification, envoyés par M. Drouillat, de Riom, par l'établissement de Châtelguyon, et par M. Clémentel, propriétaire de la source de Saint-Alyre. Cette industrie est réellement en progrès; quelques-uns des spécimens qu'elle expose sont de véritables objets d'art.

CAOUTCHOUC.

« La substance qui porte le nom de caoutchouc, ou autrement gomme élastique, dit M. Brière, est le produit du suc laiteux obtenu par l'exsudation des plantes de la famille des euphorbiacées, qui croissent surtout dans l'Amérique du Sud et aux Indes orientales, et plus particulièrement le *Siphonia cahuchu* ou *Siphonia caustchuc*, selon

Schreber et Wildenow, d'où on a tiré le nom de caoutchouc. L'*Euphorbia punicea*, le *Sapium aucuparium* et l'*Hevea guyanensis*, qui sont de la même famille, produisent aussi d'assez grandes quantités de cette gomme, mais moins abondamment que le premier, qui en renferme 30 0/0 du poids de sa sève. Le caoutchouc qui nous vient des Indes et de l'île de Java, est le produit d'un autre arbre de la famille des *urticées morées*, tels que l'*elastica* et le *ficus indica*. Le produit de ces arbres est moins bon et surtout moins pur que celui des premiers.

» L'analyse chimique du caoutchouc serait, selon M. Faraday, de C (carbone) 4, H (hydrogène) 7; mais, selon MM. Huisly, Trommsdorf, Payen et Bouchardat, elle est de C (carbone) 8, H (hydrogène) 7.

» La première description qui fut donnée du caoutchouc, avant qu'il fût connu en Europe, est due au savant La Condamine, qui, en 1736, lors d'une expédition scientifique au Pérou, fit part de ses observations à l'Académie des sciences. Plus tard, en 1751, le même savant donna de nouveaux renseignements à l'Académie, qu'il avait reçus d'un ingénieur français résidant à la Guyane, M. Fresneau.

» Pour obtenir la sève des arbres qui produisent le caoutchouc, on pratique en travers de la tige et à fleur de terre, deux coupes assez profondes pour atteindre la portion qui forme les dernières couches annulaires du bois de chaque côté de la tige, et à partir de ces deux entailles jusqu'au sommet de l'arbre, on forme deux rainures longitudinales qui servent de tranchées pour recevoir la sève des entailles multipliées transversalement sur toute la longueur de la tige, que l'on pratique en les inclinant à cet effet sous forme d'arête de poisson. La sève, recueillie à la partie inférieure de la tige, va couler dans des moules où l'évaporation enlève la partie liquide pour ne laisser que la partie solide qu'on ramasse pour la faire sécher au-dessus d'un foyer disposé à cet effet; on a alors la matière brute telle que nous la livre le commerce.

» La première application du caoutchouc en Europe a été faite en 1783 par le physicien Charles, qui enduisit le taffetas de son ballon avec de la gomme élastique dissoute dans l'essence de térébenthine, afin d'imperméabiliser le tissu et de contenir le gaz hydrogène. Avant cet essai, qui réussit parfaitement aux applaudissements frénétiques de la population parisienne, qui voyait pour la première fois un ballon avec sa nacelle qu'occupait le savant physicien lancé dans les airs; avant cet essai, disons-nous, la gomme élastique était restée dans les laboratoires des physiciens et des naturalistes comme un objet de curiosité, sans recevoir d'application; mais, à partir de cette époque, des essais nouveaux furent tentés pour amollir la gomme et l'employer à divers usages. En 1791, M. Grossart confectionna des lanières pour les enrouler en spirales et en faire des tubes de différentes grosseurs. En 1820, M. Nadler, habile mécanicien, conçut le moyen de découper longitudinalement les lanières de caoutchouc pour en former des fils au moyen de galets superposés, et les tisser avec des fils de coton, de lin, de soie et de chanvre. Environ à la même époque, M. Mac-Intosh, en Irlande, imagina le procédé de réunir deux tissus en les collant entre eux au moyen de caoutchouc dissous dans l'huile de naphte. Ce procédé breveté permit à l'inventeur de faire une fortune considérable; jusqu'en 1831, il n'avait pas rencontré de concurrents. A cette époque, MM. Rattier et Guibal, filateurs de laine peignée à Paris, prirent plusieurs brevets d'invention pour divers moyens de fabrication de tissus élastiques et imperméables, et pour d'autres applications du caoutchouc dans l'industrie.

» C'est à peu près à la même époque que MM. Barbier et Daubrée ont établi leur filature de caoutchouc dans leur usine de Clermont. Leurs produits étaient destinés à la fabrication des bretelles, jarretières et autres tissus élastiques qui, dès le début, ont été expédiés dans tout le continent.

» Néanmoins les ouvrages en caoutchouc avaient un grave inconvénient; indépendamment de la mauvaise odeur qu'ils exhalaient, ils se dilataient à l'action de la chaleur en se ramollissant, et sous l'influence du froid ils se contractaient au contraire et devenaient plus durs. Ces inconvénients en rendaient l'usage beaucoup plus restreint. La découverte de MM. Hancock et Broding, en 1845, consiste dans la vulcanisation, laquelle s'opère en plongeant les feuilles de la matière dans un bain de soufre fondu; la combinaison chimique qui s'effectue alors modifie les propriétés du caoutchouc, assure et fixe pour ainsi dire son élasticité de façon à le rendre insensible aux variations de la température. Une autre découverte plus récente, qui date de 1854, et qui appartient à un Américain, M. Goodyear, consiste à forcer la dose de soufre jusqu'à 1/5, et chauffer la pâte bien mélangée à 150 degrés. Après que la matière a subi cette température pendant un certain temps, elle devient dure et d'une rigidité presque inaltérable. On peut alors l'employer avantageusement pour remplacer l'ébène, le buffle, l'écaille, soit pour les travaux de la tabletterie parisienne, pour monter les objets d'optique et une infinité d'autres articles qu'il serait trop long d'énumérer.

» Les deux dernières découvertes que nous venons de signaler ont généralisé et permettent de multiplier chaque jour l'emploi du caoutchouc aussi bien pour la confection des objets devant servir aux besoins domestiques que pour d'autres objets employés dans les arts et l'industrie.

» On emploie maintenant la caoutchouc vulcanisé dans une foule d'appareils chirurgicaux, et à faire des bandages, coussins, tuyaux de toutes sortes, des ressorts, des balles, ballons et autres jouets pour les enfants, des bretelles, jarretières et autres objets élastiques. Dans l'industrie, les applications sont importantes et nombreuses : on couvre dans les papeteries certains rouleaux de pression; dans la lithographie, des cylindres d'encrage; dans les filatures de lin et de chanvre, des bandelettes pour garnir les pinces des peigneuses mécaniques; dans les machines hydrauliques ou à vapeur, des garnitures de tuyaux de conduite, des boîtes à étoupes, etc. Le caoutchouc durci, indépendamment qu'il s'applique dans la confection des objets de luxe et de fantaisie, vient encore remplacer les cylindres cannelés dans les filatures, autrefois confectionnés en buis, aussi bien que les navettes des tisserands, qui deviennent plus légères, plus solides et moins coûteuses.

» Le caoutchouc, tel qu'il est livré par le commerce, n'est pas exempt d'impuretés. L'espèce qui nous vient des Indes orientales et de l'île de Java est beaucoup moins propre que celle venant des bords du fleuve des Amazones. La première opération que l'on fait subir à cette matière est par conséquent l'épuration ; à cet effet elle est soumise avant toute autre préparation à l'action d'un broyeur mécanique composé de deux forts cylindres cannelés et comprimés entre eux par une forte pression. Leur mouvement circulaire en sens contraire entraîne le caoutchouc qui, en subissant leur puissante compression, se debarrasse en partie des corps étrangers qu'il contient, et sort de cette machine en feuilles rugueuses que l'on introduit dans un bain alcalin pour finir de les épurer.

» La manutention qui suit l'épuration du caoutchouc consiste à comprimer fortement la matière entre des cylindres en fonte creux dans lesquels on introduit la vapeur pour les échauffer, afin d'amollir la pâte et la rendre plus malléable. Après en avoir formé des blocs parfaitement cylindriques, on les soumet soit à l'action d'un couteau placé horizontalement pour enlever des feuilles dont l'épaisseur est déterminée par le rapprochement du couteau, soit à l'action d'un couteau circulaire, selon les besoins et la forme à donner aux objets qu'il s'agit de fabriquer. »

MM. Torilhon jeune, Verdier et Ce, fabricants de caoutchouc à Chamalières, exposent une série des plus complètes de leurs produits, qui révèle une habile et consciencieuse fabrication.

Leurs tissus sont très-beaux, le nerf du caoutchouc, entièrement conservé, leur assure un long usage. Notre attention a été surtout attirée par leurs manteaux de poche très-légers, et malgré cela parfaitement imperméables.

Leurs caoutchoucs en feuille feutrée pour joints de vapeur, sont d'un excellent usage. Ces Messieurs ont eu l'heureuse idée de les livrer aux usines en bandes; de cette façon, les déchets produits par le découpage sont évités.

Une des pièces capitales de leur exposition est un tuyau d'aspiration, avec spirale intérieure, de 8 mètres de long sur 18 centimètres de diamètre. L'exécution de ce tuyau présentait de grandes difficultés qui ont été très-heureusement surmontées par les habiles fabricants. Les clapets, les courroies et les seaux à acides sont aussi dignes d'attention. Leurs tapis en caoutchouc à une belle exécution joignent un très-grand avantage, celui de pouvoir, après un service assez long, être relevés sans se casser, ce qui arrive pour les tapis en toile cirée.

Nous devons mentionner d'une façon toute particulière la ceinture de sauvetage que cette maison expose. Cette ceinture possède le précieux avantage sur tous les appareils du même genre de pouvoir supporter des déchirures sans laisser sombrer celui qui la revêt, ce qui arriverait en pareil cas avec une ceinture gonflée d'air. Que l'on joigne à cet appareil un vêtement en caoutchouc semblable à celui dont MM. Thorillon, Verdier et Cie ont revêtu le mannequin qui figure dans leur exhibition, et il sera facile de travailler longtemps dans l'eau et d'échapper à de sérieux dangers.

CÉRAMIQUE.

(Poterie, Faïence, Porcelaine.)

« Les sauvages habitants des terres australes, nous dit un voyageur, faisaient cuire leurs aliments dans des morceaux de bois creusés qu'ils enduisaient de terre grasse pour les préserver de l'action de la flamme. »

Telle dut être, chez tous les peuples de l'antiquité, l'origine de la céramique, ou art de fabriquer toutes sortes d'objets en terre cuite, art qui, suivant la remarque de Platon, dut être bientôt inventé, parce qu'on n'a pas besoin du secours des métaux pour travailler les vases de terre. Il fallut plus de temps pour donner aux produits de la céramique le degré exact de cuisson, le vernis, la plombée, l'émail et les formes variées et élégantes qu'ils possèdent aujourd'hui. Nous diviserons cette industrie en trois classes ou branches principales.

Poterie. — La poterie proprement dite, qui comprend la fabrication des *terres cuites*, et dont le nom vient du mot latin *potum* (vase à boire), était très-ancienne en Orient, et la généalogie de la tribu de Juda cite une famille de potiers qui travaillait pour le roi et demeurait dans ses jardins. En Occident, on attribue son invention à Chorébus, d'Athènes. Chez les Romains, on estimait très-haut les ouvrages de terre cuite, que les Toscans confectionnaient déjà du temps de Porsenna, et les ouvrages de poterie des Etrusques, qui se faisaient remarquer par la beauté de leurs formes. Il y avait des manufactures à *Cumes* et à *Velleïa*, « et les morceaux qui nous en restent prouvent, dit le comte » de Caylus, que les hommes possédaient les différentes espèces de » poteries dont nous nous servons aujourd'hui, et qu'ils avaient même » trouvé le secret de les enduire de verre. » Les anciens Gaulois n'avaient qu'une poterie grossière, et les sculptures en creux dont ils l'ornaient étaient d'un style barbare. Sous la domination romaine, une fabrication meilleure s'introduisit dans les Gaules, et les terres cuites gallo-romaines qui nous sont parvenues, telles que vases, briques, tuyaux et fragments de statues, se font remarquer généralement par l'élégance des formes. Les grandes invasions des Barbares anéantirent cet art comme tous les autres, et c'est à peine si le moyen âge parvint à en conserver quelques faibles traditions. Cependant, à cette époque, on appliquait la poterie à la décoration, et notamment au pavage des chambres, au moyen de carreaux d'argile vernis dont on formait, à l'imitation des Arabes, des parquets aux couleurs vives représentant des rosaces, des entrelacs, des animaux, des chasses, des figures de blason, et jusqu'à des échiquiers pour l'amusement des soldats de garde dans les châteaux. Languissante et arriérée dans ses procédés au quatorzième siècle, la poterie fit quelques progrès pendant le quinzième. Au seizième siècle, la petite ville de Dourdan possédait des fabriques renommées, et Beauvais produisait des poteries vernissées en bleu dont parle Rabelais.

La poterie commune, composée d'argile ordinaire, de marne argileuse et de sable, et enduite d'un vernis coloré par le cuivre, le manganèse et l'antimoine, est la plus répandue; mais elle est généralement peu soignée, et manque de cette élégance que les Espagnols ont su donner à la forme de leurs vases. Les principales fabriques de France sont celles de Paris, d'Epernay et de Magnac-Laval, qui, en 1825, produisaient pour 45 millions de marchandises. A cette même date, les fabriques de terres cuites débitaient pour 18 millions de briques, tuiles, carreaux, tuyaux et pots à fleurs. Quant à la plastique ou application de la terre cuite à la décoration des monuments et des appartements, si perfectionnée chez les anciens, si longtemps négligée chez nous, elle s'est ressentie depuis une trentaine d'années de l'influence du goût et des arts sur toutes les industries, et les travaux de MM. *Virebent*, de Toulouse, ont beaucoup contribué à ses progrès. L'on a essayé aussi de donner un caractère artistique, en en formant des espèces de mosaïques, aux parquets en carreaux de couleur, dont l'usage, commun au treizième siècle, s'était maintenu jusqu'au milieu du seizième, et il serait à désirer que ce genre d'industrie se répandît et se développât davantage.

Peu de contrées en France offrent autant de ressources à la poterie que l'Auvergne. On y trouve partout, mais principalement sur les bords de la Limagne, de belles couches d'argiles, parmi lesquelles on signale la terre de Ravel-Salmeranges pour sa finesse, son poli, sa plasticité, et la propriété qu'elle a de recevoir un vernis vitreux susceptible de prendre diverses couleurs, suivant le degré de cuisson et les substances minérales ou composées qu'on emploie. Cependant, l'art du potier n'est pas encore très-avancé chez nous. Ce ne sont guère que des poteries communes qu'on fabrique à Billom, à Sermentison, à Lezoux, sans compter les nombreuses tuileries qui existent surtout dans les arrondissements de Thiers et d'Ambert. La poterie de Ravel est recherchée des consommateurs pour sa solidité et la durée de son vernis; et il est à regretter que M. Laroche-Genilier, avec les ressources dont il peut disposer, ne donne pas plus d'extension à sa fabrication. Près de Sermentison, on fabrique aussi des pièces remarquables : ce sont d'énormes cuviers en terre qu'on cuit en plein air et sans four, procédé encore usité aujourd'hui par quelques tribus sauvages de l'Amérique; mais une des plus curieuses industries du genre en Auvergne est celle de Billom.

Une poterie très-remarquable avait été créée à Billom par M. Lecoq. Elle employait toutes les argiles des environs, et surtout une argile jaune d'une finesse extrême qui, par la cuisson, devenait d'un rose tendre admirable. Les impressions les plus fines restaient sur ces belles poteries. On moulait des vases, des statuettes, des culs-de-lampe de la plus grande élégance. On copiait à s'y méprendre les anciens vases romains, on imitait les étrusques, et l'on pouvait voir dans les magasins de cette fabrique les plus beaux échantillons de poterie et les plus variés. Ce mélange de plusieurs terres naturellement colorées permettait de fabriquer des marbres en terre cuite, dont les nuances diverses brillaient sous le vernis qu'on y appliquait.

Cette fabrication a lieu encore à Billom et mérite toute l'attention des amateurs de céramique.

A l'exposition de Clermont, on a remarqué :

1° Les poteries de fantaisie, telles qu'assiettes à fruit ayant la forme d'une feuille de vigne ou de chou, de M. Granet, de Billom;

2° Quelques petits objets bien fabriqués de M. Teissier, de Billom, et surtout ses imitations de poteries romaines, qui sont d'une pâte très-belle, mais qui ont encore besoin d'être perfectionnées sous le rapport du goût;

3° De magnifiques vases en terre desséchée, de M. Lacollonge. Il a fallu, pour arriver à ce résultat, sans qu'ils soient émaillés, une pâte de bonne qualité et beaucoup de soins.

M. Pomel, de Vergonghon, a exposé aussi des tuyaux de cheminée, des vases et des tonneaux pour faire le vinaigre; le tout en poterie rouge sans vernis.

Faïence. — Les premières faïences connues en Europe sont d'origine orientale. Les *azulejos* ou carreaux de faïence, émaillés de diverses couleurs, que fabriquaient les Arabes, donnèrent naissance aux faïenceries de Valence et à celles de Majorque. De cette île, l'industrie faïencière passa en Italie, où, pour cette raison, l'on donna à ses produits le nom de *maïolica* ou *majolica*, et ce fut à *Faenza*, en Romagne, que fut établie en 1299 la première fabrique. Les Français, à leur tour, lorsqu'ils s'emparèrent de cette industrie, donnèrent le nom de *faïence* non seulement à l'objet fabriqué, mais encore au petit bourg provençal où les premiers essais eurent lieu. C'est sous Henri II que Bernard de Palissy trouva les procédés des faïenciers italiens et produisit ses *rustiques figulines;* mais le premier établissement réel de faïencerie que posséda la France, ne fut formé à Nevers que dans les premières années du dix-septième siècle. Les belles figures de Henri II et de Henri III, appliquées au tombeau de Diane de Poitiers, ont été faites à Ecouen. Quoique les progrès de cette industrie aient été lents, la France possède aujourd'hui un grand nombre de fabriques renommées, notamment celles de Paris, Sceaux, Rouen, Nevers, Lunéville, Saintes, Forges-les-Eaux, Tours, Longwy et Nîmes, pour la faïence commune; et pour la faïence fine ou anglaise, les manufactures de Creil, Montereau, Choisy, Sarreguemines, Toulouse, Arboras, Bordeaux, Paris et Saint-Gaudens.

La pâte de la faïence commune est composée d'argile lavée, de marne argileuse et de sable; l'enduit qui la recouvre est un émail opaque, le plus souvent stannifère.

La pâte de la faïence fine est formée d'argile plastique lavée et de silex broyé fin. L'enduit est vitreux, siliceux et plombifère.

A ces substances, et pour perfectionner la fabrication, on a ajouté de nos jours du kaolin dans la masse de la pâte, et dans la composition du vernis de l'acide borique qui durcit l'émail.

N'oublions pas de dire que c'est à 1824 que remontent et que c'est à M. Saint-Amans que sont dus les premiers essais bien constatés de la fabrication en France des faïences fines anglaises à pâte sonore et dense et à couverte dure. Empressons-nous d'ajouter qu'aujourd'hui nos fabriques rivalisent avec celles des Anglais et ne leur sont inférieures à aucun égard.

En Auvergne, on ne fabrique guère que de la faïence commune. Les deux principales manufactures sont celle de Ravel, établie dans l'ancien château d'Estaing et dont nous avons déjà parlé à l'article *poterie*, et celle de Clermont. Viennent ensuite celles de Vic-le-Comte et de Jozerand. La faïence fine se tire principalement de Strasbourg, Sarreguemines, Gien, Creil, Montereau et Nevers, et donne lieu à une importation assez considérable.

Nous ne parlerons pas de la faïence fine tendre, dite *terre de pipe*, dont la fabrication est presque abandonnée aujourd'hui; mais disons quelques mots de la *poterie de grès*, dont la composition est à peu de chose près la même que celle de la faïence fine, et dont la cuisson demande une haute température. Au seizième siècle, l'Allemagne, l'Italie et la France possédaient des poteries de grès communes; les grès de Nuremberg, en Allemagne, et la fabrique de Bayeux, en France, jouissaient d'une certaine célébrité. Aujourd'hui cette industrie est assez répandue. Quant à la fabrication en grès fins, qui était pratiquée depuis un temps immémorial en Chine et au Japon, elle n'a été connue en Europe qu'au dix-huitième siècle. Un Allemand, *Bœttcher*, en trouva le procédé en cherchant à faire de la porcelaine, et *Wedgwood* le naturalisa ensuite en Angleterre. La France ne s'appropria cette industrie que vers 1825, en même temps que celle de la faïence anglaise. Plusieurs villes se sont livrées à cette fabrication, et l'on doit citer en première ligne Sarreguemines, où M. *Utzschneider*, et après lui d'autres industriels, l'ont portée à un degré supérieur en qualité et en bon goût. On a pu remarquer à l'Exposition clermontoise les vases et les corbeilles en grès de MM. Chesneau et Ansaldi.

Porcelaine. — L'art de fabriquer la porcelaine a été connu des anciens Egyptiens, et c'est de leur pays qu'il aura sans doute passé en Asie, où il s'est établi depuis fort longtemps en Chine et au Japon. En 1517, les Portugais, de retour de leur voyage en Chine par le cap de Bonne-Espérance, importèrent en Europe la porcelaine, qui prit son nom du mot portugais *porcolana*, et pendant longtemps on se contenta d'aller la chercher à la Chine, car celle du Japon ne fut connue que beaucoup plus tard. Cependant, dès 1695, il existait à Saint-Cloud, Chantilly, Orléans et Villeroy, des manufactures de porcelaine tendre vitreuse qui eurent un grand succès. On en établit bientôt de nouvelles à Arras, Tournay, etc., et Félibien, dans son *Histoire du diocèse de Paris*, dit qu'en 1737 les porcelaines de Saint-Cloud égalaient presque celles de la Chine.

Ce ne fut qu'en 1710, et à la suite des essais de Bœttcher qui n'avaient produit qu'une imitation de porcelaine chinoise en grès fins, qu'un autre chimiste allemand, *Tschirnhausen*, découvrit la composition de la véritable pâte de porcelaine en kaolin, et en enrichit la Saxe. Mais en France, *Homberg*, ami de Tschirnhausen et possesseur de son secret, étant mort sans l'avoir communiqué au public, on continua à fabriquer de la porcelaine tendre, notamment dans la manufacture que le marquis de Fulvy avait établie au château de Vincennes en 1738, et qui fut transférée à Sèvres en 1750. Déjà les savantes recherches de *Réaumur*, qui avait fait venir de Chine les matériaux que l'on y emploie, et qui, de 1727 à 1729, s'occupa de cette question, avaient mis sur les traces de la découverte, sans atteindre en entier le but. Les travaux de *Darcet*, qui décomposa et recomposa la porcelaine de Saxe, firent faire un pas de plus à la science. Enfin le secret de la porcelaine dure fut apporté en France par un Strasbourgeois, et l'on fit à Sèvres de la porcelaine dure au moyen de kaolin qu'on faisait venir du Palatinat, jusqu'au moment où un habile chimiste, *Macquer*, reconnut en 1768 la précieuse substance dans une argile trouvée en 1757 par M. *Vilaris*, à Saint-Yrieix, près Limoges. C'est de ce jour que la célèbre manufacture de Sèvres a pris ce développement, cet éclat, cette supériorité qui la laisse sans rivale au monde.

Après Sèvres, qui est hors ligne, les principales manufactures de porcelaine qui existent en France, sont celles de Paris, Limoges, Villedieu (Indre), Conflans, Bayeux, Fontainebleau, Orchamps (Jura) et Sarreguemines.

Pourquoi faut-il que nous n'ayons pas à nommer l'Auvergne parmi les contrées favorisées de cette industrie?

Tous les éléments de bonne confection y existent dans les conditions les plus heureuses : le kaolin (argile blanche résultant de la décomposition de la roche lamelleuse nommée *feldspath)*, se trouve en abondance dans deux propriétés de l'Allier, voisines du Puy-de-Dôme : celle de M. Joubet de Beauvoir, en la commune d'Echassières (canton d'Ebreuil), et celle de M. le duc de Morny, à Nades (même canton). Si, à première vue, ce kaolin paraît un peu inférieur à celui du Limousin, c'est qu'il n'est pas trié avec assez de soin et convenablement lavé; mais la qualité en est essentiellement bonne, et les épreuves faites à Limoges ont donné des porcelaines d'une grande beauté. Il y a plus : dans le Puy-de-Dôme même, à Messeix, le *feldspath* se trouve abondamment et en qualité supérieure, à l'état de roche, il est vrai ; mais on sait que, mêlé au kaolin, il entre pour moitié dans la composition de la pâte à porcelaine. M. Azant, de qui nous tenons ces derniers renseignements et qui, après avoir étudié à Limoges la fabrication de la porcelaine, avait cherché en 1853 à éveiller sur ce point l'attention et l'intérêt de ses concitoyens, est resté convaincu qu'une fabrique de porcelaine en Auvergne, produirait un bénéfice de plus de 20 p. % au-dessus de tous les bénéfices possibles à Limoges.

En attendant, c'est de Limoges, de Paris et, depuis peu de temps, de Sarreguemines, que nous tirons toutes nos porcelaines, comme la plus grande partie de nos faïences fines, ce qui donne lieu à une importation annuelle de près de 140,000 francs.

A notre Exposition clermontoise, seule la manufacture de porcelaine de Sarreguemines, représentée par MM. Chesneau et Ansaldi, a exhibé dans la grande salle différents produits de la fabrique de poterie, faïence et porcelaine de Sarreguemines, sinon la plus importante de France, du moins celle dont les produits sont en raison de leur solidité, de l'élégance des formes, de leur variété, le plus généralement répandus.

Parmi ces objets nous avons remarqué notamment ceux qui sont fabriqués avec du marbre de Paros ; quatre vases montés sur ceps de vigne sculptés d'un admirable travail ; différents vases peints et imprimés, ornés de fleurs et de guirlandes, qui ont exigé de grands soins d'exécution ; d'autres vases en grès, des pots à tabac, plusieurs services en porcelaine à thé et à café, qui nous paraissent d'autant plus beaux que le prix en est peu élevé.

A l'entrée de la galerie de la Poterne, nous avons trouvé encore une exhibition de Sarreguemines. Ici c'étaient des articles d'un usage journalier, que le bon marché met à la portée de tout le monde. Il y avait cependant certains objets remarquables et parfaitement exécutés, notamment des vases, des suspensions, des corbeilles en grès, une collection d'assiettes en faïence et porcelaine d'un décor riche et de bon goût.

En résumé, l'exhibition faite par MM. Chesneau et Ansaldi a prouvé que la fabrique de Sarreguemines ne cesse de progresser ; non seulement elle augmente et embellit ses produits, mais sa fabrication, montée sur une grande échelle en France et en Prusse, lui permet de les livrer à bas prix.

Dans notre étude rétrospective sur la céramique, nous n'avons pas cru devoir traiter de l'histoire de la peinture sur faïence et sur porcelaine; cela nous aurait mené beaucoup trop loin, et ce sujet, étranger d'ailleurs à notre département, appartient plutôt à l'art qu'à l'industrie.

PRODUITS DES CARRIÈRES.

Les carrières sont nombreuses et importantes dans notre département; elles existent dans des terrains très-différents, dont les matériaux sont souvent exploités sur une très-grande échelle.

Les plus considérables se trouvent dans les coulées des volcans modernes, dont les laves donnent de très-beaux matériaux de construction.

La plus remarquable, la plus anciennement connue de ces carrières, est celle de Volvic. La coulée de lave tout entière est exploitée par une population de plus d'un millier d'ouvriers.

C'est le volcan de la Nugère qui a donné la lave feldspathique dans laquelle les carrières de Volvic sont ouvertes. Les villes de Clermont, Riom et une foule de villages sont construits en pierre de Volvic.

Les laves du puy de Pariou et du puy de Dôme, également feldspathiques, ont permis aussi d'ouvrir de belles carrières sur plusieurs parties de leur trajet.

De magnifiques carrières sont ouvertes au Mont-Dore, au-dessus du village de Rigolet, dans une coulée de trachyte; on en tire des blocs énormes; l'établissement thermal est construit avec ce trachyte. Celles de Massiac, dans le Cantal, sont à peu près abandonnées.

Le tripoli rouge s'extrait à Menat sur une grande échelle, et s'expédie principalement dans le nord, pour nettoyer le cuivre.

Les Espagnols ont exploité autrefois le quartz améthyste, dont il existe des filons aux environs d'Ambert et de Lamontgie; on pourrait poursuivre ces mêmes filons, qui ne sont pas épuisés.

Des prismes de basalte sont exploités à Ardes et dans plusieurs autres localités, comme bornes naturellement taillées et d'une extrême dureté.

Des exploitations de scories légères pour voûtes, de scories fragmentaires pour béton, existent à Gravenoire, près Clermont. C'est dans la même localité, ainsi qu'à Durtol, que se trouvent les amas immenses de pouzzolane employés sous le nom de sable dans toutes les constructions des environs de Clermont, et qui deviennent l'objet d'un transport considérable sur le chemin de fer de Paris.

Des carrières de granit existent à Orcines, à Montrodeix, à Coudes et dans une foule de localités.

Les grès de Coudes et de Vic-le-Comte sont exploités comme pierre de taille et pour la fabrication des meules de moulins.

On fabrique aussi ces dernières au village de Chavarot, canton de Saint-Dier, mais avec un quartz caverneux, que l'on peut regarder comme un vrai silex meulier.

On construit peu avec les calcaires, qui sont généralement trop mous et trop friables. Il faut cependant excepter les calcaires lamellaires et concrétionnés de Chaptuzat, près Aigueperse, dans lesquels on a ouvert de très-belles et nombreuses carrières.

Les calcaires occupent presque toute l'étendue de la Limagne, mais certaines couches seulement sont propres à fournir de la chaux. Les fours pour l'obtenir sont principalement situés à Cournon, au Petit-Pérignat, à Combronde, à Billom, à Vic-le-Comte, à Joze. Toutes ces chaux sont plus ou moins hydrauliques. On a trouvé dans cette dernière localité des couches qui donnent un ciment qui durcit immédiatement après son emploi.

A Ebreuil, le calcaire, plus blanc et plus pur, donne une chaux grasse d'une blancheur éclatante, qui se délite facilement et qui est très-employée dans l'agriculture. Presque tous les fours qui fabriquent cette chaux sont situés dans le département de l'Allier.

Une très-grande partie de l'Auvergne est dépourvue de pierre calcaire, mais on voit cependant près de Messeix, à peu de distance de Savennes, des amas de marbre blanc au milieu des gneiss. Ce marbre, impropre à l'industrie du bâtiment, donne une chaux blanche magnifique, qui sert à la fois aux constructions et à l'agriculture.

Le marbre proprement dit est à peu près inconnu en Auvergne. On exploite sous ce nom un travertin calcaire situé à Nonette, près de Saint-Germain-Lembron; c'est un marbre jaunâtre, tendre, sans éclat, peu usité aujourd'hui. Aucune chance de trouver mieux.

M. Machebœuf, de Volvic, expose, comme spécimen de son exploitation un magnifique plafond de $1^m,50$ de large sur 6 mètres environ de hauteur, et une épaisseur de 17 centimètres.

Le propriétaire des carrières de Ruère, près Messeix, a envoyé un bloc de marbre dont on ne peut juger les qualités.

BOIS.

L'exploitation des bois d'Auvergne est largement représentée à notre exposition. MM. de Riberolles et Clair, de Clermont-Ferrand, ont exposé une pièce de sapin de 19 mètres de long sur un diamètre moyen de 80 centimètres, ce qui donne un cube de 9 mètres et demi : la pièce avait dans la forêt 42 mètres de long sur 30 centimètres de diamètre au menu bout; il est à regretter qu'elle n'ait pu être transportée tout entière. Ces industriels exposent encore un joli cabinet d'horloge, des étuis à chapeaux, des boîtes à bonbons, des caisses d'emballage ; mais ce qu'il y a de plus remarquable dans leur exhibition, ce sont les parquets et les moulures faits mécaniquement; les nœuds de sapin, jadis si redoutés des menuisiers, sont coupés avec une netteté qui implique une bien grande perfection dans les machines qui exécutent ces travaux. On ne doit pas être étonné d'apprendre que ces produits s'écoulent en très-grandes quantités dans tout le centre de la France, et qu'ils vont faire concurrence sur les marchés de Paris, Nantes, Orléans et Angoulême, aux bois de la Suisse et du Nord.

MM. Charbonnier, Vaudable et Maison, qui font aussi un commerce étendu dans le même genre, exposent un assemblage très-bien réussi de lames de parquet de diverses espèces.

M. Favard nous fait voir différents modèles de ses découpures sur bois très-délicatement faites.

M. Vidal offre bien de nous garantir de l'eau et du vent qui passent si bien par les fenêtres ; y aura-t-il réussi ? Nous le souhaitons au nom de tous ceux qui souffrent de douleurs rhumatismales.

Les traditions se perdent difficilement. L'Auvergne, dans ses constructions civiles et dans ses monuments publics, en offre une nouvelle preuve. A une époque reculée, alors que le sol ébranlé par les grandes commotions volcaniques n'était pas encore bien raffermi, les constructions durent réunir de grandes conditions de stabilité et de solidité, que l'on retrouve encore dans les constructions modernes. Notre pays a toujours offert d'admirables ressources pour arriver à ces résultats. Ses immenses coulées de laves, en se figeant, ont produit la meilleure pierre que l'on puisse rechercher pour les constructions.

Les scories, qui se combinent parfaitement avec la chaux hydraulique, abondante parmi nous, forment un mortier presque aussi dur que les ciments, et fournissent de précieux éléments à la construction.

Le ciment de M. Goutay, de Joze, nous paraît appelé à remplacer les ciments romains de Vassy et autres. Une fois gâché, il fait une prise très-dure et très-dense. Son grain est uni, il résiste parfaitement aux influences de l'eau et de l'air. L'eau de mer même n'a pas d'action sur lui.

Ce ciment a été employé pour la construction et le revêtement de plusieurs bassins du Jardin des Plantes, et chez quelques propriétaires; la facilité avec laquelle il se colore fait que, moulé en briques, il permet de faire de jolis carrelages mosaïques.

Les ciments convenablement additionnés de sable gâché avec de l'eau prennent, coulés dans un moule, toutes les formes que l'on peut désirer; c'est ce que fait M. Basso, de Vollore-Ville, qui expose quelques pièces en pierre artificielle.

M. Jabert, outre les marbres factices qu'il réussit si bien, expose des balustres en pierre artificielle et des conduites d'eau formées d'une espèce de béton battu dans un moule. Ces conduites ont l'avantage de ne pas altérer l'eau.

Nous ne regrettons pas de ne point voir exposer l'ancienne tuile creuse dont se compose la majeure partie des toitures de notre ville. Ce mode de couverture a le grave inconvénient d'être dérangé par le vent et de laisser passer la pluie; les tuiles plates, avec rebords en saillie, qui s'emboîtent les unes dans les autres, donnent une très-bonne couverture, plus légère que la précédente, et qui ne peut laisser passer l'eau. MM. Girodon frères, fabricants à Clermont, exposent des tuiles de ce système et des briques creuses pour cloisons; quoique légères, elles ne donnent pas passage aux sons.

MM. Charbonnier, Vaudable et Maison exhibent aussi de belles tuiles plates, des tuiles à crochets et des carreaux.

La fabrique de Collange, près Pionsat, expose des tuiles du même genre.

Le spécimen de toiture de M. Maisonneuve, maître couvreur à Clermont, un peu petit pour que l'on puisse bien juger de la valeur du travail, dénote cependant un très-bon ouvrier.

La taille des pierres et la sculpture prennent une grande part dans l'ornementation des constructions publiques ou particulières. Cette partie de l'industrie du bâtiment est très-peu représentée à notre exposition. M. Coulon ne nous offre que des spécimens presque insignifiants de son talent. M. Coulon est cependant un habile et intelligent ouvrier. La façade d'une très-belle maison, en construction sur le boulevard du Séminaire, a été sculptée par lui.

Dissimuler la vétusté des murs d'un édifice sous une décoration à la fois solide et de bon goût; suppléer à l'absence d'ornements sculptés dans les voussures et les frises; faire disparaître la monotonie des grandes surfaces nues; donner le plus souvent du style aux églises qui en sont dépourvues, et conserver rigoureusement aux édifices celui de leur siècle; enfin, faire plier l'art aux ressources restreintes des églises pauvres : tels sont les avantages d'une industrie artistique très-bien représentée parmi nous par M. Maurice Belli.

Cet artiste n'expose qu'un spécimen de ses peintures murales; mais il suffit pour les faire apprécier. M. Belli a du reste déjà décoré le chœur de l'église de Saint-Genès-les-Carmes, l'église du monastère de la Visitation de Clermont, et celle du monastère de la Visitation de Riom.

L'intérieur des habitations réclame aussi une ornementation spéciale, et la peinture vient leur prêter son concours. Les panneaux exposés par M. Pianella méritent une mention spéciale.

M. Silvant, peintre décorateur, expose aussi de remarquables spécimens de peinture faux bois.

L'industrie des papiers peints a fourni un sérieux contingent à notre exhibition. Nous y trouvons depuis le papier de 30 cent. le rouleau jusqu'aux magnifiques panneaux exposés par Mmes veuves Rogron et Dubroc.

Le carton-pierre a aussi apporté son tribut à la classe qui nous occupe.

Comme plusieurs industries de luxe, l'industrie des marbriers a fait de grands progrès en Auvergne depuis quelques années. Les matières rares ou précieuses, les marbres artificiels sont aujourd'hui fréquemment employés parmi nous, et cela d'une façon très-intelligente. Nous en avons la preuve dans les diverses cheminées que nous trouvons à l'exposition.

Les deux cheminées avec foyère de M. Brionet sont remarquables au double point de vue de la matière et de l'exécution, la blanche surtout, que ses ornements de bon goût, l'emploi du poli et du mat désignent à l'attention des connaisseurs.

Les mêmes éloges sont applicables aux cheminées en très-beau marbre d'Italie fabriquées par M. Fouilhoux.

M. Barthélemy expose trois cheminées de différents styles, dont une en marbre blanc, enrichie d'ornements d'un caractère très-original, et divers spécimens de carrelages d'un travail excellent.

M. Darbas a aussi envoyé à l'exhibition clermontoise une très-belle cheminée, accompagnée de sa foyère.

M. Jabert a apporté à Clermont l'industrie des marbres artificiels. Ce marbre factice se fabrique à l'aide de l'ocre et du calcaire; il s'emploie pour cheminées, consoles, revêtements de murs, etc.; il possède la plupart des qualités du marbre naturel et a sur lui l'immense avantage de coûter beaucoup moins. Ce produit nous amène à dire quelques mots d'une industrie qui pourrait se fonder dans notre pays et y prendre une grande extension : nous voulons parler des marbres faits à l'aide de brèches de diverses nuances, unies entre elles par le dépôt calcaire des sources minérales. Nous avons vu à Paris de magnifiques échantillons de ce marbre factice, qui pourrait se faire en Auvergne, où toutes les matières premières abondent, dans les meilleures conditions.

Les marbres artificiels de M. Jabert sont très-remarquables. On comprend en voyant ces produits, en comparant surtout leurs prix avec ceux des marbres naturels, toute l'extension que leur fabrication prend chaque jour.

AMEUBLEMENT.

L'usage des meubles dut naître dès que la famille se forma. Grossiers dans l'origine et restreints au strict nécessaire, ils durent prendre de l'extension, des formes variées et une riche ornementation au fur et à mesure que la civilisation s'étendit, que le luxe s'introduisit dans les mœurs et les habitudes, que la science et les arts vinrent prêter leur concours au travail de l'ouvrier.

C'est chez les Orientaux surtout que le luxe des ameublements fut porté à son plus haut degré; leurs meubles étaient couverts de lames d'or incrustées de pierres précieuses. Les Egyptiens décoraient leurs palais de figures astronomiques sculptées en demi-relief et rehaussées d'or. Ils faisaient aussi un grand usage de meubles de jonc. Alcibiade, après la mort de Périclès, introduisit dans l'Attique les richesses de la Syrie, et les conquêtes d'Alexandre amenèrent en Grèce le luxe asiatique; mais ce peuple élégant sut toujours conserver dans ses meubles et dans ses vases une grande pureté de formes, jointe à une belle exécution. Imitateurs des Grecs, les Romains recherchèrent la beauté des boiseries et la magnificence des ameublements, dont la peinture et la sculpture formaient la base principale. Ils revêtaient aussi leurs murailles de beaux enduits et de marbres d'Egypte.

On a peu de données sur l'ameublement des Gaulois; mais, à en juger par le luxe de leurs armes et la réputation de leurs tentures, ils durent être assez avancés dans l'industrie mobilière, surtout sous la domination romaine.

L'ébénisterie ou art de travailler l'ébène et autres bois se distinguant par leurs belles nuances, leurs veines, leur dureté et leur finesse, avait été connu des anciens, mais il ne nous reste aucun monument de leur travail en ce genre. On a écrit que cet art n'avait reparu qu'au quinzième siècle, en Italie, où Jean de Vérone, contemporain de Raphaël, inventa des procédés pour teindre les bois de diverses couleurs au moyen du feu et des acides, et contribua par ses talents à augmenter la splendeur du Vatican; on a dit aussi que, pendant que l'ébénisterie florissait en Italie, la France n'avait encore que des meubles communs et grossiers, et que pour elle l'art ne date que des Médicis ou de François Ier. C'est une grave erreur : au moyen âge (au treizième ou au quatorzième siècle), l'ébénisterie ou art des *tabletiers* et des *huchers* (comme les nomme *Estienne Boyleaux* dans son livre des métiers) était des plus florissantes, à en juger par le nombre considérable de cabinets, bahuts, dressoirs, chaires, crédences, prie-Dieu et meubles de toute espèce, ornés de sculptures fines et délicates, qui sont aujourd'hui si recherchés par les amateurs. La Bretagne, la Normandie et l'Auvergne étaient surtout riches en meubles de ce genre; le chêne, le buis, le cyprès et le brésil ou bois rouge d'Orient, étaient principalement employés dans la fabrication de ces meubles; l'ivoire et la corne n'y entraient que comme ornements. Au quinzième siècle, les sculpteurs introduisirent l'usage des boiseries aux ornements gothiques.

C'est au dix-septième siècle que l'ébénisterie française, parvenue à son apogée, acquit en Europe cette supériorité qu'elle a su conserver jusqu'à nos jours, malgré la concurrence que l'Allemagne lui a faite. Les artistes les plus célèbres de ce siècle et du commencement du dix-huitième, furent Jean-Marie de Blois, André-Charles Boule et son fils. Boule surtout, qui ornait ses meubles de bronzes ou ferrures à la fois sévères et élégantes, et de mosaïques ou marqueteries d'ivoire, d'écaille, de cuivre et de bois précieux aux couleurs variées, unissait un excellent goût à une science profonde du dessin. Il a mérité l'honneur de laisser son nom au genre de meubles dans lequel il excellait.

Au dix-huitième siècle, la découverte des deux Indes enrichit encore les arts d'une foule de bois précieux inconnus à l'Europe, rendit inutiles les anciens procédés pour colorer les bois indigènes, et permit de faire non-seulement des meubles, mais encore des revêtements d'appartement et des parquets en marqueterie; cependant, à la fin du règne de Louis XV, le style maniéré et le faux goût qui avaient envahi tout le domaine des beaux-arts, s'introduisirent aussi dans l'industrie si précieuse de l'ébénisterie. Mais, vers la fin du dix-huitième siècle et au commencement du dix-neuvième, une réaction s'opéra; et le genre Boule, espèce de style *renaissance*, que l'école Watteau avait usurpé, fut remplacé par le style grec ou romain, qui excluait tout ornement, et dont la raideur et le nu absolu formaient les principaux caractères. C'était l'école de David transportée dans l'ameublement. Cet excès en amena un autre en sens contraire, et sous la *restauration* toutes les expositions furent encombrées de meubles gothiques.

L'ébénisterie semble vouloir en revenir aujourd'hui au genre que Boule avait mis en vogue; des progrès notables se sont fait remarquer, à l'exposition de 1839; et le savant rapporteur de cette exposition, M. Blanqui, disait : « Le faubourg Saint-Antoine, à Paris, avec ses » 40,000 habitants, façonnés depuis vingt-cinq ans à cette industrie, » l'a concentrée dans ses ateliers; maîtres intelligents, ouvriers » habiles et instruits, artistes de goût, cours de dessin de toute espèce, » tout est réuni là. Tout aussi y est soumis au principe fécond de la » division du travail; les scieries mécaniques débitent le bois de pla- » cage en feuilles légères (jusqu'à 64 par pouce) et en baguettes sveltes » et déliées, la hardiesse des découpeurs ne connaît plus de bornes; » elle s'est emparée des métaux, de l'ivoire, de l'écaille naturelle et » artificielle, pour en faire des fleurs, des bordures, des ornements » de toutes sortes. » Ajoutons à cette nomenclature les fleurs et dessins de vieux Sèvres, si habilement découpés et insérés avec tant de goût par nos artistes ébénistes dans les meubles plus particulièrement à l'usage des dames. Disons aussi que l'acajou, naturellement sombre et triste, est généralement remplacé, du moins dans les riches ameublements, par l'oranger, le palissandre, le bois de rose, plus legers et d'un aspect plus gai. L'ébène seul reste toujours en vogue. Mais de jour en jour, et grâce aux efforts patriotiques de quelques habiles industriels (Jacob, Werner, Bellangé, Osmond et autres), les bois indigènes, tels que l'érable, le frêne, l'olivier et le chêne, s'introduisent dans l'ébénisterie et tendent à rivaliser avec les bois exotiques; les nouveaux procédés de teinture des bois par infiltration doivent aider à développer cette nouvelle industrie, ainsi que celle des *parquets mosaïques*, représentant des dessins d'entrelacs ou d'arabesques, comme on en a admiré quelques-uns aux dernières expositions de Paris. Que nos artistes seulement ne se bornent point à une imitation trop servile de la Renaissance ou des meubles Boule; qu'avec les ressources puissantes dont ils disposent, ils se fassent à leur tour créateurs, tout en se défiant de l'étrangeté, du bizarre et de la profusion des ornements, signe habituel de décadence.

Paris sans doute est le berceau de l'ébénisterie moderne; et grâce aux progrès de la mécanique, et au perfectionnement des procédés du placage, il fournit annuellement pour cinquante millions de meubles, soit à bon marché, soit de luxe, tant à la France qu'à l'étranger. La surabondance de ses ventes est telle que ses ateliers sont devenus insuffisants pour satisfaire aux besoins de la consommation, et que, depuis quelques années, cette industrie tend à se décentraliser. Déjà, il existe en province des ateliers importants, même pour l'exportation; les produits de M. Kugel, de Nancy, ont été remarqués dans nos grandes expositions; près de nous, l'ébénisterie de Nevers et de Moulins est en pleine prospérité; et le Puy-de-Dôme, qui possède de si grandes richesses inexploitées en essences propres à l'ébénisterie, a commencé depuis une quinzaine d'années à employer à la fabrication des meubles, ses bois de noyer, qu'il expédiait auparavant et qu'il expédie encore en assez grande quantité, à Paris, Orléans, Nantes et autres centres industriels. Plusieurs ébénistes de Clermont, d'Ambert et de Riom se sont aussi livrés à la fabrication des meubles en placage; élégants et solides, les meubles de la fabrique de Clermont passent dans le Cantal, la Lozère, la Haute-Loire et l'Ardèche.

Une autre industrie, qui a pris naissance à Clermont, qui tend chaque jour à s'y développer, et qui est devenue presque un art, est celle de la reproduction des beaux meubles gothiques des treizième, quatorzième et quinzième siècles, par imitation, réparation ou incrustation.

Non-seulement l'industrie de l'ameublement a pris depuis quelques années une grande importance à Clermont, mais encore les tapissiers de notre ville peuvent lutter avec les maisons justement renommées de la capitale; ils perfectionnent les modèles connus et en inventent de nouveaux; l'art du tapissier proprement dit, cet art qui exige tant de goût et d'imagination, semble avoir dit à nos concitoyens ses plus précieux secrets.

Rien de plus riche et de plus élégant à la fois que la chambre à coucher de MM. Arnaud et Bauër. Les parois, le plafond, le lit, les meubles eux-mêmes, sont faits de toile perse molle, habilement agencée. On reconnaît l'œuvre d'ouvriers aussi habiles qu'intelligents, de véritables artistes. La maison Arnaud et Bauër, ancienne maison Boudinet, jouit, du reste, d'une réputation méritée. Portons à son honorable bilan un délicieux meuble en bois de rose et un tapis en ruban réellement remarquable.

M. Gòminon, qui réunit dans l'espace qui lui a été concédé de nombreux spécimens de sa fabrication, tels que *glaces*, *rideaux*, *meubles*, *sculptures*, etc., etc., restaure d'une façon très-habile et très-intelligente les meubles anciens. Nous en trouvons la preuve dans un bahut reconstruit à l'aide de simples panneaux. Sculpteur de talent, il exhibe dans un tabouret de piano d'une forme originale le produit de son ciseau.

Ses divers *modèles de plafonds* tendus et capitonnés en étoffe méritent une attention spéciale. Un de ces plafonds nous paraît d'une exécution très difficile. Ses coupes et ses dessins en soie exigent certainement une habileté peu commune.

Mentionnons encore dans l'exhibition de M. Gominon des *siéges variés* d'un dessin irréprochable ; des *cadres de glace* d'un genre nouveau, qui conviennent parfaitement aux appartements garnis de perse, et dont les ornements gracieux, aux tons généralement doux, s'harmonisent avec les tentures de l'appartement où ils sont placés. Tous les objets exposés par M. Gominon se recommandent au double point de vue de l'exécution et de la forme.

La chambre à coucher de M. Achille Wolfowicz mérite une attention sérieuse. Ici encore le travail du tapissier montre toutes ses ressources. Cette chambre, tendue d'une étoffe en laine unie, est d'un style sévère et élégant à la fois; les beaux meubles de palissandre qu'elle contient ajoutent encore à son caractère. M. A. Wolfowicz a fourni une nouvelle preuve de son incontestable habileté. Nous devons lui en savoir gré avec tous les gens de goût.

Le lit en perse de M. Salomon Wolfowicz est aussi l'œuvre d'un tapissier habile. Ses siéges méritent une mention spéciale.

M. Camus-Colin, comme quelques-uns de ses confrères, offre à l'appréciation du public de nombreux et remarquables produits de sa maison. Ce sont des siéges divers, des tables, consoles, etc., en un mot tout ce qui constitue le mobilier d'un élégant salon ou d'un riche boudoir. La panoplie qu'il a exposée attire particulièrement les regards. Les meubles de la salle à manger qu'il a exhibée, de concert avec MM. Millcroux, Malfériol et Bonnière, sont très-remarquables : la porcelaine, les cristaux, le linge, la suspension que nous y trouvons, complètent heureusement cette installation confortable et de bon goût, à laquelle il ne semble manquer que le *menu* dont elle provoque le désir.

La chambre à coucher de M. Joux est un charmant réduit ; on y reconnaît la main d'un industriel exercé. M. Joux expose aussi des siéges de formes nouvelles qui nous paraissent très-réussis, quelques meubles élégants et une magnifique glace. C'est du reste un tapissier de beaucoup de goût. On se rappelle la décoration des gares de Riom et de Clermont, qu'il a exécutée lors du voyage de l'Empereur en Auvergne.

M. Chanut est un ouvrier intelligent; ses siéges dénotent un goût sûr en même temps qu'une main habile. Nous regrettons que M. Chanut n'ait pu, comme ses confrères, donner de plus amples preuves du talent qui le distingue.

M. Imbert, de Clermont, produit une série presque complète de ses articles : un lit en fer doré, des chaises, glaces, tapis, cotés à des prix très-avantageux.

M. Lassaigne expose un buffet et une table de salle à manger d'un style original et d'une exécution parfaite. M. Lassaigne est du reste un ouvrier de grand talent; ses produits méritent une attention toute spéciale.

M. Manaranche, à qui l'on peut donner la qualification d'artiste, fouille le bois avec une sûreté de ciseau peu commune. Son meuble de salon, ses consoles, son prie-Dieu, ses cadres, sa corbeille, sa caisse d'horloge dénotent des études sérieuses, des soins intelligents.

M. Manaranche, outre les objets dont nous venons de parler, exhibe un lutrin d'un travail remarquable, exécuté par trois de ses élèves, et appartenant à l'hôpital général de Clermont.

MM. François et Jean Manaranche, du Mont-Dore, offrent à l'appréciation du public diverses pièces de traits : escaliers, voussures, plafonds, qui dénotent une habileté peu commune.

Le lit en noyer, envoyé à notre exposition par M. Cambefort, d'Aurillac, est un des plus beaux meubles qu'elle possède. Ce travail, remarquable à tous les points de vue, dénote chez celui qui l'a conçu et exécuté autant de goût que d'habileté.

L'armoire en marqueterie de M. Duème, de Combronde, est une œuvre de patience digne de fixer l'attention des visiteurs.

Un confessionnal en bois de frêne, à M. l'abbé Dauzat, de Billom, doit nous occuper un instant. Ce meuble d'église est particulièrement remarquable au point de vue de la sculpture, qui se trouve ici d'une richesse peu commune. Toutes ses ressources ont été mises à contribution, et cela d'une façon aussi habile qu'heureuse. Le style de ce confessionnal laisse peut-être à désirer, ou plutôt on peut regretter qu'il n'en possède aucun. Ce meuble n'en est pas moins un objet très-beau, très-intéressant, et qu'envierait avec raison plus d'une église de premier ordre.

Un beau *dressoir* en chêne sculpté et six chaises de divers modèles ont été envoyés à notre exhibition, par M. Bernard Dejou, d'Aurillac. Ces meubles, de bon style, sont habilement exécutés.

Un très-beau porte-pipe sculpté, un fauteuil Louis XV et un petit fauteuil en bois, d'un travail remarquable, sont exposés par M. Vedrine.

Le *grand autel* en pierre d'Apremont de M. Montbure, de Clermont, et ses deux statues, dénotent des études sérieuses alliées à beaucoup d'habileté.

Le travail de M. Fischer, de Clermont, est d'une délicatesse remarquable. Il a fallu à son auteur des soins infinis pour sculpter ses frêles colonnettes, ses élégantes rosaces. Le petit orgue de M. Fischer est aussi un chef-d'œuvre de patience.

Le modèle d'église de M. Faure est très-intéressant ; ce petit monument possède d'heureuses proportions ; tous ses détails sont étudiés avec soin.

Le groupe de M. Montel aîné rappelle les œuvres de Mène ; nous remarquons surtout dans cette œuvre une grande habileté de ciseau.

M. Jeuf, un sculpteur habile, expose aussi divers spécimens de son industrie. Nous remarquons deux chaires de différents styles, une console et une immaculé conception, dues au ciseau de ce sculpteur.

Les bois de meubles de MM. Bourdon père et fils sont très-remarquables. Ces fabricants exposent un fauteuil de barbier d'un système très-ingénieux.

Citons encore dans cette classe un *grand lit*, style gothique, de M. Quinsat ; — la *commode-bureau*, de M. Barre jeune, de Romagnat ; — la *commode-bureau* à mécanique, de M. Souillac aîné, de Riom ; — le *fauteuil*, la *chaise* et le *lit*, de M. Michel Barret, de Clermont ; — les *chaises* et le *lit*, de M. Georges Bony, de Clermont ; — le *fauteuil* sculpté et les *médaillons*, de M. Francon jeune, de Clermont ; — et l'*armoire* et la *commode Louis XV*, de M. Jamet, de Clermont.

MIROITERIE.

Dès l'origine du monde, les hommes eurent pour miroir le cristal des eaux. Les premiers miroirs artificiels furent de métal. L'airain fondu et poli, l'étain et le fer bruni, furent plus particulièrement employés à leur confection, et dès la plus haute antiquité l'usage en était établi en Egypte, d'où il se répandit en Judée. Les miroirs de *Brindes*, mélange d'airain et d'étain, passèrent longtemps pour les meilleurs, et ne furent détrônés que par les miroirs d'argent qu'inventa *Praxitelès*, au temps du grand Pompée. C'est des verreries de Sidon, et à une époque plus tardive, que sortirent les premiers miroirs de *verre*. On a attribué à tort aux Vénitiens du treizième siècle l'invention des miroirs de *glace soufflée*. Les auteurs allemands de cette époque en parlent comme d'une chose ancienne et commune. Mais c'est bien dans le treizième siècle qu'il est fait, pour la première fois, mention de miroirs *étamés*, ou feuilles de cristal ou de verre poli rendues propres à réfléchir les rayons de la lumière au moyen d'un amalgame d'étain et de mercure que l'on étend sur une des surfaces.

De tout temps le miroir a joué un grand rôle dans la toilette des femmes. En France, les dames ont porté longtemps à leur ceinture un miroir de poche, ovale et tenant dans la paume de la main, dont elles se servaient à l'occasion pour rajuster leur coiffure ou placer une mouche, usage perdu depuis que les miroirs se sont multipliés partout, jusque dans les rues et les passages.

A la fin du seizième siècle, les miroitiers ou *miroiriers*, comme on les appelait au moyen âge, formaient une communauté dont les statuts sont de 1581, et qui s'unit plus tard à celle des bimbelotiers et à celle des doreurs sur cuir.

La maison David, à laquelle de longs et intelligents travaux ont acquis une place distinguée parmi les miroiteries les plus renommées, a répondu d'une façon brillante à l'appel des organisateurs de notre exhibition. Tout ce que les célèbres verriers de Venise et de Florence nous ont légué de remarquable, nous le voyons très-heureusement reproduit par notre concitoyen.

Pour M. David, le miroir, dans son acception primitive, est bien l'œuvre si recherchée autrefois au temps où les Médicis, ces illustres Mécènes, ne trouvaient rien de plus précieux à offrir aux souverains de l'Europe.

Avec M. David nous avons pu suivre cette brillante industrie dans toutes ses phases, depuis son invention sur les bords de l'Adriatique jusqu'à nos jours. On voit qu'il en a fait une étude sérieuse, et que tous ses styles, toutes ses transformations lui sont familières.

Ainsi nous avons vu réunis de remarquables modèles de glaces et encadrements Louis XII, renaissance, Louis XIII, Louis XIV et Louis XV. Le style Louis XVI, si délaissé il y a quelques années à peine, a conquis une place auprès de ses devanciers, et sa pureté de lignes, unie à la grâce de ses enroulements, lui assure certainement un succès durable.

Quant à la décoration fantaisiste, tout le monde connaît les charmantes productions de cette maison.

Mais si M. David est un habile artiste, il est aussi un fabricant qui a compris la décentralisation industrielle.

Avec les mêmes éléments de bonne fabrication, il a importé pour ainsi dire dans notre province la production qui lui est propre, et ses envois s'étendent aujourd'hui au loin.

Comme complément de sa spécialité, la maison David fait la baguette de tenture, le carton-pierre, en un mot toute la décoration intérieure des appartements.

L'exhibition de M. David est une nouvelle preuve des ressources industrielles et artistiques que possède notre féconde Auvergne.

M. Chavarot nous offre quelques spécimens de cadres très-réussis et une magnifique console dorée avec une grande habileté.

TAPISSERIE.

La tapisserie fait partie de l'ameublement, mais en est une branche toute spéciale.

C'est dans l'Orient qu'il faut aller chercher l'origine et le développement le plus luxueux de cette industrie. C'est là que, de temps immémorial, les tissus les plus fins, les couleurs les plus vives, se mariaient à l'or pour décorer les murailles des appartements. Les Mèdes, habitants d'un pays froid, durent être les premiers à faire usage de tapisseries, et ce furent eux qui transmirent aux Perses cet usage et cet art dans lequel ils excellèrent. L'instrument du tissage, la navette, était connu au temps de Job. Babylone était renommée par ses fabriques de tapis, où étaient peintes, tissées ou brodées, de bizarres compositions d'hommes, d'animaux et de plantes. L'Egypte avait aussi ses tapisseries à figures symboliques. Le Péplos d'*Alcisthène* de Sybaris, couleur pourpre et orné de figures ouvrées dans le tissu, fut célèbre dans l'antiquité. Imitée des produits de la Perse et décrite par Aristote, cette tapisserie, après avoir passé dans les mains de Denys-l'Ancien, fut achetée au prix de 120 talents (660,000 fr. de notre monnaie) par les Carthaginois, pour servir de modèle à leurs tisseurs. Si la Grèce emprunta à l'Egypte et à la Perse le goût de ces tissus originaires de l'Orient, Rome à son tour les emprunta à Carthage et à la Grèce. On n'a que de vagues descriptions des tapisséries romaines qui servaient à couvrir les lits de festin, et à remplacer les peintures murales dans les maisons opulentes; mais les vases peints qui nous sont parvenus et les vers de leurs poètes donnent quelque idée des ornements qui les décoraient et des figures de divinités et de héros qui y étaient brochées. Ce goût surtout se développa chez les Romains depuis qu'Attale, roi de Pergame, qui possédait de magnifiques tapisseries brodées d'or, eut fait le peuple romain héritier de ses états et de ses biens. Sous Théodose, on était parvenu, à Rome, à imiter avec succès les riches étoffes des Indes et de l'Egypte.

Les Gaulois ne se servirent longtemps que de peaux de bêtes et de nattes de joncs tressés; mais déjà, avant la domination romaine, les fabriques de saies rouges des *Atrébates* (Artois et Flandre) étaient renommées, et, au temps de Pline, les tisseurs gaulois rivalisaient avec ceux de Babylone et d'Alexandrie. Cependant, on continuait toujours à tirer de l'Orient des tapisseries représentant ordinairement des scènes de chasse, et plus tard des sujets tirées de l'Evangile, jusqu'au moment où la secte des iconoclastes y proscrivit le culte et la reproduction des images. Les tapis de pied de l'Orient, et principalement ceux de Perse, qui n'étaient décorés que de fleurs ou autres ornements, restèrent toujours en honneur; mais la fabrication des tapisseries murales à personnages passa d'Orient en Occident, où les ouvriers qui émigraient apportèrent en Italie leurs méthodes de travail et leur style, auquel on donna le nom de style byzantin.

Mais l'invasion des Barbares avait arrêté tout essor. Sous la protection et l'impulsion du clergé, et malgré les malheurs des temps, l'industrie se maintint en Italie et en France dans les ateliers de femmes, et dans les couvents, où l'on fabriquait des tapisseries et des étoffes précieuses uniquement destinées à l'ornement des églises. Après la défaite des Sarrazins par Charles-Martel, en 732, quelques hommes échappés au massacre se fixèrent en Aquitaine et y introduisirent les procédés de l'Orient. La première fabrique de joncs tressés, qui fut établie à Pontoise, ne tarda pas à donner des produits qui pouvaient rivaliser avec les nattes du Levant. Au neuvième siècle, saint Anselme décorait l'église d'Auxerre de tapisseries ; en 985, les religieux en exécutaient de toutes sortes dans l'abbaye de Saint-Florent de Saumur ; peu de temps après, les produits de la fabrique de Poitiers étaient recherchés par les évêques de l'Italie elle-même. On cite encore, au dixième siècle, les tentures de l'église Saint-Denis, par la reine Adélaïde, épouse de Hugues Capet, et au onzième, la célèbre *tapisserie de Bayeux*, attribuée à la comtesse Mathilde de Flandre, femme de Guillaume-le-Conquérant. Au douzième siècle, les tapissiers flamands commencèrent à se servir de métiers de basse et haute lisse, et, au treizième siècle, les papes d'Avignon, en introduisant le tissage de la soie en Provence, donnèrent naissance à l'une de nos plus brillantes industries.

Avec la Renaissance se perfectionnèrent les étoffes murales, et s'introduisit l'usage des boiseries aux ornements gothiques ; et l'industrie, toujours croissante, produisit ces belles tapisseries de Flandre, fabriquées sur les dessins de Raphaël et si recherchées au quinzième et au seizième siècle.

Sous François Ier, *Gilles Gobelin*, teinturier, originaire de Reims, fonda avec son frère, au faubourg Saint-Marcel, et sur la rivière de Bièvre, où déjà existaient des teintureries depuis le quatorzième siècle, un établissement qui prit leur nom et devint bientôt d'autant plus célèbre, que seuls ils possédaient le secret de la belle teinture en écarlate. Les frères *Canaye*, qui succédèrent aux frères Gobelin, y introduisirent en 1630 la fabrication de tapisseries de haute et basse lisse, et en 1650 ou 1655, le Hollandais *Glucq* et un tapissier de Bruges, *Jean Liansen*, rendirent à ce précieux établissement la réputation et l'éclat qu'il commençait à perdre.

En 1604, Henri IV, à qui la France doit tant de fondations utiles, établit au Louvre, en faveur de *Pierre Dupont* et de *Simon Lourdet*, la manufacture de tapis de pied (façon de Perse) qui, sous Louis XIII, fut transférée à Chaillot, dans la maison dite de la *Savonnerie*, et réunie aux Gobelins en 1826, sous le règne de Charles X. Ce fut encore Henri IV qui, par lettres patentes du mois de janvier 1607, établit au faubourg Saint-Germain, sous la direction de *Marc Comans* et de *François La Planche*, une manufacture de tapisseries façon de Flandre qui, transférée par les frères Canaye, en 1630, dans leur teinturerie, devint l'origine et le berceau de la tapisserie des Gobelins.

Vint enfin Colbert, dont la sollicitude éveillée par le succès des produits des Gobelins, en acheta tous les bâtiments et jardins, fit construire en 1666 l'hôtel et les ateliers qui existent encore de nos jours, y annexa des ateliers de marqueterie, peinture, gravure, etc, et organisa sur une vaste échelle, et avec le caractère grandiose qui distingue les créations du siècle de Louis XIV. Cette magnifique manufacture, sous l'habile direction de *Lebrun* d'abord, et ensuite de *Mignard*, est devenu un établissement sans rival en Europe.

Déjà, quelques années auparavant, en 1664, *Louis Hinard*, subventionné par Colbert, avait fondé la manufacture des tapisseries de basse lisse de Beauvais, qui, mal dirigée par son fondateur, se releva en 1684, sous la direction du Flamand *Béhacle*, que soutenaient les générosités de Louis XIV. Gérée pour le compte du gouvernement depuis 1702, elle est devenue, sous l'administration de la liste civile, une utile et précieuse annexe de la fabrique de haute lisse des Gobelins.

Disons encore qu'en 1688, *Jean Papillon*, manufacturier à Paris, inventa et mit en vogue les papiers de tapisserie, qui permirent aux particuliers de décorer leurs appartements à moindres frais.

Cependant Paris n'était pas le centre unique de l'industrie tapissière. Les tapisseries sarrasines et flamandes s'étaient répandues depuis longtemps dans une grande partie des provinces de France; et dans une foule d'actes qui remontent à une époque plus ou moins reculée, il est question des tapisseries de l'Artois, de la Lorraine, de la Marche et de l'Auvergne; mais celles de ces industries provinciales qui sont restées les plus célèbres sont, sans contredit, celles d'Aubusson, de Felletin et de Bellegarde.

M. Cyprien Perathon a publié tout récemment un travail savant, bien étudié et surtout très-patriotique sur ces manufactures. Ne pouvant le suivre dans tous ses détails, contentons-nous de dire « que l'industrie tapissière dans la Marche, et notamment dans la ville d'Aubusson, remonte à une époque très-reculée; que, si elle ne peut être attribuée aux Sarrasins du temps de Charles Martel, elle se lie du moins à l'introduction par Venise de l'art byzantin dans le Limousin au douzième siècle; qu'elle fut modifiée au quatorzième et au quinzième dans la Haute-Marche par des ouvriers du Hainaut et de la Flandre, qui substituèrent au procédé sarrasinois le métier de haute ou basse lisse; que les fabriques d'Aubusson, de Felletin et de Bellegarde, en désuétude au commencement du dix-septième siècle, furent relevées par la main de Colbert, qui leur accorda de larges encouragements; qu'à la suite de la révocation de l'édit de Nantes et des guerres désastreuses de la fin du règne de Louis XIV, elles furent en grande souffrance, mais se réveillèrent bientôt par l'influence de L. Fagim, intendant des finances; qu'en 1742, elles durent à M. de La Porte, intendant de Moulins, la création de deux écoles de dessin, entretenues aux frais du gouvernement; et qu'enfin, tombées ou du moins languissantes pendant les premières années de la révolution, elles furent, sous le Consulat, remises en activité et en quelque sorte ressuscitées par MM. Rogier et Sallandrouze de Lamornaix. » C'est en effet depuis cette époque que la fabrique de tapis de pied d'Aubusson a pris ce degré de splendeur qui la place aujourd'hui en première ligne parmi les établissements du même genre. On recherche surtout ses tapis veloutés, empruntés aux Orientaux et remarquables par leurs nuances, leurs vives couleurs et leur dimension.

En définitive, si nos tapisseries d'Europe sont encore inférieures sous le rapport de l'éclat des couleurs aux tapisseries orientales, à ces tapis de Perse improprement nommés tapis de Turquie, on ne saurait nier qu'elles leur sont bien supérieures par la beauté du dessin, par la composition et par le fini du travail.

Nous avons, dans le cours de cette notice, prononcé le mot *tapisseries d'Auvergne*. Disons-le, quoique à regret, cette expression ne s'applique pas à l'Auvergne proprement dite, mais bien aux fabriques de la petite ville de Bellegarde, qui, située près d'Aubusson, dans l'ancien diocèse de Limoges, était régie autrefois par la coutume d'Auvergne. Mais si nous n'avons pas de fabriques de tapis, ce sont du moins nos laines de Maringues qui approvisionnent en partie les manufactures d'Aubusson et de Felletin.

A ce titre, les fabriques justement célèbres de ces deux villes ont été invitées à prendre part à notre exposition; un très-petit nombre d'entre elles ont répondu à notre appel.

La descente de lit et le lambrequin de M. Auguste Trappet, d'Aubusson, sont de très-beaux spécimens de l'importante industrie qui nous occupe; la richesse des nuances, la perfection du dessin luttent dans ces produits remarquables avec la finesse du tissu et l'élégance des sujets.

Les mêmes éloges sont applicables aux deux tapis de M. Dubaud-Baraban, d'Aubusson, et à celui de M. Montabret-Lépine, de Felletin.

Citons encore les beaux tapis d'Aubusson et de Tours exposés par

M. Camus-Collin, celui de Mme Arbre, d'Opme, et les charmants tapis en drap et en soie de Mme Choisy, de Chantelle.

Après les tapis au métier, nous croyons devoir signaler diverses tapisseries faites ou brodées à l'aiguille.

Une magnifique bannière sortie des ateliers de M. Blanchet, de Clermont, est exposée par ce négociant. Cet objet religieux est brodé avec autant de soin que d'habileté; les teintes en sont parfaitement fondues, les ornements suivis avec soin; en somme une œuvre remarquable. Outre cette bannière, M. Blanchet expose divers spécimens de tapisseries fabriquées dans ses ateliers, notamment un prie-Dieu digne d'attention.

Le tableau en tapisserie n° 20 semble sortir des mains des habiles ouvriers de nos célèbres fabriques; on ne peut deviner dans ce travail remarquable un spécimen de tapisserie à l'aiguille.

Mentionnons encore dans les tapisseries deux tableaux mystiques, deux tableaux à Mlle Colin, de Clermont; un cadre en tapisserie, et deux petits tapis à Mme Crozet et à Mlle Simonnet.

Enfin Mlle Deperrier dessine et brode avec beaucoup d'habileté et de goût de charmantes tapisseries de différents genres. Divers spécimens de ses travaux, entre autres un guéridon et plusieurs siéges, ont été envoyés par elle à notre exposition.

FERBLANTERIE, ZINGUERIE.

Il existe un métal que nous voyons employer pour la plupart des ustensiles de ménage : c'est le ferblanc. La modicité de son prix, les facilités qu'il offre au travail, la solidité qu'il tient du fer qui le constitue, et la propreté de l'étain qui forme son étamage, le font rechercher par plusieurs industries. Le zinc sert, comme lui, à la fabrication des ustensiles de ménage, notamment à ceux destinés à tenir de l'eau : sa principale application consiste aujourd'hui dans les toitures.

La ferblanterie possède d'habiles représentants à notre exhibition.

L'*appareil* que M. Viguier destine au chauffage des bains réunit de sérieuses conditions d'économie.

M. Gorce-Valleix, de Clermont, expose une *baignoire* d'un joli modèle, — plusieurs *châssis* à tabatière, — une *fontaine*, — une petite *pompe* de jardin et un *modèle* de terrasse. Tous ces objets sont bien exécutés; ils dénotent un fabricant aussi intelligent qu'habile.

Le modèle du *ciel ouvert* de M. Peigue est très-ingénieusement conçu. Cet industriel a compris la nécessité de pouvoir aérer à volonté une cage d'escalier; aussi a-t-il placé deux prises d'air au sommet de son ciel. M. Peigue expose de plus un modèle de toiture et une portion de terrasse.

M. Botte, de Clermont, exhibe une série de *modèles de toiture en zinc ;* il affiche des prix sur chacune d'elles ; ils nous paraissent bien bas ; c'est toute une révolution dans le tarif des couvertures de ce genre.

La *baignoire* de M. Portal, d'Aubière, avec calorifère placé sur le côté, donnera de bons résultats dans les salles de bains pourvues d'une cheminée.

Mentionnons encore dans cette classe la *lanterne* octogone de Mme Fournier-Gazard.

APPAREILS DE CHAUFFAGE.

Les appareils servant à cette chimie domestique qu'on nomme cuisine ont dû subir une transformation complète par suite de l'application de la houille à la cuisson des aliments. Le bois devient plus rare chaque jour, et bientôt il faudra dire adieu aux vastes cheminées à l'âtre énorme où il brûlait si brillamment. La houille exige des appareils spéciaux qui présentent des conditions de salubrité et d'économie particulières.

Au premier rang des artisans qui s'occupent de cette fabrication dans notre ville, nous devons placer M. Bultel, ouvrier aussi habile qu'intelligent. M. Bultel, nous le pensons, est originaire du Nord, et c'est dans son pays natal qu'il a puisé les connaissances que nous le voyons si heureusement appliquer parmi nous. Ses *fourneaux* sont parfaitement construits ; commodes, économiques, élégants même, ils réunissent toutes les qualités exigées pour ces sortes d'appareils. Nos ménagères, nous en sommes convaincu, seront de notre avis.

Le *fourneau* de M. Arizoli est aussi très-bien construit, il peut lutter avec ceux qu'exposent ses concurrents. Trop grand pour un ménage ordinaire, il offre toutes les ressources nécessaires à une grande maison, à un hôtel ou à un restaurant. Il possède étuve, chauffe-assiette, etc., c'est en un mot un appareil complet.

M. Marazick expose aussi un *fourneau* de cuisine sans ornements, mais très-solidement construit.

Voici un ustensile peu hygiénique, quoique très-répandu, un *chauffe-pieds* alimenté par deux veilleuses, de l'invention de M. Fournier-Ayraud, de Guéret.

Dans notre pays, où le froid se fait à certains moments si vivement sentir, le complément indispensable d'une installation confortable est un chauffage doux, régulier et hygiénique, qui répand dans les appartements une température agréable.

M. Rivet expose un *calorifère* qui nous paraît propre à atteindre ce but. Nous voyons du même fabricant une *cheminée prussienne* et un *fourneau* de cuisine qui, tout en remplissant ses fonctions culinaires, peut chauffer plusieurs pièces. Ces appareils sont ingénieusement construits et appelés à rendre d'utiles services.

Le petit *générateur* en cuivre de M. Bonin, destiné au chauffage des serres, n'offre-t-il pas l'inconvénient de perdre sa vapeur dans l'atmosphère lorsqu'il est possible d'utiliser tout le calorique en procédant au moyen d'un chauffage à eau chaude avec retour dans la chaudière? Autre question : Les vis à tête fendue qui assemblent les différentes pièces de sa chaudière pourront-elles se dévisser au bout d'un certain temps?

LAMPISTERIE.

Les lampes d'Argant et les lampes Carcel ont fait faire un pas immense à l'éclairage à l'huile; le prix élevé de ces dernières a longtemps empêché leur usage de se répandre. La lampe modérateur de M. Branchot, plus simple que la précédente, est aujourd'hui la plus connue. Ces lampes, bien construites, sont d'un excellent usage. L'industrie des lampistes est représentée d'une façon remarquable à notre exposition par M. Bonnière, dont les magnifiques produits méritent une attention spéciale, MM. Botte, Peigue et Gorce-Valleix, qui exposent divers spécimens de lampes à l'huile de schiste.

MM. Cohen et Cie, 66, rue d'Hauteville, à Paris, ont exposé divers modèles de lampes dites à la luciline. Le système de ces lampes, aussi simple qu'ingénieux, donne les résultats les plus satisfaisants au triple point de vue de *la lumière*, de *l'élégance des formes* et de *l'économie*. Il a déjà été adopté pour l'éclairage d'un grand nombre d'églises, entre autres pour les cathédrales de Bruxelles et de Clermont-Ferrand, et il est probable qu'avant peu il sera généralement adopté. Mentionnons encore le bel assortiment de garde-feu exhibé par cet industriel.

M. Viguier, d'Aurillac, expose toute une série de *lanternes* à bec de lampe et à double courant, pour voitures. Ces lanternes jouissent d'une réputation méritée; construites avec autant de goût que de solidité, elles possèdent les avantages que l'on demande souvent en vain aux appareils du même genre.

M. Poisson fils, de Vertaizon, expose quelques spécimens d'huiles épurées, graines à huile, etc. M. Poisson dirige avec intelligence une exploitation qui, depuis quelques années, a pris une notable extension. L'agriculture du Puy-de-Dôme, grâce aux exploitations de ce genre, doit voir augmenter le nombre de ses ressources déjà si considérables.

M. Gobert, pharmacien à Clermont, a trouvé le moyen de désinfecter l'huile de schiste, dont l'odeur désagréable empêchait grand nombre de personnes de l'employer. Ce procédé n'exige qu'une dépense de trois centimes pour cent kilogrammes, c'est-à-dire un déboursé insignifiant. La découverte de M. Gobert, appuyée par divers flacons d'huile de schiste envoyés à l'exposition, nous paraît appelée à rendre de grands services.

TOURNEURS.

L'industrie du tourneur, à laquelle on donne avec raison le nom d'art, et que cultivent du reste grand nombre d'amateurs, présente un intérêt sérieux. On lui doit une foule d'objets charmants, d'ornements gracieux. Il est le complément indispensable de plusieurs industries. Clermont possède de très-habiles tourneurs; nous en avons la preuve dans les objets qu'ils exposent.

M. Auriger offre à la curiosité publique des spécimens de la majeure partie des travaux de tour, tels que cadres ovales, métiers à broder, pieds de table, guéridons, berceaux, etc., etc.

Tous ces objets sont exécutés avec une habileté réellement remarquable. Une *petite colonne torse* à jour, délicatement évidée, place M. Auriger parmi les maîtres de son industrie.

L'exécution des billes de billard offre des difficultés sérieuses; elles doivent être parfaitement sphériques et rouler d'une façon égale sur le tapis ; les *queues de billard*, comme les *billes*, demandent des soins spéciaux. M. Couly nous offre différents modèles de ces objets, qui nous paraissent exécutés dans de bonnes conditions ; il en est de même de ses champignons à colonnes torses, de sa charmante étagère et des différents objets qui les accompagnent.

Les *cadres ovales* de M. Bessard-Huguet, de Clermont, dénotent une habileté peu commune ; son *jeu d'échecs* est fait avec beaucoup de soins et de goût ; ses billes de billard, sa colonne torse évidée à jour sont aussi très-remarquables et assignent une place distinguée à M. Bessard parmi ses confrères.

Citons encore dans cette classe : la *colonne torse* découpée à jour et le *cube* à six points, renfermé dans une boule, de M. Guillot, de Pont-du-Château, et le *tour* et le *rouet* exécutés par un aveugle, M. Joseph Got, de Lempdes.

MACHINES.

Les machines, comme la plupart des innovations qui honorent l'intelligence humaine, ont été assez mal accueillies d'abord. L'homme devait souffrir de cette substitution qui le rendait inutile et l'arrachait à ses travaux de chaque jour ; pour grand nombre de personnes la machine était une sorte d'épouvantail, un conquérant farouche, qui venait leur ravir une propriété acquise de temps immémorial. Mais ces préjugés ont presque complètement disparu, et la plupart de ceux qui les partageaient ont dû reconnaître que, loin de ruiner l'ouvrier, les machines améliorent sa position.

Le déclassement social, qui peut résulter de l'emploi des machines, a été dépeint sous les traits les plus sombres ; aucune inquiétude sérieuse ne devait pourtant en résulter.

« Les moyens manquent au génie même pour opérer de trop rapides effets, dit avec raison un écrivain de grand talent. Il y a plus de mille ans que les esclaves sont devenus meuniers. C'est à l'époque des croisades, que l'usage de la voile a été généralement introduit et a changé les galériens en matelots ; il y a cinquante ans qu'on parle de bateaux à vapeur, et le nombre en est encore trop borné, et nous n'avons encore que quelques lignes de chemin de fer ; et le canon brise les rangs depuis trois siècles sans avoir acquis l'effroyable puissance qui doit imposer le silence à la guerre. Ainsi la timidité des innovations, la lenteur des résultats sont déjà une garantie contre les brusques perturbations dont on signale les dangers. Mais il est un grand moyen de préparer l'homme aux chances de l'avenir, c'est de le sortir des spécialités trop absolues par le développement de son intelligence, par l'instruction. De bonnes lois enlèvent à l'ère nouvelle les dangers dont les imaginations s'effraient; et si l'intelligence mécanique est là pour tout changer, l'intelligence morale est là pour faire de chaque changement un bonheur. »

Tous les esprits éclairés reconnaissent aujourd'hui que les machines, qui non-seulement décuplent les forces de l'homme, mais lui permettent d'économiser un temps précieux, sont d'une incontestable utilité.

La construction mécanique compte peu de représentants à l'exhibition clermontoise; cependant quelques machines méritent une sérieuse attention.

MM. Lhéritier frères exposent diverses *pièces détachées* pour machines : — un *découpoir* pour la coutellerie très-bien conditionné; — une *presse* à petite pâte pour vermiceliers; — une *bassine* à double fond et à bascule pour confiseurs. La pièce capitale de leur exposition, dans la classe qui nous occupe, est une *locomobile*.

Jusqu'à ce jour un type avait été admis pour ces sortes de machines, comme réunissant toutes les conditions de solidité, de chauffage, et représentant sous un petit volume un grand pouvoir de vaporisation. C'était la chaudière tubulaire à boîte à feu ronde ou carrée, autrement dit la chaudière de locomotive.

Ce type possédait des qualités justement appréciées dans les engins de ce genre, c'est-à-dire une machine puissante sous un petit volume, une machine dont le centre de gravité se trouvait assez rapproché du sol pour lui donner de la stabilité, tout en la rendant d'un transport facile.

M. Magna, ingénieur de MM. Lhéritier, a rompu franchement avec ces traditions.

Il a solidement installé sur quatre roues une chaudière à deux bouilleurs, avec retour de flamme par ces mêmes parties. — Le foyer n'est pas entouré d'eau : le dessous des bouilleurs reçoit seul le coup de feu. — La flamme rencontre au-dessus des bouilleurs une voûte en briques qui la force à circuler horizontalement jusqu'à leurs extrémités; là, elle se relève, et, revenant sur ses pas, circule entre le dessus des bouilleurs et le dessous de la chaudière, pour, étant arrivée au bout de sa course, se diviser en deux parties, passer par les tubes concentriques aux bouilleurs, et s'échapper enfin par leurs extrémités. — Les divisions intérieures sont faites au moyen de briques d'une forme particulière, reliées entre elles par un ciment spécial.

L'idée est neuve, elle est hardie ; le temps seul nous dira toute sa valeur.

La machine à vapeur qui surmonte la chaudière nous paraît très-bien construite, très-solidement établie. Le cylindre possède une double enveloppe qui sert de dôme et de prise de vapeur : cette installation est excellente, la vapeur, pendant son travail, se maintenant toujours au même état de saturation. La distribution et la détente se font au moyen de deux tiroirs ; la détente est mobile.

La machine verticale de M. Fontanet a quelque parenté avec la machine Maudslay. La condensation de la vapeur a lieu dans un double cylindre ; elle marche presque sans bruit, sa détente est facile ; elle possède un régulateur proportionnel. Cette machine, dont l'expérience fera connaître les qualités et les défauts, nous paraît d'une bonne exécution.

MM. Guidez et Cie, de Coulanges (Nièvre), ont envoyé à notre exposition une belle et bonne *machine horizontale* de cinq chevaux, détente Meyer. Cette construction, remarquable sous tous rapports, doit tenir à la marche tout ce qu'elle promet à première vue. Cette machine est surtout avantageuse pour les petites usines qui ont besoin d'une force variable.

Les Anglais emploient depuis longtemps déjà les machines à couper et à mouler l'argile destinée à faire les tuiles ; ils possèdent des engins très-remarquables en ce genre, notamment la presse Clayton.

M. Ribeyre ne s'est pas inspiré des constructions de nos voisins dans la construction qu'il nous présente. Elle peut être d'une grande utilité dans notre pays, et nous lui souhaitons toutes les qualités d'un outil pratique.

M. Christman, de Clermont, un très-habile fondeur, expose diverses pièces moulées au trousseau et une vis de pressoir avec son écrou en fonte brute. L'exécution de ces objets nous paraît très-remarquable. On sait que, lorsqu'on a besoin d'une pièce nouvelle, il faut d'abord faire exécuter avec soin un moule en bois, ce qui occasionne une perte de temps et d'argent, et chaque pièce différente ayant exigé un appareil spécial, il en résulte pour les usines un encombrement considérable et une perte qu'il est facile de comprendre. M. Christman obvie à tous ces inconvénients.

Le *soufflet ventilateur économique* de M. Lapeyre, d'Aurillac, nous paraît offrir des avantages réels. Il occupe d'abord beaucoup moins de place que les soufflets ordinaires et produit plus de vent; il peut de plus s'éteindre en quelques secondes et alimenter à lui seul plusieurs forges à la fois. Il fonctionne au moyen d'un volant ou de la branloire; il nous paraît appelé à rendre de grands services à une foule de petites industries.

M. Jean-Baptiste Dumas, de Clermont, expose quatre machines d'une très-belle exécution. La première est destinée au satinage des épreuves photographiques, la deuxième à rogner les cartons, la troisième au lissage du papier, la quatrième à la fabrication des boules de gomme. Il exhibe de plus un fourneau pour la trempe des lames de couteau. Cet appareil, déjà breveté, et qui possède la propriété de rendre le travail plus rapide et plus régulier, nous paraît appelé à rendre de sérieux services à l'industrie de Thiers.

M. Dumas est l'inventeur d'une seconde grille pour les fourneaux qui emploient la houille ou le coke, et il la soumet aussi à l'appréciation du public. Jusqu'à ce jour, en *ringardant*, la grille ordinaire laissait passer les cendres et les escarbilles, ce qui constituait une perte relativement considérable. Avec la grille de M. Dumas, la séparation s'opère seule, et les escarbilles recueillies peuvent servir à une nouvelle combustion.

Nous trouvons encore parmi les objets exposés par M. Dumas : une très-forte *serrure de sûreté*, qui n'exige cependant qu'une clef pesant un gramme; — divers *cache-entrée*, qui permettent d'appliquer le système Fichet à toutes les serrures; — une *machine à peler les chinois*, faisant partie de tout un système de confiserie dont M. Dumas est l'inventeur; — enfin un nouveau système de robinet qui donne passage à l'air nécessaire à l'écoulement du vin.

En 1824, un chercheur infatigable, un de ces bons esprits que l'on trouve sans cesse sur la voie du progrès, un enfant de l'Auvergne, M. Burdin, faisait l'essai d'une *turbine à réaction*. En 1827, abandonnant sa première idée, notre compatriote imaginait une machine toute différente; elle tournait par la force centrifuge. C'est de cette époque que date l'application industrielle des turbines comme moteurs.

M. Thevot, de Thiers, expose une *turbine* à pression verticale ou à réaction perfectionnée. Ce constructeur s'applique spécialement à répandre ce moteur dans notre pays, et nous ne pouvons que l'en féliciter, car les turbines offrent des avantages sérieux sur les roues hydrauliques verticales; elles tiennent moins de place, elles permettent d'utiliser les chutes d'eau de toutes hauteurs, depuis les plus petites jusqu'aux plus grandes; elles produisent un effet égal, sinon supérieur aux meilleures roues verticales.

Nous trouvons dans les environs de Clermont même, une heureuse application de cette machine à la papeterie de Saint-Vincent. Une immense roue hydraulique faisait autrefois marcher cette importante usine. Aujourd'hui, une simple turbine la remplace, et cela de la façon la plus avantageuse.

La robineterie et les pompes sont représentées d'une façon très-remarquable à notre exposition. MM. Buchetti frères y ont envoyé des *robinets* en laiton et en bronze, en fonte brute, et des robinets achevés; — plusieurs modèles de *pompes* aspirantes et foulantes; — des *bornes fontaines* à poussoirs, que la ville de Clermont ferait bien d'adopter; — une *machine à eau gazeuse* avec un instrument pour tirer et boucher, et une pompe à sirop; — une machine à aléser les corps de pompe, et enfin une pompe à incendie parfaitement établie. Tous ces produits, qui constituent une industrie aussi intéressante que précieuse pour l'Auvergne, indiquent une direction et une fabrication aussi sérieuses qu'intelligentes.

Les *robinets* à eau et à vapeur de M. Deldevez-Debas sont bien exécutés; on serait même tenté, en regardant quelques-uns d'entre eux, de leur prêter une origine étrangère.

M. Richard, de Besse, expose une nouvelle machine à faire les tenons. Cet instrument, dont l'utilité est incontestable, nous paraît un peu compliqué. Les machines de ce genre connues jusqu'ici se composent d'un cylindre porté par un bâti qui se meut verticalement entre des glissières; deux fers à rabot, serrés au moyen de vis dans les mortaises du cylindre, s'écartent à volonté et permettent de donner au tenon la dimension nécessaire. Ce cylindre, qui se meut avec la vitesse de 5 à 600 tours par minute, descend entre les glissières à l'aide d'un levier sur lequel l'ouvrier appuie, tout en découpant rapidement le tenon que tiennent fixés deux appareils spéciaux. Cet instrument permet de faire trois ou six tenons sur le même morceau de bois. La machine de M. Richard remplit-elle le même but? Nous l'ignorons.

La maison Garcin fils et Co, de Clermont, qui a apporté dans notre ville l'industrie de la chaussure mécanique, et possède un matériel important mû par la vapeur, expose une machine aussi simple qu'ingénieuse, de l'invention de M. Sellier. Cette machine fait la vis, la pose et la coupe en même temps. Nous croyons devoir en donner une description sommaire.

Les principaux organes qui composent cette machine comprennent : 1° un balancier mis en mouvement par une pédale, et dont le nez exerce une certaine pression sur la vis introduite dans la matière ; 2° un système de coussinets-écrous permettant à une vis percée d'une rainure dans laquelle passe le fil métallique de faire un mouvement de descente qui lui est communiqué par un engrenage mû à la main, au moyen d'une manivelle, ou bien de remonter, lorsqu'il est nécessaire, pour reprendre du fil ; 3° un système de fixation du fil au moyen d'une bague percée qui porte un coussinet avec vis de pression permettant de fixer le fil métallique sur la vis directrice du balancier ; 4° taraudage de la vis s'effectuant par un burin placé dans le nez du balancier, et qui est fixé par une vis de rappel ; 5° enfin, la section du fil taraudé qui s'opère au moyen d'un ciseau placé sous le burin taraudeur, et que l'ouvrier fait mouvoir au moyen d'un levier. Enfin l'appareil comporte un système spécial de support sur lequel se fixe tout particulièrement la forme de la chaussure.

Cette machine a obtenu diverses récompenses, notamment une médaille d'honneur à la dernière exposition de Londres.

M. Bouffart est un ouvrier aussi intelligent habile ; on en trouve la preuve en examinant les objets envoyés par lui à l'exhibition clermontoise. M. Bouffart a tenté d'introduire en Auvergne la fabrication de quelques articles de quincaillerie faits au découpoir ; c'est dans ce but qu'il a construit une *machine à découper* et les outils qui la complètent, dont nous sommes heureux de faire aujourd'hui l'éloge. L'habile constructeur expose de plus des fiches, des raidisseurs, un modèle de grillage pour labours et charrue, une petite machine à percer, et enfin plusieurs porte-bouteilles et bouche-bouteilles très-ingénieux, opérant à la fois une double pression.

Beaucoup d'établissements industriels éloignés des grands centres de population ne peuvent profiter de l'économie offerte par l'éclairage au gaz. M. Faucillon nous montre toute une ingénieuse installation destinée à remédier à cet inconvénient. Grâce à cette machinerie, les plus petites usines pourront s'éclairer à peu de frais ; les petites villes, les villages même, jouiront d'un bienfait qu'ils envient avec raison aux cités populeuses.

Parmi les différents outils que les fabricants de pâtes alimentaires demandent à l'industrie, il n'en est pas de plus délicats que les moules ou filières destinés à donner passage à la pâte qu'ils doivent transformer en lazagnes, vermicelle, macaroni, etc. La beauté des produits dépend souvent de l'état plus ou moins parfait des moules ; aussi est-il de première nécessité d'avoir recours pour se les procurer à un fabricant habile, dont les pièces parfaitement conditionnées résistent longtemps au travail auquel on les soumet.

MM. Carrelet et Besserve sont certainement de ces fabricants. Leur travail est des plus délicats. Dans un disque de cuivre, dont le diamètre dépend des presses qu'il doit desservir et de l'épaisseur de la charge qu'il doit supporter, l'ouvrier, au moyen d'un poinçon, force le métal à se refouler sur lui-même, et peu à peu il arrive à faire sortir le bout de cet instrument de l'autre côté de la plaque. Chaque trou exige la même opération. Ce mode de perçage a l'avantage d'écrouir le métal, de lui donner du corps, ce qui n'aurait pas lieu par le perçage au foret.

M. Deldevez aîné, sous le nom d'*Atrugine*, a envoyé à notre exhibition un appareil qui supprime le soutirage ordinaire des vins et permet de les clarifier en leur conservant tout leur alcool et tout leur arome. L'appareil qui nous occupe permet la séparation de la lie sans déranger le liquide, sans le transport d'un fût dans un autre ; il est très-ingénieux et appelé, nous le pensons, à rendre de sérieux services.

De nombreux essais de *pétrins mécaniques* ont été faits dans ces derniers temps ; toutes nos grandes expositions ont possédé des machines de ce genre. Les meilleurs pétrins se composent généralement d'une trémie armée de palettes, dans laquelle tourne un arbre muni de ces mêmes instruments. — Ces palettes sont fixées à la trémie de façon que la pâte, se trouvant prise entre elles, est broyée complètement ; elle acquiert dans cette opération les qualités que lui donne le pétrissage à la main, notamment l'air qui doit faciliter la fermentation.

Le pétrin de M. Sézille, de Noyon, est établi d'après un système tout différent ; au mouvement rotatif continu, M. Sézille a préféré le mouvement rotatif alternant. Cette innovation nous paraît heureuse.

Ce pétrin se compose d'une grande auge en bois dans laquelle se trouve un arbre muni de plusieurs palettes et d'une manivelle qui permet de le mettre en mouvement. Un pignon collé sur cet arbre, et qui s'engrène avec une crémaillère placée sur l'une des parois de la caisse, fait avancer les palettes au fur et à mesure de leur rotation. Arrivé au bout de la course, l'on tourne la manivelle en sens inverse, et l'appareil revient sur ses pas. Après quelques passages, la pâte doit être parfaitement broyée.

L'adoption des pétrins mécaniques offre, chacun le sait, de précieux avantages, dont l'un entre autres mérite d'être signalé d'une façon toute spéciale : ils assainissent le pain en le préservant de l'introduction de la sueur des *geindres*.

Le graissage des machines a une importance comprise par tous les industriels intelligents; ils connaissent les inconvénients de l'emploi de mauvaises matières, de procédés incomplets, qui ont très-souvent pour résultat d'empêcher la marche d'un instrument qu'ils devraient servir. M. Amenc, après les études les plus sérieuses, est parvenu à résoudre complètement l'intéressante question du graissage des machines. Ses huiles, ses graisses, réunissent non-seulement les qualités exigées par leur emploi, non-seulement elles sont grasses, sans aucune action chimique sur les métaux, mais leur fluidité leur permet de pénétrer entre toutes les parties qui se touchent. Mais ce n'était pas assez pour M. Amenc d'avoir trouvé la matière nécessaire à la marche des machines, il fallait de plus un instrument qui la versât peu à peu sur les points à préserver et lui conservât sa pureté première, tout en permettant une notable économie; cet instrument c'est le *godet graisseur,* que nous voyons figurer à notre exposition. L'utilité de cet appareil n'est plus à démontrer, son éloge n'est plus à faire, dix jurys se sont chargés de ce soin dans nos diverses expositions. Les plus honorables récompenses ont été obtenues par M. Amenc, ses produits remarquables lui ont valu une médaille de première classe à notre dernier concours agricole.

Le système de suspension de cloche exposé par MM. Lhéritier frères n'est pas nouveau, cependant il a été l'objet d'une amélioration qu'il est bon de faire ressortir. Les secteurs sont reliés entre eux par des balances, ce qui permet d'éviter les chocs qui ont lieu lorsque leur écartement se fait au moyen de divers engrenages. L'idée est simple, mais elle possède toutes les qualités des choses de ce genre.

L'appareil d'incendie de M. Paulin Ribes, de Clermont, est destiné à amener l'eau d'un point éloigné quelconque dans la pompe qu'il doit alimenter. Pour que cet appareil fonctionne avec succès, il faut que le terrain sur lequel on l'établit soit en pente et qu'il existe des prises d'eau spéciales où on puisse l'adapter. Cet appareil serait, on le voit, d'un usage difficile dans notre ville, mais il peut rendre ailleurs d'utiles services.

L'appareil de M. Mégemont, de Clermont, destiné à éteindre les feux de cheminée, est des plus ingénieux. Sa forme est celle d'un cylindre, qui le premier reçoit l'eau. Ce cylindre donne accès à un tube conique présentant de nombreuses ouvertures par lesquelles le liquide s'échappe, allant immerger les parois de la cheminée sans produire autant de vapeur que par les moyens ordinaires. Le peu de vapeur donnée s'échappe par deux tubes ménagés à l'orifice de l'appareil, communiquant de l'intérieur à l'extérieur. De cette manière la rupture de la poterie devient impossible, et aussi l'aggravation du sinistre. Cet appareil paraît très-facile à manier, et la simplicité de sa construction devra certainement contribuer à le répandre.

Les appareils à nettoyer les routes, de M. Marcheix, ont beaucoup d'analogie avec les éboueurs Marmet; ils nous paraissent construits d'une façon intelligente et propres au service auquel on les destine.

Le *coupe-racines* de M. Ramade-Dourif appartient à cette classe nombreuse d'instruments agricoles que nous voyons surgir chaque jour. Il paraît construit d'une façon très-solide, mais n'a rien qui le distingue essentiellement des instruments de ce genre connus jusqu'ici.

M. Béraud, mécanicien à Clermont, expose une petite machine à percer les sabots pour y coudre les brides. Cette machine ingénieuse, appelée à rendre d'utiles services à une des industries notables du pays, est automatique, c'est-à-dire que le support, se soulevant sous l'impulsion d'un gallet excentrique, appuie les pièces à percer contre le foret.

La machine à moirer les étoffes, de M. Tachet-Bughon, à Clermont, ainsi que son balancier à couper la tôle et ses crics, sont établis avec une solidité remarquable.

M. Gattard, de Sauxillanges, expose une machine dite *pelotonneuse*, dont l'idée n'est pas nouvelle. On en trouve la preuve dans toutes les petites pelottes de fil que le commerce livre chaque jour à la consommation. Malgré cela, cette machine est très-ingénieuse; elle dénote beaucoup d'intelligence chez son constructeur. Son engrenage hélicycloïde est connu depuis longtemps en mécanique. Somme toute, construction très-intéressante et digne d'une sérieuse attention.

Le *bouche-bouteilles* de M. Périssel, est un instrument aussi simple qu'utile ; il est appelé, nous le pensons, à un grand succès.

Plusieurs *modèles de charrues*, qui ne présentent aucune modification importante, figurent à notre exposition. Citons parmi ces instruments, ceux de MM. Chomette, d'Egliseneuve, et d'Aize, d'Effiat.

Mentionnons encore dans la classe des machines, le *ventilateur pour forge*, de M. Dauphin ; — le *casse-noisette*, de M. Paris, de Pont-du-Château ; — la *pompe à incendie* et la *pompe à puits*, de M. Michaland ; — le *compas de proportion à coulisses*, de M. Annet Gontanct, du Mont-Dore ; — la *navette de tisserand*, de M. Grimardias ; — la *règle cintrée*, de M. Blanzat fils, de Clermont ; — la *machine à tendre le fils de fer*, de M. Tisserand, de Beaumont ; — les *appareils de sonnerie*, de M. Beaudier, de Clermont ; — le *fauteuil à eau chaude*, de M. Peronon, de Clermont ; — la *chaudière à double fond* et l'*appareil pour bains de vapeur*, de M. Mazet-Dès, de Clermont ; — la *machine à boucher les bouteilles* et l'*enclume à battre les faulx*, de M. Barry, d'Issoire ; — la *bascule*, de MM. Dumas père et fils, de Sugères ; — et enfin le *compas pour foudriers*, de M. Luquet, de Romagnat.

ARMES.

Le engins de destruction datent de l'origine du monde ; ils sont nés en quelque sorte avec l'homme. Le Créateur, en donnant aux animaux des moyens d'attaque et de défense, avait laissé à l'homme le soin de chercher les siens.

Chez les peuples encore sauvages, les premières armes durent être des pierres arrachées au sol, de fortes branches enlevées aux arbres, des cornes ravies aux animaux ; puis on fit durcir des bâtons au feu pour les aiguiser ; on les tailla en forme de massue, et l'on y adapta, soit des os pointus ou taillés en biseau, comme font encore les naturels de l'Archipel Océanien, soit des pierres tranchantes pour en faire des haches ou des casse-tête. Dès que le fer fut connu, on fabriqua des piques, des lances et des haches en fer ; mais comme avec ces armes on ne pouvait combattre que de près, on ne tarda pas à inventer l'arc, la flèche et la fronde, qui permettaient d'atteindre les hommes et les animaux à une plus grande distance.

Quand on sut travailler les métaux, on fit des sabres, des épées, des couteaux de chasse et des poignards. Assigner une date et une origine à l'invention de ces diverses armes, comme quelques archéologues ont essayé de le faire, serait une puérilité; il suffit de dire qu'on les trouve dénommées dans l'Ecriture-Sainte, dans le livre de Job, et dans les histoires des anciens peuples, en remontant même aux temps fabuleux. Il en est de même des armes défensives, le bouclier, le casque et la cuirasse, qui, selon Hérodote, auraient été inventées par les Egyptiens.

Dès les temps héroïques, les Grecs avaient pour armes offensives la massue, la hache, l'épée, les flèches, le javelot, la fronde et la pique; pour armes défensives, le bouclier, la cuirasse, le casque et les bottines de métal. Les Romains adoptèrent les mêmes armes, et substituèrent seulement à la cuirasse le plastron ou plaque d'airain bombée.

Les principales armes des Gaulois et des Germains étaient, avec le bouclier de bois couvert de cuir, la hache, le javelot, la flèche. Les Gaulois excellaient à tirer de l'arc et à combattre sur des chariots armés de faulx. Les armes ordinaires des Francs, lorsqu'ils envahirent la Gaule, étaient la *francisque* ou hache à deux tranchants, à fer épais et à manche très-court; la *framée* ou court javelot et la *masse d'armes*, dont le gros bout était terminé en boule hérissée de pointes, ou muni d'ailerons dentelés. La hache d'armes de Chilpéric existe encore à la bibliothèque impériale.

D'autres armes furent successivement introduites, telles que l'épée, le poignard, l'épieu ou bâton ferré et le mail ou maillet, espèce de long marteau pesant jusqu'à 25 ou 30 livres. La cuirasse fut employée pour la première fois en France sous le règne de Pépin le Bref. Au onzième siècle, l'armure d'un chevalier se composait du *heaulme* ou casque à cimier et panache, du *haubert* (cuirasse avec cotte de maille), des *brassards*, du *corselet*, des *cuissards*, des *grèves* ou bottes et des *genouillères*.

La plupart de ces armes, en usage sous la troisième race, durent tomber au commencement du quatorzième siècle avec l'invention des armes à feu; mais alors même toutes ne furent pas abandonnées; la hache ne disparut des armées qu'au seizième siècle, et la hache ordinaire est encore employée comme arme dans la marine et comme outil dans le génie. La pique ne fut remplaçée par la baïonnette qu'en 1705, et l'*esponton* ou demi-piques resta l'arme des officiers jusqu'en 1758. La *hallebarde* ou *pertuisane*, dont se servirent longtemps les milices allemandes et suisses, encore en usage en 1815 dans l'armée anglaise, était autrefois l'arme spéciale des sergents : elle n'est plus guère portée aujourd'hui que par les suisses d'église. La *lance*, dont se servit la cavalerie jusqu'au règne de Henri IV, fut abandonnée et remplacée par le pistolet à la bataille d'Ivry en 1590; mais Napoléon Ier forma en 1806 des régiments de lanciers, et cette arme est employée avec grand succès dans les charges de cavalerie. De nos jours, les principales armes blanches sont l'*épée*, attribut spécial des officiers supérieurs ; le *sabre*, qui prend divers noms : sabre recourbé, espadon ou sabre droit et pointu, briquet et sabre-poignard, selon qu'il est adapté à la cavalerie ou à l'infanterie ; enfin, la *baïonnette*, inventée à Bayonne vers l'an 1670, employée pour la première fois en 1692, à la bataille de Turin, et qui, placée au bout du fusil, est devenue une arme terrible dans les mains de l'infanterie française.

L'invention, non de la poudre, car elle était connue des anciens mais des armes à feu, fit faire un grand pas à l'exercice de la chasse et opéra toute une révolution dans l'art militaire. Notre intention n'est point de parler ici des *canons*, dont les Anglais firent un usage si désastreux contre nous à la bataille de Crécy en 1346, mais dont les Arabes de Grenade s'étaient déjà servis en 1323, au siége de Baza, et les Français eux-mêmes, en 1338, au siége de Puy-Guillaume en Auvergne ; encore moins parlerons-nous de ces engins de guerre connus sous les noms de *bombardes*, *couleuvrines*, *obusiers*, *mortiers* et *pierriers*, qui tous appartiennent à une science dont nous n'avons point à nous occuper.

La première arme à feu portative fut l'*arquebuse à croc*, dont l'introduction dans l'armée remonte au règne de Louis XII. Plus longue et d'un plus fort calibre que le fusil, elle était montée sur un chevalet en bois et retenue par un croc en fer ; il fallait deux hommes pour en faire usage : l'un la pointait, l'autre y mettait le feu.

L'arquebuse à mèche, qui la remplaça bientôt, n'était guère plus commode. Munie d'un chien, autour duquel une mèche se trouvait enroulée, il fallait presser une sorte de détente pour amener le bout de cette mèche allumée dans le bassinet, où elle produisait l'explosion.

Pour se servir de cette arme fort lourde, l'emploi d'un support appelé fourche était indispensable.

L'arquebuse à rouet, qui parut à la fin du seizième siècle, était beaucoup plus légère; le chien, au lieu de mèche, portait entre ses mâchoires une pierre qui appuyait sur un rouet en acier garni de cannelures. En pressant sur la détente, le rouet tournait vivement et produisait des étincelles qui enflammaient la poudre.

Quelques spécimens de ces armes figurent à notre exposition.

A l'arquebuse succédèrent le *mousquet* et le *mousqueton,* la *carabine* et le *fusil,* qui ne furent que des imitations et perfectionnements de la première arme. Toutes ces armes étaient à pierre. Le mousqueton est encore en usage dans la cavalerie; le fusil est resté l'arme du chasseur et du fantassin; et la carabine à canon rayé, dont les chasseurs tyroliens et les *riflemen* anglais se servent avec tant d'adresse, a repris faveur depuis quelques années, grâce aux perfectionnements apportés par le capitaine Delvigne : c'est avec elle qu'on a armé nos tirailleurs de Vincennes.

Ce ne fut qu'au commencement de notre siècle que parurent les premières armes à percussion, c'est-à-dire enflammant la cartouche au moyen du choc du chien sur une capsule remplie de fulminate. Depuis cette époque, la fabrication des armes de tous genres n'a pas cessé de progresser. Les fusils de chasse surtout sont arrivés à un rare degré de perfectionnement, depuis qu'on a trouvé le moyen de les charger par la culasse. Cette invention est due à un armurier de Paris, M. Lefaucheux, qui lui a donné son nom, et qui a trouvé d'habiles imitateurs et de dignes rivaux dans les Perrin-Lesage, les Lyon, les Delbourse, les Robert, les Devisme et tant d'autres.

Mais si le fusil Lefaucheux est d'une manœuvre prompte et facile, il possède un défaut qui l'a fait jusqu'ici rejeter comme arme de guerre. Au moment où le soldat fait jouer la bascule, il se trouve privé d'un engin essentiel, la baïonnette; il n'a plus dans les mains que deux débris inutiles.

Le système de M. Cancalon fait disparaître cet inconvénient. Dans son fusil c'est la culasse qui se relève en arrière pour laisser passer la cartouche. Lorsqu'elle est introduite, on baisse cette partie de l'arme qui vient porter sur l'extrémité inférieure du canon; un verrou la maintient dans cette position, et l'on peut faire feu.

Son système diffère du système Robert en ce que, dans ce dernier, la culasse pivotait sur deux tourillons placés à droite et à gauche de l'extrémité inférieure du fusil.

M. Cancalon expose aussi le modèle en bois d'un fusil à tonnerre mobile. Une portion de 10 centimètres environ du tonnerre se relève, on introduit la cartouche; le tonnerre, étant abaissé, est tenu solidement en place par une clé qui fait un quart de tour.

M. du Liége, de Puy-Chaumeix, a envoyé à l'exhibition clermontoise une ébauche en bois d'un fusil se chargeant par la culasse; le canon glisse dans une coulisse qui lui permet de s'éloigner de la distance nécessaire à l'introduction de la cartouche. En appuyant sur le canon perpendiculairement à son axe, on le ramène contre le tonnerre; un petit encliquetage à ressort placé dans la coulisse le maintient fermé. Pour juger des qualités de ce système, il faudrait en posséder un spécimen complet et pouvoir faire quelques expériences.

M. Goy poursuit la solution du problème des porte-amarres. Bien des systèmes ont été essayés jusqu'ici sans donner de résultats complètement satisfaisants. Le grand obstacle qui s'est opposé à leur réussite a été la rupture de la corde attachée au projectile. M. Goy a-t-il obvié à cet inconvénient? Nous le souhaitons dans l'intérêt de l'humanité.

M. Coirier a fait une magnifique exhibition d'armes de luxe, ses armes de chasse, ses revolvers sont remarquables à tous les points de vue.

M. Tortrat expose aussi des armes très-bien confectionnées.

COUTELLERIE.

L'industrie de la coutellerie de Thiers est très-ancienne; on ne peut cependant assigner une date précise à son origine. Il est question des couteliers de Thiers dans divers documents du quinzième siècle. Des lettres patentes de 1582, octroyées aux couteliers de Thiers par le roi Henri III, leur permettent de se constituer en corps d'état ou jurande, de la même façon que les couteliers de Paris. De nouvelles lettres royales confirmèrent en 1614 les priviléges antérieurs. Thiers devint alors le siége d'une grande communauté formée de tous les arquebusiers, fourbisseurs et autres artisans travaillant l'acier, habitant dans un rayon de cinq lieues. Cette association avait pour premier magistrat le châtelain de la ville, auquel appartenait la police des fabriques.

« Chaque maître, dit M. le comte Martha Beker dans son mémoire sur la coutellerie de Thiers, possédait une marque distinctive; l'ancienne jurande avait une table de plomb, à laquelle on ajouta dans le dix-huitième siècle une table d'argent, sur laquelle durent être frappées toutes les marques des fabricants. Une autre table en argent fut déposée au greffe de la châtellenie; elle dut porter les empreintes de toutes les marques des deux tables de plomb et d'argent de la communauté; on les y frappait au fur et à mesure qu'elles passaient d'un maître à un autre par vente ou par succession. La jurande avait à sa tête un syndic, un adjoint et six gardes jurés visiteurs; elle possédait un local, un coffre pour ses archives, une bannière et toute l'organisation de ce genre de corporations. La loi de 1857 est venue régulariser l'état de propriété des marques, et, pour remédier aux abus, a exigé le renouvellement du dépôt de ces signes distinctifs tous les quinze ans. Depuis lors, six cents, dont trente nouvelles seulement, ont été déposées. L'histoire des marques a été longtemps celle de la fabrique. Chaque fabricant avait la sienne, il tenait à la conserver avec honneur : c'était le blason de la maison; cet état de choses s'est continué. Un père qui avait plusieurs enfants donnait à l'un d'eux sa marque sans autre signe, à l'autre cette même marque surmontée d'une couronne, d'un croissant, d'une feuille de persil ou d'un point seulement. Ces marques, qui étaient l'objet de tant de sollicitude avant 1789, n'ont point perdu de leur importance; il en est qui valent encore trente à quarante mille francs, nature de propriété éminemment respectable. Aussi le gouvernement français, dans ses traités, a-t-il soin de stipuler la garantie des marques en même temps que celle des dessins de fabrique.

» En 1769, le Conseil du roi fut saisi d'une pétition d'un haut intérêt pour l'histoire des jurandes, et qui contient un exposé de principes qui semble inspiré des idées de notre époque. Cette pétition était intitulée : *Mémoire que les négociants de clincaillerie en gros de la ville de Thiers présentent à nos seigneurs du conseil, afin de parvenir à la réformation des articles* 1, 5, 6, 12, 13 *et* 16 *des lettres patentes surprises par les maîtres couteliers de ladite ville de Thiers, le* 24 *décembre* 1743.

» Les lettres patentes de 1614, quoique rédigées suivant les principes des jurandes, avaient été conçues dans un esprit assez libéral; mais en 1743, les fabricants couteliers résidant à Thiers étaient parvenus à les faire réformer et à en obtenir d'autres qui mettaient dans leur dépendance les négociants et marchands de fer, ainsi que les ouvriers et fabricants qui travaillaient à la campagne. De là des conflits et des luttes incessantes qui, en définitive, portaient atteinte à la prospérité du commerce du pays. L'édit de 1614 laissait toute liberté à l'ouvrier ou chef d'atelier de fabriquer toute espèce de commission, comme il l'entendait, pourvu qu'il ne se servit pas de la marque de son confrère, et le négociant fournisseur ou expéditeur n'avait à rendre compte à personne de ses achats et de ses ventes. Le règlement de 1743 interdisait au contraire, dans la circonscription de Thiers, toute fabrication de quincaillerie en fer, ne permettant que celle en acier de bonne qualité : la peine infligée était la confiscation, une amende de 200 livres et la déchéance des droits de maîtrise contre les maîtres couteliers qui auraient contrevenu à cette prescription ; comme aussi défense sévère était faite aux marchands d'en vendre ou d'en exposer en vente. Il en résultait que Thiers perdait la fabrication de la quincaillerie commune, et les débouchés si considérables que cette ville s'était créés en Espagne, dans les échelles du Levant, en Amérique et dans les Indes, où l'on demandait des ciseaux et de la coutellerie à bon marché. Comment d'ailleurs constater que tel ressort était d'acier pur, sans mélange de fer ? Les pétitionnaires établissent que cette mesure imposée à la suggestion des maîtres couteliers de la ville, dans le but de forcer les négociants à acheter leurs marchandises à tout prix et de ruiner les ateliers de la campagne, était aussi funeste à ceux qui l'avaient provoquée qu'à ceux qui la subissaient.

» Le règlement de 1743 contenait en outre plusieurs dispositions vexatoires, telles que l'obligation de mettre la marque sur un seul point déterminé de l'ouvrage, sur la lame et non sur le talon, sous peine de confiscation et de cent livres d'amende ; l'interdiction faite aux marchands d'exploiter des martinets, d'étirer eux-mêmes ou de faire étirer le fer nécessaire à la fabrique ; la défense intimée à ceux qui acquéraient la propriété d'une marque par droit de succession ou autrement, de s'en servir, de la louer, de l'affermer ; ils étaient tenus de vendre ces marques aux fabricants de la jurande qui en feraient la demande : ce qui rendait les couteliers entièrement maîtres de la situation.

» Mais la disposition qui blessait le plus les négociants et qui atteignait même les marchands étrangers lorsqu'ils venaient acheter de la quincaillerie au marché de Thiers, était celle qui les soumettait, ainsi que tous les ouvriers de la jurande, à la visite des jurés visiteurs. Ces jurés, qui étaient tous pris dans la corporation des couteliers, avaient pouvoir d'exercer leurs investigations dans toutes les boutiques, dans les magasins et autres lieux où des ouvrages en contravention pouvaient exister, et cela sans délai, à la première réquisition. Ce droit de visite, conféré aux maîtres couteliers, entravait et exaspérait les négociants.

« Sa Majesté, disent ces derniers dans leur pétition, veut allier » l'état des négociants avec la noblesse ; elle a déclaré que l'un était » compatible avec l'autre, serait-il possible qu'elle laissât subsister » ce renversement de l'ordre ? Le droit de visite des couteliers chez les » marchands tient ces derniers dans une espèce de subordination et de » dépendance : quel contraste, quelle indécence affectée de la part des » couteliers à vouloir humilier les négociants en soupçonnant leur » probité ! De tous les temps ceux-ci ont exercé les places d'honneur » dans la ville : maires, échevins, juges de la juridiction consulaire » et de police, administrateurs des hôpitaux ; ils en remplissent les » fonctions avec intégrité. Ce même négociant cependant qui, par sa » place de magistrat, aura déplu à ce peuple, se verra bientôt soumis » à sa juridiction ; le résultat d'une conférence, souvent tenue au » cabaret, sera d'user de représailles et de faire essuyer à cet homme » en place une visite avec l'appareil requis, dans laquelle on aura » mille prétextes de le chicaner sur la qualité de ses marchandises ;

» l'ouvrier visiteur lui-même tendra des piéges au négociant; il lui » enverra de la marchandise de mauvaise qualité qu'on n'aura pas eu » le soin d'examiner, il la méconnaîtra ensuite après l'avoir saisie, et » ne rougira pas de dire qu'on a fals fié sa marque. Le négociant au » moins sera-t-il troublé à chaque instant dans ses expéditions; on » prendra connaissance de ses affaires; son secret sera divulgué; » il sera en butte à la vengeance et à la curiosité des couteliers, » qui viendront chez lui acquérir les connaissances qu'ils n'ont pas » dans le commerce qu'ils font, outre celui de leurs fabriques; on sai- » sira, on déposera au greffe les marchandises qu'on jugera à propos, » et peut-être on les confisquera par un pouvoir arbitraire. De quelle » ressource sera l'appel contre des jurés visiteurs qui attesteront les » contraventions? Contre qui répètera-t-il des dommages-intérêts et » la réparation de sa réputation flétrie? Dans le cours de la litispen- » dance, les marchandises seront séquestrées, le négociant par pro- » vision aura manqué sa vente, perdu la confiance de son correspon- » dant, le vaisseau sur lequel ses marchandises doivent être embarquées » aura mis à la voile, sa spéculation sera sans espoir de retour. — » Se comporte-t-on ainsi dans les autres villes du royaume, à Saint- » Etienne, Châtellerault, Langres, villes où l'on fabrique des clin- » cailleries analogues à celles de Thiers? On visite l'ouvrier et son » domicile, mais les cabinets et magasins des négociants sont toujours » respectés; et les maîtres visiteurs de la papeterie de Thiers se sont- » ils immiscés de demander semblable inspection sur les négociants » avec qui ils traitent?... Au reste, tant d'habiles écrivains ont dé- » montré l'inutilité des maîtrises, que les commerçants attendent tou- » jours avec impatience leur suppression.

» Terminons enfin ces réflexions en disant qu'il est peu de maîtrises » qui s'exercent si despotiquement et avec tant de violence que celle » des couteliers de Thiers; les jurés visiteurs vont à chaque jour de » marché sur les avenues de la ville, arrêtent qui leur plaît, confis- » quent au gré de leurs caprices les marchandises, temporisent avec » les uns, traitent les autres plus durement, et souvent, sous le spé- » cieux prétexte qu'ils sont maîtres visiteurs, achètent dans les cabarets, » hors de la ville, les marchandises dont ils ont besoin pour envoyer » avec celles de leurs fabriques, et que le négociant attend souvent » pour faire une expédition qui se trouve retardée au moyen de ces » violences. »

» Tels sont les faits que révèle le mémoire; les négociants réclament la liberté commerciale, la liberté de fabrication, la concurrence sans monopole, l'abolition des maîtrises. Louis XVI devait bientôt prendre l'initiative de ces réformes.

» D'autres renseignements ressortent de ce document : « Quatre » espèces de fabriques, la clincaillerie, la papeterie, la tannerie et la » teinture des fils, sont, dit-il, le pivot sur lequel roule tout le système » économique des habitants de cette ville, moins connue par ses ri- » chesses que par l'étendue de son commerce. »

La population qui s'occupe de la fabrication de la coutellerie et de la quincaillerie de Thiers est groupée dans le département du Puy-de-Dôme, et s'étend même un peu dans la Loire; elle habite spécialement les communes d'Escoutoux, Vollore, Paslières, Celles, Saint-Rémy, Châteldon, Puy-Guillaume, Viscomtat, et s'avance vers Aubusson, Courpière, Dorat, Limons, Lachaux, et vers le sud.

Le nombre des maîtres et ouvriers couteliers de Thiers et des villages qui l'environnent, n'a guère varié depuis les derniers siècles. On l'estime en moyenne à deux cent cinquante maîtres et quinze à vingt mille ouvriers. Le chiffre des produits manufacturés peut être porté sans exagération à douze millions par année, sur lesquels la main-d'œuvre absorbe à peu près les trois cinquièmes. Le surplus est représenté par les matières premières et le bénéfice du négociant, que l'on estime à dix pour cent. Le prix moyen du kilogramme de coutellerie est de 6 fr. 50 c.

L'ouvrier coutelier, qui, avant la révolution, n'était payé qu'au taux de quinze sols par jour, gagne aujourd'hui en moyenne 1 fr. 50 c. Un forgeron habile réalise facilement 4 à 4 fr. 50 c.; un bon émouleur est payé jusqu'à six francs. Une famille, composée du père, de la mère et d'un enfant de quinze à seize ans, gagne chez un des principaux négociants de Thiers, 52 à 56 fr. par semaine.

Comme les tisserands de la Flandre et ceux qui fabriquent les étamines dans l'arrondissement d'Ambert, les couteliers des environs de Thiers sont tour à tour agriculteurs et industriels, suivant les besoins du moment ou les variations de la température. Ils s'entr'aident mutuellement lorsque vient le temps de la moisson, et ne retournent à l'atelier que lorsque toutes les granges sont pleines. Mais cet usage tend à disparaître. Non-seulement la plupart de ces artisans se bornent à faire de la coutellerie, mais ils associent à leurs travaux ordinaires leurs femmes et leurs enfants.

Deux des caractères principaux de la coutellerie de Thiers à toutes ses époques, sont l'extrême division du travail et le remarquable bon marché de ses produits. Il est question dans un inventaire du seizième siècle de *petits couteaux à sifflet*, cotés quinze sous la grosse ou les douze douzaines; et cependant, avant d'être livrés aux consommateurs, chacun d'eux avait dû passer entre les mains de dix ouvriers différents : forgeron, limeur, trempeur, émouleur, cloueur, finisseur, affileur, monteur, etc.

La coutellerie de Thiers, rivale de celle de Sheffield, fabrique des couteaux de table, des couteaux fermants, des couteaux de cuisine, des couperets, des canifs, des ciseaux, des rasoirs, etc. Les couteaux espagnols, si mal employés dans maintes occasions par leurs propriétaires, les couteaux poignards des Mexicains, se fabriquent à Thiers. Des ciseaux en fer qui servent aux pêcheurs de harengs et ne sont employés que pendant un seul jour, sortent aussi par tonnes des ateliers de nos compatriotes. Mais si l'industrie thiernoise se livre particulièrement à la fabrication des produits à bas prix, si elle est parvenue à livrer des couteaux bien établis au prix fabuleux de dix, douze et quinze centimes, elle aborde avec succès la coutellerie fine; dans ces derniers temps, de notables progrès, d'heureuses tentatives ont permis de constater ses aptitudes à cet égard. Ses couteaux de cuisine ont une réputation européenne, et le tranchelard de Thiers figure avec honneur dans les cuisines de la reine d'Angleterre.

L'industrie thiernoise a eu de tout temps de vastes débouchés : les Indes, l'Orient, l'Angleterre, l'Allemagne, l'Espagne, lui demandaient ses produits. Cette dernière contrée, qui les expédiait dans ses possessions du Nouveau-Monde, est encore de nos jours un de ses principaux débouchés. L'Italie, la Suisse, la Belgique, l'Orient, lui adressent chaque année des commandes considérables. Les exportations pour cette dernière contrée se font par Marseille et Constantinople.

Thiers n'a qu'un rival réellement dangereux au monde, c'est Solingen en Prusse, qui, placé dans de meilleures conditions de fabrication, peut livrer ses produits à cinquante pour cent de moins; produits inférieurs aux nôtres, il est vrai, mais qui peuvent tenter le commerce.

Avant 1815, les couteliers de Thiers, imitant en cela leurs confrères de Namur, cédaient leurs produits à des négociants ou à des commissionnaires établis chez eux, ou, un ballot sur les épaules, allaient les vendre eux-mêmes aux consommateurs. Le commerce d'aujourd'hui, les relations directes entre les fabricants et les débitants n'existaient pas. Il faut le dire, le coutelier de Thiers, peu lettré à cette époque, se pliait difficilement aux exigences du progrès. Cependant le grand novateur fit peu à peu son œuvre; de simples ouvriers devinrent à leur tour négociants; après avoir commencé les affaires à l'aide d'une somme de 500 francs, ils laissèrent à leurs enfants cent ou cent cinquante mille francs; ceux-ci, profitant des capitaux et de l'exemple qui leur était donnés, firent entrer leur industrie dans une voie de prospérité réelle.

Si la coutellerie de Thiers n'a pas pris plus tôt l'extension qui l'enrichit aujourd'hui, il faut l'attribuer aussi à la constitution de la jurande, aux entraves mises à la liberté du commerce, à l'agitation que produisirent la Ligue, les guerres de religion, et plus tard la révolution française.

Un des caractères principaux de la coutellerie de Thiers, disons-nous plus haut, est l'extrême division du travail.

Un simple couteau de table passe en effet entre les mains de plus de dix personnes avant d'être livré au commerce.

Un ouvrier appelé frappeur donne à la lame sa première forme, le forgeron achève son travail, puis vient le limeur qui le perfectionne. Un apprenti blanchit à la meule la place où doit être apposée la marque; l'opération de la trempe, qui exige un habile ouvrier, vient ensuite; mais comme la lame prend souvent une forme arquée pendant l'opération, le dresseur doit remédier à cette défectuosité. La lame livrée à l'émouleur, passe d'abord entre les mains d'un enfant qui, à l'aide d'une meule en plomb, lui enlève ses petites bavures; un ouvrier plus habile la dresse ensuite sur une meule en grès, en blanchit le plat et lui donne le tranchant; un polisseur achève leur travail. Puis vient le montage, qui exige préalablement la confection du manche, des viroles, etc. La fabrication des couteaux fermants, on le conçoit, est encore plus compliquée.

Cette grande division du travail a des avantages que personne ne peut méconnaître; seulement il serait à désirer, pour l'industrie thiernoise, qui manque d'ouvriers et ne peut satisfaire à toutes les demandes qui lui sont adressées, que l'on en vînt à une telle perfection des pièces qui composent ces articles, qu'elles pussent être montées rapidement et par le premier ouvrier venu.

L'industrie qui nous occupe est en voie de progrès; elle peut, elle doit devenir une des plus importantes du monde. Déjà les fabricants ont recours à des machines perfectionnées pour découper les diverses pièces de coutellerie, des moteurs à vapeur sont employés; mais cette industrie réclame encore des améliorations, qui non-seulement lui permettent de lutter avantageusement avec ses concurrents, mais augmentent le chiffre de ses produits et remplacent les bras qui lui manquent. Il lui faut une force motrice permanente, qui éloigne tout chômage et laisse au négociant la possibilité de remplir ses engagements envers ses clients; un chemin de fer qui lui amène à meilleur marché et plus rapidement les matières qu'elle emploie; des traités qui lui permettent d'étendre encore l'exportation de ses produits; enfin, une école professionnelle qui lui fournisse d'habiles ouvriers et perfectionne ceux qu'elle possède déjà.

A propos de la force motrice indispensable à la coutellerie de Thiers, ouvrons ici une parenthèse. Toutes les usines de cette ville demandent à une seule rivière, la Durole, le mouvement des machines qu'elles emploient; mais la Durole, quoique roulant des eaux douces, est perfide comme l'onde du poète. Elle fait parfois défaut aux usines qui l'utilisent, ou se transforme en torrent et brise alors les roues qu'elle doit faire mouvoir. Un honorable habitant de Thiers avait conçu dans ces derniers temps, le projet d'établir un réservoir pour la Durole, dans la partie supérieure de son cours, de manière à en régulariser l'étiage pendant toute l'année. Ce projet était pratique, son utilité incontestable; cependant, comme une foule de bonnes choses, il trouva une opposition qui le fit abandonner, quoique le ministère des travaux publics, qui en reconnaissait tous les avantages, eût offert de prendre à sa charge les deux tiers de la dépense que nécessiterait sa réalisation.

Nous ignorons les raisons qui ont motivé une opposition semblable; mais quelles qu'elles soient, nous ne les croyons pas de nature à jeter à l'oubli un projet qui viendrait aider d'une façon puissante à la prospérité de l'industrie de Thiers.

Le développement de la fabrication de la coutellerie de Thiers exigera sans doute de nouveaux moteurs. Déjà ses plus importantes maisons ont demandé à la vapeur la force motrice que la Durole ne pouvait leur fournir. Cet exemple devra être suivi par plusieurs fabriques importantes, si, comme nous en avons l'espoir, la prospérité de l'intéressante industrie qui nous occupe, va toujours en croissant.

La coutellerie de Thiers doit ressentir tous les effets de ce grand mouvement, qui transforme de nos jours les idées et les choses; il y a en elle le germe d'une de ces vastes industries qui honorent une nation et tiennent une des premières places sur le tableau de ses richesses.

La coutellerie de Thiers est représentée par un très-petit nombre de fabricants à l'exposition de Clermont. Hâtons-nous cependant de dire que les remarquables produits qu'ils offrent à l'appréciation du public sont de nature à en faire comprendre les progrès en même temps que l'importance.

En examinant les produits de M. Saint-Joany-Blondel, on reconnaît de suite un fabricant aussi sérieux qu'habile. Quelques-uns des articles qu'il expose, peuvent lutter avec les objets du même genre fabriqués à Nogent et à Châtellerault. Nous remarquons particulièrement dans cette exhibition un couteau à trois pièces à manche en corne dite d'Irlande, avec lames de canif et de serpette, au prix de 11 francs la douzaine, et un couteau pour jardinier à manche d'ivoire avec scie, serpette, greffoir, etc., au prix de 24 fr. la douzaine. Ce sont là de véritables prodiges de bon marché.

Les petits couteaux fantaisie, de M. Archambaud-Sannajust, se recommandent non-seulement par leur forme gracieuse, mais encore par leurs prix.

MM. Sabatier père et fils, dont la réputation n'est plus à faire, exposent divers spécimens de leur importante fabrication. Ce sont des couteaux de table, des instruments de cuisine qui se recommandent à l'attention des connaisseurs par des qualités sérieuses. MM. Sabatier n'ont pas indiqué les prix de leurs produits. Nous ignorons quels sont les motifs qui les ont empêchés de suivre l'exemple de leurs confrères.

M. Decouzon nous offre une exhibition presque complète de l'industrie thiernoise : couteaux, rasoirs, ciseaux, tranchelards, etc., produits qui déjà, si notre mémoire nous est fidèle, lui ont valu une récompense à l'exposition de Londres.

Les ciseaux de M. Beauvoir sont non-seulement fabriqués avec soin et habileté, mais leur prix réellement avantageux les désigne à l'attention de tous les consommateurs.

Nous avons à faire le même éloge de la belle collection de ciseaux de M. Melun-Brunel. Une difficulté sérieuse a été vaincue par ce fabricant. Nous voulons parler de l'emploi du fer pour leur confection. On ne se douterait guère en voyant ces produits si bien polis, d'une forme si heureuse, qu'ils sont faits à l'aide d'un métal déprécié jusqu'ici dans la coutellerie, et qui cependant peut acquérir dans certains cas les qualités de l'acier, tout en offrant de sérieuses facilités à l'ouvrier qui le manipule.

La maison Prodon fils aîné et Cie travaille avec beaucoup d'intelligence ; son exposition est très-remarquable. Non-seulement nous y trouvons les produits ordinaires de la coutellerie de Thiers, c'est-à-dire des couteaux de table, de cuisine, de poche et des tranchelards, mais plusieurs outils à l'usage des peintres, des plâtriers et divers instruments pour l'exportation ou la marine. MM. Prodon fils et Cie, leur exposition le prouve, ont fait de louables efforts pour agrandir le cadre déjà si vaste de l'industrie thiernoise. Tous les gens de progrès leur en tiendront compte. Nous remarquons dans leur exposition un très-beau couteau tranchelard, qui fait honneur aux ouvriers habiles qui l'ont exécuté; un couteau garni de huit pièces et coté 97 *centimes*, ce qui est le dernier mot du bon marché; enfin une collection de couteaux de 8 à 20 centimes, dits articles de village, dont la confection pour le prix paraîtra une énigme à beaucoup de personnes. Notons encore parmi les produits de cette maison une lame de cuisine à deux manches, épreuve de forge, qui se recommande à l'attention des connaisseurs et fait honneur au forgeron qui l'a produite.

M. Monatte expose divers spécimens de couteaux fermants, sécateurs, rasoirs, etc. Ces produits, très-habilement confectionnés, se recommandent par des qualités sérieuses.

Les couteaux, serpettes, etc., de MM. Châtelet et Cornet sont très-soignés. Quelques-uns pourraient figurer à bon droit dans la coutellerie de luxe proprement dite. Ils prouvent que l'industrie thiernoise peut aborder avec succès tous les genres, et rompre sans crainte avec les traditions du passé. Les lames forgées, exposées par MM. Châtelet et Cornet, dénotent de très-habiles ouvriers.

M. Mas-Monchard, de Clermont, nous montre de nombreux spécimens de son importante fabrication. Ce sont des couteaux de divers genres, des ciseaux, serpettes, sécateurs, pinces, etc., qui dénotent chez l'industriel qui les expose autant d'intelligence que d'habileté.

La coutellerie fine de M. Trouppel, d'Aurillac, pourrait prendre place à juste titre parmi les objets d'orfèvrerie. Rien de plus délicat, de plus mièvre et de plus soigné que les objets exposés par cet habile industriel. Ses grandes pièces, ses éperons, ses instruments de toilette sont traités avec infiniment de goût.

Nous avons remarqué sur plusieurs pièces de coutellerie exposées par des fabricants de Thiers les noms des ouvriers qui les ont exécutées; cela nous amène naturellement à dire quelques mots d'une question que d'autres ont traitée avant nous, mais qui n'en reste pas moins intéressante pour cela. Nous voulons parler des récompenses à accorder aux ouvriers. L'agriculture donne des primes aux serviteurs fidèles, aux laboureurs habiles; elle reconnaît le mérite de l'humble main qui exécute tout en récompensant l'esprit qui commande. Pourquoi n'en serait-il pas de même dans l'industrie? L'ouvrier, comme l'artiste, a besoin d'encouragement pour accomplir avec goût et intelligence sa tâche de chaque jour; il lui faut quelques éloges, quelque satisfaction, un mobile qui, en dehors du pain quotidien, soutienne la force de ses bras et réconforte son cœur.

Nous serions heureux de voir le jury de notre exposition entrer dans une voie que nous ne craignons pas d'appeler féconde, dans une voie qui lui assurerait à la fois la reconnaissance des travailleurs, tout en ajoutant encore à l'estime que sa valeur inspire.

TAILLANDERIE.

Si les diverses professions pour lesquelles la taillanderie fabrique des outils ne demandent ni formes gracieuses ni fini dans l'exécution, elles exigent des instruments de bonne qualité, parfaitement appropriés aux usages auxquels on les destine. Ceux que nous voyons figurer à l'exposition clermontoise remplissent généralement ces conditions. Mentionnons dans cette classe les *outils de sabotier* de M. Serindas, les *burins* à repiquer les meules de M. Michel Neveu-Grangin, les outils agricoles de MM. Michel Antoine, de Chamalières, et Duroussel, de Clermont, et les instruments tranchants et les outils agricoles de M. Maillot, de Montferrand.

OPTICIENS.

Plusieurs opticiens ont envoyé à l'exhibition clermontoise des instruments très-remarquables, dont quelques-uns ont été l'objet d'ingénieuses améliorations. M. Deldevez expose des machines électriques offrant sur celles connues jusqu'ici l'avantage de donner les deux espèces d'électricité en augmentant considérablement la charge. Signalons encore parmi les objets de ce genre les *microscopes* et les *mappemondes* de M. Bérubet, de Clermont; — les *baromètres* et le *thermomètre* de M. Lafond, de Clermont; — et le *télescope* et les deux *baromètres* de M. Lizon, de Clermont.

M. Ladoux, outre une machine électrique confectionnée avec soin, expose, sous la dénomination de *Mètre-mire*, une sorte de mesure de quatre mètres d'étendue et pouvant se renfermer dans une canne d'un mètre de longueur, invention pour laquelle il est breveté.

MESURES.

Les peuples anciens, les Egyptiens, les Hébreux, connaissaient les mesures. Plusieurs passages de l'*Iliade* nous apprennent que les Grecs se servaient de mesures et de balances au temps de la guerre de Troie. Les Romains, outre les mesures qu'ils empruntèrent aux Grecs, en possédaient qui leur étaient propres. Henri Ier, roi d'Angleterre, émit, en 1231, la pensée d'établir l'uniformité des poids et mesures dans son royaume. Louis XI conçut le même projet, mais il était réservé au dix-huitième siècle de l'accomplir, et de fonder un système que rien ne pourrait renverser.

« Un peuple qui donnerait un système de mesures dont les divisions uniformes se prêteraient le plus facilement au calcul, et qui dériverait de la manière la moins arbitraire d'une mesure fondamentale indiquée par la nature elle-même, réunirait à l'avantage d'en recueillir les premiers fruits celui de voir son exemple suivi par les autres peuples dont il deviendrait ainsi le bienfaiteur. »

Tels furent les motifs qui déterminèrent l'Assemblée constituante à charger l'Académie des sciences d'un important travail dont le résultat a été le système métrique, que nous possédons aujourd'hui, et qui doit, selon le vœu de ses fondateurs, être adopté par toutes les nations civilisées.

M. Souillac aîné a eu la bonne pensée d'appliquer à la fabrication des mesures de capacité pour les grains son invention de bois de placage repoussé et collé. Les mesures ainsi construites sont aussi solides que légères; elles ne peuvent se déformer. M. Souillac fabrique aussi, d'après les mêmes procédés, des porte-chapeaux, des étuis de parapluie, qui réunissent les avantages de ses autres produits.

Les mesures en tôle de M. Chameil conviennent parfaitement au mesurage des grains; M. Chameil expose aussi deux bascules à romaines (rapport de 1 à 100 et de 1 à 10) qui nous paraissent très-bien construites.

MM. Dumas père et fils, de Sugères, sont de bons fabricants, et l'on peut avoir confiance, nous le pensons, dans le poids annoncé par leur bascule.

La romaine de M. Dussaud, de Thiers, a été l'objet d'une innovation qui doit être signalée : une coulisse y est ajoutée pour supporter le poids curseur.

M. Barbier, de Paris, expose des mètres ployants en bois. A chaque branche est fixé un petit ressort qui entre dans une légère entaille faite dans la branche suivante ; de cette façon, le mètre de ployant devient rigide et permet de prendre facilement des mesures. C'est M. du Liège, du Puy-Chaumeix, dont nous avons parlé à l'article armes, qui est l'inventeur de ce système de mètres à ressort.

TONNELLERIE.

Les produits de la tonnellerie sont peu nombreux à notre exposition.

M. Monestier nous montre divers échantillons de sa fabrication courante des fûts de diverses contenances, pour la bière et les confitures. Ces derniers sont construits en hêtre, bois qui possède l'avantage de ne pas noircir les confitures, ce qui arrive avec les tonneaux en bois de chêne, à cause du tannin qu'il contient.

Mentionnons de plus un foudre bien conditionné à M. Brun-Murol, de Beaumont ; un entonnoir et un broc en bois, une caisse à fleurs cylindrique, permettant un dépotage facile, à M. Brun-Montel, de Clermont ; un petit tonneau ovale, à M. Lavigne ; un tonneau sans cercle, à M. Barthomeuf ; un tonneau, à M. Beauger, de Romagnat ; un compas de proportion, un calibre et une équerre, à M. Luquet, de Romagnat.

HORLOGERIE.

La mesure du temps remonte aux époques les plus reculées. Ce furent d'abord les ombres projetées par différents objets qui servirent à diviser le jour. Ils donnèrent naissance aux cadrans solaires, qui ne marquèrent d'abord que six heures du soir et du matin, et la moitié du jour à midi.

Plus tard, le besoin d'apprécier plus exactement les heures se faisant sentir, l'on recourut aux clepsydres ou horloges hydrauliques, qui se composaient d'un vase rempli d'eau que de petits trous laissaient échapper lentement. Cet appareil très-incomplet fut modifié ensuite de façon à donner de nouvelles divisions. Le sablier était établi sur les mêmes calculs.

Les premières horloges, dont on ne peut exactement préciser l'origine, furent, on le voit, des instruments très-imparfaits.

Le pendule, découvert par Galilée en 1639, et que Huygens eut l'heureuse idée d'appliquer en 1657 à l'échappement d'une horloge qu'il avait construite, fit faire un pas immense à l'horlogerie; elle en vint bientôt à posséder assez de précision pour permettre de l'appliquer aux observations astronomiques.

Une cause d'erreur subsistait cependant malgré tous les perfectionnements apportés à la construction des horloges, tels que le balancier compensateur et la précision dans la taille des engrenages; cette cause était dans le poids de la corde qui venait s'ajouter à celui de l'horloge au fur et à mesure qu'elle se déroulait. L'application du remonteur d'égalité la fit disparaître.

Longtemps stationnaire en France, cette industrie n'a fait de progrès réels que de nos jours; il y a un demi-siècle, les grosses horloges étaient plutôt des ouvrages de serrurerie que des produits de l'horlogerie proprement dite.

L'examen attentif de l'horloge exposée par M. Fois, dit Larose, permet de constater tous ses progrès. Il y a loin de ce travail délicat et intelligent aux grossières machines ressemblant plus à des tournebroches qu'à des œuvres d'art.

L'horloge de M. Larose est destinée au palais des Facultés; elle est à compensateur, à grille, à remontoir et à échappement à chevilles. Cette horloge sera la seconde que M. Larose aura faite pour la ville de Clermont. On lui doit déjà l'horloge à cadran lumineux qui surmonte la halle aux toiles.

M. Estrigue, de Montferrand, est un esprit ingénieux, un chercheur infatigable; mais, comme grand nombre de travailleurs, il se donne beaucoup de peine pour résoudre assez mal des problèmes très-bien résolus depuis longtemps. Nous trouvons la preuve de ceci dans son horloge. Ne sachant comment faire passer son aiguille des quantièmes du dernier jour du mois écoulé au premier jour du mois suivant, il a imaginé de mettre quatre années sur un immense cadran en y ajoutant le jour complémentaire de l'année bissextile, tandis qu'il existe des horloges qui font franchir à l'aiguille les jours qu'elle ne doit pas indiquer. Il a probablement oublié que l'année 1900 ne sera pas bissextile, quoique le cadran de son horloge doive l'indiquer.

M. Forestier, de Clermont, expose plusieurs montres et pendules de sa fabrication, entre autres quatre montres à double cadran donnant l'heure des deux côtés. Son exposition se complète de plusieurs pendules de très-bon goût, empruntées à l'industrie étrangère.

Les deux montres confectionnées par M. Barrier, que nous voyons figurer à notre exposition, dénotent un très-habile ouvrier. Comme la plupart de ses confrères, M. Barrier exhibe une série de pendules de divers genres.

Notons encore dans cette classe la montre à échappement Duplcix, de M. Fornells, de Brioude; les montres de M. Hugon, de Saint-Flour; et les articles de M. Bouschet, de Clermont.

M. Bonnière a fait une très-belle exposition des nombreux articles de son importante maison. Nous y voyons figurer de magnifiques pendules, des bronzes d'art, des coupes, des cristaux, des nécessaires de voyage, des garde-feu, etc., etc. Rien de plus charmant et de meilleur goût que tous ces objets. Il n'est plus besoin de visiter les magasins les plus renommés de la capitale, on trouve parmi nous toutes les richesses.

BIJOUTERIE.

Un écrivain très-versé dans l'art d'apprécier toutes les charmantes choses régies par cette puissance que l'on nomme la mode, prétend que les bijoux datent de l'apparition de l'homme sur la terre. On serait tenté de donner raison au spirituel chroniqueur en songeant au goût très-prononcé que le beau sexe professe pour les joyaux dont il se pare. Eve, en effet, dut suspendre à ses oreilles quelque fruit, et, les fruits se flétrissant, il fallut une substance plus solide, des cailloux et des lianes d'abord, puis des pierres brillantes et des métaux.

Parmi les objets que nous a légués l'antiquité, les bijoux tiennent une large place, et, disons-le, les artistes de notre époque agissent sagement en imitant ceux qui ont été trouvés dans les sarcophages égyptiens ou en copiant les modèles que nous a transmis la civilisation romaine.

L'art du bijoutier est entré dans une période réellement progressiste depuis quelque temps; non-seulement il s'est lancé hardiment dans la voie des innovations, mais il a fait d'intelligents emprunts au passé. Nous en trouvons la preuve à l'exposition clermontoise dans les *émaux*, dits d'Auvergne, de M. Louis Bonnet.

Il y a quelques années, une noble dame apportait au bijoutier que nous venons de nommer quelques émaux en le priant de lui en composer un bracelet. M. Bonnet se mettait à l'œuvre, et, s'inspirant des bijoux du même genre faits sous le règne de Louis XIV, confectionnait un objet charmant, désiré par toute les dames de notre ville : désir de dame est un feu qui dévore, a dit un poète avec une légère variante; M. Bonnet dût se procurer de nouveaux émaux et faire non-seulement des bracelets, mais des parures complètes. L'industrie des émaux d'Auvergne était créée ; une femme de goût et d'esprit lui avait donné naissance.

Aujourd'hui, ces bijoux sont répandus non-seulement en France, mais encore à l'étranger, et, nous sommes heureux de le dire, leur richesse, leur originalité expliquent parfaitement la vogue dont ils jouissent. Lorsque, pour la première fois, nous avons vu ces objets charmants, nous avons songé aux bijoux trouvés dans les tombes égyptiennes, à ces précieux débris d'une civilisation qui nous cause autant d'admiration que de surprise. M. Bonnet aurait pu exhiber les autres articles de bijouterie de sa maison. Nous ignorons pourquoi il s'est abstenu.

Nous parlions plus haut des innovations de la bijouterie moderne, et nous devons revenir sur ce sujet à propos des bijoux artistiques de la maison *Coffignon*, exposés par M. Louis Bonnet. Le nom d'artistique est bien mérité par ces objets, dont le style sévère et original à la fois frappe au premier abord tous les gens de goût. Rien de plus ingénieux que les broches qui figurent à l'exhibition clermontoise, de plus original que ces coupes supportées par des animaux fantastiques. Ici le vieil argent devient un véritable objet d'art, le bénitier, le christ de MM. Coffignon, sont dignes de trouver place dans la demeure des connaisseurs les plus érudits, des amateurs les plus éclairés.

L'Auvergne, qui compte tant d'industries intéressantes, peut aussi revendiquer celle de la bijouterie proprement dite ; nous possédons en effet dans notre ville une maison qui non-seulement répand au loin les produits ordinaires de sa fabrication, mais peut rivaliser avec les bijoutiers en renom de la capitale. Nous avons nommé MM. Péret frères. Ces intelligents négociants exposent, il est vrai, de splendides bijoux dus à l'industrie étrangère, des camées à la fine ciselure, des pierres précieuses, des diamants chatoyants, et chacun admire la richesse de ces produits ; mais à côté de ces objets précieux, il s'en trouve quelques-uns qui, selon nous, ont une double valeur, puisqu'ils joignent aux qualités du travail et de la matière celle non moins à considérer d'une fabrication indigène.

Comme les bijoux parisiens, ceux de MM. Péret frères dénotent un goût sûr, un travail habile; leurs coraux, leurs broches-camées, leurs magnifiques émaux sont des plus remarquables, et l'on ne peut, en examinant avec attention ces objets précieux, s'empêcher de songer à la marche du progrès, au développement de l'intelligence qui, des grands centres, projette au loin ses lumineux rayons.

Les bijoux ordinaires de MM. Péret frères méritent aussi une attention spéciale; ils dénotent une industrie importante qu'il est bon de faire figurer au bilan de notre riche contrée.

Depuis qu'il est si facile de faire reproduire l'image de ceux qu'on aime à l'aide de la photographie, les broches dites à portrait se sont considérablement répandues. M. Collange-Thomas fabrique avec beaucoup d'habileté et de goût les garnitures ou plutôt les cadres de ces broches. Ceux qu'il a envoyés à l'exposition de Clermont dénotent un ouvrier habile et intelligent à la fois. Rien de surchargé dans ces modèles, mais au contraire une simplicité qui les fait remarquer des gens de goût.

ORFÉVRERIE.

L'industrie de la dorure remonte à la plus haute antiquité. D'après les livres saints, les Hébreux avaient couvert de lames d'or l'arche d'alliance et la table des pains de proposition. Moins magnifiques et plus industrieux, les Grecs se bornaient à dorer leurs œuvres d'art, en étendant l'or par feuilles très-minces qu'ils appliquaient sur le marbre avec des blancs d'œuf, et sur le bois avec une terre glutineuse. C'est ainsi que fut dorée la statue de Minerve, œuvre de Phidias. Cet art ne fut introduit à Rome que vers l'an 571 de la fondation de cette ville, époque à laquelle le décemvir *Acilius Glabrion* fit dorer la statue de son père. Sous la censure de Lucius Mummius, après la destruction de Carthage, on commença, au rapport de Pline, à dorer les lambris du Capitole au moyen de feuilles d'or battu; et bientôt, le luxe allant toujours croissant, les particuliers donnèrent aux voûtes et aux murailles de leurs chambres un ornement qui jusqu'alors avait été réservé pour les temples des dieux. Mais c'est sous les empereurs que la dorure par incrustation (mélange de lames de métal, d'ivoire et d'ébène) fut portée au plus haut degré de magnificence. Outre le palais de Cléopâtre, on cite le revêtement entier du temple de Pompée sous Néron, le temple de Jupiter Capitolin sous Domitien, et les bains des concubines de cet empereur. Ces décorations coûtèrent des sommes fabuleuses.

Les anciens ignoraient sans doute l'art de revêtir d'or moulu les figures et autres ouvrages de métal. Leur procédé ordinaire était une sorte de placage très-solide qu'on retrouve dans quelques statues assyriennes et sur un grand nombre de médailles et de monnaies de cuivre. Plusieurs pièces de vaisselle, trouvées à Pompéï, sont en cuivre plaqué d'argent, et non argenté. Il en est de même de divers ustensiles des temps mérovingiens, et même des quinzième et seizième siècles. — Pendant tout le moyen âge, les Arabes se servaient aussi du placage, qu'ils exécutaient avec une grande habileté. On dorait également au moyen d'un amalgame d'or et de mercure.

Il serait trop long d'énumérer ici les procédés divers qui ont été successivement essayés. Qu'il nous suffise de rappeler que c'est au dix-huitième siècle qu'a été inventé l'art d'appliquer directement le mat et le bruni sur le bois et sur le plâtre, sans aucune espèce de blanc d'apprêt, ce qui a permis de conserver sans altération la beauté des profils, la finesse et l'esprit de la sculpture; que les travaux de Darcier, de Thomas Bossover et de Joseph Hancock, de Baumé, de M. Becquerel, de M. Jordan et de M. Jacobi, firent faire dans notre siècle de grands progrès à cette science; et qu'elle semble avoir dit son dernier mot par la découverte de l'électro-métallurgie, faite simultanément en 1840 par MM. de Ruolz et Elkington, dont les procédés un peu différents sont aujourd'hui la propriété exclusive de la maison Christofle.

Cette maison répand ses produits dans les quatre parties du monde. Quelques chiffres, pris au hasard, donneront une idée de l'importante industrie fondée par le courageux et intelligent manufacturier qui la dirige. Il a été argenté par cette maison cinq millions six cent mille couverts, qui ont retiré de la circulation trente-trois mille six cents kilogrammes d'argent, valant six millions sept cent mille francs. Une pareille quantité de couverts, exécutés en argent massif, aurait fait disparaître de la circulation un million de kilogrammes d'argent, c'est-à-dire plus de deux cents millions de numéraire. Les trente-trois mille six cents kilogrammes d'argent, à l'épaisseur adoptée pour les couverts, c'est-à-dire à trois grammes par décimètre carré, couvriraient une superficie de seize mille hectares.

Les métaux précieux sont rares; ils ont surtout un grand prix à notre époque; il était donc utile de trouver une combinaison relativement peu coûteuse, qui réunît tous leurs avantages, alliés à une valeur artistique réelle. Ce double problème a été résolu par la maison *Christofle*. Nous ne parlerons ni de ses procédés ni des moyens à l'aide desquels elle est arrivée à tant de succès; nous devons nous borner à appeler l'attention de nos lecteurs sur la brillante exposition que ses représentants, *MM. Bonnière et Péret frères*, ont organisée parmi nous.

Cette exhibition est complète; nous y trouvons depuis l'humble couvert jusqu'au riche surtout.

Ce qui frappe d'abord dans l'orfèvrerie Christofle, c'est sa valeur artistique, le choix de ses modèles; en l'examinant plus attentivement, on découvre un travail sérieux, des soins de toute nature, somme toute, des objets réellement précieux. Il faut ajouter à cela l'usage et le prix, qui permettent à une foule de personnes de se donner le luxe d'un service de table qu'elles n'auraient pu se procurer autrefois.

Nous parlions, en commençant cet article, du travail de l'ancienne orfèvrerie. Il ne peut cependant, si nous en exceptons les œuvres des grands ciseleurs tels que Benvenuto, être comparé à celui que nous offrent les artistes employés par la maison Christofle. Les charmantes cariatides, les groupes qui supportent des coupes ou des flambeaux, les bas-reliefs qui les décorent, sont irréprochables au double point de vue du goût et de l'art. Les pièces les plus simples, théières, cafetières, pots au lait, flambeaux, se recommandent par des formes gracieuses et commodes à la fois.

Les produits de M. Christofle ont contribué d'une façon toute particulière à rehausser l'éclat de notre exposition; nous croyons de toute justice de le constater ici.

M. Carlod, de Clermont, fabricant de bronzes pour église, nous offre d'importants spécimens de son industrie. Les objets exposés par lui, chandeliers, candélabres, lustres, ostensoirs, encensoirs, etc., se recommandent au double point de vue du style et de l'exécution. Plusieurs modèles sont nouveaux et exécutés par M. Carlod. Ses magnifiques ostensoirs méritent une mention toute spéciale.

Les girandoles, les lustres de M. Bérouhard sont conçus avec goût et exécutés très-habilement. Ses candélabres, ses ostensoirs dénotent aussi une fabrication intelligente

ZINC D'ART.

Il y a quinze ans, l'industrie du zinc sortait à peine de l'enfance; ce métal n'était employé qu'à des usages tout-à-fait vulgaires. Aujourd'hui, nous le voyons remplacer le bronze dans une foule de cas : il sert à l'ornementation intérieure et extérieure des monuments publics et des habitations particulières; ici nous le voyons transformé en torchères, en candélabres ou en lustres; là il se présente sous la forme de bustes, de groupes ou de statues.

Grâce à l'emploi intelligent du zinc, certains objets d'art, si chers autrefois, sont aujourd'hui à la portée des fortunes les plus médiocres; les artistes, même les plus renommés, trouvent à occuper leur talent; le bronze a vu naître un rival redoutable, et le jour n'est peut-être pas éloigné où il devra lui céder le pas.

A la tête de l'importante industrie qui nous occupe, se trouve placé un homme d'une intelligence remarquable, un de nos compatriotes, M. Boy. C'est à ses découvertes, à ses patientes recherches, que le zinc doit ses plus belles applications.

Lorsque M. Boy conçut le projet de s'occuper de l'intéressante industrie qu'il pratique, deux problèmes difficiles restaient à résoudre: il fallait donner aux modèles en zinc l'apparence extérieure du bronze, et de plus leur en assurer le poids.

Après plusieurs essais, on découvrit qu'en coulant du zinc en fusion dans un moule en cuivre presque hermétiquement clos, on obtenait en le renversant à l'extérieur, après un séjour plus ou moins prolongé, une couche qui s'adaptait parfaitement sur ses parois et présentait tout le fini que le sable n'aurait pu procurer. Dès lors, le premier problème était résolu.

Plus tard, la galvanoplastie permit d'ajouter une couche de cuivre sur le zinc et de la rendre tout-à-fait adhérente. Presque en même temps, la dorure, l'argenture vinrent lui prêter leur concours. Le second problème n'offrait plus aucune difficulté.

L'industrie du zinc prit alors une grande extension; en quelques années le nombre de ses ouvriers, qui d'abord n'était que de 5 à 600, s'éleva au chiffre de 25,000. M. Boy en occupe aujourd'hui à lui seul plus de cent dans ses vastes ateliers.

Le genre adopté par notre habile compatriote lui assigne une place tout exceptionnelle parmi ses confrères. C'est de l'art que fait M. Boy, et cela de la façon la plus large et la plus intelligente. De véritables statues sortent de ses ateliers; ses statuettes, ses reproductions d'après l'antique peuvent rivaliser avec les bronzes les plus réussis.

Il existe encore, nous le savons, de puissants préjugés contre le zinc, préjugés qui doivent cependant disparaître devant l'evidence. Le bronze, la matière, ne constitue qu'une faible partie de la valeur d'une œuvre d'art; son principal mérite est dans le travail de l'artiste. Or, si ce travail se trouve dans les objets en zinc comme dans les objets en bronze, si l'un présente toutes les garanties de durée de l'autre, il faudra bien que l'intérêt public se prononce en faveur du dernier venu.

L'exposition de M. Boy offre le plus grand intérêt au double point de vue de l'art et de l'industrie. Ses soldats francs et saxons sont des œuvres magistrales, dignes de nos artistes les plus renommés. Quelles attitudes! Quelles physionomies guerrières! Quelle originalité dans le costume! Quelle puissance dans le modelé! C'est ainsi que nous nous représentons nos vaillants ancêtres donnant du haut des majestueuses montagnes le signal du combat. A côté de la force des guerriers d'autrefois, voici les brillants seigneurs et les fiers hallebardiers des siècles derniers. *Don Juan* et *Don César de Bazan*, deux figures historiques aussi élégantes que mouvementées; cette belle figure de femme, si remarquable comme lignes, a pour nom la *Rêverie*; près d'elle, un *Chinois* et une *Chinoise* portent sur leurs épaules une sorte de pagode formant un contraste original avec elle; plus bas, *Méphistophélès* et le héros de la Manche, le vaillant *Don Quichotte*, allongent leurs formes grêles; puis viennent le *Dante*, *Virgile*, *Beethoven*, *Jean-Jacques*, *Voltaire*, charmantes statuettes pleines d'expression et de sentiment. Notons encore une très-belle *Pendule* représentant Charlemagne, et divers grotesques empruntés pour la plupart à la *Cour des miracles* de Callot.

L'exposition de M. Boy a obtenu un véritable succès parmi nous; nous sommes heureux de le reporter à l'habile et intelligent artiste qui a bien voulu nous en faire profiter.

CORDERIE.

Depuis quelques années, la fabrication des câbles, notamment pour la marine, a fait de grands progrès; on a cherché à substituer aux câbles en chanvre les câbles en fil de fer, qui présentent d'incomparables avantages : ils n'occupent que le quart de l'espace réclamé par les câbles en chanvre, pèsent moitié moins et présentent une économie sensible sur le prix d'achat. De plus ils jouissent de l'avantage de ne pas absorber d'eau, par conséquent de ne pas surcharger le navire inutilement. D'après des expériences faites en Angleterre, l'on a reconnu qu'un câble de $0^m\ 076^m$ de circonférence pouvait absorber par mètre environ 120 gr. d'eau, et se raccourcir de $0^m\ 013^m$. La longueur totale des cordages qui constituent le gréement d'un vaisseau de premier rang est représentée par 55,000^m environ, qui se raccourciront donc de 715 mètres, et auront absorbé 6,600 litres d'eau. La marine militaire dut chercher à profiter des avantages qu'offraient les câbles en fil de fer. Ne trouvant pas en France des câbles faits dans de bonnes conditions de durée et de solidité, elle s'adressa aux fabricants anglais, qui restèrent ses fournisseurs pendant longtemps. Il a été donné à M. Pieux-Aubert de leur enlever ces fournitures ; cet ingénieux fabricant prouva, par des expériences faites dans le port de Rochefort, concurremment sur des câbles anglais et sur des câbles de sa fabrication, que ces derniers présentaient une plus grande résistance ; aussi, après plusieurs fournitures, M. le ministre de la marine passa-t-il un traité avec M. Pieux pour la fourniture de câbles en fer dans les cinq ports militaires de la France. M. Pieux exhibe plusieurs câbles en fils de fer avec âmes en chanvre destinés à faire des étais de mâts de vaisseaux de ligne, un câble plat pour puits de mines et plusieurs échantillons de câbles électriques. Tous ces produits sont à la hauteur de leur réputation et parfaitement traités.

L'exposition de M. Paulet-Sabattier, de Jumeaux, indique un producteur qui s'occupe de son industrie ; son câble en fil de fer paraît bien fait ; sa corderie en chanvre est parfaitement traitée.

M. Margot-Labourier, à Maringues : corderie bien soignée. Sa prolonge indique par la régularité de son fil un fileur plein d'habileté.

Les divers cordages de M. Rudel, de Pont-du-Château, sont très-bien exécutés, notamment son câble dit Billon pour la navigation fluviale.

Les produits de MM. Aucler et Clavel, de Clermont, méritent aussi les mêmes éloges.

TANNERIE, MÉGISSERIE.

L'industrie de la tannerie doit être très-ancienne; mais c'est en 1345 seulement, sous le règne de Philippe de Valois, que les tanneurs furent réunis en corporation et soumis à des statuts communs à tout le royaume et instituant dans chaque ville quatre prud'hommes-jurés pour la garde et surveillance du métier.

Le cuir, sortant des mains du tanneur, était considéré comme matière première, et ce n'était qu'après avoir subi de nouvelles préparations, et avoir été transformé par des artisans en *cordouan* et *basane*, qu'il était assujetti au *tonlieu* et autres redevances fiscales. Les droits onéreux qui pesèrent successivement sur la fabrication et le commerce des cuirs tannés, et que les rois aliénèrent au profit d'officiers diversement dénommés, furent tous abolis par un édit du mois d'août 1759 et remplacés par un impôt unique, *la marque des cuirs*. Cet impôt se payait à des fermiers qui, à Paris du moins, étaient autorisés à tenir une caisse où les ouvriers, qui employaient les cuirs et les peaux, pouvaient se faire avancer le montant de leurs achats pendant deux mois, moyennant un intérêt de trois deniers par livre. Aujourd'hui, les tanneurs ne sont assujettis, comme les autres commerçants, qu'à la patente.

De temps immémorial, c'était avec l'écorce de chêne moulue, nommée *tan*, que le cuir se préparait. En 1765, un Irlandais, M. Ranquitz, se servit avec succès de la bruyère; depuis lors, d'autres essais ont été tentés, et on se sert également aujourd'hui, pour les opérations du tannage, de l'écorce de plusieurs autres arbres, notamment du châtaignier d'Espagne.

Le tannage s'effectue, comme on sait, en déposant les peaux dans des cuves pleines d'une eau chargée de *tan* et en les y laissant s'imprégner du *tanin* (sève de l'enveloppe corticale) pendant quatre, six, huit ou dix mois, suivant l'épaisseur des cuirs; seulement on a soin, dans le courant de l'opération, et lorsque le tan est épuisé, de le renouveler une fois, en replaçant les peaux dans un sens inverse, jusqu'à épuisement de l'action du nouveau tan. Alors seulement les peaux sont transformées en cuirs et remises au corroyeur après avoir subi un nettoyage. Diverses tentatives on été faites pour accélérer cette opération, qui immobilise trop longtemps les capitaux du tanneur; mais toutes ont échoué ou n'ont donné que des produits peu satisfaisants. Quelques perfectionnements ont été du moins apportés dans le travail mécanique : le battage des cuirs forts, qui se faisait à bras d'hommes et au moyen de marteaux en cuivre d'une lourdeur excessive, s'exécute, depuis 1843 au moyen de la machine *Berindorf* qui, tout en ménageant la vie des hommes, que l'ancien mode épuisait promptement, a l'avantage de mieux resserrer les molécules du cuir, de lisser sa surface et d'augmenter sa force de cohésion par l'accroissement de sa densité. La râpe, inventée par M. *Mollard*, de Lunéville, a été aussi substituée dans la trituration du tan à l'ancien mode d'écrasement, au moyen de pilons en fer, procédé qui avait l'inconvénient d'employer une force motrice considérable et onéreuse, et de trop mêler les diverses qualités du tan, qu'on doit au contraire chercher à séparer pour employer de préférence celles qui contiennent le plus de *tanin*.

Les tanneries les plus nombreuses et les plus considérables sont, sans contredit, celles établies à Paris et dans les environs, notamment sur la petite rivière de Bièvre ; mais, parmi les départements du centre et du midi, il n'en est pas où cette industrie soit plus ancienne, plus importante et s'exerce avec plus de succès que dans le Puy-de-Dôme, principalement dans les villes de Clermont, de Riom et de Maringues. Il y a trente ans, on comptait dans le département soixante tanneries, occupant de 250 à 300 ouvriers, et dont le produit annuel était estimé à près de deux millions. Cette industrie a bien progressé depuis, et plus encore en qualité qu'en production.

Outre la fabrication des cuirs de vache ou de cheval, tantôt forts et battus, tantôt mous, lissés ou lustrés, qui servent plus particulièrement à la cordonnerie, il y a encore deux branches d'industrie se rattachant à la fabrication des cuirs, qui méritent une mention toute spéciale : la confection des cuirs vernis, la mégisserie, la chamoiserie et la maroquinerie.

Le vernissage des cuirs tannés est une industrie toute moderne et qui ne remonte guère qu'à une trentaine d'années. Il exige diverses préparations et apprêts, d'une nature minutieuse et délicate, qui ne sauraient s'accomplir sans connaissances spéciales et beaucoup de soins. Paris, qui eut d'abord le monopole de cette fabrication, en livre au commerce pour douze millions de francs par an ; c'est aussi pour plusieurs millions par année qu'en fabrique la ville de Pont-Audemer, qui est le centre de la fabrication des cuirs vernis destinés à la sellerie.

Cette branche d'industrie s'est depuis peu de temps introduite dans le Puy-de-Dôme, grâce aux heureux efforts de M. Gorsse-Vigier, de Riom.

La mégisserie et la chamoiserie, qui s'appliquent à la préparation des peaux de mouton, de chamois et de chèvre, sans un égal emploi de *tan*, sont des industries beaucoup plus anciennes. Les mégissiers formaient déjà depuis longtemps une corporation à l'époque où Estienne Boyleaux recueillit leurs statuts. Sans détailler ici tous les procédés employés à cette fabrication, qui varient d'ailleurs suivant l'usage qu'on veut donner aux peaux (car il y a dans la mégisserie les peaux dites *houssées*, dont on conserve les laines sans les détacher pour faire des housses, chabraques, fourreaux, etc.); sans la suivre dans ses diverses pérégrinations, variations et vicissitudes, hâtons-nous de dire que cette industrie a été implantée depuis des siècles dans une ville d'Auvergne, *Maringues*, où elle a été favorisée par les propriétés spéciales des eaux de la rivière de Morge, sur laquelle cette ville est située. Au rapport du savant et consciencieux Maire de cette cité, M. Andrieux, « on fabrique annuellement à Maringues 70,000 dou- » zaines de peaux, qui, à 18 kilog. par douzaine, forment un poids » total de 1,260,000 kilog. 56,000 douzaines sont basanées au tan, et » 14,000 chamoisées à l'huile de poisson et au vitriol. Le charbon de » terre et la chaux servent également aux deux fabrications. Le mou- » vement d'affaires auquel cette industrie donne lieu est d'au moins » quatre millions. »

La maroquinerie, dont le nom dérive de *Maroc*, royaume africain où sa fabrication fut inventée, s'applique aux peaux de bouc et de chèvre travaillées et passées en sumac ou en galle, et mises ensuite en couleur au moyen de l'acétate de fer, de la cochenille, ou de dissolutions froides d'indigo ou d'épine-vinette. On travaille aussi de la même manière les peaux de mouton, qui sont d'un prix moins élevé, mais possèdent aussi moins de souplesse, d'éclat et de durée. Cette industrie ne fut établie en France que vers le milieu du 18e siècle. En 1735, un chirurgien de la marine royale, *Granger*, rapporta du Levant les premières notions de la confection du maroquin. Des fabriques ne tardèrent pas à s'établir; la première fut celle de *Garon*, au faubourg Saint-Antoine; la seconde, celle de *Barrois*, qui, fondée en 1749, fut mise au rang des manufactures royales par lettres patentes de 1765; la plus importante fut celle établie à Choisy-le-Roi, à la fin du siècle dernier, par deux Allemands, *Paule* et *Kempz*, et qui a dû à M. *Faulèr* sa plus grande splendeur. Aujourd'hui, la France exporte une grande quantité de maroquin, qui peut soutenir victorieusement la concurrence avec les fabrications étrangères. La seule ville de Paris en produit pour plus de vingt millions, et ne suffit pas aux demandes. Il y a donc appel fait aux fabricants de Riom et de Maringues, et il paraît avoir été entendu par MM. *Bonnieux* frères, qui, à la dernière exposition de Riom, ont présenté divers maroquins à dessins variés, confectionnés par un habile contre-maître auvergnat, M. *L. Barbadault*, attaché à un grand établissement de Paris.

MM. Lhéritier frères, exposent de très-beaux cuirs de plusieurs genres bien fabriqués et propres à la sellerie : ce sont deux cuirs blancs pour cartiers et étrivières, un cuir bruni pour bride, un cuir noir chair propre, trois peaux de cochon première taille, etc.

Les cuirs en vache battue, de M. Haste Montandraud, de Clermont, sont remarquables par leur couleur et leur fermeté. Ses cuirs noirs à courroie méritent aussi une mention spéciale.

M. Bonnieux jeune, de Riom, expose aussi des cuirs à courroies et des cuirs noirs très-habilement fabriqués.

Les cuirs de M. Chardon, de Riom, sont aussi d'une fabrication irréprochable, notamment ses cuirs de vache et de cheval.

Le même éloge est applicable aux cuirs de M. Gorse, de Riom. Ses cuirs noirs, ses cuirs jaunes et ses vaches lissées, méritent particulièrement d'être signalés.

M. F. Tardif, de Clermont, est un tanneur très-habile. Ses cuirs de vache battus et étirés, ses veaux blancs pour chaussure, ses veaux lissés pour cordonnerie et sellerie sont des produits de premier choix. M. Tardif est à peu près le seul qui fabrique les cuirs de veau sur une grande échelle en Auvergne.

La peausserie de Maringues est aussi représentée par quelques fabricants à l'exhibition clermontoise.

M. Servoingt, de Maringues, expose diverses peaux chamoisées noires et de couleur, peaux blanches et peaux en laine d'une fabrication remarquable.

Les parchemins et les basanes tannées au sumac, de M. Bonnieux, de Maringues, sont également très-réussies.

Mentionnons de plus dans cette classe les cuirs de M. Bouyon neveu, de Clermont; — les basanes de MM. Giron, de Gannat, et Seguin, de Maringues; — MM. Bouche-Foulhoux et Chardon-Faviot, de Riom.

CHAUSSURES.

Les premiers hommes, qui sans doute n'avaient pas la plante des pieds plus dure que la nôtre, durent porter des chaussures. Du temps d'Abraham, les sandales à courroies étaient déjà en usage ; les Egyptiens confectionnaient leur chaussure avec l'écorce du papyrus. Les Espagnols faisaient des chaussures de tissu de genêt; les Indiens, les Chinois et grand nombre d'autres peuples, de jonc, de soie, de lin, de bois, de fer, d'airain, d'or et d'argent. A Rome et en Grèce, les souliers des deux sexes étaient généralement de cuir noir, orné pour les femmes de petits clous d'or et parfois de perles et de pierreries. Les Spartiates cependant faisaient exception ; Lycurgue leur ayant ordonné de marcher nu-pieds, ils ne portaient de chaussure qu'à la chasse ou à la guerre. Cette chaussure était de cuir rouge et enveloppait tout le pied; les chefs romains, les empereurs et les magistrats portaient des souliers de soie rouge ou de toile blanche brodée et enrichie de perles et de diamants. Les souliers des sénateurs étaient ornés sur la cheville d'une sorte de boucle, que Juvénal appelle *Luna*, représentant un croissant ou plutôt un C qui marquait le nombre des sénateurs. La forme des chaussures variait suivant le degré de civilisation et le goût des nations. Cicéron nous apprend que de son temps, les jeunes débauchés faisaient usage d'une sorte de soulier à la grecque, nommé *Sicyonium*.

Les Gaulois et les Francs portèrent d'abord des chaussures de cuir et de bois. « Nos anciens Français, dit le moine de Saint-Gall, avaient des chaussures dorées par dehors, et ornées de courroies et de lanières longues de trois coudées; telle était la chaussure de Charlemagne et de Louis-le-Débonnaire. »

Jean-Pierre Pioncelli, dans ses *Monuments de la basilique Ambrosienne*, décrit la chaussure de Bernard, fils de Pépin, roi d'Italie, dont le corps y fut trouvé et levé de terre. « Ses souliers, dit-il, étaient encore entiers; ils étaient de cuir rouge et la semelle était de bois; ils étaient si justes, si bien faits à chaque pied et aux doigts de chaque pied, que le soulier gauche ne pouvait servir au pied droit, ni le droit au pied gauche, finissant en pointe du côté du gros doigt. »

C'est sous le règne de Philippe-le-Bel que l'on vit apparaître les étranges souliers à la *Poulaine*, ainsi nommés du nom de Poulain, leur inventeur. Ces souliers finissaient en pointe aiguë plus ou moins longue, suivant la qualité de ceux qui les portaient. Cette pointe était de deux pieds pour les princes et les grands seigneurs, d'un pied pour les riches, et d'un demi-pied pour les gens du commun; quelquefois le bec de ces souliers était terminé par deux pointes, par des griffes ou des sortes d'ongles. Cette mode ridicule, qui dura près de quatre siècles, donna naissance au proverbe : *Sur quel pied est-il? Il est sur un bon pied, sur un grand pied.*

Ces souliers eurent l'honneur d'occuper divers conciles, entre autres celui de Paris en 1212, qui les anathématisa, et celui d'Anvers en 1365, qui en défendit à son tour l'usage. Des lettres patentes du 9 octobre 1368, signées du roi Charles V, les condamnèrent, sans empêcher toutes les classes de la société d'en conserver l'usage.

Après les souliers à la poulaine vinrent les souliers à taillades. On porta sous Louis XIV des souliers carrés à talons rouges pour les gentilshommes de haut rang. Depuis cette époque la forme des souliers a peu varié. Les bouts ont été successivement ronds, carrés ou pointus. Les rosettes ont été remplacées par des boucles, des cordons ou des rubans.

Une grande innovation a pourtant été introduite dans cette industrie. Nous voulons parler de la chaussure clouée, dans laquelle la semelle au lieu d'être attachée au reste du soulier par du fil ciré, y est fixée à l'aide de chevilles en fer ou en cuivre, invention due, en 1816, à un cordonnier de Philadelphie, M. Barnet.

MM. Garcin fils et Cᵉ exposent quelques spécimens de leur fabrication; ce sont en général des chaussures d'un usage ordinaire.

Cette maison est une des plus importantes de France. Elle occupe plus de cent ouvriers ou ouvrières, et fabrique depuis le gros brodequin dit de campagne jusqu'à la chaussure vernie du meilleur goût. Elle est la seule dans notre ville qui fasse la chaussure à vis et la chaussure clouée à l'aide de moyens mécaniques.

La chaussure clouée de M. Battu-Boissier est très-habilement faite; ses semelles métalliques nous paraissent un bon préservatif contre l'humidité.

M. Barthomeuf, outre ses élégantes chaussures de fantaisie, exhibe un nouveau procédé pour mettre l'élastique des souliers à l'abri du cirage et des acides qui peuvent le détériorer ; — un nouveau genre de souliers imitant la botte et d'une coupe économique ; — enfin, une botte d'une seule pièce, système nouveau, qui offre une économie de 25 0/0 sur la coupe ordinaire. Les chaussures de M. Barthomeuf, qui peuvent être portées par les personnes les plus difficiles, dénotent autant de goût que d'habileté.

Les chaussures de M. Cougout ont un cachet aristocratique tout particulier.

Il se fabrique en Auvergne une quantité considérable de sabots. Notre pays approvisionne de cette sorte de chaussures presque tout le midi de la France. A la fabrication du sabot s'est jointe depuis longtemps déjà celle de la galoche, dont l'empeigne est en cuir et la semelle en bois.

« Qui le croirait? lisons-nous dans un rapport de M. Gaffard, sur les produits envoyés à notre exposition par le département du Cantal, Aurillac, qui ne connaissait autrefois, il y a cinquante ans à peine, que le sabot du vacher, masse informe et lourde qui avait si souvent pour effet d'ankyloser, d'estropier le malheureux réduit à le porter, produit aujourd'hui un sabot dans lequel le pied, ne souffrant nullement, parce qu'il porte également dans la cavité de cette chaussure qui semble moulée sur sa périphérie, est, au contraire, mieux à l'aise que dans les chaussures de cuir, de gutta-percha ou de caoutchouc, qui présentent, il est vrai, des parois élastiques, mais qui compriment inégalement ses diverses parties, ce qui gêne la circulation du sang et devient intolérable à certaines personnes. Ajoutons que la transpiration se fait mal au travers des tissus précités, et, qu'à ce point de vue, pour les classes laborieuses, le sabot bien exécuté est inappréciable : aussi, cessant, dans nos contrées, d'être la chaussure exclusive du pauvre ou de l'ouvrier, est-il devenu ce qu'on appelle *bien porté* à certaines époques de l'année, et voyons-nous le maire, le député, le juge, le fonctionnaire de tout ordre, n'en point dédaigner l'usage. Dans la saison rigoureuse, le sabot est presque aussi fréquemment en contact avec le parquet ciré de nos salons que la semelle flexible, mais toujours humide, des autres chaussures. Nous devons ajouter à ces observations quelques considérations hygiéniques; à savoir que le sabot est la seule chaussure, dans l'hiver, qui préserve le pied de l'humidité et du froid : en effet, le bois sec, assez hygrométrique pour absorber la transpiration cutanée des pieds, à mesure de sa production, s'imprègne cependant moins d'eau que la semelle de cuir, d'une part; et, d'autre part, le bois sec, plus mauvais conducteur du calorique, que l'ensemble des cuirs du soulier, très-souvent humide, oppose ainsi un plus grand obstacle au rayonnement et au passage du calorique, qui tend sans cesse à se mettre en équilibre de température entre le pied et l'atmosphère! Que de rhumatisants, que d'asthmatiques, que de malheureux atteints de vieux catarrhes et même de la phthisie, chez qui la circulation se produit mal et qui sont extrêmement frileux des pieds (partie la plus éloignée du cœur et ressentant, pour cela, les premiers effets de cette perturbation), ne pourraient se supporter sans l'usage des sabots! Grâce à cette chaussure chaude et économique, ils peuvent se livrer encore à quelques travaux, lorsque, privés de ce moyen simple et gratuit de la calefaction, non-seulement ils se verraient insensiblement réduits à ne pouvoir rien faire, mais ils verraient encore leur état morbide s'aggraver, et le moral, s'affectant alors en raison de l'aggravation de la maladie et en raison des privations qui résulteraient de leur défaut de travail, mettrait inévitablement le comble aux causes destructives de la vie.

» Nous avons parlé de l'utilité et de l'importance de cette chaussure dans des cas déterminés; ajoutons que ces cas sont fréquents, ne parlerions-nous que de celles qu'elle a pour l'homme bien portant de nos campagnes. Son emploi, loin de diminuer, doit naturellement s'accroître, et cet accroissement sera en raison de la plus grande perfection qu'on mettra à la fabriquer, et d'autant plus rapide que notre genre de sabots sera mieux connu. Félicitons-nous donc, quoi qu'on puisse dire, de posséder cette industrie qui, dans nos murs, a porté l'aisance chez tant de familles pauvres, et qui n'a pas dit encore son dernier mot. Qui sait? vienne un coup du capricieux vent de la mode qui implante en haut lieu l'usage du sabot en hiver, et nous le verrons peut-être devenir la chaussure normale, dans cette saison, de la lionne et du fashionable parisien. N'avons-nous pas vu, à la cour de Louis XV, un diminutif du sabot dans la chaussure à talons élevés de cette époque, et serions-nous en cela aussi à plaindre que de subir le ridicule ajustement qui enveloppe la crinoline? »

M. Prulière fils aîné, de Clermont, qui dirige avec intelligence une industrie considérable, nous montre une intéressante exhibition de ses produits : sabots, galoches, brides et fournitures diverses. Ce fabricant a eu le bon esprit de n'exposer que les produits qu'il livre journellement au commerce.

Les bois de galoche de M. Foulhoux-Bardon, de Courpière, ébauchés à la mécanique, sont bien faits; ils facilitent d'une façon notable le travail de l'ouvrier.

Deux maisons importantes d'Aurillac, les maisons Revel et Lausser, nous ont envoyé de remarquables spécimens de leur fabrication. Ce sont d'abord des sabots ordinaires de diverses formes et de prix différents pour l'exportation, puis des sabots de luxe, très-habilement travaillés, et qui méritent tout le succès que leur souhaite leur historien, M. Gaffard.

Signalons de plus les galoches très-bien fabriquées de M. Faviot-Barrière, de Riom; — les galoches de M. Granet, de Clermont; — les sabots de M. Bigny, de Thiers, — et les formes pour cordonniers de M. Barbarin, de Clermont.

SELLERIE, CARROSSERIE.

Si nous en croyons certains auteurs, l'invention de la selle date des temps modernes. Ni les Grecs ni les Romains n'en faisaient usage. Un historien nous apprend qu'en 340, Constance, qui combattait contre son frère Constantin pour lui ôter l'empire, pénétra jusqu'à l'escadron où il était en personne, et le renversa de dessus sa selle; c'est la première fois qu'il en est fait mention dans l'histoire. Au moyen âge la sellerie, qui comprenait aussi le harnachement, était une importante industrie. Pendant plusieurs siècles elle conserva son caractère de luxe; mais avec la réforme des costumes sous les règnes de Louis XV et de Louis XVI, elle fut réduite à peu près à ce que nous la voyons aujourd'hui.

Les voitures roulantes remontent nécessairement à une très-haute antiquité; car elles durent naître avec les besoins de locomotion et de transport sur des points plus ou moins éloignés. Les premières ne furent sans doute que des espèces de tombereaux ou chariots à deux roues non évidées, c'est-à-dire sans jantes ni rais, comme on en voit encore au Japon. Les Phrygiens furent, dit-on, les premiers qui les firent à quatre roues, et les Scythes en portèrent le nombre à six; car chez eux les voitures étaient des maisons mobiles pour le transport de toute la famille. Dans l'origine, les voitures avaient le nom de *char*. C'est dans des chars que Salomon promenait ses nombreuses femmes; c'est sur des chars que combattaient les héros grecs et troyens; et l'invention des chariots armés de faux est attribuée à Cyrus ou à Sémiramis. Les Romains avaient seize espèces de voitures portant des noms différents. Les chars pour la course *(quadriges)* avaient la forme d'une coquille montée sur deux roues, avec un timon très-court auquel on attelait quatre chevaux de front. Les chars de triomphe, à forme ronde et traînés par deux chevaux, avaient d'abord été institués pour le transport des images des dieux; Camille le premier en fit son char de triomphe, et son exemple fut suivi par les grands capitaines rentrant vainqueurs dans Rome. Sous les consuls, ces chars étaient dorés; sous les empereurs ils furent d'ivoire ou même d'or. Le *carpentum* et la *carruca*, traînés par des mules, souvent ornés de dorures et de bas-reliefs, quelquefois même de pierreries, ne servaient qu'aux personnes de qualité, comme aujourd'hui les carrosses. Beaucoup plus simples, grossiers même de forme, les voitures de nos rois de la première et de la seconde race, conservèrent les mêmes noms *(carpenton, carretum, carrada)*, et étaient traînées par quatre bœufs, qui,

.... d'un pas tranquille et lent,
Promenaient dans Paris le monarque indolent.

Le système féodal retarda pendant longtemps l'usage des voitures; les seigneurs, sans cesse guerroyant, voulaient que leurs vassaux fussent toujours prêts à monter à cheval. Le cheval resta donc pendant plusieurs siècles la seule monture des guerriers; les princesses et damoiselles assistaient aux fêtes et tournois sur un palefroi ou sur la croupe du cheval de leur écuyer; les prélats et magistrats se servaient de mules; les moines et bourgeois préféraient la monture plus commode d'une ânesse; et, à cet effet, tous les édifices publics étaient garnis de marchepieds ou *montoirs* de pierre. Plus tard, les grandes dames se servirent de litières portées à bras d'homme, et c'est ainsi qu'Anne de Bretagne, Marie d'Angleterre, la reine Claude, la reine Eléonore, Catherine de Médicis et Elisabeth d'Autriche firent leurs entrées. La voiture de Charles V et de la reine était un chariot attelé de cinq chevaux. Le premier carrosse parut à Vienne en 1515, et en Angleterre en 1580. L'infante d'Espagne, Marie, avait en 1631 un carrosse de verre dans lequel deux personnes seules pouvaient prendre place; sous François Ier on n'en comptait que trois à Paris, et c'étaient des espèces de coches avec de grandes portières de cuir qu'on abaissait pour y entrer. Sous Louis XIII, Bassompierre le premier introduisit d'Italie en France l'usage des glaces aux carrosses. C'est de ce règne, et surtout de celui de Louis XIV, que datent l'extension et le luxe de la carrosserie. Aujourd'hui on compte en France près de trente mille carrosses, non compris les voitures de remise et les fiacres, qui furent établis tous deux vers la moitié du dix-septième siècle.

Des nombreux fabricants de voitures que possède notre ville, deux seulement ont envoyé leurs produits à l'exhibition clermontoise : ce sont MM. Lhéritier frères et Graverol.

MM. Lhéritier offrent à l'appréciation du public une voiture dog-cart et une voiture prince Albert en osier, avec trains et roues en bois naturels verni. Ces messieurs exposent de plus de nombreux harnais et articles de sellerie d'un travail remarquable; un de ces harnais possède un système ingénieux qui permet de dételer instantanément;

c'est là une heureuse innovation dont tous les propriétaires de voitures apprécieront le prix.

Depuis plusieurs siècles le nom de Lhéritier est connu de père en fils pour la fonderie des cloches d'église. Après avoir commandé une compagnie de volontaires pendant la révolution française, lors de la descente des Auvergnats à Lyon, M. Lhéritier père, qui avait dû échanger ses marchandises contre des assignats, se remit bravement à sa fonderie, et peu à peu remonta sa maison. Il fut plus tard secondé par ses fils, chefs actuels de l'importante exploitation qu'ils possèdent dans notre ville.

En 1849, un atelier, muni d'une machine à vapeur, fut installé pour la fabrication des armes blanches et des objets d'équipement militaire par MM. Lhéritier. Bientôt après ils ajoutèrent à leur maison des ateliers de sellerie, de carrosserie; plus tard, la construction mécanique pour toutes les industries de l'Auvergne fut entreprise par ces Messieurs. A l'heure qu'il est ils occupent une centaine d'ouvriers et augmentent chaque jour le chiffre de leurs affaires.

M. Graverol exhibe un coupé à deux places intérieures et deux places extérieures, garni en maroquin bleu; — une voiture dite cabriolet-mylord, possédant une petite banquette appelée vis-à-vis, qui se relève et s'abaisse à volonté, ce qui donne au véhicule deux places de plus. Cette voiture est garnie en maroquin et aussi de soie bleue; la peinture de la caisse est d'un très-bel effet. Ces voitures sont du reste traitées avec autant d'habileté que de goût; il en est de même des harnais de carrosse et de cabriolet que M. Graverol a envoyés à notre exposition.

Les deux colliers à la française de M. Bessède, de Pont-du-Château, qui se rapprochent beaucoup par la forme des colliers anglais, sont très-bien faits.

A diverses reprises, il a été fait à Paris et dans les départements des expériences de dételage instantané; leurs inventeurs croyaient avoir trouvé le moyen d'éviter les terribles accidents si fréquents parmi nous. Un des meilleurs appareils de ce genre que nous ayons vus jusqu'ici, a été envoyé à l'exhibition clermontoise par M. Glatard, de Roanne. L'application d'un système des plus simples, qui peut facilement s'adapter à toute espèce de colliers, permet de dételer instantanément le cheval qui s'emporte. Ce collier, nous le pensons, est appelé à rendre de sérieux services, surtout lorsqu'il sera accompagné d'un frein qui permettra d'arrêter la voiture lancée sur un terrain en pente, sans commotion funeste pour son conducteur.

PÂTES ALIMENTAIRES.

Les pâtes moulées étaient connues dans l'antiquité. Pline en fait mention (livre XIX, chap. 4). L'usage de cet aliment s'est-il perpétué en Italie depuis le célèbre historien? On serait tenté de le croire, car il en est parlé dans divers ouvrages écrits à des époques plus ou moins éloignées de nous. Ces pâtes ne sont connues et vendues en France que depuis trois siècles, sous le nom de *Pâtes d'Italie*.

« Dans son livre *De Nutrimentis*, lisons-nous dans une notice consacrée à cette industrie, Charles *Etienne*, qui vivait vers le milieu du seizième siècle, parle du vermicelle qui se servait alors en potage. Quant au macaroni, il différait très-sensiblement du nôtre : c'était tout simplement un composé de boulettes de mie-pain, qu'on humectait avec du bouillon, et qu'on saupoudrait ensuite de fromage.

» Selon Liébaut, la Provence cultivait, en 1574, l'espèce particulière de froment avec lequel on faisait la semoule. Néanmoins on tirait annuellement d'Italie, surtout de Naples, beaucoup de semoules de froment que *les médecins ordonnaient aux malades*, dit-il, *en forme de bouillie ou de panade, avec du bouillon de volaille*; et il ajoute que cette semoule était *demi-blonde*...

» Il n'est pas douteux, cependant, qu'au commencement du dix-huitième siècle on fabriquait aussi des pâtes à Marseille, où *les boulangers*, suivant le témoignage de Legrand d'Aussy, *étaient tous vermicelliers par état*.

» L'origine de la *vermicellerie*, à Paris, est due très-certainement à *Malouin*, qui a décrit et mis en pratique la fabrication des pâtes en 1760.

» Legrand d'Aussy nous apprend que Malouin choisit pour son collaborateur un sieur Sap, Provençal, qui depuis fut nommé vermicellier du Roi. « *Les travaux du sieur Sap réussirent*, ajoute-t-il, *au point qu'il eut bientôt d'autres imitateurs.* »

» En 1782, le goût des pâtes, d'après le même auteur, loin d'être devenu général comme en Italie, était concentré dans la classe des personnes riches de Paris. Encore ceux-ci n'admettaient-ils sur leur table que la semoule et le vermicelle en potage, et les lazagnes ou les macaronis en entremets. Quant à la province, le nom de ces pâtes y était à peine connu. Du reste leur réussite était alors très-difficile, *puisque tous les médecins*, dit Legrand d'Aussy, *les rejetaient comme indigestes quand elles sont simplement cuites au bouillon, et comme malsaines quand elles sont faites au fromage.*

» Assurément les pâtes d'Italie ont été mieux connues, mieux appréciées des Français, lorsque Napoléon Ier eut conduit nos armées victorieuses à Gênes, à Lodi, à Milan et à Naples; on apprit alors que les lazarones de Naples n'ont pas d'autre nourriture que le macaroni cuit à l'eau, qui *remplace tout à la fois le pain et la viande.*

» Cependant il paraît certain que la nourriture féculente des lazarones n'a pas été très-goûtée en France, puisque l'importation des diverses pâtes a été, en 1805, de 70,000 kilog.; en 1806, de 22,500 kilog., et en 1808, de 38,900 kilog., qui sont venus d'Italie, de Sardaigne, d'Espagne, de Portugal et d'Allemagne.

» Depuis 1808, la consommation des pâtes, principalement des vermicelles, a constamment progressé. »

C'est en 1819 qu'un Italien, du nom d'Amadeo, fit à Clermont les premiers essais de fabrication de pâtes alimentaires. En 1825, il n'existait dans la capitale de l'Auvergne que deux petites usines et trois ou quatre semouleurs; aujourd'hui, dans un rayon de 40 kilomètres autour de Clermont, plus de cent fabricants et de soixante-dix moulins mettent en œuvre la quantité énorme de 400,000 hectolitres de froment indigène, dont la valeur, calculée seulement sur le prix de dix-sept francs l'hectolitre, s'élève à près de sept millions de francs. Disons pour expliquer ce chiffre que bon nombre de fabricants de Paris, de Lyon et de beaucoup d'autres villes de la France, tirent de Clermont les semoules qu'ils emploient.

Voilà certainement une importante industrie, digne à tous égards de l'attention des économistes.

« Les pâtes d'Auvergne, lisons-nous dans un rapport sur l'exposi-
» tion universelle de 1855, sont supérieures aux célèbres pâtes d'Italie
» et au macaroni de Gragnano. L'Auvergne doit à M. Magnin l'ac-
» croissement de prospérité agricole et industrielle que lui assure le dé-
» veloppement de la fabrication des pâtes; la France lui doit d'avoir
» élevé cette fabrication au plus haut degré de perfectionnement qu'elle
» ait atteint nulle part. »

Quel plus bel éloge peut-on faire d'une grande industrie et d'un grand industriel?

Les pâtes alimentaires, chacun le sait, sont faites avec une farine spéciale appelée semoule; elles constituent une nourriture aussi saine que fortifiante. De nombreux perfectionnements ont été apportés depuis quelques années dans leur fabrication, et presque tous les fabricants qui se livrent parmi nous à l'industrie qui nous occupe, livrent à la consommation de très-bons produits, dignes des éloges accordés aux pâtes d'Auvergne par les jurys de nos grandes expositions.

Les bonnes pâtes sont fines, blanches, nourrissantes et d'un goût agréable; par la cuisson elles augmentent de volume, conservent bien leur forme, ne se mettent point en bouillie, et ne tombent pas au fond du vase où on les fait cuire; le bouillon reste clair et transparent; tels sont les caractères qui distinguent la plupart des produits que nous trouvons à notre exposition.

M. Chatard-Roche, dont l'importante usine occupe un nombre considérable d'ouvriers, expose de remarquables spécimens de ses produits. Ses pâtes sont transparentes, parfaitement moulées; les teintes en sont heureuses, elles dénotent enfin une fabrication aussi intelligente qu'habile.

Les produits de M. Emile Faucher méritent les mêmes éloges. Comme M. Chatard, il dirige d'une façon très-intelligente une vaste exploitation et cherche chaque jour à apporter quelque perfectionnement dans les procédés qu'il exploite. Nous en avons la preuve dans le blé décortiqué qu'il expose. M. Faucher a trouvé le moyen d'enlever la pellicule des blés employés à la fabrication des semoules d'une manière complète, sans altérer le grain. Les semouleurs comprendront toute la valeur de ce procédé, qui est appelé à leur rendre de si grands services.

MM. Ranix père et fils, deux des plus anciens fabricants de pâtes de l'Auvergne, offrent aussi à l'appréciation du public de beaux spécimens de semoule, macaroni, vermicelle, petites pâtes, etc., remarquables non-seulement par leur qualité, mais aussi par la variété de leurs formes.

Des échantillons de semoule remarquables sont exposés par MM. Vazeilles (Antoine), de Clermont; Roche-Barbat, de Clermont; Jean Roche, de Clermont; Cierge, de Clermont; Chappier, de Clermont; Mignol et Bonnet, de Clermont, Segond, de Montferrand. M. Desmarolles, de Clermont, expose de plus de la fécule de pomme de terre; MM. Coste et Ledieu, d'Ambert, de la fécule, de l'amidon, etc.; enfin MM. Lebon et Porte, d'Ambert, divers spécimens de fécule.

COMESTIBLES.

L'exhibition de M. Fournaud, de Tulle (Corrèze), a dû certainement attirer l'attention de plus d'un gourmet; rien de plus tentant en effet que toutes les bonnes choses qu'il expose : conserves de légumes, de fruits, de viandes, pâtés truffés de différents genres, produits qui assurent depuis longtemps à M. Fournaud la clientèle de tous les gourmets qui les connaissent.

Les boîtes de M. Cotton, de Brive, renferment aussi d'excellentes choses, des pieds de porc truffés, des asperges, des truffes au madère, etc., etc. M. Cotton expédie ses produits en Belgique et en Angleterre, où ils sont très-recherchés.

M. Versepuy expose plusieurs boîtes d'un excellent café possédant un arome particulier et pouvant lutter avec les produits de ce genre les plus renommés.

MM. Sage père et fils, de Brive-la-Gaillarde, exposent divers spécimens de conserves alimentaires. Les produits de cette maison jouissent d'une bonne réputation dans le monde des gourmets; elle est représentée à Clermont par M. Fournol.

Mentionnons encore parmi les comestibles les délicieux biscuits-cornets de M. Lepère, de Murat; — les petits-fours de M. Meyer, de Clermont; — et enfin la statue et les sujets en sucre décorés de M. Mossmann, de Saint-Flour.

SUCRES.

La fabrication du sucre de betterave date de 1811 dans le département du Puy-de-Dôme. D'abord restreinte à quelques usines, elle en comptait onze lorsque la loi de 1843 les força à suspendre leur fabrication à l'exception d'une seule, l'usine de *Bourdon*, qui, loin de dissoudre sa société, donna de nouvelles proportions à son entreprise.

Bourdon.

En 1835, la ferme de M. Dumay, située sur l'emplacement actuel de Bourdon, fut transformée en une sucrerie de peu d'importance, où l'on travailla d'abord environ deux millions de kilogrammes de betteraves, fournis par une association de propriétaires à M. Guillemain, chargé de la direction de l'usine.

Cette association dura deux années, et fut remplacée en 1837 par la société où entra S. Exc. M. le duc de Morny. La direction de l'usine fut confiée à M. Garnaud, qui la conserva jusqu'à la formation de la société Herbet et Cie.

Déjà, à cette époque, Bourdon s'était développé et avait pris de l'importance. On y travaillait près de sept millions de kilogrammes de betteraves. Ce chiffre s'éleva bientôt à cinquante millions par l'introduction du système de la cossette dans la fabrication.

En 1858, la raison sociale changea et fut remplacée par celle de Meinadier et Cie.

M. Meinadier, ancien préfet de notre département, esprit distingué, administrateur habile, comprit que l'industrie sucrière ne pouvait se soutenir qu'en rattachant la question agricole à la question industrielle. Dès son entrée à Bourdon, il s'occupa activement de la transformation d'une partie des tourailles ou séchoirs des betteraves en sucreries; il voulait utiliser la pulpe pour la nourriture des bestiaux, afin d'arrêter par de fortes fumures l'épuisement du sol, et de permettre un assolement plus avantageux à la culture de la betterave.

Cette transformation, qui nécessita des frais énormes, permit le développement de l'agriculture dans tout le rayon où se trouvaient placées les sucreries. La pulpe produite par les râpes est, tous les agriculteurs le savent, une nourriture bienfaisante et économique pour les bestiaux, tandis que celle qui provient des cossettes ou des betteraves chargées de chaux, ne peut être employée à l'alimentation des bêtes à cornes, qu'elle expose à des maladies aiguës qui les tuent ou les rendent impropres aux travaux agricoles.

Cette judicieuse transformation permit en outre de nourrir à Bourdon et dans ses diverses exploitations un grand nombre de bêtes bovines et et ovines, qui non-seulement produisent une quantité considérable de fumier, mais alimentent les marchés de Clermont et des villes qui l'environnent, et fournissent aux marchés de Paris plus de deux mille bêtes à cornes chaque année.

Aujourd'hui la production agricole et industrielle de Bourdon a doublé. Grâce à l'exemple donné aux agriculteurs dont les terres avoisinent ses usines et ses exploitations, Bourdon a pu dans ces dernières années travailler plus de quatre-vingts millions de kilogrammes de betteraves, production encore insuffisante aux énormes besoins de cet établissement, dont les cultures fournissent environ les deux cinquièmes.

La culture de Bourdon comprend plus de 2,400 hectares divisés en sept grandes exploitations situées sur les points où sont établies les usines ; quarante-deux domaines, qui exigent un matériel très-important pour le transport des récoltes et de la houille nécessaire à la partie industrielle, mille paires de bœufs et un nombre considérable de chevaux.

Chaque année, les travaux agricoles et de fabrication terminés, une partie des bêtes à cornes est soumise à l'engraissement et livrée ensuite à la boucherie.

Aux trente-six millions de kilogrammes de betteraves que récolte Bourdon, il faut ajouter environ vingt mille quintaux de blé et des fourrages en assez grande quantité pour l'alimentation supplémentaire des bestiaux et chevaux qu'il emploie.

Bourdon possède :

Une raffinerie pouvant produire un million de pains de sucre par année ;

Cinq sucreries qui peuvent fabriquer 60,000 sacs de 100 kilogrammes de sucre brut ;

Trois tourailles, dont la production peut s'élever à 2,500,000 kilogrammes de cossette ;

Quatre distilleries où se travaille le jus de betterave, pouvant produire vingt pipes par jour ;

Une distillerie de grains, système anglais, dont la fabrication peut s'élever à quinze pipes par jour, ce qui porte la production possible de toutes les distilleries à plus de deux cents hectolitres par vingt-quatre heures ;

Plusieurs fours à potasse qui lui permettent de produire annuellement plus de trois cent mille kilogrammes de salins ;

Enfin des fours pour la confection et la revivification des noirs nécessaires à tous ses travaux de raffinage et de fabrication.

La machinerie de Bourdon est une véritable merveille. Ici nous voyons toutes les ressources de la mécanique appliquées de la façon la plus savante et la plus ingénieuse. On trouve parmi ces nombreuses machines des presses hydrauliques, des pompes pneumatiques, des appareils centrifuges dits turbines, des pompes à insuflation de gaz carbonique pour saturation du jus de betterave, une pompe à eau donnant près de quinze cent mille litres d'eau par heure, des coupe-racines, des râpes de divers systèmes, etc., etc. Le tableau suivant donnera une idée de l'importance de cette machinerie.

Nos d'ordre	DÉSIGNATIONS.	Nombre de machines	Force en chevaux des machines	Nombre de généra-teurs.	Force en chevaux des généra-teurs.
1o	Sucrerie et raffinerie de Bourdon..	14	188	13	900
2o	Distillerie de grains de Bourdon..	2	14	4	150
3o	Distillerie de mélasses de Bourdon.	1	6	»	»
4o	Sucrerie de Saint-Beauzire.......	5	48	5	250
5o	— de Chappes..........	4	30	5	200
6o	— de Chagnat..........	4	45	5	300
7o	— de Sarlièves..........	3	32	4	240
8o	Distillerie de Palport............	1	10	1	40
9o	— de Pagnan.........	1	10	1	40
10o	— d'Idogne...........	1	8	2	40
11o	Touraille des Martres...........	1	6	1	8
12o	— de Bouzel...........	1	4	1	8
13o	— de Saint-Blaise........	1	6	1	8
14o	Atelier de réparation de Bourdon.	1	12	1	25
	Totaux....	40	414	44	2,209

L'établissement central de Bourdon, un des plus vastes du monde, est situé sur les confins de la Limagne, près du village d'Aulnat, à six kilomètres de Clermont. Une partie des usines se trouve échelonnée près du chemin de fer, depuis la gare de Monteignet jusqu'à celle du Saut-du-Loup; et cependant ces fabriques importantes exigent des approvisionnements de toute nature si considérables, qu'un embranchement de près de six kilomètres a dû être construit entre la gare de Clermont et celle de Sarlièvc.

Nous donnerons une idée de ces approvisionnements, en disant que Bourdon consomme chaque année quarante mille tonnes de charbon.

L'exploitation agricole et industrielle de Bourdon, il faut le reconnaître, a apporté la richesse et la prospérité dans la contrée où elle s'exerce. Ses nombreuses usines occupent non-seulement un grand nombre d'ouvriers pendant l'hiver, saison consacrée à la fabrication, mais augmentent chaque jour la valeur du sol par l'introduction de la culture de la betterave.

Les rapports commerciaux de cette vaste industrie s'étendent dans toute la France et grand nombre de pays étrangers. Ses débouchés les plus importants sont, pour le sucre, Lyon, Saint-Étienne, Roanne, Nevers, Grenoble, Chambéry, la Suisse, etc., etc.; pour l'alcool, les départements limitrophes du Puy-de-Dôme, Paris, et tout le midi.

de la France, où ses 3/6 servent au vinage des vins et à la rectification de la production alcoolique locale; pour la potasse, Paris et les usines importantes de Saint-Gobain, de Chauny, etc., etc.

Pour l'année 1861-1862, c'est-à-dire du 1er avril 1861 au 31 mars 1862, époque de l'inventaire, le journal de Bourdon accuse un chiffre de mouvement de près de 80 millions de francs.

Bourdon a envoyé à notre exposition divers spécimens de ses produits : sucres, alcools, betteraves, etc. Ils rappellent aux visiteurs de l'exhibition clermontoise une des grandes industries de l'Auvergne, une de ces gigantesques entreprises qui doivent, en lui procurant des produits qu'elle allait autrefois chercher au loin, en ajoutant à la valeur de son sol, en occupant ses bras inactifs, augmenter encore ses richesses et sa prospérité.

CONFISERIE.

Les fruits de l'Auvergne ont une saveur et un parfum que ne possèdent pas les fruits du Midi; les influences volcaniques remplacent-elles avantageusement le soleil qui leur manque? On serait tenté de le croire en constatant leur supériorité.

Nulle contrée n'est mieux placée que l'Auvergne pour l'industrie de la confiserie: non-seulement elle trouve en abondance des fruits exquis, mais le sucre indigène peut suffire à alimenter ses vastes usines.

L'industrie des fruits confits est fort ancienne en Auvergne, et depuis longtemps la réputation de ses produits est établie, non-seulement en France, mais encore à l'étranger. Aujourd'hui, elle expédie des fruits en Angleterre, en Allemagne, en Russie, en Amérique, et l'on évalue à plus de deux millions cinq cent mille francs le chiffre des affaires qu'elle traite chaque année.

La confiserie d'Auvergne a appelé à son aide toutes les nouvelles machines qui pouvaient perfectionner ou hâter sa fabrication; aucun progrès ne lui est étranger. Dans ses vastes usines, la vapeur fait mouvoir les appareils les plus ingénieux et lui permet d'étendre encore ses nombreuses relations.

Toutes les personnes qui ont visité notre exposition se sont arrêtées devant les splendides vitrines de MM. Gaillard, Vieillard, Murent fils, Frelut et Cie; elles ont admiré ces magnifiques produits, dignes des tables des souverains, auxquelles du reste quelques-uns arrivent; elles ont remarqué ces excellentes pâtes d'abricots si parfumées, ces fruits indigènes et étrangers si habilement confits, ces confitures limpides, ces bonbons élégants, et elles ont compris la réputation dont jouissent ces délicieux produits.

Cette industrie, nous le pensons, peut rivaliser avec toutes celles du même genre qui existent actuellement en Europe; et l'on pourrait dire de ses fruits ce que le jury international disait après l'exposition de 1855 de nos pâtes alimentaires.

Mais si la confiserie d'Auvergne fabrique des produits de luxe, elle offre aussi à la consommation des confitures à bon marché, appelées, nous le pensons, à jouer un grand rôle dans l'alimentation publique. Ces confitures sont déjà consommées par grand nombre de séminaires, de lycées, d'hôpitaux. La classe ouvrière trouve en elles une nourriture saine, agréable et économique à la fois. Le fromage le meilleur marché ne pourrait remplacer ces produits, qui se vendent de 40 à 45 centimes le 1/2 kilogramme. La fabrication de ces confitures diffère cependant très-peu de celle des surfines et des ordinaires: les unes sont faites avec des fruits pelés et de très-beau sucre en pain, les autres avec des fruits non pelés et du sirop de fruits, c'est-à-dire avec des sucres qui ont servi à confire des fruits entiers.

Les plus honorables récompenses ont été obtenues déjà par les confiseurs dont nous voyons figurer les produits à l'exhibition clermontoise; les jurys des concours auxquels ils ont pris part se sont plu à rendre justice à leur intelligence, à leurs efforts persévérants. L'industrie des fruits, nous le pensons, est appelée à prendre une grande extension en Auvergne; ses produits de luxe, ses confitures ordinaires doivent augmenter encore son importance et ajouter aux richesses de notre pays.

Deux fabricants de Clermont représentent la bonbonnerie à notre exposition: MM. Dumas et Godet, et Dollet-Dépaillet.

La maison Dumas et Godet, qui possède un outillage des plus complets mu par la vapeur, et occupe jusqu'à 60 ouvriers par jour dans la saison de ses grands travaux, expédie aussi au loin ses remarquables produits: l'Angleterre, l'Italie, la Turquie, la Grèce, etc., lui adressent leurs commissions. Sa fabrication embrasse la dragée, les bonbons simples et décorés, les pâtes et confitures de fruits.

L'exhibition de cette maison est très-remarquable. Nous y trouvons des dragées, pralines, perlages, etc., une collection de bonbons dits légumes à liqueurs, comprenant 72 formes diverses, des bonbons en chocolat et grand nombres de dragées grosses ou petites, assorties, de couleurs, de formes et de parfums, enfin 30 assiettées de bonbons à la gelée fondante, etc.

Tous ces produits sont parfaitement fabriqués; leurs couleurs sont brillantes, leurs formes heureuses; ils nous paraissent posséder toutes les qualités qui constituent la bonbonnerie de choix.

M. Dollet, qui expose aussi de nombreux spécimens de dragées, s'occupe spécialement de décoration. Son bouquet est une œuvre très-remarquable dans son genre; les fleurs sont imitées avec habileté, les papillons aux ailes brillantes qui se réposent sur leurs corolles, les insectes qui se promènent sur leurs feuilles, paraissent vivants. Notons encore dans cette exhibition des groupes de divers genres d'une exécution très-difficile, enfin des spécimens intéressants d'une des principales branches de la bonbonnerie. M. Dollet, qui possède aussi une vaste usine, s'occupe de plus de la fabrication des bonbons dits anglais et des sucres d'orge, pour lesquels il possède des appareils spéciaux.

Parmi les produits plus ou moins sucrés envoyés à notre exposition figure une excellente confiture fabriquée par M. Driotton jeune, de Saint-Seine (Côte-d'Or). Cette confiture est faite des fruits de l'épine-vinette, ce petit prunier sauvage que nous trouvons dans la plupart de nos haies. Un dépôt de ce produit doit être prochainement établi dans notre ville.

CHOCOLAT.

Le cacao, dont les graines servirent de signe monétaire chez plusieurs nations américaines avant la découverte du Nouveau-Monde, était entièrement inconnu de l'ancien continent, lors des premiers voyages de Christophe Colomb. Vers la fin du seizième siècle les habitants de la Martinique commencèrent à s'appliquer à la culture du cacoyer; mais la France resta longtemps encore tributaire des Espagnols et des Portugais, qui se partageaient le commerce du cacao.

C'est aux Mexicains que l'on doit la préparation du chocolat. Les Espagnols en rapportèrent les premiers spécimens en Europe vers 1520. l'abbé Grégoire nous apprend qu'il ne fut connu en France qu'en 1661.

Le cardinal archevêque de Lyon, Alphonse, frère du cardinal de Richelieu, est le premier qui en fit usage.

Il se fait maintenant chaque année une consommation de chocolat qui exige plus de trois millions de livres de cacao.

Il est peu d'industries qui aient donné lieu à autant de fraudes que le chocolat; les fécules de toute nature ont été employées par des industriels dans la fabrication de ce qu'ils nomment pâte de cacao pure. Le meilleur chocolat est en effet celui qui se compose exclusivement de cacao et de sucre mélangés d'une façon intelligente. La manipulation est-elle préférable à la trituration mécanique? Nous pensons qu'il est possible de faire de bon chocolat à l'aide de l'un et de l'autre système.

M. Bareyre-Rouaire possède une machine à vapeur; il peut étendre sa fabrication dans des proportions relativement considérables. Son chocolat nous paraît bien fait, la pâte en est égale, parfaitement broyée. M. Bareyre ajoute à sa fabrication ordinaire celle des pastilles de chocolat, des pralines à la crème, etc., produits excellents et dignes des palais les plus délicats.

La chocolaterie de M. Pichon est mue par l'eau; ses produits nous paraissent tout aussi parfaits que ceux fabriqués à la vapeur. La pâte semble posséder toutes les qualités qui distinguent les chocolats de choix, en un mot ce qui constitue une fabrication habile et intelligente.

Le même éloge est applicable aux produits de M. Peyrard, de Royat, un des plus anciens fabricants de chocolat de l'Auvergne. Ses chocolats sont dosés avec beaucoup d'habileté, leur parfum est remarquable, et nous les croyons d'une pureté tout exceptionnelle.

Le chocolat de M. Perol, de Montferrand, est fabriqué à la main, et il nous paraît tout aussi bon que ceux que lui opposent ses confrères. Ceci prouve que les matières employées jouent un grand rôle dans la fabrication du chocolat.

LIQUEURS, VINS, VINAIGRES.

La base de toutes les liqueurs est la même : de l'alcool et du sucre, relevés par un parfum quelconque. Le talent du liquoriste consista pendant longtemps à combiner d'une façon judicieuse ces diverses matières, lorsqu'une innovation exigée par la débilité de certains estomacs fit entrer son industrie dans une nouvelle voie; nous voulons parler de l'apparition des liqueurs dites hygiéniques, absinthe, chartreuse, Raspail, etc., aujourd'hui si répandues. Le liquoriste intelligent ne fut plus alors un simple distillateur ; il eut quelque parenté avec le naturaliste et le médecin.

A entendre une foule de personnes, on ne peut trouver de bonnes liqueurs en Auvergne. Il n'y a d'anisette qu'à Bordeaux, de cassis qu'en Bourgogne, de chartreuse que dans le célèbre monastère où elle se fabrique ; c'est là seulement que l'on peut se procurer ces liqueurs renommées. Ceci est un préjugé qu'il est bon de combattre. L'Auvergne voit croître des plantes tout aussi salutaires que celles de la Grande-Chartreuse ; ses fruits ont un parfum que ne possèdent pas ceux de la Côte-d'Or ; enfin ses liquoristes connaissent les procédés de leurs confrères, et leur intelligence égale au moins la leur. Nous avons des preuves de ceci dans les produits envoyés à notre exhibition par divers industriels.

Les liqueurs de M. Boyer-Defaye sont limpides, veloutées et parfumées à la fois. La chartreuse exposée par notre concitoyen peut lutter avec les meilleurs produits du célèbre monastère ; ses cassis, noyaux, anisettes sont des liqueurs de choix dignes du palais des plus fins gourmets.

M. Berger, après avoir étudié les propriétés des plantes qui entourent la Grande-Chartreuse et qui servent à fabriquer une liqueur connue dans le monde entier, s'est demandé si les montagnes du Puy-de-Dôme, particulièrement les monts Dores, qui sont placés dans des conditions climatériques analogues, ne pourraient pas fournir aux distillateurs des plantes possédant des propriétés particulières. Aidé par la science dans le choix de ces plantes, M. Berger a pu en composer une liqueur non-seulement agréable au goût, mais réellement hygiénique. Nous devons féliciter M. Berger d'avoir enrichi l'industrie locale d'un produit qui peut donner lieu à un commerce important ; car cette liqueur, quoique différente de la grande chartreuse, a un goût peut-être plus agréable ; elle donne de l'activité au sang, et possède des qualités dissolvantes précieuses pour la conservation de la santé.

Le cassis de M. Touzet peut certainement lutter avec les meilleurs produits de la Côte-d'Or. Disons plus, cette liqueur possède un parfum que nous ne trouvons pas chez les cassis renommés qu'on lui oppose.

M. Vial jeune, un des plus anciens liquoristes de notre ville demande aux fruits d'Auvergne les parfums de ses produits, c'est-à-dire qu'ils possèdent une saveur toute particulière. Son ratafia des Arvernes mérite l'attention des gourmets.

La chartreuse de Valcivière de M. Dalmas, de Besse, emprunte ses qualités hygiéniques à deux plantes qui croissent sur la montagne de ce nom et sur les plateaux qui l'avoisinent. Son absinthe, très-digestive, est aussi fabriquée à l'aide de plantes indigènes récoltées sur les bords du lac Pavin et dans les environs de Besse.

Mentionnons encore dans cette classe les liqueurs de MM. Poigné, de Moulins, et Nadaud, d'Aubusson, et celle de l'abbaye de Septfons (Allier).

Quelques échantillons de vins et de limonades gazeuses ont été exposés par MM. Boudol, de Châteaugay; Gagnadre, de Clermont, et Mezeix, de Latour.

Un seul fabricant de bière fait figurer ses produits à l'exhibition clermontoise, Mme veuve Noyer-Delayras, de Pont-du-Château.

L'industrie des vinaigres est nouvelle dans notre pays, et ce n'est guère que depuis six à huit ans qu'elle a pris une certaine importance. Cette fabrication s'élève à l'heure qu'il est à 15,000 hectolitres environ.

Il est possible de faire en Auvergne d'excellents vinaigres, cependant beaucoup de fabricants pensent qu'on ne peut y vendre que des marchandises de bas prix; c'est là une erreur que combat avec succès M. Chesneau, dont les produits sont justement appréciés.

M. Boyer jeune expose aussi des vinaigres de choix dignes d'une mention spéciale.

CIRIERS.

L'apiculture est très-répandue dans notre département, et elle devrait l'être plus encore. L'exploitation de l'abeille s'y fait généralement à l'aide de ruches et de procédés qui laissent beaucoup à désirer. Quelques perfectionnements mettraient cette industrie déjà si productive dans une voie réelle de prospérité.

La cire produite en Auvergne peut se diviser en deux classes : la cire de montagne, qui se blanchit facilement, et la cire de la Limagne, et des coteaux qui l'avoisinent, qui ne se prête pas à cette opération.

L'industrie des ciriers a été portée, dans notre département, à un degré très-remarquable ; non-seulement les matières premières qu'ils exposent sont parfaitement purifiées, mais leur travail proprement dit, cierges, bougies, etc., dénote une habileté peu commune.

Les cires de M. Verdier, de Clermont, méritent une attention toute spéciale ; ses cierges, cires et stéarines, sont fabriqués avec autant de soin que de goût. M. Verdier, dont les produits ont figuré à la dernière exposition de Londres, a déjà du reste obtenu d'honorables récompenses.

M. Sujet-Authy de Clermont, expose un joli cierge à huit branches, trois autres cierges façonnés et des spécimens de chandelles perfectionnées. Ce fabricant fond son suif en branches à l'aide d'un procédé qui lui enlève sa mauvaise odeur et en améliore la qualité.

Les cierges de M. Quida, d'Issoire, dénotent une grande habileté ; l'un d'eux surtout est d'un travail très-remarquable.

Mentionnons de plus les beaux cierges façonnés et unis de M. Amblard-Grado, la chandelle perfectionnée de M. Monier, d'Aurillac, et les cierges et bougies de M. Volpette, de Riom.

SAVONS.

M. Charles Lévy expose de volumineux spécimens de savon, c'est-à-dire d'une industrie très-intéressante pour l'Auvergne. C'est en 1857 que M. Lévy a établi à Clermont sa fabrique de savon, le premier et le seul établissement de ce genre qui existe dans les départements du centre. Malgré les difficultés attachées à toute nouvelle entreprise, l'exposant, sans avoir besoin de se déplacer, s'est vu, dès le début, enlever tous ses produits par le Puy-de-Dôme et les départements circonvoisins, et il en est à croire que, si des concurrents venaient à se grouper autour de lui, notre ville deviendrait bientôt le centre d'une production considérable, dans le genre de celle de Lyon, qui, pour ses savons, tient aujourd'hui le premier rang après Marseille.

La question de prix est à considérer dans les produits de ce genre ; disons à ce sujet que, lorsque nos cours ordinaires cotent les savons 90 fr. les 100 kilogrammes, M. Lévy les livre à 76 fr., qualités égales, différence énorme sur un produit aussi répandu et de première nécessité.

Nous voyons dans les produits de M. Lévy, récompensé du reste dans diverses expositions, le germe d'une industrie importante appelée à exonérer les départements du centre du tribut qu'ils paient chaque jour aux savonniers de Lyon et de Marseille.

PRODUITS PHARMACEUTIQUES.

M. Gautier-Lacroze expose une vitrine de produits pharmaceutiques très-remarquables. Toutes ces préparations sont faites avec beaucoup de soins et d'habileté; quelques produits spéciaux attirent particulièrement l'attention.

Les préparations de M. Gonod méritent les mêmes éloges; M. Gonod exhibe de plus un assortiment de produits de la maison Le Perdriel.

Le docteur Louis Bouyer, de Saint-Pierre-de-Jussac (Creuse), a envoyé à l'Exposition de Clermont divers échantillons de poudre de lait.

Le flacon nº 1 contient du lait ordinaire en poudre ou en farine.

Cette forme nouvelle présente plusieurs avantages : elle permet une conservation indéfinie, avec la seule précaution de tenir la poudre de lait renfermée dans des vases clos; elle permet l'écoulement ou la consommation par petites fractions, sans qu'elle s'altère, absolument comme pour le poivre ou la cassonnade.

En délayant une cuillerée de poudre de lait dans trois ou quatre fois son volume d'eau bouillante, et les agitant une ou deux minutes, on obtient instantanément du lait pur et frais.

Disposée dans des boîtes, dans des barriques, cette nouvelle conserve serait propre aux usages de la marine, conviendrait dans les pays chauds, les grandes villes, etc.

Le flacon nº 2 contient de la poudre de lait iodé.

M. Bouyer s'occupe depuis longtemps de la question de la combinaison de l'iode avec le lait. Il a publié, en 1862, un mémoire à ce sujet où il démontre par l'expérience les propriétés de cette nouvelle préparation.

« Le lait iodé, sous forme de poudre ou de sirop, lisons-nous dans l'ouvrage de M. Bouyer, a la propriété bien établie de modifier et de combattre avantageusement les diathèses lymphatiques, scrofuleuses, dartreuses, rachitiques, tuberculeuses, cancéreuses, etc., etc. C'est le plus puissant modificateur connu de l'organisme. Son action élective se fait surtout sentir sur les systèmes glandulaire et ganglionaire, ces supports par excellence des fonctions plastiques de l'économie. »

Le flacon n° 3 contient de la poudre de lait iodé ioduré (combinaison de l'iode et de l'iodure de potassium avec le lait).

M. Bouyer a trouvé, par l'expérimentation chimique, que cette préparation avait une grande puissance contre les accidents subséquents de la syphilis et les maladies chroniques des voies urinaires : albuminurie, cystite chronique, paralysie de la vessie, engorgement de la prostate.

Dans cette dernière catégorie de maladies, M. Bouyer établit que « les substances iodées et iodurées agissent moins par leur action dynamique, générale, que par leur action topique, locale, dans leur passage à travers les organes urinaires, lors de leur excrétion au dehors par ces derniers. »

Le flacon n° 4 contient la poudre de lait arsénical.

Cette combinaison chimique nouvelle est appelée à rendre de sérieux services, surtout si nous venions à avoir (*Dî talem avertant!*) une guerre maritime avec les Etats-Unis, ou que l'Angleterre nous privât de quinquina, « car elle est fébrifuge à un haut degré et supérieure même à la quinine dans les vieilles fièvres, celles à cachexie paludéenne. »

« Cette préparation combat avec succès les névroses, l'épilepsie surtout, maladie si réfractaire jusque-là à toutes les médications. C'est un puissant sédatif des centres nerveux. »

Le 5e flacon contient de la poudre de lait mercuriel.

Cette préparation s'emploie avec succès dans toutes les maladies où il faut administrer le mercure. Elle convient surtout aux tempéraments délicats.

En somme, nous devons constater que le docteur Bouyer est le premier, nous le pensons du moins, qui ait fait entrer le lait en poudre dans la composition des remèdes, le premier surtout qui ait réussi à combiner le lait avec les agents les plus énergiques de la matière médicale, avec des poisons tels que l'iode, l'arsenic, le mercure, combinaison ingénieuse et utile, car le lait étant réputé le contre-poison général des agents toniques, cités plus haut, les préparations du docteur Bouyer offrent du même coup aux malades le poison uni à son contre-poison c'est-à-dire le remède moins ses inconvénients (1).

En effet, les préparations nouvelles n'irritent point l'estomac, n'offensent pas le tube digestif. Leur action topique, irritante, est détruite par la présence des principes du lait.

Sous cette nouvelle forme, les énergiques médicaments dont nous parlons sont très-facilement assimilés, digérés qu'ils sont à l'avance dans la liqueur animale la plus douce qui existe, le lait. Cette animalisation permet de les donner à doses moindres qu'autrefois et d'obtenir des effets plus certains, car c'est bien le cas de répéter avec la sagesse des nations que ce n'est pas ce que l'on mange mais bien ce qu'on digère qui nourrit.

En combinant si ingénieusement les poisons avec le lait, le docteur Bouyer, tout en dégageant et mettant plus clairement à jour leurs propriétés thérapeutiques connues jusque-là, leur a trouvé, et cela devait être, des propriétés curatives nouvelles. C'est ce qu'il a établi, sans conteste, dans un premier mémoire que nous avons sous les yeux et qui a été chaudement approuvé par la Société médicale de la Creuse; c'est ce qu'il établira bientôt dans des publications nouvelles, destinées cette fois à contrôler surtout les expériences de ses confrères des départements du centre.

Nous n'apprendrons rien de nouveau à nos lecteurs, en leur disant que plusieurs tentatives du genre de celles de M. Bouyer ont été essayées sans succès jusque-là. On a même imaginé, dans ces derniers temps, d'administrer les médicaments toniques à des vaches laitières, pour retrouver les médicaments ensuite de l'assimilation digestive, dans le produit des glandes mammaires.

Mais les expériences, si ingénieuses qu'elles aient été, n'ont obtenu qu'un faible succès. Cela devait être. La physiologie n'enseigne-t-elle pas en effet que toutes les sécrétions glandulaires conspirent à l'élimination des substances ingérées, étrangères à la composition de nos tissus; et les glandes, qui travaillent le plus à cette fin, ne sont-ce pas les glandes rénales et intestinales, organes d'excrétion par excellence? Les glandes mammaires, glandes de sécrétion propre-

(1) Il est bien entendu que nous ne parlons ici que de l'action irritante, corrosive des poisons sur le tube digestif; nous n'avons nullement en vue leur action générale, dynamique.

ment dites, représentent donc une fraction très-minime de ce travail d'élimination : aussi regardons-nous le lait médicamenteux par assimilation digestive à peu près comme une chimère.

Nous estimons donc que le docteur Bouyer a rendu de grands services à la science et à l'humanité. Ces préparations sont des plus faciles à prendre. Ce sont des bonbons plutôt que des médicaments. Rien de facile aujourd'hui comme la médecine des enfants avec ses sirops et ses poudres.

Nous pensons surtout que, connaissant maintenant les préparations pharmaceutiques du docteur Bouyer, certains médecins ne s'aviseront plus d'introduire dans l'estomac des malades des ingrédients qu'ils ne pourraient pas appliquer longtemps sur la *peau* elle-même sans la *désorganiser*, comme l'iode, l'arsenic, le sublimé corrosif.

Voilà donc de vrais progrès réalisés !.....

Un mot encore. Les produits de M. le docteur Bouyer n'ont pas attiré l'attention du jury ; mais ils seront, de la part de notre société pharmaceutique, l'objet d'un examen tout spécial.

La poudre et l'élixir de M. Alanore, uniquement composés de substances végétales absorbantes et toniques, sont des produits excellents comparables aux dentifrices les plus renommés.

MM. Chesneau et Ansaldi ont exposé une bouteille d'extrait de potassium. Ce produit, qui ne s'emploie que par petite quantité, et suivant l'instruction qui l'accompagne, donne au linge une blancheur et une souplesse toutes particulières, et économise 50 p. 100 de savon. Il purifie l'eau, enlève toute espèce de taches sur étoffe et sur bois. On l'emploie avec succès pour le lavage des bouteilles à vin, pour nettoyer l'étain et le ferblanc, etc.

Ces messieurs exposent de plus divers spécimens de vernis de leur fabrication.

ORTHOPÉDIE.

M. Delcros, de Clermont, expose divers articles de coutellerie, des instruments de chirurgie bien conditionnés et plusieurs appareils orthopédiques très-ingénieux. On sait quelles difficultés existent dans la confection de ces appareils, appelés à soutenir ou à redresser les membres brisés ou atteints de déviations. M. Delcros les a étudiées toutes, et les produits qu'il expose prouvent qu'il lui en reste un très-petit nombre à vaincre. Ajoutons que les prix de ces produits sont des plus avantageux.

Les appareils de M. Bernard Testu sont aussi ingénieusement conçus qu'habilement exécutés. Bien des souffrances doivent être soulagées par ces remarquables instruments.

Les bandages scientifiques de M. le docteur Fournier de Lempdes dénotent de sérieuses études, des expériences souvent répétées. Confectionnés spécialement pour les affections qu'ils doivent soulager, ils ont sur les appareils ordinaires des avantages incontestables.

DENTISTES.

L'art du dentiste, il faut le reconnaître, a rendu non-seulement d'utiles services à l'humanité souffrante, mais il a de plus laissé à de jolies bouches l'harmonie de leurs sourires, il a réparé des brèches déplorables et donné une sorte de jeunesse à une foule de personnes défigurées par la perte de leurs dents. Presque inconnu au siècle dernier, il a pris de nos jours une grande extension; il a conscience de son utilité; il ne recule devant aucune innovation, devant aucun obstacle. Voyez ces dentiers qui s'adaptent si bien, ces pièces si habilement agencées; ils doivent changer complètement la physionomie des personnes qui les porteront.

M. Damour fils est certainement un très-habile dentiste. Ses dentiers à base de caoutchouc, ses osanores émaillées sont remarquables. M. Damour expose plusieurs modèles d'obturateurs, un appareil pour redresser les dents, divers instruments de son invention à l'usage des dentistes, et quelques spécimens de son dentifrice.

Comme M. Damour, M. Busson est un dentiste de talent; les pièces qu'il expose sont très-habilement faites. Ses eaux dentifrices, ses poudres, ses opiats méritent une mention spéciale.

CHANVRES, FILS, TOILES, COTONS ET LAINES FILÉES.

La fabrication des toiles, comme celle des étoffes, formait autrefois une des principales branches de l'industrie de l'Auvergne. Ses produits suffisaient, non seulement à la consommation de notre contrée, mais ils s'expédiaient dans le midi de la France. Cette industrie a eu beaucoup à souffrir de la concurrence des tisserands du Nord, et elle aurait peut-être complètement disparu, si la mécanique n'était venue lui fournir les filés nécessaires à sa fabrication, et cela à des conditions qui lui permettent de lutter avec ses redoutables concurrents.

La filature de Saint-Martin-lès-Riom, fondée en 1844, brûla en 1846. Reconstruite sur une plus grande échelle, elle était prête à marcher, lorsque survinrent les événements de février 1848; par suite des désastres financiers de cette époque, son fondateur, M. Edouard Albert, fut obligé de se retirer. Achetée en 1852 par une nouvelle société, elle végéta jusqu'en 1855. A cette époque, M. Brière, filateur distingué du département de la Somme, vint se mettre à la tête de cette exploitation et lui imprima une marche assurée et régulière.

L'usine de Saint-Martin fabrique des fils de chanvre sans aucun mélange de lin; elle consomme par année de six cent mille à six cent cinquante mille kilogrammes de chanvre brut provenant de différentes contrées, principalement de la Limagne, de l'Anjou, de la Touraine et de la Sarthe, et, dans certaines années, des environs de Bologne en Italie.

Le chanvre arrive à l'établissement broyé ou teillé à la main, suivant sa provenance; il est moulagé, peigné et passé ensuite à diverses machines de préparation, qui le doublent, l'étirent et le tordent, de manière à en faire un gros fil, qui lui-même est étiré et tordu sur les métiers à filer par le système à l'eau chaude. En sortant du métier à filer, le fil est dévidé, séché et mis en paquets.

La production journalière est de trente-huit paquets de fil de numéros divers. Chaque paquet a une longueur invariable de trois cent trente mille mètres, et pèse de vingt-deux kilogrammes à soixante-dix-huit kilogrammes, selon la grosseur du fil. Ces trente-huit paquets donnent un poids moyen de seize cents kilogrammes. Tous les fils de Saint-Martin servent à la fabrication des toiles. Ses principaux centres de consommation sont le département du Puy-de-Dôme, Voiron dans l'Isère, et Panissière dans la Loire. Une certaine quantité de ces fils sont en outre expédiés dans le Midi, le Centre et les Vosges.

La filature de Saint-Martin occupe environ trois cents ouvriers, hommes, femmes et enfants, selon le degré de force et d'intelligence nécessaires à chaque manipulation.

Les fils exposés par MM. E. Bossi et Cie ont été fabriqués avec du chanvre de la Limagne, sans aucun mélange de chanvre de provenance étrangère. Et quoique par suite de l'extrême sécheresse la récolte de

1862 ait été très-inférieure en qualité aux récoltes ordinaires, ces fils ont une force et une régularité suffisantes pour faire de belles et bonnes toiles de ménage, comme le montrent les échantillons de toile faits avec les fils exposés.

Ces Messieurs ont exposé aussi des spécimens de chanvre brut ou teillé, de chanvre moulagé, et de chanvre peigné prêt à être livré aux machines de préparation.

Les deux échantillons de chanvre teillé de la Limagne montrent quels progrès la culture du chanvre a encore à faire dans cette contrée. Ces deux échantillons ont été achetés à la halle de Clermont; l'un a été payé à raison de 120 francs les cent kilogrammes, et l'autre à raison de 78 francs les cent kilogrammes. C'est donc une différence de 44 francs par cent kilogrammes, à l'avantage du chanvre de qualité supérieure, différence qui provient presque uniquement des soins apportés à la culture et au rouissage. On voit par là que le cultivateur qui donne les façons convenables à son terrain et l'ensemence ensuite avec de la graine de bonne qualité et en quantité suffisante, peut arriver à faire rendre au sol moitié plus que celui qui reste dans la routine.

La filature de Saint-Martin, indépendamment de son importance comme établissement industriel donnant la vie et l'aisance aux populations qui l'entourent, a une influence considérable sur la prospérité du département du Puy-de-Dôme; elle favorise la culture du chanvre, culture très-rémunératrice lorsqu'elle est bien faite; en second lieu elle fournit aux nombreux tisserands du département le *fil de chanvre pur*, élément nécessaire à la fabrication de leurs toiles. Anciennement les toiles connues sous le nom de toiles de Clermont, très-recherchées par les acheteurs du Midi, étaient fabriquées avec des fils de chanvre filés à la main. Par suite de l'introduction des fils de lin à la mécanique, et de leur bas prix, les fileuses à la main n'ont pu soutenir la concurrence et ont fini par disparaître presque complètement.

Le tisserand, toujours disposé à rechercher le bon marché, s'est mis à fabriquer des toiles de lin et souvent avec des fils de lin très-inférieurs, il est résulté de là que le type des toiles de Clermont a disparu; les prix ont baissé et le nombre des acheteurs a diminué; car le tisserand des montagnes d'Auvergne ne peut lutter pour la fabrication des toiles de lin avec le tisserand du Nord, qui est plus habile, mieux outillé et a les fils de lin à sa porte.

La filature de Saint-Martin, en venant offrir sur le marché des produits similaires aux anciens fils de main, tend à régénérer la fabrication des toiles. Elle empêche ainsi l'émigration de la population des montagnes, population industrielle une grande partie de l'année et agricole pendant la belle saison, émigration qui aurait certainement lieu, si cette population n'avait pas à sa portée une industrie qui lui permet d'utiliser les longues journées et soirées de la mauvaise saison.

M. Bouchet-Roux, de Clermont, expose divers spécimens de chanvres peignés, qui dénotent un ouvrier habile.

Le métier à la Jacquard est une des grandes inventions de notre époque; tout le monde sait quelle révolution il a apportée dans les divers systèmes de tissage employés avant lui. M. Malfériol expose un métier de ce genre bien construit, et divers spécimens de très-beau linge de table damassé.

De fortes toiles de chanvre tissées à la mécanique ont aussi été envoyées à l'exhibition clermontoise par M. Breyton, de Riom.

M. Salis-Ojardias, de Billom, a introduit en Auvergne l'industrie des cotons filés, qu'il exerce parmi nous avec succès. Ses produits consistent en doublage, moulinage, teinture à froid à l'indigo, blanchissage et pelotonnage. Ils peuvent, nous le pensons, rivaliser avec ceux que nous envoie la ville de Roanne, où cette industrie est très-répandue.

Mentionnons encore dans cette classe les laines et cotons filés de M. Maire-Perol.

ÉTOFFES.

La fabrication des étoffes était autrefois très-répandue en Auvergne. L'hôpital de Clermont possédait, en 1765, une manufacture de draperie qui confectionnait aussi des étoffes de ratine et de droguet. Une étoffe connue sous le nom de *cadis* se fabriquait à Saint-Flour et à Chaudesaigues. Brioude fabriquait des draps londrins pour la consommation du Levant; l'hôpital de Riom possédait une manufacture de cotonnades et de siamoises; il se faisait de plus en Auvergne des draps pour l'armée, des étamines pour pavillons de vaisseaux, des camelots en laine commune, des rubans de fil et des galons de laine, etc., etc. Cette vaste industrie est aujourd'hui considérablement réduite, elle n'a guère survécu que dans les arrondissements de Thiers et d'Ambert.

Cette dernière ville avait autrefois le monopole de la fabrication des étamines pour pavillons. On attribue l'importation de cette industrie à Ambert, à une colonie de Phocéens, qui y établit en même temps la fabrication des toiles à voiles en fil de chanvre.

Ambert a de nos jours de redoutables concurrents. La Sarthe lui a enlevé la fabrication des toiles, et l'Angleterre confectionne des tissus pour pavillons qui disputent le pas aux produits de l'Auvergne.

Il y a trente ans, l'étamine se fabriquait à Ambert avec la laine du pays. Depuis, il a fallu suivre le progrès et employer pour sa confection des laines plus fines et plus nerveuses; de là des qualités supérieures, qui joignent la solidité à la légèreté.

Les étamines d'Ambert s'emploient pour les pavillons de la marine de l'Etat et de la marine marchande, pour pavois et décorations dans les fêtes publiques, pour les tamis à passer le lait ou le bouillon. Depuis quelque temps, les tapissiers de Paris en confectionnent des rideaux et des portières.

L'étamine se fabrique comme la toile, à la navette à main ou à la navette volante. L'ouvrier travaille généralement à façon, le négociant lui fournit la laine; quelques ouvriers pourtant travaillent pour leur propre compte, mais ils ne produisent que des étamines de qualités inférieures.

Une industrie de premier ordre existe encore dans le canton d'Ambert; nous voulons parler de la fabrication des rubans de laine, de fil, des tirans de bottes, etc.

Le métier qui sert à la fabrication de ces articles, diffère peu de celui qu'on emploie pour confectionner les rubans de modes. Chaque métier fait 10, 12, 16, 20 ou 24 pièces, suivant la largeur du ruban. Autrefois les rubans grande largeur se fabriquaient sur un petit métier à navette à la main, produisant une seule pièce; l'ouvrier pouvait mourir de faim à côté de son travail. On a introduit dans la fabrication le métier de 10, qui permet de payer le tisseur à la pièce et lui procure quelque bénéfice.

Un métier à rubans occupe toute une famille, homme, femme, enfant et même vieillards. Les plus âgés dévident le fil et confectionnent les bobines et les canettes, les plus forts font marcher la barre et se remplacent alternativement, l'homme pour aller vaquer à d'autres travaux, la femme pour prendre soin de son ménage.

Les métiers appartiennent aux négociants. Ambert possède douze maisons qui exploitent cette fabrication, dont les produits peuvent être évalués à un million.

Les deux industries dont nous venons d'esquisser les principaux traits, offrent un sujet d'étude des plus attachants à l'économiste. Le fabricant et l'ouvrier sont propriétaires, et peuvent alternativement se livrer aux travaux industriels et à l'agriculture. L'ouvrier travaille chez lui, au sein de sa famille.

Cette industrie était nécessaire dans un pays où les hivers sont longs et rudes, où le travail agricole est suspendu pendant plusieurs mois de l'année, où l'émigration est souvent le résultat de ce chômage. Le paysan du canton d'Ambert, grâce à la fabrication des étamines et des rubans, reste attaché au sol qui l'a vu naître; pour lui point de chômages désastreux, car s'il ne travaille pas à son métier il cultive sa terre.

La fabrique d'Ambert, comme celle de Thiers, a besoin de nouvelles voies de communication, qui lui permettent non-seulement de se procurer dans de meilleures conditions les matières premières qu'elle emploie, mais lui donnent la facilité d'expédier ses produits à moins de frais.

M. Cohendy, archiviste du département du Puy-de-Dôme, a réuni une nombreuse et intéressante collection d'échantillons d'étoffes fabriquées autrefois en Auvergne. On y trouve des draps, des camelots, des droguets, des ratines, etc., etc. Ces étoffes sont d'une solidité remarquable; certains droguets rappellent nos types d'aujourd'hui. Rien de plus intéressant, au point de vue de l'histoire de notre industrie, que cette collection, fruit d'intelligentes et patientes recherches.

Quelques fabricants de tissus auvergnats ont envoyé des spécimens de leurs produits à l'exhibition clermontoise. MM. Vimal-Vimal et fils aîné, d'Ambert, exposent des étamines de toutes qualités et de tous prix, des échantillons de rubans de fil et de laine de toutes largeurs et de toutes nuances; nous trouvons aussi des lacets, cordons, étamines à pavillon, drapeaux, fabriqués par M. Bernard-Dupuy, d'Ambert; des draps et couvertures fabriqués par MM. Gerin-Mourait frères, de Sayat; de belles couvertures, fabriquées par MM. E. Getting, de Maringues; des tissus de coton et fil fabriqués par MM. Odin frères, de Maringues; des étamines pour pavillon, fabriquées par M. Vimal-

Vialis jeune, d'Ambert; enfin des *limousines* imperméables, de M. Dauriac, de Saint-Flour.

Les étoffes en soie ne sont représentées à notre exposition que par un seul fabricant, Mme X..., d'Aurillac, qui exhibe divers échantillons de son intéressante fabrication. Mentionnons cependant, à propos de cette industrie, la soie végétale découverte et récoltée par Mme Chabrol-Verdier.

LINGERIE.

La chemise est de nos jours un vêtement indispensable; à moins d'avoir fait quelque vœu, on ne peut plus se passer de cet objet utile, qui forme la base de toute toilette bien entendue. C'est par son linge que le véritable élégant se distingue; du beau linge dénote un homme de goût; il est souvent facile de juger un individu en voyant le linge qu'il porte; le linge a une physionomie particulière. Il y a bien des choses à dire à ce sujet; mais nous devons les laisser à quelques physiologistes dans l'embarras. MM. Silvant et Brun, chemisiers à Clermont, sont de véritables artistes dans leur industrie; en gens intelligents qui ne font rien à demi, ils ont étudié toutes les ressources de leur intéressante fabrication; ils ont surtout cherché, et, mieux que cela, ils ont réussi à y ajouter de sérieuses améliorations. Leurs chemises sont élégantes, bien confectionnées, et de plus abordables pour toutes les bourses. L'exhibition de MM. Silvant et Brun est une des plus remarquables de la salle où elle se trouve. Nous y voyons de très-beaux spécimens de leur industrie : — chemise habillée, type de confection; — diverses chemises blanches, modèles nouveaux; — chemises petits plis, fils non tirés, ce qui augmente la solidité; — chemise riche à jabot, genre Louis XV; — chemise cravate, sans boutons ni boutonnière, d'un système réellement commode, et diverses chemises fantaisie. Ces messieurs ajoutent à cette lingerie, irréprochable au double point de vue de la forme et du goût, divers articles en flanelle, caleçons, chemises, plastrons à fermeture nouvelle, de la riche lingerie pour dames, et enfin un tissu hygiénique emprunté au pin sylvestre.

Les produits de la maison Pouchol méritent aussi une sérieuse attention. Nous trouvons dans cette exhibition des preuves évidentes d'intelligence et de goût. Les divers genres de chemises exposés par M. Pouchol : plastron, application, bouillonné, etc., joignent à une coupe élégante une confection très-soignée. Cette maison expose de plus des cravates, des mouchoirs et une machine à coudre des plus ingénieuses.

DENTELLES.

On ignore l'époque à laquelle furent fabriquées les premières dentelles, dont l'Italie, la Flandre et la France se disputent l'invention. On sait seulement que, à la fin du quatorzième siècle et sous Charles V, on portait déjà sur ses vêtements de la dentelle faite à l'aiguille, et qu'il est question de cette industrie dans un traité de commerce passé en 1390 entre l'Angleterre et la ville de Bruges.

« Charles-le-Téméraire, nous dit l'histoire, perdit en 1476, à la bataille de Granson, ses pierreries, sa vaisselle d'argent, ses étoffes précieuses, et jusqu'à ses dentelles de Flandres. »

On sait aussi, pour ce qui concerne plus particulièrement la France, qu'au quinzième siècle, et probablement à une époque antérieure, les pauvres femmes des campagnes, dans nos pays de montagnes, et notamment dans le *Velay*, se réunissaient en hiver à la cité voisine, s'y parquaient par chambrées, et gagnaient leur vie à fabriquer de grossières dentelles, dont il existe encore quelques restes, et qui servaient à orner « les aubes des prêtres, les rochets des évêques et les jupes des femmes de qualité. » Des lois somptuaires, plusieurs fois renouvelées, ruinèrent cette industrie en France, et ne firent qu'accroître le goût et la mode des dentelles; hommes et femmes s'en chargeaient à l'envi, et l'on en mit jusque sur les bottes. Elles ornaient aussi les autels de nos églises, les carrosses et chevaux des grands seigneurs, et même les draps mortuaires; seulement on les faisait venir de Venise, de Gênes et de Bruxelles. En vain les ouvriers français parvinrent-ils à contrefaire si bien les points de Gênes et de Venise, que les plus habiles connaisseurs s'y trompaient; de nouveaux édits les atteignirent dans leur industrie. Enfin Louis XIV, touché de la souffrance des commerçants et de la misère des ouvriers, révoqua, par une déclaration du 27 mai 1661, toutes les ordonnances antérieures, et Colbert favorisa tellement la fabrication du point d'Alençon et des dentelles de Valenciennes, que leur célébrité s'étendit bientôt dans toutes les contrées de l'Europe et les rendit tributaires de la France.

Les Anglais eurent aussi leurs manufactures de dentelle de fil, connue sous le nom de *point d'Angleterre,* imitation imparfaite et peu solide de la dentelle de Bruxelles, avec laquelle ce point est souvent confondu, mais qui n'a plus cours en France depuis que les fabriques de Flandre, de Picardie et de Champagne, l'ont à leur tour imité et surpassé.

La fabrication de la dentelle est restée une des plus importantes branches de l'industrie dans nos départements du Nord; elle y occupe principalement un grand nombre de femmes. Dans les environs seuls de Caen et de Bayeux en Normandie, on compte plus de quarante mille dentellières.

Cette industrie n'est point du reste le privilége exclusif du Nord. Née en quelque sorte dans le Velay, elle s'y est maintenue à travers les vicissitudes des temps, dans un cadre plus ou moins restreint, à un état plus ou moins prospère. Les riches spécimens de dentelles recueillis au musée de la ville du Puy par les soins de M. *Théodore Falcon,* attestent même qu'elle a progressé dans toutes ses branches depuis Colbert jusqu'en 1790. Là, il y eut temps d'arrêt et de décadence. Sous l'Empire, l'industrie dentellière du Velay se releva, et se fit remarquer à chaque exposition par de nouveaux progrès. Aujourd'hui ses produits, longtemps renfermés dans le cercle de la province, ont franchi leurs barrières, et, grâce à leur concentration entre les mains de riches capitalistes, vont lutter sur le grand marché de Paris avec les dentelles de Chantilly.

Si le Velay semble être le centre de l'industrie dentellière dans nos contrées, si les dentelles noires du Puy et ses petites blondes à bon marché ont acquis une légitime réputation, il y aurait injustice à passer sous silence les produits voisins du Forez, du Cantal et du Vivarais, et surtout, dans le Puy-de-Dôme, les dentelles blanches de *Viverols* et les dentelles et guipures noires d'*Arlanc*, appartenant également à l'arrondissement d'Ambert. Là, toute femme fait de la dentelle : la petite fille à son école, la jeune bergère en gardant ses vaches ou ses moutons, la domestique en attendant ses maîtres, les femmes de la campagne à la veillée, où elles se réunissent pour exercer tout à la fois leurs doigts et leur langue. Sauf pour les dentelles communes, toutes ces ouvrières travaillent en général à façon pour les grandes maisons du pays, et notamment pour celles d'Ambert, du Puy, et même de Paris, qui leur fournissent le fil et les cartons ou dessins, avec défense absolue de les reproduire pour d'autres. Les plus belles pièces d'ailleurs ne sont fabriquées que par fractions, et envoyées ainsi aux maisons de Paris, qui les raccordent artistement et les vendent pour du Chantilly. Si quelques maisons du pays vendent elles-mêmes leurs produits aux particuliers ou vont les débiter à Vichy et autres villes thermales, ce ne sont le plus souvent que des articles de fabrication inférieure, des dessins déjà reproduits; et encore se gardent-elles de les exhiber comme dentelles d'Auvergne, tant il est vrai que l'étiquette fait valoir la marchandise. C'est ce qui explique l'absence de toute marque de fabrique sur les dentelles d'origine auvergnate, et leur défaut d'exhibition, du moins sous leur véritable nom, dans nos grandes expositions publiques.

L'exposition clermontoise, toute locale et destinée seulement à faire valoir l'industrie de la contrée, semblait devoir échapper à cette interdiction; mais c'est en vain que plusieurs industriels ont demandé à leur correspondant de Paris l'autorisation d'exhiber quelques pièces de premier ordre. Accorder cette autorisation, c'eût été dénoncer l'origine, démasquer une fraude. Aussi, rien du Puy, rien de Viverols.

M. Bachelery-Favier, d'Arlanc, représente seul cette intéressante fabrication à notre exposition. Il y a envoyé six pièces de jolies guipures d'une finesse remarquable, plusieurs modèles de dentelles du même genre aux dessins aussi gracieux que variés, divers entre-deux, des pèlerines et un riche mantelet. Ces produits sont fabriqués avec autant de soin que d'habileté.

Nous ne terminerons pas cet article sur une industrie susceptible d'un grand développement, sans émettre le vœu que ces produits isolés, que ce travail manuel de cent mille ouvrières de tout âge, disséminées sur la surface de la région, se centralisent de plus en plus; que des écoles speciales de dessin s'établissent dans chaque centre de fabrication; que des chefs d'atelier, formés à bonne école, soient institués dans les ouvroirs ou assemblées où les ouvrières se réunissent pour travailler; et l'Auvergne, fière d'apposer sa marque de fabrique à ses produits, pourra lutter sans désavantage aucun, peut-être même victorieusement, avec la Flandre, l'Artois et la Normandie.

BRODERIES.

Les broderies de Mmes Cognard et Beaujeu, brodées à double face, ont très-remarquables; toutes les dames reconnaîtront les avantages de ce travail, exécuté par des mains aussi habiles que soigneuses.

M. Paulin Ribes exhibe un assortiment complet de très-belles broderies et d'impressions sur blanc.

Mme Daguillon, des broderies sur tulle de Nancy et de Lunéville.

L'exhibition de la maison Dejoux est intéressante. Nous y trouvons de magnifiques jupons brodés à la main, plusieurs riches mouchoirs, des services damassés de France et de Saxe, des couvre-lits et couvre-édredons en application, divers rideaux du même genre, enfin une très-belle couverture en laine d'Auvergne.

MODES, NOUVEAUTÉS.

Rien de plus vieux que le mot *nouveautés*, car de tout temps les femmes ont eu de nouvelles toilettes ; rien de plus vieux aussi que la chose, car il est un cercle dans lequel les femmes tournent continuellement, et les nouveautés du jour ne sont jamais que quelques vieilleries rajeunies.

Ce nom, variable comme l'objet qu'il représente, a dans notre langue une foule de synonymes: modes, toilette, parure, ajustements, costumes, accoutrements, et bien d'autres. Mais si chacun de ces mots peut être pris dans une acception spéciale, tous n'ont qu'un objet et concourent au même but, l'habillement chez l'un et l'autre sexe.

C'est là un cadre bien vaste et que nous n'avons pas l'intention de remplir.

Nous en écartons d'abord tout ce qui tient à l'habillement des hommes qui, comme costume, ne peut intéresser que l'histoire et rentre, sous le rapport industriel, dans la catégorie des fabrications d'étoffes, mais qui, dans un article de *nouveautés*, ne saurait intervenir que pour quelques gilets et quelques cravates.

Pour les dames c'est différent : chez elles la parure c'est la vie, et le goût de la toilette est né du moment où le besoin de plaire s'est fait sentir, c'est à peu près dire du jour où Ève comprit sa nudité.

Mais là encore, il faut nous restreindre, et beaucoup! Si nous voulions remonter au costume de la première femme, qui n'en était pas un, ou retracer celui qu'on rencontre chez des peuplades sauvages où les *naturelles* n'ont d'autre vêtement, d'autre parure que le collier de petites pierres suspendu à leur cou, ou le simple roseau qu'elles tiennent à la main ; si même, sans remonter aussi haut, nous voulions décrire les couvertures ou morceaux d'étoffe dans lesquels on s'enveloppait primitivement, ou les costumes antiques des femmes égyptiennes, juives, grecques, romaines, gauloises, avec toutes les variantes, toutes les modifications qu'amenèrent la succession des temps et les progrès du luxe, ce serait un volume entier qu'il nous faudrait écrire.

Nous n'entreprendrons pas même de tracer tous les changements qu'a subis l'habillement des dames françaises depuis l'origine de la monarchie jusqu'à nos jours. Nous sommes loin de l'époque où leurs robes, armoriées à droite de l'écu de leur mari, à gauche de celui de leur famille, étaient si serrées qu'elles laissaient voir toute la finesse de la taille et toute l'ampleur des formes, et si haut montées qu'elles leur couvraient entièrement la gorge et les épaules.

Contentons-nous de dire que le vêtement principal fut toujours la robe ou tunique, qui ne varia que par l'étoffe, la couleur et la forme, mais qu'en revanche tous les accessoires si nombreux de la toilette féminine, soumis à la loi du mouvement perpétuel, ou plutôt à tous les caprices de la mode, subirent d'innombrables changements, non de siècle en siècle, non de règne en règne, mais pour ainsi dire d'année en année. C'est que nulle part la mode n'est aussi changeante qu'en France, et ne nous en plaignons pas ! Cette mobilité, qui tient au caractère de la nation, s'est accrue avec les progrès de la civilisation et les raffinements du luxe ; et cet accroissement est devenu, depuis le seizième siècle, une mine féconde pour la classe ouvrière, un impôt considérable payé par l'étranger à l'industrie française. « Sous Colbert, dit lord Bolingbroke, ces futilités coûtaient à l'Angleterre seule cinq ou six cent mille livres sterling par an. » Aujourd'hui nos modes vont jusqu'en Orient et se sont introduites dans tous les sérails de l'Asie.

Hâtons-nous maintenant d'en venir aux *nouveautés* de notre province, à celles du moins qui ont été produites à l'exposition clermontoise.

Et remarquons d'abord que c'est dans la partie la plus sévère du monument, dans la salle d'audience du tribunal, que, par un contraste singulier, sont étalées toutes ces gazes légères, toutes ces gracieuses fantaisies, qui constituent l'arsenal de la coquetterie féminine ; mais ajoutons aussi que, par un rapprochement non moins singulier, mais plus heureux, tous ces mystères de la toilette se trouvent mis au jour dans l'enceinte où rien ne doit échapper à l'œil investigateur du magistrat, où tout doit se dévoiler à la face du public.

Cette salle, du reste, n'est point entièrement du domaine des *nouveautés*, quoiqu'elle les renferme toutes, et notre intention n'est point d'ailleurs de parcourir en quelque sorte la femme de la tête aux pieds, en portant une main profane sur les cent et un objets qui constituent sa toilette. Nous n'avons point surtout à nous occuper de tout ce qui tient plus particulièrement à diverses industries qui ont été ou qui seront l'objet d'articles spéciaux, tels que coiffure et chaussure, broderies et dentelles, lingerie, pommades et faux cheveux.

Quatre articles suffisamment développés suffiront à notre investigation.

1° *Nouveautés et confections.* — Laissons de côté la pourpre et les riches tissus de Tyr et de Sidon, la Chine et ses soieries, Agrippine et son *paludamentum* tissu d'or pur, et tant d'autres monuments de la parure antique, qui intéresseraient beaucoup moins nos lectrices qu'une robe sortie tout récemment des ateliers de Palmyre ou de Victorine, et empruntons un instant la plume de Mme la vicomtesse de Renneville, ou plutôt inspirons-nous de ses charmantes chroniques.

On a beaucoup médit, dans les siècles passés, et surtout dans ces derniers temps, du goût que les dames professent pour la toilette ; les maris n'avaient plus qu'à se pendre, ou à faire annoncer dans les journaux qu'ils ne paieraient pas les dettes de leurs femmes ; car celles-ci devaient indubitablement les conduire à la ruine. Nous devons prendre aujourd'hui hautement la défense du beau sexe, et pour le justifier nous n'aurons que très-peu de chose à faire : il nous suffira de placer un de ses détracteurs devant la vitrine de M. Ossaye. Là nous lui ferons admirer ces étoffes si riches, si chatoyantes ; ces magnifiques soieries où le bon goût des dispositions dispute le pas à la richesse des tissus, — ces splendides dentelles aux dessins délicats, — ces châles de Cachemire et de fantaisie aux couleurs si habilement agencées ; en un mot devant tous ces remarquables produits qui rendent les femmes plus belles, plus séduisantes, sans rendre toujours les maris plus galants, à ce qu'on dit. Nous ne croyons pas que cet ennemi de l'amour du luxe que professe avec tant de raison le beau sexe puisse mourir dans l'impénitence finale. Il devra certainement comprendre tout ce que ces charmants objets ont d'attrait pour celles dont le premier devoir, suivant l'expression d'un philosophe, est de plaire.

L'exhibition si riche et si remarquable de l'importante maison qui nous occupe vient plaider la cause de la décentralisation commerciale, dont nous nous sommes fait tant de fois l'avocat sincère dans le cours de ce compte rendu. Il existe en province des maisons dignes de rivaliser avec celles de Paris, et il n'est plus besoin de leur demander ce que nous possédons chez nous.

Dieu, qui fit bien toutes choses, a placé dans le cœur de l'homme un de ces sentiments doux et puissants qui sont à la fois pour lui une source de préoccupations et de bonheur. Nous voulons parler de l'amour des enfants, de ces minois frais et roses qui font la joie des jeunes et des vieux. Nos lecteurs se sont arrêtés parfois, dans quelque jardin public, sur quelque promenade, devant un groupe de charmants bambins qui sautaient en bégayant quelque joyeux refrain ; ils ont admiré leur gaîté, leur verve joyeuse ; ils les ont trouvés délicieux, à croquer, selon l'expression de nos mères, que Dieu garde. Philosophes, ils ont songé à l'avenir ; simples passants, ils ont revu leur jeunesse dans ces jeunes printemps ; ils ont souri, toutes les portes de leur âme se sont ouvertes.

L'exposition de la maison Vidal (Léon), une des plus anciennes de notre ville, qui n'exhibe que des costumes d'enfants, quoiqu'elle eût pu nous montrer des spécimens de tous ses autres articles, nous a rappelé les scènes de ce genre. Ces charmantes fantaisies sont confectionnées sur les modèles de Mlle Léopold, par des ouvrières clermontoises ; il s'agit de produits indigènes, ce qui étonnera toutes les personnes qui accordent exclusivement à Paris le monopole de certaines industries. Ces costumes, si variés, sont conçus avec infiniment de goût, exécutés avec une grande habileté ; ils auront été remarqués par toutes les mères qui se plaisent avec raison à orner leurs enfants de gracieuses parures.

C'est aussi de la confection, non-seulement pour enfants, mais encore pour femmes, que Mme Finaud et M. Paulin Ribes, de Clermont, offrent à l'appréciation des mères et des élégantes ; les costumes d'enfants sont gracieux et les robes faites et garnies avec goût.

Sur l'une des deux charmantes robes exposées par Mme Finaud, nous avons remarqués des ornements en cuir, dernier mot de la fantaisie parisienne.

2° *Fleurs*. — De tout temps on a comparé les femmes aux fleurs : comparaison vieille, usée, tout ce qu'il vous plaira, mais cependant toujours gracieuse et juste. N'en ont-elles pas la fraîcheur, l'éclat, le parfum..... et la fragilité ? Aussi les femmes aiment-elles à orner de fleurs leur chevelure, leur corsage et leurs robes ; à en assortir les nuances avec celles de leur teint ; à se parer, en un mot, de leur propre emblème. Ce dut être même, à l'origine des sociétés et dans l'innocence des temps primitifs, leur seule parure, l'unique ornement ajouté à leur toilette, leur première coquetterie.

Telle qu'une bergère, au plus beau jour de fête,
De superbes rubis ne charge point sa tête,
Et, sans mêler à l'or l'éclat des diamants,
Cueille, en un champ voisin, ses plus beaux ornements...

Boileau (*Art poétique*, II).

Mais toutes les saisons ne produisent point de fleurs ; mais ces gracieuses filles du printemps, arrachées le matin à leur tige, se fanent et se dessèchent vite sur un front brûlant ou sur un sein agité. Les fleurs naturelles ne suffisaient point à la consommation ; il fallut en faire d'artificielles.

Cet art, très-ancien en Chine, où l'on employait à la fabrication des fleurs la moelle d'un arbrisseau facile à découper en bandes fines, était connu des Grecs et des Romains, qui, suivant Pline le naturaliste, se servaient de râclures et rabotures de cornes, teintes en diverses couleurs. Pratiqué longtemps avant nous par les Italiens, il ne fut introduit en France qu'en 1738, par Séguin, de Mende, dont les fleurs artificielles en étoffe et en moelle de sureau égalèrent bientôt celles d'Italie. Paris, une fois en possession de cette industrie, l'étendit à de nouvelles étoffes, retrouva le secret d'y employer la baleine, et, sous les habiles mains de Venzel, de Mme Prévost, de Constantin et autres célébrités modernes, la porta à ce degré de perfection qu'elle a atteint de nos jours, et qui, selon l'expression poétique de Campenon, n'aurait plus rien à envier à la nature,

Si sur ces fleurs, enfants d'une autre Flore,
On retrouvait les pleurs d'une autre Aurore.

Paris, qui tient dans le monde le sceptre de la mode, restera toujours la reine de l'industrie florale; mais la tige superbe a étendu ses rameaux sur la province, et quelques-uns, faibles encore mais vivaces, sont arrivés jusqu'à nous.

Les fleurs et corbeilles dont Mlle Courtinat, de Clermont, a embelli notre exposition, sont très-habilement faites, et ses coiffures sont agencées avec goût.

Nous devons aussi des éloges et des remerciements à Mme Tixier, de Beaurecueil, pour ses élégants ouvrages de fantaisie en plumes.

Il existe en Italie, en Suisse, dans ces contrées si souvent visitées par d'opulents voyageurs, une foule d'objets auxquels on donne le nom de souvenirs et qui sont destinés à leur être vendus. L'Auvergne, qui elle aussi reçoit des touristes, possède un souvenir charmant qui rappelle sa flore parfumée. Nous voulons parler des bouquets en fleurs immortelles du Puy-de-Dôme, dont M. Auriger nous offre un remarquable spécimen. Les bouquets de M. Auriger ont une véritable vogue dans plusieurs de nos stations thermales; Paris même lui demande ces souvenirs confectionnés avec autant d'habileté que de goût.

M. Gabriel Barret aîné se livre comme M. Auriger à la confection des bouquets en fleurs naturelles; il fait de plus des chiffres entrelacés avec ces mêmes fleurs et les abrite dans des cadres élégants.

3° *Crinolines.* — Passer des fleurs à la crinoline, c'est quitter les prés verdoyants pour l'asphalte des villes, fuir la lumière du jour pour l'obscurité de la nuit, descendre des étages supérieurs au sous-sol, se jeter dans les arcanes de la toilette, dans ses plus mystérieux replis, après avoir joui de tout son éclat extérieur. C'est aussi pour nous (et cela nous attriste) passer du rôle si doux de complaisant admirateur à celui d'investigateur sévère, quitter la plume de l'écrivain laudatif pour celle du critique; car, sachez-le de suite, Mesdames, nous n'aimons pas la crinoline.

Nous ne l'aimons pas, et ce n'est point parce qu'elle est une imposture: il y en a tant d'autres que nous vous pardonnons et que nous serions bien fâchés de voir disparaître; mais parce que celle-ci vous transforme, vous métamorphose en ce qui n'est pas vous, et gâte les plus beaux dons de la nature, en mettant sur votre corps plus que Dieu n'a voulu y mettre.

Et d'abord, vous n'en avez point l'étrenne, vous n'en avez point les gants; le mérite de l'invention ne vous appartient pas: c'est une vieille mode que vous avez renouvelée, non des Grecs, mais du seizième siècle, en l'exagérant outre mesure. Son origine n'est pas même française ; les *basquines* et *vertugades* (jupons et robes bouffantes) viennent d'Espagne, où on leur donnait sérieusement le nom assez significatif de *cache-infante*.

En France, où ce costume prit les noms de *vertugalle, vertugardien,* et par corruption *vertugadin,* ce fut sous le règne de Louis XIII qu'il commença à être en usage, et ce monarque disait lui-même qu'il faisait ressembler les deux tiers de la stature des femmes à un *tonneau défoncé*. Le vertugadin était en effet, tantôt un bourrelet qu'on plaçait immédiatement au-dessous de la taille, tantôt un cerceau ou cercle en fer enflant les jupes et formant un cylindre qui dissimulait les grosses statures et les formes défectueuses ; il était aussi très-favorable aux filles qui, suivant l'expression des jésuites auteurs du dictionnaire de Trévoux, *s'étaient laissé gâter la taille*.

Nos recueils de vieilles poésies fourmillent, du reste, de plaisanteries sur la vertugalle et le vertugadin ; mais la verve gauloise qui y abonde ne permet d'en citer aucune.

Aux vertugadins succéda un peu plus tard la mode non moins ridicule des *paniers,* nommés ainsi à cause de leur ressemblance avec les cages ou paniers à poulets. On le voit, c'était à peu près la même chose, et même pis. Ces paniers eurent diverses formes et par suite divers noms, entre autres : la *culbute,* la *gourgandine,* le *boute-en-train* et le *tâtez-y*. Mlle Clairon fut la première qui parut sur la scène sans paniers, et son exemple ne tarda pas à être imité.

Les femmes ne pouvaient pas cependant renoncer entièrement à un objet quelconque qui relevât la jupe et la fît bouffer sur les hanches. Vinrent alors les *bêtises,* les *dos* postiches ou faux *dos,* les *tournures* ou mouchoirs de taille, les *drôles* et autres noms qu'il serait peu séant de rapporter. Cet ajustement, adapté dans une juste mesure, ne manquait ni d'agrément ni de grâce ; mais ce n'était pour les dames qu'un palliatif, un provisoire. Il leur fallait quelque chose de plus marquant, de plus prononcé ; et quand apparut la *Crinoline-Oudinot,* on se jeta dessus avec fureur. Passe encore pour cette première crinoline, qui, sous un nouveau nom, rappelait bien l'ancien vertugadin et les paniers, avec quelques variantes dans la forme, mais qui au début n'avait rien de trop exagéré. Aussi ne put-on s'en contenter, et les crinolines allèrent toujours s'élargissant et s'arrondissant, malgré les malédictions des hommes, les plaintes des maris, les apostrophes des prédicateurs, et les plaisanteries des journalistes.

En vain fit-on pleuvoir sur elles des flots de caricatures; en vain une statuette célèbre, en mettant au jour les deux côtés de la médaille, nous fit-elle voir combien le coffre était grand pour l'objet contenu, les femmes en rirent les premières; mais le ridicule, si mortel en France, ne put rien contre cette institution féminine, qui a résisté victorieusement à deux révolutions, et qui trône aujourd'hui sans conteste, comme ces tours majestueuses qu'on voit braver tous les efforts des siècles et des autans.

Si la crinoline, en quelques circonstances, est pour les dames une défense, un parachute; si, grâce à son envergure, on peut toucher à la cage sans faire mal à l'oiseau, nous avons vu, par le nom même qui fut donné en Espagne et en France aux vertugadins, qu'elle a bien aussi son côté peu moral : c'est là son mystère le plus grave; ce n'est pas le seul. Le fisc a droit de s'en plaindre, elle favorise la contrebande; et que de brochettes de cailles et de perdreaux, suspendues au cercle d'une crinoline, ont franchi impunément les barrières! Elle est aussi, en tous lieux, une cause de gêne et d'encombrement : avec elle plus de portes, plus d'appartements, plus de canapés, plus de voitures assez larges; il faut tout refaire, tout allonger, tout élargir; il faut que le mari ou accompagnateur se mette en lapin à côté du cocher ou consente à rester enfoui sous une montagne de jupons et de volants, sous un flot de soie et de dentelles. Les rues elles-mêmes n'offrent plus un parcours libre : pour la femme le trottoir, pour l'homme la chaussée et le ruisseau. On cite cette plainte portée en Angleterre par un gentleman qui, repoussé et chassé du trottoir par le développement d'une colossale cage d'acier dans laquelle une élégante était embastillée, avait été froissé et presque écrasé par une voiture. La loi n'avait pas prévu le cas, et le juge était d'autant plus embarrassé que la rotondité de la dame ne provenait pas d'une cause naturelle; néanmoins, la cour finit par condamner la prévenue à une amende de cinq guinées et aux frais, attendu, porte le jugement, « qu'une ordonnance municipale » défend tout encombrement des trottoirs par des ballots ou paquets » trop volumineux. » Si la galanterie française, plus endurante, ne va pas jusqu'aux plaintes en justice, il est bien peu d'hommes qui ne redoutent de donner le bras à une femme, certains d'avoir les jambes molestées et meurtries par un cercle d'acier ou de fer, qui s'attaque à leurs tibias ou bat leurs mollets. Et les maris (bonnes gens!), n'ont-ils pas un motif bien plus grave encore de se plaindre?... Pour une jupe, huit *lés* et quinze mètres d'étoffe! Il est vrai, comme on a dit spirituellement des dames décolletées, qu'elles mettent tant d'étoffes dans la jupe, qu'il n'en resté plus pour le corsage; mais il n'y a pas compensation suffisante, pour le mari du moins.

Calmons-nous pourtant. Ce qui est l'objet de nos invectives et de nos plaintes, fait aller le commerce et l'industrie : le rentier gémit, et le marchand rit. On nous dit d'ailleurs tous les jours que la mode se tempère et que les crinolines diminuent d'ampleur : on ne s'en aperçoit guère; mais n'importe, c'est toujours un espoir. Il est certain du moins que, grâce aux diverses modifications qu'on leur a fait subir, elles sont moins malfaisantes, et la crinoline américaine remplace avantageusement aujourd'hui ses aînées; l'acier dur et tranchant ne s'y trouve plus que par bandes étroites et minces, souples et légères. Encore quelques pas dans cette voie; que le ballon aille réellement en se dégonflant; que surtout nos dames évitent ces crinolines à queue pointue et ballottante, qui les font ressembler, quand elles marchent, à des poules effarouchées..... et le coq applaudira, fier et glorieux de ses compagnes.

Vous donc, Mesdames, qui désirez des crinolines bien faites et s'adaptant parfaitement à la longueur de vos jupes, sans pourtant se laisser voir, visitez les grands magasins Ossaye, Grasbaum et Vidal-Léon. Voyez aussi nos corsetières, et n'oubliez pas que, à notre exposition, Mme veuve Athanasse a mis sous vos yeux, avec tant d'autres objets de toilette intérieure, une crinoline s'élargissant et se rétrécissant à volonté; et la maison Dejoux un jupon ou crinoline, du nom de *Clotilde,* et pouvant se démonter et se remonter à volonté sans le secours de l'aiguille, pour se caser dans un carton plat, sans aucun froissement. C'est là un double avantage qu'apprécieront toutes nos dames sédentaires ou touristes.

4° *Corsets.* — En commençant cet article un scrupule nous arrête : Devons-nous parler des corsets? Pourquoi pas, puis qu'on a livré au grand jour de l'exposition leurs formes séductrices et parfois même accusatrices? Quelques lecteurs du sexe noble y trouveront peut-être à redire. Ces messieurs n'aiment pas le corset, et ils ont bien tort, car ils lui doivent souvent la seule jouissance réelle de cette vie, l'illusion, fille du mensonge et mère du désir. Les dames, plus reconnaissantes et qui savent trop bien tout ce qu'elles doivent de grâce, de désinvolture et de succès à cet ajustement caché, apprendront du moins avec plaisir son origine antique, qui sera tout à la fois pour elles une excuse, une leçon et un argument..... *ad hominem*.

« Chez les anciens, avons-nous lu quelque part, les jeunes filles se
» serraient fortement avec une large bande, qu'elles mettaient par-dessus
» la chemise de lin, pour se rendre la taille plus fine et la faire mieux
» ressortir. C'est ce que les Grecs appelaient *lien de poitrine* (nous
» faisons grâce du mot grec), et les Latins *voile de chasteté* (castula).
» On rapporte aussi que les dames grecques se serraient le corps avec
» des petites planches de bois de tilleul très-minces, lorsqu'elles avaient
» quelque difformité à cacher. L'usage de se serrer le corps fut égale-
» ment connu des Etrusques, et Winckelmann, dans son histoire de
» l'art chez les anciens, cite à ce sujet une pâte antique représentant
» une femme, du nom de *Scylla*, dont le corps se retrécit vers les
» hanches comme un corset. A Rome, les jeunes personnes usaient
» de ceintures ou de bandes pour se serrer le sein, qui jusqu'alors
» n'avait été soutenu que par les mains de la nature. Ce fut sans doute
» ce qui donna la première idée du corset, qui, décoré de tout ce que
» le luxe et l'envie de plaire peuvent imaginer, devint bientôt le plus
» brillant des ajustements des dames romaines. »

Nous ignorons de quelle sorte de ligament ou de soutien se servaient les dames gauloises, et même les dames françaises des premiers siècles de la monarchie; mais nous affirmons qu'elles ne négligèrent rien de ce qui pouvait faire ressortir leur taille, leur tournure et tous les appâts qu'elles avaient reçus du créateur avec plus ou moins de libéralité.

Quand à ces carcans, ces corps de baleine serrés, ces véritables cuirasses, qui emprisonnaient, contenaient et comprimaient la taille des femmes dès leur enfance, ce fut Catherine de Médicis qui les importa la première d'Italie en France : don fatal qui, au lieu d'aider, de developper la nature, la contrariait et souvent l'étouffait sous le prétexte de l'embellir ! La mode de ces corsets à baleines gênantes et à busc écrasant ne se maintint que trop longtemps chez nous, malgré les déclamations des philosophes et les pronostics des médecins. De quoi se mêlaient-ils, et que pouvaient la morale et la science contre le désir de plaire, contre la coquetterie naturelle au beau sexe?

La raison prévalut cependant, non sans peine; la peur y fut sans doute pour beaucoup, et aujourd'hui les dames ne portent plus que des corsets souples et gracieux, en basin d'une extrême finesse ou en étoffes de soie, qui, soutenus seulement par un apprêt ou par quelques légères bandes de caoutchouc, maintiennent la taille sans la gêner, et se prêtent à toutes les ondulations d'un corps puissant et d'une riche poitrine.

De nouveaux perfectionnements ont été successivement apportés depuis quelques années à cet ajustement féminin, par les *corsetiers* (car il y en a), et les *corsetières* de Paris. Un des plus remarquables, selon nous, est celui au moyen duquel les corsets, tout lacés par derrière au point où l'on veut les mettre, viennent simplement s'agraffer par-devant; grâce à ce procédé, plus de femme de chambre suspendue à sa ceinture, plus de ces tiraillements et de ces soubresauts qu'imprimait une main rude ou maladroite. Les femmes s'habillent et se deshabillent elles-mêmes, sans gêne, sans effort, et sans crainte des indiscrétions d'une caméristo bavarde.

Ces utiles améliorations n'excluent point d'ailleurs l'élégance et le luxe : les corsets en taffetas blanc, jaune ou rose, voire en satin, sont garnis de dentelles et de rubans tuyautés. Pourquoi, dira-t-on, ces ornements étrangers à un vêtement qui n'est pas destiné à être vu? Eh, mon Dieu! on ne sait pas ce qui peut arriver, et il est toujours bon de prendre ses précautions.

Paris, du reste, n'a point seul le privilége des corsets élégants; partout où il y a des femmes, il y a des corsetières, et celles de Clermont ont prouvé à notre exposition qu'elles n'étaient point en arrière du progrès. C'est à vous, mesdames, que nous aimons à nous en rapporter ; vous avez vu, revu, et examiné en détail :

Les gracieux corsets Lavalière, fantaisie et autres de Mme veuve Athanasse, et sa ceinture amazone, qui laisse à la taille tous ses mouvements ;

Les corsets luxueux de madame Argilet, sa ceinture et son indiscret *défaut de taille*;

Le corset sans goussets et cousu à l'aiguille de Mme Deyriès-Battu, qui a l'avantage, selon son inventeur, d'amincir et d'arrondir la taille des personnes qui le portent, sans leur causer aucune gêne.

Jugez, et décernez le prix; c'est vous qui, dans cette enceinte, composez aujourd'hui le tribunal.

FOURRURES.

Les belles fourrures ont été de tout temps un luxe recherché par les gens de goût, et rien ne nous paraît plus naturel. Il y a dans les magnifiques dépouilles d'animaux si habilement travaillées qu'exposent MM. Sanitas-Dorsner et fils, quelque chose qui vous attire. On aime ces tapis moelleux, ces applications intelligentes de tant de peaux diverses. L'exhibition de ces messieurs est certainement très-remarquable, elle dénote autant d'intelligence que d'habileté. Les oiseaux divers préparés par M. Sanitas fils méritent aussi une mention toute spéciale.

COIFFEURS.

Chevelure. — Les Asiatiques, et en général tous les peuples de l'antiquité, portaient les cheveux longs. C'était, chez les anciens Gaulois, un signe d'honneur et de liberté; aussi le premier soin de César fut-il, après les avoir asservis, de leur faire couper la longue chevelure blonde dont ils étaient si fiers. Chez les Grecs, les cheveux longs et blonds étaient considérés comme une beauté, et la plus grande marque d'affliction qu'on pût donner était de couper sa chevelure et de la déposer sur la tombe de la personne aimée. Il en fut de même chez les Romains; Titus leur fit adopter plus tard la mode des cheveux courts; mais les dames patriciennes conservèrent leurs longues tresses, qu'elles couvraient de poudre blonde afin de ressembler aux dames gauloises.

Chez les Francs, comme chez tous les peuples de race germaine, la longueur des cheveux était la marque distinctive des hommes libres; les peuples soumis par eux devaient les porter courts, et les serfs avoir la tête rase. Ce fut donc comme signe de la servitude spirituelle à laquelle ils se soumettaient, que les ecclésiastiques et les religieux ne conservèrent qu'un petit cercle de cheveux. Sous les deux premières races de nos rois, couper les cheveux à une personne libre ou la contraindre à se les couper, c'était la flétrir, la dégrader, la reléguer au cloître ou au couvent; raser la tête d'un souverain ou d'un fils de roi, c'était le déposer ou le rendre inhabile à succéder au trône. Les exemples de ces châtiments, qui ne furent le plus souvent que de criminelles violences, abondent dans les premiers temps de notre histoire. Plus tard, on ne trouve d'exemples de coupes de cheveux que de la part des jeunes filles qui faisaient plus ou moins volontairement leurs vœux, des prisonniers qui les envoyaient à leurs familles pour les inviter à traiter de leur rançon, et des veuves qui, comme Valentine de Milan, les déposaient sur le tombeau de leurs époux.

L'usage des cheveux longs se maintint jusqu'à François Ier, qui, à la suite d'un accident, se les fit couper tout en conservant la barbe longue; cette mode fut aussitôt adoptée par la cour et par la ville. Le dix-huitième siècle reprit les cheveux longs, que le dix-septième avait simulés; la révolution et l'empire adoptèrent les cheveux à la Titus. Cette dernière mode a prévalu jusqu'à nos jours, chez les hommes du moins, car le sexe n'a jamais consenti en aucun temps à se dépouiller de son plus bel ornement, et a toujours conservé

> Sa chevelure qui l'inonde,
> Longue comme un manteau de roi.

Coiffure. — Nous avons peu de renseignements sur la coiffure antique, en ce qui concerne son ornementation. On sait seulement, d'après les monuments qu'ils nous ont laissés, que les Egyptiens, comme aussi tous les Asiatiques, prenaient un soin particulier de leur chevelure. Dans les cérémonies publiques et dans les festins, les Grecs aimaient à nouer leurs cheveux avec une bandelette et à ceindre leur front d'une couronne de fleurs; les Athéniennes attachaient leurs cheveux, soit avec de petites chaînes ou anneaux d'or, soit avec des rubans garnis de pierreries, ou elles en faisaient un édifice à plusieurs étages, qu'elles soutenaient avec des poinçons ornés de perles. A Rome, la coiffure subit bien des variations. Dans les derniers temps de la république et sous l'empire, les Romains frisaient leurs cheveux à la manière asiatique, les couronnaient de roses à la mode grecque; les Romaines les lavaient pour les rendre blonds et les arrangeaint sur leur tête à leur guise, et les deux sexes les parfumaient d'essences les plus rares *(liquidis odoribus)*. Quant aux anciens Gaulois, essentiellement guerriers, ils se plaisaient à donner à leur chevelure blonde une couleur éclatatante à l'aide d'une pommade de suif de chèvre et de cendre de hêtre, pour paraître plus terribles dans les combats.

Mais c'est en France, ce royaume de l'inconstance et de la coquetterie, que la coiffure a pris, chez les hommes et chez les femmes, toutes les allures, toutes les formes, depuis les plus simples jusqu'aux plus compliquées, depuis les plus gracieuses jusqu'aux plus bizarres. Aussi ne parlerons-nous que des coiffures naturelles, où les cheveux jouent le principal rôle, sans nous occuper de toutes ces coiffures extérieures qui les couvrent et les masquent, et qui, d'ailleurs appartiennent plutôt à l'art de la modiste qu'à celui du coiffeur.

Dès le commencement du douzième siècle, les femmes, qui jusqu'alors n'avaient orné leurs cheveux que de fleurs, commencèrent à les friser et bientôt à les poudrer. Sous François Ier, elles relevèrent le toupet, retapèrent les cheveux des tempes, et firent du tout une espèce de pyramide qui se rejetait en arrière.

Au dix-huitième siècle, hommes et femmes frisaient, parfumaient et teignaient leurs cheveux, et les couvraient de poudres de diverses couleurs, même de poudre d'or; puis les hommes de cour les emprisonnèrent dans des bourses de velours ou de satin tombant sur le dos, tandis que les bourgeois en faisaient une queue avec un ruban noir, ou les retroussaient et les attachaient sur la tête au moyen d'un nœud qu'on appelait *catogan* (ou plutôt *cadogan,* du nom de l'Anglais qui l'inventa). De leur côté, les femmes surchargeaient leur tête de fleurs, de plumes, de rubans et de pierreries, et firent de leur coiffure un art des plus compliqués et des plus difficiles.

Aujourd'hui les hommes, aux cheveux courts et plats, n'ont plus d'autre signe de coiffure qu'une raie au milieu ou sur un des côtés de la tête; les femmes portent leurs cheveux en bandeaux, en tire-bouchons ou relevés sur le front et sur les tempes, selon l'air de leur figure, et les ornent à l'occasion de fleurs, de rubans, de tulles ou de dentelles. Mais, reconnaissons-le, aux anciennes extravagances enfantées par le désir de se faire remarquer, elles ont fait succéder généralement des coiffures de bon goût, qui se distinguent par la simplicité et l'élégance.

Faux cheveux et perruques. — Ce n'est pas tout que de soigner, disposer, arranger ses cheveux, et d'ajouter à ce don de la nature les embellissements de l'art : il faut encore suppléer à leur insuffisance, combler les vides, pourvoir aux vacances. Ici ce n'est plus l'art, c'est l'industrie qui vient prêter son aide à la nature défaillante.

Il est constant que, dans la plus haute antiquité, les Mèdes, les Perses, les Lydiens et les Cariens, faisaient usage de faux cheveux; les rois de Perse se plaisaient à charger leur tête de chevelures postiches. Les Grecs avaient un mot pour exprimer cet usage; et, au rapport de Tite-Live et de Suidas, il était pratiqué par les Carthaginois. Il fut aussi connu des Romains; car Ovide, Martial et Juvénal, se moquent des vieillards qui s'imaginaient tromper la Parque en portant de fausses chevelures blondes, et des femmes qui cherchaient à se rajeunir avec des cheveux étrangers, *mais bien à elles puisqu'elles les avaient achetés.*

Ce n'étaient point là, du reste, de véritables perruques, mais tout au plus des cheveux peints et collés ensemble, des *faux toupets* ou quelque chose d'approchant. Les premières perruques des Romains ne furent même que des peaux de bouc (*hædina pellis*), ce qui faisait dire plaisamment d'un homme ainsi coiffé qu'il avait la tête bien chaussée (*caput bene calceatum*). Le mot *perruque* lui-même ne signifiait dans l'origine qu'une chevelure élevée, abondante, telle que fut celle d'Absalon, qu'au quinzième siècle Bellincioni appelait *parruca;* ce qui, soit dit en passant, nous rappelle une inscription naïve qui figura longtemps au bas d'une enseigne d'un perruquier de la porte Saint-Denis, à Paris. L'enseigne représentait le fils de David suspendu par les cheveux à un arbre, et Joab le perçant de son dard; puis venaient ces vers :

D'Absalon pendu par la nuque,
Passant, contemple la douleur;
Si ce prince eût porté perruque,
Il eût évité ce malheur.

L'art de faire des perruques, dans l'acception actuelle du mot, ne remonte tout au plus chez nous qu'au règne de Louis XI. On les nomma d'abord des *calvariennes*, et c'est dans un poète de la fin du quinzième siècle, Coquillard, qu'on trouve écrit pour la première fois le mot *perruque*. Ce ne furent d'abord, et pendant longtemps, que des calottes garnies d'un double rang de cheveux droits et à peine frisés. On en faisait aussi avec des crins de chevaux teints en couleur blonde, puis de laine, de fil de lin, de coton retors et même de laiton.

Sous Louis XIII, où les cheveux longs avaient repris faveur, les perruques se multiplièrent, et à partir de 1620, l'art de travailler les cheveux s'étant perfectionné, on commença à porter ces amples et volumineuses perruques rappelant les longues chevelures antiques. Ce ne fut toutefois que vers l'an 1660 que les ecclésiastiques, si longtemps opposés à cette mode, qu'ils appelaient une œuvre du démon, l'adoptèrent à leur tour, et ce fut un abbé de La Rivière, depuis évêque de Langres, qui le premier s'affubla d'une perruque, au grand scandale des rigoristes.

En se multipliant, les perruques prirent diverses formes et divers noms. Qui ne connaît cet énorme assemblage de cheveux longs et frisés, divisé en deux compartiments, et qui, appelé perruque *in-folio*, enveloppe et surcharge la tête et les épaules de Louis XIV dans les nombreuses images peintes ou sculptées que nous avons de ce monarque, même quand il est habillé à la romaine? L'histoire, qui contient tant d'omissions, a conservé le nom de son perruquier, *Binette*, et celui d'*Envois*, qui, en 1680, inventa le crêpe si favorable aux perruques légères.

Sous Louis XV, les grandes perruques ne furent conservées que par les gens de robe; mais vinrent alors les perruques à *bourse*, dites à la *régence*, les perruques à la *Sartine*, à la *circonstance*, à la *bichon*, à la *moutonne*, à *boudins*; puis les perruques *d'abbé* et celles des militaires dites à la *brigadière*. C'était en perruque à *trois marteaux* que le médecin tâtait le pouls de son malade, que l'apothicaire s'inclinait pour remplir son office. Les artisans, les ouvriers, les cochers et valets, avaient aussi leur perruque; bref, tout le monde portait les cheveux d'autrui et personne ne portait les siens. La révolution mit fin à ces extravagances. Si quelques vieillards conservèrent encore quelque temps leur chevelure artificielle, on les nomma par dérision *têtes à perruque*. Mais il n'y plus aujourd'hui que les personnes réellement atteintes de calvitie qui portent en France ou perruque ou faux toupet, approprié à leur âge et à la couleur de leurs cheveux; et c'est en Angleterre ou en Allemagne qu'il faut aller pour retrouver les grandes perruques d'autrefois.

Quelque nombreuses et radicales qu'aient été les viscissitudes de la coiffure en France, l'art du coiffeur n'en subsiste pas moins, et peut-être plus savant, plus perfectionné, plus brillant que jamais; car il ne s'applique plus guère qu'à la coiffure des dames, et les dames ne laissent jamais déchoir l'art qui intéresse et fait ressortir leur beauté. On a dit malicieusement : *Soyez sûr que, quand une femme a trop de cheveux, c'est qu'elle n'en a pas assez.* Une plaisanterie n'est pas une raison, et une belle et longue chevelure, quelle que soit son origine, sera toujours un ornement sur la tête d'une femme, dût-elle n'en former qu'un énorme chignon emprisonné dans un filet, et cachant un beau cou sous son épaisse masse.

Clermont, comme toutes les grandes villes, possède d'habiles coiffeurs. Aussi, à notre exposition, les artistes en cheveux n'ont point fait défaut.

Sur des têtes en cire de différents âges M. Barret nous montre trois perruques remarquables. Les raies paraissent naturelles; elles tiennent sans difficulté, et, quelques cheveux attardés aidant, elles doivent dissimuler parfaitement des pertes cruelles. Ces postiches sont l'œuvre de l'industriel qui les expose; chacun connaît du reste son habileté parmi nous. M. Barret joint à ces postiches une eau dentifrice de sa composition qui possède de sérieuses qualités, et une pommade moelle de bœuf pure, qui conserve les cheveux et fortifie leurs racines. La vitrine de M. Barret se complète d'une foule d'objets de bon goût empruntés à son magasin, l'un des plus aristocratiques et des mieux fournis de notre ville.

Le buste tournant de M. Chavaribert permet de voir la coiffure qu'il expose sous toutes ses faces; cette coiffure dénote un artiste de goût. Elle est non-seulement élégante, mais exécutée avec soin. M. Chavaribert, comme M. Barret, prouve que les dames peuvent être élégamment coiffées en province.

M. Chavaribert expose de plus divers postiches, tels que faux toupets, bandeaux implantés sur gaze et tulle de cheveux, rouleaux, nœuds, cheveux teints par un procédé qui lui appartient, etc., etc.

Citons encore parmi les ouvrages appartenant aux coiffeurs de notre ville, divers postiches envoyées par M. Imbert, et la belle perruque blanche et la perruque pour femme de M. Veillard.

Les ouvrages en cheveux de M. Champeiaux sont faits avec autant de goût que d'habileté; grâce à l'art qu'il pratique si bien, on n'en est plus réduit à reléguer les cheveux des personnes qui vous ont été chères dans le fond de quelque tiroir; il est facile d'en faire confectionner des chiffres, de les transformer et d'avoir à la fois un objet d'art et un souvenir.

Les ouvrages du même genre, de MM. Plaut, d'Issoire, et Neuville, de Clermont, méritent aussi une mention spéciale.

M. Rouge réunit dans une élégante vitrine divers objets de luxe, tels que boîtes, porte-monnaie, éventails, parfumerie, peignes et autres objets non étrangers à la coiffure.

CHAPELLERIE.

L'origine du chapeau se perd dans la nuit des temps. La couleur du chapeau a été une marque de distinction chez plusieurs peuples anciens : « Les Indiens, les Lacédémoniens, les Grecs. Sous Charles VI, lisons-nous dans l'*Histoire des communautés d'Auvergne* de M. Bouillet, on commença de porter des chapeaux à la campagne; sous Charles VII on en porta dans les villes, mais seulement en temps de pluie; sous Louis XI, ils étaient plus nombreux, et on en portait en tout temps; Louis XII reprit le mortier, François Ier s'en dégoûta et se coiffa d'un chapeau. Le premier chapeau de castor dont il soit fait mention dans notre histoire, a été porté en 1449 par Charles VII, lorsqu'il fit son entrée à Rouen; ce fut sous le règne de ce prince que les chapeaux succédèrent aux chaperons et aux capuchons. On en défendit l'usage aux ecclésiastiques, comme une parure trop mondaine. Il fut ordonné que ceux-ci auraient des chapeaux de drap noir avec des cornettes, et cela sous peine de suspension, d'excommunication, et de payer cent sols d'amende. On dit qu'un évêque de Dôle, plein de zèle pour le bon ordre et contre les chapeaux, n'en permit l'usage qu'aux chanoines, et voulut que l'office divin fût suspendu à la première tête coiffée d'un chapeau qui paraîtrait dans l'église. L'usage des chapeaux était plus ancien en Bretagne de plus de deux cents ans parmi les ecclésiastiques, particulièrement parmi les chanoines; mais ces chapeaux étaient semblables à des bonnets; de là les bonnets carrés des ecclésiastiques. En 1250, le pape Innocent IV permit aux cardinaux de porter des chapeaux rouges, et ces chapeaux n'ont été mis sur le timbre des armoiries qu'à dater de 1300; avant cette époque, on y voyait des mîtres. L'usage des chapeaux verts qui figurent dans les armoiries des archevêques et des évêques, vient d'Espagne. »

Les chapeaux sont de tous les objets d'habillement ceux qui ont subi le plus de transformations; placés despotiquement sous les lois de la mode, on les a vus prendre tout-à-coup d'énormes dimensions, puis revenir à de petites formes. Quelle distance du chapeau tromblon au chapeau d'Orsay! Mais aussi, il faut le dire, quelle désuétude du feutre Louis XIII, si commode, si élégant, au melon-assiette de nos sportsmen!

La fabrication des chapeaux est très-ancienne dans notre contrée;

mais pendant que cette industrie se perfectionnait sur divers points de la province, elle restait presque stationnaire parmi nous.

M. Mégemond, de Bort (Corrèze), qui possède une vaste exploitation et occupe un grand nombre d'ouvriers, a envoyé à notre exposition des chapeaux de toutes formes, dont les prix nous paraissent très-avantageux. M. Mégemond nous montre de plus les diverses transformations des matières premières, depuis la peau à l'état naturel jusqu'au feutre prêt à être porté. M. Mégemond arrive à des prix excessivement bas; ne pourrait-il aussi perfectionner sa fabrication, éviter le jarre par exemple, faire des drapés moins lourds? Ce serait le moyen, nous le pensons, d'augmenter encore le nombre de ses clients.

M. Bourdel, de Clermont, est un fabricant habile; ses chapeaux apprêtés sont confectionnés avec soin; ses tondus sont parfaitement couverts, la teinture en est remarquable. Espérons que M. Bourdel nous affranchira complètement du tribut que nous payons à la chapellerie de Lyon.

Les chapeaux de M. Espinasse, de Vic-sur-Cère, quoique imperméables, laissent à désirer; l'enduit des bords a une autre teinte que celui qui se trouve sur les autres parties du chapeau.

M. Barabant, d'Aubusson, expose des chapeaux de laine dont les prix sont très-avantageux : 1 fr. 50 c., 2 fr. et 2 fr. 50 c. Ces chapeaux sont bien conditionnés et surtout parfaitement finis.

La galette et les chapeaux montés de M. Mars, de Clermont, sont fabriqués avec soin et habileté.

L'exhibition de M. Rivoire est très-brillante; nous y trouvons de très-belles coiffures pour la magistrature et pour l'armée, divers articles pour enfants, de beaux chapeaux noirs et de paille pour hommes, enfin des articles de très-bon goût et d'une habile fabrication.

Comme son confrère, M. Fougère-Mège, ouvrier aussi habile qu'intelligent, nous montre de très-beaux spécimens; ce sont des chapeaux noirs, chapeaux de paille, chapeaux liége pesant 100 grammes, chapeaux en baleine battue nouveauté, chapeaux plume, un chapeau d'état-major, un schako d'infanterie, diverses coiffures de magistrats, des ceintures, rosettes, etc., etc., en un mot une remarquable exhibition qui fait honneur au négociant autant qu'à l'ouvrier.

Le chapeau rond pour dame est une exportation anglaise; longtemps avant qu'il fût porté en France, les ladies du continent en faisaient usage. Ce chapeau est du reste gracieux; il ajoute encore aux charmes

23

de la jolie femme qui le porte. Les chapeaux de ce genre, exposés par M. Verrier, de Clermont, sont fabriqués avec goût, la forme en est heureuse, les garnitures charmantes; ils se recommandent enfin à toutes les visiteuses de notre exhibition.

PAPIERS.

Pline nous apprend que les anciens écrivirent d'abord sur des feuilles de palmier ou des écorces d'arbre; puis vinrent les tablettes enduites de cire sur lesquelles on écrivait à l'aide d'une sorte de poinçon. Le papier primitif, fait de l'écorce d'un roseau qui croît sur les bords du Nil et se nomme *papyrus*, date, selon Varron, du règne d'Alexandre; mais Pline révoque en doute cette opinion. Il se fonde pour cela sur le témoignage d'un historien, qui prétendait que des livres du roi Numa avaient été trouvés dans une caisse de pierre, près du Janicule. Il rapporte de plus que le consul Mucienus, lorsqu'il était préfet de Lycie, avait vu dans un temple une lettre de Sarpédon écrite de Troie sur papier d'Egypte. Quoi qu'il en soit, les manuscrits trouvés dans cette contrée prouvent suffisamment que l'origine de ce papier date des grands peuples qui, longtemps avant la fondation de Rome, établirent sur les bords du Nil de vastes et riches cités.

Le papier des Egyptiens ou *papyrus* se fabriquait en séparant les lames minces qui composent la tige des roseaux, en imbibant ces feuillets de l'eau trouble du Nil, qui servait de colle, et en mettant en presse ou en battant avec un marteau plusieurs feuillets superposés et placés en travers. On écrivait sur ce papier à l'aide de stylets ou de roseaux taillés. Chacun sait que les papyrus écrits trouvés dans les tombeaux égyptiens ont fourni les plus précieux renseignements sur l'histoire des Pharaons. Ces papyrus forment des rouleaux d'une extrême longueur; quelques-uns mesurent plus de dix mètres.

Pendant plusieurs siècles on ne se servit en Allemagne et en France que de papyrus pour écrire. Interrompu au septième et au huitième siècle par les ravages des Arabes en Orient, l'usage du papyrus, que n'avait pu remplacer complètement le parchemin, fut repris jusqu'au douzième siècle, époque où le papier de chiffes ou chiffons fut introduit parmi nous.

L'inventeur de ce produit si répandu de nos jours n'est pas connu. On sait seulement que les Orientaux fabriquaient du papier de coton vers le neuvième siècle, que l'usage s'en multiplia beaucoup vers le douzième, mais qu'il ne devint général chez eux qu'au commencement du treizième. On n'a de trace de la fabrication du papier en Europe qu'à dater du douzième siècle; mais ce ne fut que sous Philippe de Valois, vers 1340, que les premières papeteries s'établirent en France. Au seizième siècle, l'Angleterre tirait encore son papier de l'étranger.

Les Chinois font remonter l'origine de leur papier à plus de deux mille ans. Chaque province de la Chine le fabrique avec des matières différentes : chanvre, jeune bambou, écorce de mûrier, paille de blé ou de riz, écorces d'arbres divers, coques de vers à soie, etc.

Le plus beau papier de soie qui se fabrique dans toute l'Asie est celui de Samarcande, principale ville de la Grande-Tartarie.

L'invention du papier vélin date du dix-huitième siècle; elle est due à un imprimeur anglais, *Baskerville*. Ce ne fut qu'en 1780 qu'on essaya en France la fabrication de ce nouveau papier; et le mérite en est dû principalement à l'un des frères Montgolfier, d'Annonay.

Le papier maroquiné est d'origine allemande. Les Anglais revendiquent l'invention des papiers veloutés, que la France attribue à un gaînier de Rouen, qui l'aurait imaginée en 1620. Bœhm et Rœderer l'ont perfectionnée en 1804, et M. Forget, en 1808.

Nous ne parlerons point ici du papier *timbré* pour la marque des actes administratifs et des effets de commerce, du papier *gélatiné* pour calque, du papier *linge* pour service de table, du papier *réactif* pour éprouver les liqueurs, et des papiers *peints* pour tentures : toutes ces fabrications n'appartiennent pas à la papeterie proprement dite. Mais nous croyons devoir rappeler le papier d'*écorce* d'érable, de platane, de hêtre, d'orme et de tilleul, dont la fabrication très-ancienne paraît avoir été abandonnée au douzième siècle, et qu'on a essayé de renouveler il y a vingt ou vingt-cinq ans. Nous croyons surtout devoir dire que, de nos jours, M. Hélénus a trouvé le moyen de fabriquer du *papier de paille* qui ne présente aucune différence avec le papier de chiffons. Ce sont là des essais qui ne peuvent qu'enrichir l'industrie, et qui méritent d'être encouragés.

Il nous paraît également utile de rappeler ici que l'industrie des papetiers (fabricants et marchands) a été réglementée en seize articles par un arrêt du Conseil du 11 juillet 1671, et par un tarif de 1742, dont les principales dispositions sont encore en vigueur.

S'il est une contrée en France où l'industrie de la papeterie remonte à une haute date et renferme d'essentiels éléments de succès, c'est bien évidemment l'Auvergne. La pureté de ses eaux et ses nombreux tissus de chanvre, résultat d'une culture privilégiée, durent appeler de bonne heure l'attention des industriels. En effet, des documents authentiques établissent l'existence de papeteries dans l'arrondissement d'Ambert, antérieurement au quinzième siècle. L'abbé Grivel, dans ses chroniques du Livradois, s'autorise d'un ancien manuscrit pour avancer que cette industrie fut apportée dans la vallée de Valeyre par des croisés auvergnats rentrant dans leur pays après une longue captivité en Syrie, où ils avaient appris le secret des fabriques de Damas.

Libre et dégagée de toutes entraves administratives et fiscales, la papeterie d'Ambert fut longtemps florissante et en possession de fournir du papier à toute la France et à une partie de l'Europe. Des règlements trop restrictifs, des charges trop lourdes, la révocation de l'édit de Nantes, les guerres de religion et autres causes agissant simultanément, amenèrent sa décadence, pendant que des fabriques rivales s'établissaient dans diverses contrées, et que celles de Hollande principalement acquéraient une supériorité incontestable. Au milieu du dix-huitième siècle, Ambert possédait à peine la moitié des moulins qui étaient en pleine activité au commencement du dix-septième, et les efforts successifs tentés par le gouvernement pour relever l'industrie ambertoise demeurèrent sans résultat ; la liberté du commerce n'existait pas, et la concurrence étrangère était trop forte. C'est dans une curieuse notice publiée en 1862 par M. *Cohendy*, archiviste du département du Puy-de-Dôme, qu'il faut lire ces diverses péripéties, pour s'en faire une idée.

Redisons aussi avec ce savant investigateur que, « si la ville d'Am-
» bert fut le berceau de la papeterie en France, Thiers partage avec
» elle l'honneur d'avoir créé les premières manufactures ; que, dès
» 1570, les papetiers de cette industrieuse cité étaient organisés en
» jurande, et que ses papiers avaient la réputation d'être les meilleurs
» et les plus beaux qu'on employât pour l'écriture. Ceux d'Ambert,
» moins collés, étaient plus propres à l'impression. »

Tout près de Clermont, à Chamalières, il existait également des fabriques de papier, qui, d'après quelques auteurs, auraient été les plus anciennes de la contrée. Au dix-septième et au dix-huitième siècle, on y comptait cinq papeteries ; en 1834, il n'y en avait plus que deux. Elles ont disparu.

Au dix-huitième siècle, sous l'administration de M. Trudaine, des manufactures furent créées à Aurillac et à Saint-Amant-Tallende. Cette dernière est même devenue très-florissante sous l'habile direction de M. Jarry, qui, en 1850, l'a convertie en papeterie mécanique. N'oublions pas de dire que c'est au même industriel que nous devons la magnifique usine de Saint-Vincent, qui possède les machines les plus perfectionnées, et constitue aujourd'hui le plus bel établissement de papeterie mécanique existant en Auvergne.

La fabrique d'Ambert qui, bien que déchue de son ancienne splendeur, est encore la plus importante du département, est restée généralement fidèle à la fabrication du papier à la cuve; on y compte en effet soixante cuves pouvant produire chacune, par jour, dix-huit rames de mille feuilles, principalement en carré mou, dit papier *joseph* ou de *soie*, et accessoirement en papier *filtre*, en *serpentes* pour fleurs et éventails, en papier à cigarette, en carré d'impression, et en papier pour cartes et cartons. Les eaux de la vallée de Valeyre paraissent avoir une propriété particulière pour la réussite des *papiers mous*, qui sont la grande spécialité, le véritable fleuron de l'industrie ambertoise. Il y a en outre, dans le canton, cinq machines pour la fabrication du papier à la mécanique : trois dans la vallée de Valeyre, et deux à Lavigne et au Pressat, appartenant à M. le vicomte de Sedaiges, de Clermont. Elles fournissent plus particulièrement les papiers blancs et de couleur pour affiches, les papiers bleus collés et non collés, les papiers de paille et ceux d'emballage. Ce qui manque surtout à la fabrique d'Ambert pour se relever, ce sont les voies de transport. Ses produits vont le plus ordinairement à Paris et à Lyon.

La fabrique de Thiers, qui a conservé la spécialité du papier à écrire, alimentait quarante-sept cuves en 1790. Aujourd'hui ce nombre est réduit à près de moitié; mais il y règne encore de l'activité; quatre usines sont presque uniquement occupées à faire le papier *à l'ange* pour les cartes à jouer. Il y a deux ans, elle possédait encore le monopole du *timbre*. C'est là que se font les actions du crédit mobilier et les billets de banque de 100 francs, au moyen du procédé Oller; c'est là qu'ont été fabriqués les *caïmes* ottomans. Il existe aussi à Thiers une papeterie mécanique établie à l'aide des fonds accordés par l'État aux principales industries.

On le voit, la papeterie n'est pas sans importance dans notre département; elle tend de nouveau à s'y développer.

Cependant nous la voyons à peine représentée à l'exposition de Clermont, moins heureuse sous ce rapport que celle de Riom, nous le disons avec un vif regret. Aucun des produits à la mécanique de MM. Jarry et de Sédaige n'y figure; rien de MM. Tixier-Chabrier et Peghon fils, d'Ambert.

Seule la maison Vimal, une des plus anciennes et des plus importantes de cette dernière ville, a envoyé modestement divers échantillons de papier joseph, auxquels on n'a peut-être pas accordé toute l'attention qu'ils méritaient.

M. Ballande-Fougeadoire, de Thiers, a de son côté exposé divers spécimens de cartons, à l'usage des relieurs, cartonniers, etc., des échantillons de carton de paille, carton gris et bleu de chiffons, et enfin un carton végétal fait avec le résidu de fécule de pommes de terre; c'est là une innovation digne d'une attention sérieuse.

LIVRES.

Le premier et le plus noble usage qu'on ait fait du papier a été d'en confectionner des *livres*. Ce nom lui-même vient du mot latin *liber*, qui s'appliquait dans l'origine à la membrane ou écorce intérieure de certains arbres sur laquelle on traçait les caractères d'écriture avant l'invention du papier; comme le mot *feuillet* vient de *folium* (feuille), et le mot *volume* de *volvere* (rouler), parce que les ouvrages un peu longs étaient écrits sur des feuilles ou peaux cousues les unes au bout des autres, et qu'on nommait *rouleaux*.

La forme carrée, qui est actuellement celle des livres, et qui suppose des feuillets séparés, n'était pas inconnue des anciens; mais ils en faisaient peu d'usage. Elle ne s'est guère introduite qu'avec l'emploi du parchemin, et c'est de cette forme que sont la plupart des manuscrits grecs parvenus jusqu'à nous. Mais le prix du parchemin s'étant considérablement élevé, les livres devinrent si rares et si chers, du septième au douzième siècle, que les moines se mirent à enlever l'écriture des manuscrits grecs et latins, pour y substituer la légende d'un saint ou l'histoire de leur couvent. Il n'existait souvent qu'un seul exemplaire d'un ouvrage important dans toute une contrée, qu'un seul missel pour tout un monastère; et, au onzième siècle, la comtesse d'Anjou donna pour un livre d'homélies deux cents moutons, cinq quartiers de froment, et la même quantité de seigle et de millet.

L'invention du papier au douzième siècle fit cesser cette pénurie, en permettant de multiplier les manuscrits; celle de l'imprimerie au quinzième siècle ouvrit une nouvelle ère à la fabrication des livres, et consacra sur des bases définitives leur propagation et leur renouvellement.

Aujourd'hui trois industries différentes concourent à la formation d'un livre : l'*imprimerie*, qui en fixe les caractères ; la *librairie*, qui l'édite et le vend; la *reliure*, qui le recouvre et le conserve. Nous allons les parcourir successivement.

1° *Imprimerie.* — Bien des nuages ont obscurci et obscurcissent encore l'origine de cette précieuse découverte, dont l'idée première, mais encore en germe, appartiendrait au graveur *Laurent Coster*, de Harlem. Les premiers essais auraient été tentés à Strasbourg, de 1438 à 1440, par *Jean Guttenberg*, de Mayence, et le premier établissement régulier formé dans cette ville, vers 1445, par *Guttemberg*, *Fust* ou *Faust*, et *Schœffer*. C'est à ce dernier qu'on attribue généralement l'invention des *types* ou art de fondre les caractères. On n'est pas plus d'accord sur les premiers ouvrages sortis des presses des inventeurs. G. Peignot cite neuf de ces incunables antérieurs à 1460, entre autres le magnifique *Psalterium* terminé le 14 août 1457, et que les bibliomanes n'estiment pas moins de 250,000 francs. La Bibliothèque Mazarine possède le deuxième volume d'une bible sans date et sans indication d'origine, dont les caractères sculptés en bois et mobiles attestent une antiquité plus reculée que la célèbre Bible de Fust et Schœffer, imprimée en 1462, en caractères de fonte.

Cette découverte se répandit bientôt dans les diverses contrées de l'Europe, malgré l'opposition et les cabales des moines en possession de la copie et de la vente des manuscrits. Rome eut une imprimerie en 1467, Londres en 1468, Venise et Naples en 1471. La première imprimerie française fut établie à Paris en 1470, sous le règne de Louis XI, par trois ouvriers de Fust : *Ulrich Gering*, *Martin Krantz* et *Michel Friburger*; et le premier ouvrage imprimé par eux fut : *Epistolæ Gasparini Pergamensis*, in-4°.

Les premiers imprimeurs se livrèrent particulièrement à la reproduction des livres de piété et des auteurs grecs et latins. C'étaient en général les hommes les plus savants de leur époque, et il suffit de citer les noms des Alde-Manuce, de Venise; de Plantin, d'Espagne; de Blæuw et des Elzévier, de Hollande; de Remboldt, de Badius, de Vascosan, de Chevalon, de Charlotte Guillard, sa veuve; de Colines, et surtout de l'immortelle famille des Estienne, de Paris. A ces noms illustres on peut ajouter Fr. Morel, P. Rocolet, Séb. Cramoisy et Ant. Vitré; puis, à dater du dix-huitième siècle, Baskerville, Ibarra, Bodoni; et en France, Barbou, Anisson, les Didot, Crapelet, Rignoux et tant d'autres dont l'énumération serait trop longue.

Aujourd'hui, pour être imprimeur, la science n'est plus exigée; il suffit d'avoir des fonds et de *bien connaître son plomb*.

Aussi de nos jours il n'est pas de ville si petite, en France, qui ne possède une ou plusieurs imprimeries, et la province a produit quelques imprimeurs qui peuvent lutter avec ceux de la capitale. Nous citerons de mémoire MM. L. Perrin et G. Rossary, de Lyon; Mame, de Tours; et tout près de nous, M. Desroziers, de Moulins, qui appartient à notre contrée comme éditeur de la belle Histoire in-folio de l'Auvergne et du Velay. Le département du Puy-de-Dôme, où l'imprimerie a été introduite au commencement du seizième siècle, la lithographie en 1824, et la stéréotypie en 1831, est resté peut-être en arrière sous le rapport typographique. On n'y compte guère qu'une dizaine d'imprimeurs; et deux seulement, appartenant à la ville de Riom, ont tenté le grand jour des expositions: M. *Leboyer*, à celle de Riom, où il a obtenu une médaille d'argent pour deux ouvrages très-remarquables; et M. *Jouvet*, qui a exhibé à celle de Clermont des impressions en couleur bien réussies, divers opuscules et une édition de luxe des *Odes d'Anacréon*, dont le titre nous a particulièrement frappé.

Les trois imprimeurs de Clermont, nous le disons avec un vif regret, sont restés sourds à l'appel de la municipalité; et si quelque livre sorti de leurs presses a figuré à notre exposition, c'est dans les vitrines des libraires et des relieurs, mais non comme spécimen ou objet d'art présenté par eux. M. *Thibaud* n'aurait-il pas pu exposer quelques-uns des nombreux ouvrages qu'il a imprimés sur l'Auvergne; M. *Veysset*, quelques-uns de ses petits livres de prière et d'éducation? Quant à M. *P. Hubler*, son exposition est dans le livre même que nous publions. A leur défaut, on a du moins remarqué à notre exposition quelques livres curieux sortis des presses de M. Desroziers, de Moulins, et notamment une *Histoire de Chantelle*, récemment imprimée. Belle exécution d'un bon ouvrage.

2° *Librairie.* — Les Grecs avaient des *bibliographes* qui copiaient les livres, et des *bibliopoles* qui les vendaient. C'était dans les boutiques de ces derniers qu'à Athènes les savants et les amateurs se réunissaient pour lire les livres nouveaux. Rome eut aussi ses *librarii* ou copistes, presque tous esclaves ou affranchis, et ses *bibliopolæ*, qui, sous Auguste, ouvrirent boutiques de livres autour des piliers des temples et des édifices publics ou dans la place Romaine. C'était, du reste, un commerce restreint, et les magasins de libraires ressemblaient assez à une salle de lecture sous un portique ou à un bureau d'affiches.

En France, ce furent d'abord les monastères qui s'occupèrent presque exclusivement des copies et des échanges de livres. Mais au treizième siècle, lorsque l'Université de Paris eut été fondée, les transcripteurs de manuscrits et vendeurs de copies formèrent dans la capitale une communauté qui prit le titre de *Libraires jurés de l'Université*. Admis à jouir des privilèges universitaires, les clercs libraires, ainsi que leurs courtiers *(stationnarii)*, étaient soumis à des examens sévères pour recevoir leur titre, et à des conditions restrictives et onéreuses pour exercer leur profession. Les plus anciens statuts relatifs à cette industrie sont ceux de 1259 et de 1275.

Toutes les restrictions apportées au libre exercice de la librairie par ces statuts rendirent de nouveau les livres rares et d'un prix élevé; un ouvrage un peu considérable s'achetait comme un immeuble, par contrat notarié; et dans les églises, un bréviaire public était attaché à une chaînette ou placé dans une cage de fer scellée à un pilier, pour le service des pauvres prêtres. Par la même raison, le prêt des livres appartenant aux établissements publics était interdit sous les peines les plus sévères; et même au quinzième siècle, le roi Louis XI ne put obtenir de la faculté de médecine de Paris le prêt des ouvrages de *Rasès*, qu'en déposant comme gage une quantité considérable de vaisselle et en fournissant caution.

La découverte de l'imprimerie donna tout à coup à la librairie, jusqu'alors si hérissée d'obstacles, une impulsion extraordinaire, un essor prodigieux. Imprimeur et libraire ne firent plus qu'un; des entreprises nouvelles et indépendantes surgirent de toutes parts. Dès 1485, Francfort-sur-le-Mein tenait une foire pour la librairie; Ant. Koburger occupait vingt-quatre presses à Nuremberg, et un imprimeur-libraire de Paris employait cinq cents ouvriers. Dans un but de protection éclairée, Louis XII institua en 1507 des privilèges en faveur des typographes; mais François Ier, qu'on nomme le *Père des lettres*, se montra leur adversaire le plus acharné, et, après avoir voulu les supprimer entièrement, les replaça sous le joug intolérant d'une Université entièrement composée d'ecclésiastiques timorés ou exclusifs.

Nous ne suivrons pas la librairie dans toutes les phases qu'elle parcourut, dans toutes les restrictions, entraves et censures qu'elle eut à subir, dans toutes les pénalités auxquelles elle fut assujettie, et parmi lesquelles on ne rencontre que trop souvent la peine de mort, remplacée, en 1728 seulement, par la marque, le carcan et les galères, et en 1757 par l'incarcération à la Bastille ou autres prisons d'Etat. L'essor n'en était pas moins donné, et la librairie, créée du jour où elle dut traiter avec les auteurs, distincte plus tard de l'imprimerie et ayant ses corporations et sa législation séparées, continua sa marche, parfois ralentie, souvent tortueuse, mais en définitive victorieuse, à travers tous les obstacles accumulés sur sa route par un pouvoir inquiet et ombrageux. Disons cependant que, au milieu de ces siècles d'étroits préjugés et d'obscurantisme, deux grandes figures apparaissent comme soutiens éclairés de la libraire : celle d'un enfant de l'Auvergne, l'illustre chancelier de l'Hospital, et celle du sage et infortuné Malesherbes.

La révolution de 1789, en affranchissant complètement la librairie, passa à un autre excès, car elle y introduisit une concurrence illimitée et une affreuse licence. De nouvelles restrictions durent lui être apportées par les gouvernements qui succédèrent ; mais l'extension qu'a prise de nos jours cette branche d'industrie, et qui excède même les besoins réels, prouve qu'elles n'ont rien d'exagéré.

Si quelques villes de province, comme Lyon, Rouen, Nantes, Bordeaux, ont une librairie qui leur est propre, il le faut avouer, dans notre Auvergne, où les auteurs sont peu nombreux et l'esprit littéraire peu développé (on ne peut pas avoir tout), la librairie ne consiste guère que dans la vente des livres modernes qui ont eu un succès passager à Paris.

Dans le Puy-de-Dôme, l'importation des livres, venant pour les trois quarts de Paris, et le surplus de Lyon et de Limoges, peut s'élever à 200,000 fr. par an.

A notre exposition, sur douze libraires à peu près que possède la ville de Clermont, quatre seulement ont exhibé la fleur de leurs magasins.

Le premier qui se présente à nous par l'étendue de ses vitrines et le grand nombre de livres offerts à la curiosité publique, est M. Paris-Beaulieu. Ce sont tous livres modernes, il est vrai, mais livres de luxe et richement reliés. Nous avons remarqué particulièrement un livre de légendes, les *Contes de Perrault* et l'*Enfer du Dante*, illustrés par Gustave Doré ; et un album auvergnat ou recueil de chansons patoises recueillies par M. Bouillet. M. Paris-Beaulieu a exposé aussi de très-beaux livres de piété reliés en maroquin ou en ivoire, des cartes de nos arrondissements des albums photographiques, des registres parfaitement confectionnés, et quelques autres objets de luxe qui n'appartiennent pas précisément à la librairie.

Ce sont aussi des livres modernes de piété avec couverture en ivoire ou ornés d'encadrements et dessins coloriés, qu'ont exposés plus particulièrement MM. Boucard et Duchier. On remarque dans la vitrine du premier quelques beaux albums photographiques, des écritoires, des porte-monnaie, et jusqu'à un éventail tout étonné de se trouver là ; et à côté de la vitrine du second, mais lui appartenant, deux volumes in-folio très-curieux par leur ancienneté et les dessins coloriés dont ils sont ornés (*Urbium præcipuarum totius mundi... Coloniæ Agrippinæ, ex typis Godefredi Kampensis*, 1588).

M. Ch. Estienne n'a point de vitrine ; mais il a exposé un *Nobiliaire* et quelques autres livres in-4°, beaux d'impression et non communs, dans les vitrines des relieurs Four et Cluzel-Arnaud.

Le doyen et le plus entendu des libraires de Clermont, M. Veysset, aurait pu sortir de ses tiroirs et de leurs enveloppes une foule de beaux et bons livres modernes, exhumer de son obscur entresol quelques-uns de ces vieux livres rares ou curieux que seul il possède, et nous regrettons de voir qu'il ne brille à l'exposition que par son absence.

3° *Reliure.* — On a dit que la reliure, qui eut d'abord pour but de conserver les livres et plus tard de servir à l'ornement des bibliothèques, ne date que de l'invention de l'imprimerie au quinzième siècle ; c'est une erreur.

Il est bien évident que chez les Grecs et les Romains, lorsque tous les volumes n'étaient que des rouleaux, on ne pouvait pas les relier ; mais ces rouleaux du moins étaient ordinairement renfermés dans un étui, qui quelquefois était enrichi d'ornements d'argent.

Nous ne nous arrêterons pas à ces deux vers de Catulle :

Quoi dono lepidum novum libellum
Aridâ modo pumice expolitum ?

ni à cette expression de Martial :

Aridi pumicis aspero morsu politum,

qui nous paraissent s'appliquer plutôt à la peau même sur laquelle les caractères étaient tracés qu'à la couverture du livre, comme on l'a prétendu ; mais il est à croire que, quand la forme carrée et à feuillets séparés se fut introduite, avec la découverte du parchemin, dans la confection des livres, on les revêtit d'une enveloppe plus ou moins solide, plus ou moins ornementée.

Il est certain, en tout cas, que la reliure précéda même l'invention du papier ; car nous trouvons dans des documents anciens « qu'en 774 » et 778, Charlemagne accorda au monastère de Saint-Denis et à » l'abbaye de Saint-Bertin le droit de chasser le cerf, le chevreuil et » autres animaux carnassiers, *dont la peau leur était nécessaire » pour couvrir leurs livres.* »

Et antérieurement à l'imprimerie, dans un rôle de la taille de la ville de Paris pour l'année 1292, nous lisons « qu'on y comptait alors vingt-quatre copistes, *sept relieurs* et huit libraires. » Le rôle de ces relieurs se bornait sans doute au pliage des feuilles et à leur assemblage en volumes sous une enveloppe de parchemin ou de carton, mais c'était déjà de la reliure.

Cette reliure n'exigeait ni grand art, ni aucune science ; et loin de demander du savoir aux relieurs, comme aux imprimeurs et aux libraires, on le redoutait plutôt chez eux ; car, lorsque en 1402 Pasquier confia à un relieur les livres de la chambre des comptes, il lui fit jurer auparavant qu'il ne savait ni lire ni écrire.

C'est sous François Ier (de 1515 à 1547) qu'on commença à dorer sur tranche, à faire quelques ornements, et à mettre sur les livres les plus précieux des devises ou les noms des propriétaires. Quant aux reliures ordinaires, elles étaient en bois recouvert d'un simple cuir, et quelquefois garni, soit en fer battu, soit en cuivre plat ou bosselé. Un volume in-folio pesait ainsi jusqu'à quarante ou cinquante livres.

« Au 16e siècle, dit Charles Nodier, il y avait bien plus de lettres » qu'aujourd'hui et autant de bibliothèques que de gens lettrés. Les rois » et les grands furent les premiers à protéger l'art naissant de la » reliure, et les libéralités d'Henri II, d'Henri III, de Diane de Poi- » tiers, du trésorier Grollier, du président de Thou, des d'Urfé et » autres firent éclore des prodiges. La reliure, s'inspirant du génie de » la renaissance, broda sur le maroquin des arabesques merveilleux, » qui font envie aux riches fresques de l'Italie ; et ce qui paraît étrange

» c'est que le nom des ingénieux artistes qui exécutaient ces beaux » ouvrages ne nous est point parvenu. »

Un nom pourtant a échappé à l'oubli, et encore est-il écrit de diverses manière ; c'est celui de *Gascon*, ou *Gacon*, ou *le Gascon*, qui a relié, de 1540 à 1560, la plupart des livres de Henri II, de Diane de Poitiers et du trésorier Grollier.

A cette époque, on dorait les livres à compartiments sur le plat, avec cartouches pour le titre de l'ouvrage d'un côté et le nom ou la devise du propriétaire de l'autre ; mais pour les livres reliés en vélin, on répétait le titre sur le dos du volume dans toute sa longueur, parce que alors, et par suite d'une vieille habitude remontant au temps des rouleaux, on posait encore les livres à plat dans les bibliothèques ; cependant sur les livres de Grollier les titres sont généralement au dos, entre deux nerfs.

Le dix-septième siècle, qui fut celui des créations durables, afficha moins de luxe, mais donna peut-être à la reliure plus de solidité et de véritable élégance ; au dix-huitième, où les connaissances s'étendirent et se vulgarisèrent, on fit beaucoup relier à bon marché, et la reliure perdit alors de sa richesse et de son éclat ; au commencement du dix-neuvième, où la valeur de l'homme fut d'abord jugée à sa taille et ensuite cotée à son cens d'élection, l'art de la reliure déchut rapidement et complètement de son ancienne splendeur.

Toutefois, cette longue période compte encore d'habiles et célèbres relieurs qui ont signé leurs œuvres : *Dérôme*, qu'on nomma le *Phénix des relieurs*, et son contemporain *Padeloup*, se distinguèrent par la solidité et l'élégance de leurs reliures en maroquin et en veau fauve ; *Deseuille* ajouta encore à la solidité de la reliure. On reproche à *Delorme*, qui vivait à la même époque, d'avoir, à l'imitation de quelques ouvriers anglais, rogné les livres par le dos ; *Bozerian l'aîné* et *Bozerian le jeune* ramenèrent le bon goût ; et *Courteval*, qui excellait dans le veau granit et qui fit le premier essai des reliures gaufrées, réunit solidité, élégance, grâce et justesse. Citons encore Boyer, Enguerraud, Purgold, Vogel, Lortic, Bruyère, Bertin, Delaville, Closs, Bradel, Fixon, Hering, Rogetti, Thompson, Kœhler, Bauzonnet, Rapalier, etc., mais surtout Simier et Thouvenin, qui naguère tenaient le sceptre de la reliure. Cédant au goût des innovations à la mode, Thouvenin avait d'abord adopté les dentelles baroques et les bizarres empreintes des premières années du siècle ; mais, dans les derniers temps de sa vie, il se reporta courageusement aux beaux jours des Gascon, des Dérôme, des Padeloup, des Descuille, les imita et quelquefois les surpassa.

Aujourd'hui, il y a tout à la fois complète décadence et brillante régénération dans l'art de la reliure : on lit peu, mais on a des livres pour la montre; on veut des livres d'apparât, mais on ne veut pas y mettre le prix; de là cet abandon des véritables maroquins en peau de bouc ou de chèvre, pour le mouton maroquiné; ces imitations inodores du cuir de Russie; l'entière renonciation à la peau de truie, les veaux fauves qui restent blancs, les cartonnages parés et si peu solides, et ces maussades empreintes qui, selon l'expression de Ch. Nodier, réduisent la main-d'œuvre de doreur de livres à l'ignoble artifice du fer à gaufrer! Partout enfin, du clinquant, du miroitant, mais au fond de la pacotille, de la camelotte..... et à côté de cela, quelques relieurs consciencieux, comme Capé, Duru, Trauz-Bauzonnet, la veuve Niédrée et autres, qui, soutenus par quelques gens riches, encouragés par les vrais amateurs, luttent contre l'invasion du mauvais goût, et soutiennent avec éclat l'antique splendeur de la reliure française, en ne produisant que des livres bien cousus, bien endossés, unissant l'élasticité à la solidité, et où les ornements, toujours fins et délicats, sont distribués avec plus de goût que de profusion.

Du reste, c'est à Paris seulement que la reliure est encore un art; en province, elle n'est guère qu'un métier, et cela se conçoit; les encouragements font défaut, et l'on trouve trop peu d'amateurs qui consentent à mettre à une reliure le double ou le triple de la valeur de l'ouvrage lui-même. Rendons justice du moins à ceux qui, dans une sphère bornée, travaillent consciencieusement, et qui, ne pouvant faire une riche reliure, en font une bonne.

C'est ce que nous avons vu à notre exposition, où deux relieurs seulement sont entrés en lice.

M. Four, digne élève de Joyal, a la première qualité des bons relieurs. Il confectionne solidement, il replie avec soin toutes les feuilles de l'ouvrage pour la régularité des marges, et ses livres sont généralement bien cousus et bien endossés. Nous avons spécialement remarqué dans sa vitrine un livre de notes dont un des plats est en belle tapisserie confectionnée par la dame propriétaire, et l'autre en maroquin de couleur tranchante; un in-4° appartenant au libraire Estienne et relié pleinement en peau de truie avec ornements à froid, et diverses reliures pleines en veau fauve avec coutures antiques à nerfs. M. Four s'est aussi livré spécialement à la restauration des vieilles reliures et au nettoyage des papiers tachés ou jaunis; enfin il a exposé, sous le titre grec, et un peu prétentieux de *Bibliocypade* (*biblios et cupas*), des enveloppes ou couvertures de livres pour garantir les ouvrages reliés, lorsqu'ils sont en lecture, de l'action du feu en hiver, de l'humidité des doigts ou des souillures d'un meuble en toute saison. Il n'a obtenu qu'une médaille de bronze.

M. Cluzel-Arnaud se distingue plus particulièrement par la variété de ses fers et la richesse de ses dorures. Quelques-uns de ses ornements à plat sont remarquables, et nous avons distingué dans sa vitrine un très-beau Maltebrun en 8 volumes, et toute une rangée de douze volumes in-12 ou in-18, posés à plat et décorés avec goût.

Nous ne terminerons pas cet article sur la reliure sans mentionner une exposition curieuse et toute spéciale, quoiqu'elle ait fort peu attiré l'attention publique.

Convaincu qu'en province les relieurs ont encore beaucoup à faire pour atteindre aux sommités de l'art, et que c'est par la vue et l'examen des grands modèles des diverses époques qu'ils pourront être excités à les imiter, un amateur de cette ville a eu l'idée de produire une collection de reliures des grands maîtres parisiens, depuis le vieux Dérôme jusqu'aux célébrités modernes : Capé, Duru et Trauz-Bauzonnet, en passant par la filière des Courteval, des Bozérian, des Purgold, des Vogel, des Hering, des Bruyère, des Thouvenin, des Simier, etc. Malheureusement, n'ayant obtenu qu'une petite case dans la petite vitrine du relieur Four, il n'a pu donner à son exhibition le développement qu'il aurait désiré et présenter ses reliures sous leurs divers aspects (dos et plats). Forcé de les entasser dans leur étroite enceinte, il a eu soin du moins de placer à chaque volume une étiquette indiquant le nom du relieur. « Mais, nous contait-il lui-même gaîment, les rares visiteurs que j'ai vus s'arrêter devant ma case, » même ceux qui, par leur rôle accepté, auraient dû s'y connaître, ont » tous pris les noms des relieurs pour ceux des auteurs ou pour les » titres des ouvrages. Je n'ai pas été plus heureux pour quelques vers » que j'ai placés dans la vitrine, et plus d'une personne est venue me » demander si j'avais lu le huitain du relieur Four. J'aurais pu leur » répondre : C'est moi qui en ai fait un *(Four)*; mais je me rappelai

» le vieil hémistiche devenu proverbe : *Sic vos non vobis*, et je gar-
» dai un prudent silence. »

Pour nous, qui ne nous croyons pas tenu au même scrupule, nous pensons faire plaisir à nos lecteurs en reproduisant ici le huitain de M. de F..., qui termine d'autant mieux l'article *reliure*, qu'il est la glorification de cette industrie :

Chacun aime à parer l'objet de sa tendresse :
L'époux sa jeune épouse, et l'amant sa maîtresse ;
De soie et de velours, de fleurs et de rubans
La mère avec délice entoure ses enfants,
Et du cheval aimé l'on dore tous les cuivres.....
Pourquoi d'un frais costume et de riches atours,
Hommes mûrs ou vieillards, ne point parer nos livres ?
Ce sont nos amis vrais, nos dernières amours.

CARTONNIERS.

M. Clermont forme la transition entre les fabricants de malles et la cartonnerie. Il expose des cartons à chapeaux, avec petits compartiments placés sur les côtés et un nécessaire de toilette au-dessus ; des étuis à chapeaux, des boîtes et autres articles du même genre.

M. Goursonnet nous offre une montagne de cartons, boîtes, étuis à chapeaux, étuis à minutes pour les notaires, etc.

Au travail de M. Bouquier, on reconnaît un ouvrier intelligent et habile. Ses boîtes de baptêmes, de mariages, ses coffrets sont délicieusement faits.

M. Bouquier, de Clermont, a trouvé un nouveau système de cartons aussi solides qu'ingénieux ; il substitue le placage en bois au papier. Ce placage adhère très-facilement au carton ; il est de longue durée et permet d'assortir parfaitement les cartons au meuble qui doit les contenir. L'intelligente application de M. Bouquier nous paraît appelée à un grand succès.

Cet industriel expose de plus des passe-partout et du vernis pour photographies.

INSTRUMENTS DE MUSIQUE.

L'invention du chant et de la musique instrumentale est de la plus haute antiquité. Dans les temps bibliques, il était déjà d'usage de reconduire les étrangers avec des chants d'allégresse et aux sons des instruments.

Tous les peuples, quelque peu civilisés qu'ils aient été, ont eu leurs poèmes chantés qui ont servi originairement à conserver les traditions historiques.

Suivant Dutens, ce fut Pythagore qui donna le premier des règles certaines et fondamentales à la musique.

Les Grecs regardaient la musique comme un don des dieux; aussi la faisaient-ils figurer dans toutes leurs fêtes religieuses ou profanes. Les Romains leur empruntèrent les règles d'un art qu'ils avaient su élever à un haut degré de perfection.

Les Gaulois étaient dans les temps anciens des musiciens habiles. Comme les Grecs, ils chantaient les louanges de leurs dieux, et excitaient les guerriers au combat par le son des instruments.

Plus tard, nous voyons l'art de la musique devenir l'apanage presque exclusif de l'Eglise; puis, avec les troubadours, entrer dans la période qui a produit les célèbres écoles italienne, allemande et française.

On attribue à Euterpe l'invention des instruments à vent. Le premier de ces instruments fut, dit-on, le chalumeau, c'est-à-dire un roseau percé de quelques trous. Apollon, Pallas et Mercure se partagent, selon les poètes, l'invention de la flûte. Si nous en croyons l'*Iliade*, les Grecs ne possédaient ni tambours ni trompettes. Homère dit seulement qu'on entendait dans leurs camps le son des flûtes et des chalumeaux. Les cymbales et les trompettes étaient connues des Orientaux à une époque reculée.

Divers auteurs attribuent l'invention du piano à Silbermann, facteur d'orgues saxon, dont le premier instrument, fabriqué vers 1780, existe encore de nos jours; mais des écrivains dignes de foi font remonter cette découverte à 1718, et en accordent l'honneur à un Florentin du nom de Cristofori.

Le clavecin lutta longtemps avec le piano; mais les perfectionnements successifs apportés à ce dernier firent abandonner son concurrent.

M. Ligier, de Clermont, est l'inventeur d'un instrument portatif nouveau, dit *Orpheï*. Cet instrument, qui se joue au moyen de deux claviers et permet d'éviter cette respiration monotone que produit l'accordéon, possède un jeu de flûtes qui vont ensemble ou séparément. La soufflerie, renfermée dans une boîte en bois très-gracieuse et très-légère, fonctionne au moyen d'une manivelle. Cet instrument peut servir dans les églises de campagne, processions, etc. S. A. le Prince impérial a bien voulu accepter l'hommage du premier *Orpheï*, fabriqué par M. Ligier, et lui faire témoigner sa satisfaction.

M. Ligier, esprit ingénieux et chercheur persévérant, a entrepris une réforme dans les instruments dits de petite musique. La cymbale à piston qu'il expose, possède des avantages que tous les chefs d'orchestre apprécieront.

M. Laussedat expose un piano de noyer d'une facture très-solide et d'un prix très-avantageux. L'exhibition de ses divers instruments est très-remarquable.

MM. Aimé père et fils ont envoyé à notre exposition divers pianos d'une excellente facture, ainsi que plusieurs harmonie-flûtes et accordéons.

M. Bonnenfant, trois pianos, divers instruments à vent et violons.

ARTICLES DE VOYAGE.

On ne peut voir l'exhibition des fabricants d'articles de voyage sans être pris d'un désir de locomotion. Les chemins de fer vont vite, et les bagages ont souvent à supporter la conséquence de leur activité; il faut donc pour voyager des malles solides et bien aménagées, telles que nous en trouvons à notre exposition.

M. Démartin nous montre une malle qui résume tout ce que le confortable le plus exigeant peut demander. Le devant de cette malle est divisé en deux panneaux qui s'ouvrent comme les portes d'une armoire et donnent passage à plusieurs tiroirs superposés. Cet agencement permet de tirer l'un d'eux sans déranger les autres; en un mot, cette malle rappelle la commode ordinaire, elle en possède toutes les qualités. Le couvercle renferme des tiroirs pour les objets de toilette, des compartiments pour les chapeaux des dames et un double fond pour les chaussures.

Une malle à trois compartiments, ainsi que divers autres articles, appartenant au même fabricant, méritent aussi une mention spéciale.

Les malles pour dames de MM. Dalemas père et fils, sont bien construites; ils en exposent une surtout, dont les diverses combinaisons permettent de la transformer à volonté, et qui nous paraît appelée à rendre de sérieux services en voyage. Leur malle à soufflet pour homme est très-ingénieuse. Ils ont aussi des malles jumelles en cuir, des malles à compartiments, des aumônières et des sacs de voyage très-bien traités.

M. Rogron expose de très-solides et très-jolies malles pour dames.

MM. Salzac-Lhéritier exhibe des malles de toutes formes et de toutes grandeurs : des malles pour dames très-bien conditionnées, des limousines et plusieurs malles en cuir. Son carnier est parfaitement fait; nous y avons retrouvé une excellente chose, des lacets pour suspendre le gibier par la tête, au lieu de le mettre pêle-mêle dans le filet.

L'exposition de M. Cromarias possède beaucoup de belles et bonnes choses : de la chaussure, des articles de voyage, des toiles cirées, etc., et jusqu'à des pralines.

DIVERS.

De tous les maux qui affligent l'humanité, il n'en est pas de plus cruel que la perte de la vue. Cependant la nature toujours prévoyante place le dictame à côté de la souffrance; un sens est-il altéré, un autre se perfectionne; l'aveugle ne voit plus, mais il touche, selon l'expression de l'abbé de l'Epée, « son regard se déplace; » aussi peut-il se livrer à divers travaux, et mieux que cela s'instruire, devenir un littérateur ou un artiste. Mlle Jallicon, de Chamalières, est un vivant exemple de ce que nous avançons; les charmants tricots exposés par elle prouvent non-seulement son habileté, mais celle de ses élèves. Ajoutons que Mlle Jallicon, outre une instruction remarquable, possède le talent d'un véritable artiste; organiste d'une de nos principales paroisses, l'honorable demoiselle partage son temps entre l'instruction des jeunes aveugles qui lui sont confiés et l'étude des maîtres littérateurs et musiciens. Nous sommes heureux de constater que derrière ces humbles tricots, devant lesquels les visiteurs de notre exhibition ont passé, se cache une noble personnalité digne de la sympathie de tous.

MM. Périez, Lafond et Pertuis, d'Aurillac, ont envoyé à notre exposition trois cents objets fabriqués dans leurs vastes ateliers. Ce sont des parapluies, ombrelles, en-cas, de toutes qualités et de formes diverses. Ces produits sont remarquables au double point de vue de la fabrication et des prix. Nous y trouvons depuis l'humble parapluie de coton jusqu'à l'ombrelle élégante, en un mot de remarquables spécimens d'une vaste et intelligente fabrication.

La maison Périez, Lafond et Pertuis est une des plus considérables que nous possédions en France dans son genre ; elle occupe plus de cent ouvriers, et les produits de sa fabrication s'élèvent à quatre cent mille francs chaque année. Cette maison rend d'immenses services à la classe pauvre de la ville d'Aurillac par le travail qu'elle lui fournit.

Les *égouttoirs* de M. Doumaux sont aujourd'hui très-répandus ; non-seulement ils permettent de placer convenablement les bouteilles, de les égoutter lorsqu'elles sont vides, mais plusieurs d'entre eux, munis de portes et de serrures, bravent les voleurs, les domestiques trop gourmandes ou les pays qui les courtisent.

M. Doumaux expose aussi des *porte-bouteilles* de même genre, des *persiennes en fer* et de très-beaux *coffres-forts*.

M. Conan est l'inventeur d'un siphon inodore d'un système aussi simple que peu coûteux ; il est appelé à remplacer dans une foule de cas les appareils du même genre connus jusqu'ici.

M. Casson a conçu l'ingénieuse pensée de remplacer le parchemin employé ordinairement pour les carnets, etc., par une tôle vernie d'un excellent usage. Les carnets, les garde-notes qu'il expose sont élégants et commodes à la fois.

La poterie d'étain, malgré la concurrence redoutable que lui fait depuis longtemps la poterie en terre, tient cependant encore une large place parmi les ustensiles de ménage de nos campagnes. M. Zani, au moyen de quelques pièces brutes et polies, renseigne le public sur les détails de cette intéressante fabrication.

MM. Latru et Cie, de Paris, sont inventeurs d'un procédé qui leur permet non-seulement de reproduire l'image en médaillon de nos célébrités, mais de confectionner une foule d'objets charmants, qui joignent une grande solidité à des formes du meilleur goût. Le bois durci a été appliqué de la façon la plus ingénieuse par ces habiles industriels ; l'exposition de MM. Zani père et fils, leurs représentants à Clermont, le prouve. Nous y voyons figurer des médaillons d'un très-beau relief, des encriers, des presse-papier, etc., c'est-à-dire toute une industrie nouvelle et intéressante.

M. Pascal Venant, ancien architecte, a exposé un tableau dessiné au lavis et représentant, posés sur des gradins, les sept types les plus purs de l'ancienne architecture grecque, figurés par des fûts de colonnes cannelées, avec bases et chapiteaux en tronçons. C'est tout à la fois une utile leçon et un bel exemple.

Signalons des ouvrages de patience dont toutes les femmes d'ordre apprécieront le mérite, des reprises sur étoffe exécutées avec infiniment d'habileté par Mlle Viple, de Riom.

Un bon cuir à rasoir, toutes les personnes qui se rasent le savent, est une chose précieuse; aussi a-t-on cherché les moyens de perfectionner cet utile instrument. M. Jouhet, de Thiers, expose des *cuirs* à rasoir en cristal et en acier; ces matières présentent, dit ce fabricant, des avantages que le cuir ne possédait pas. M. Valladier, au contraire, se rejette sur le bois; il donne à son cuir une forme nouvelle, et l'on peut avec lui, si nous en croyons son inventeur, saluer le coutelier; il n'y a plus de repassage possible. M. Valladier offre encore à l'appréciation publique une pommade qui a la propriété de nourrir la chevelure tout en la rendant lisse et brillante.

M. Vidaillet, de Clermont, expose divers spécimens de tôles découpées, cribles, ventilateurs, bluterie, d'une très-bonne fabrication.

Nous arrivons à une industrie intéressante pour notre pays, la fabrication des peignes. M. Riocour-Andréax nous montre une série de peignes de divers genres, en écaille, en buffle, en corne, etc. Ces objets sont élégants, solides et fabriqués avec soin. Nous trouvons encore dans l'exhibition de M. Riocour-Andréax un de ces heureux effets de la décentralisation industrielle qui permet aux consommateurs de trouver sur place et à des conditions avantageuses ce qu'ils étaient autrefois forcés d'aller chercher au loin et de payer fort cher.

Mentionnons encore les *modèles de camées* et le guéridon de M. Gratadet, de Clermont; — la pendule, genre Boule, de M. Cohadon; — le coffret de M. Benezit, de Massiac; — la cheminée en chêne de M. Domas, de Clermont; — la moutarde et les boissons gazeuses de M. Defert, de Beaurepaire; — les registres et fournitures de bureau de M. Ferdinand Bouschet; — les articles de bureaux de tabac de M. Paraire; — le chien sculpté et la tête de cheval de M. Grolier-Torilhon; —

le nougat de M. Thomas jeune; — les bonbons de M. Delmas; — les laines et cotons filés de M. Maire-Perol; — les échantillons de minéralogie de M. Baster; — les filets de M. Jourdain; — l'appareil portatif et commode pour douches et bains de vapeur et le chocolat purgatif à base de magnésie de M. Sudre; — la niche et les retables de M. Pianella; — les cocons de vers à soie de M. Bouvet; — les appareils de sonnerie indicative de M. Baudier; — l'encre perfectionnée pour la télégraphie de M. Croc, d'Aubusson; — la belle collection de minéralogie d'Auvergne de M. Henry Fouilloux; — l'excellente colle forte de M. Bastide; — les spécimens d'ameublement-miniature de M. Poiret; — la machine pour bâtissage de chapeaux de M. Bourdel-Rodier; — les meules pour minoterie de M. Thibaut; — l'excellent engrais et les meules de MM. Charbonnier, Vaudable et Ce; — les meules de la Ferté-sous-Jouarre de M. Gilquin fils; — et enfin la machine à nettoyer les grains de M. Ducroquet.

HORTICULTURE.

La Flore de l'Auvergne est des plus riches et des plus remarquables. Le sol de notre beau pays est partout revêtu d'une parure éclatante. Les plantes du Nord forment la majorité de cette végétation, à laquelle viennent se mêler des espèces parties des bords parfumés de la Méditerranée, et dont la migration franchit les crêtes de nos montagnes. Quelques plantes, échappées des rivages de l'Océan, trouvent près de nos sources minérales une nouvelle patrie. Mais c'est surtout la zone montagneuse, où nos vieux volcans élèvent leurs cimes verdoyantes, qui offre au botaniste la plus belle et la plus riche moisson.

Des espèces des Alpes, des Pyrénées, et plus particulièrement ces dernières, sont venues habiter des sommets élevés par les feux volcaniques. D'autres plantes, parties des régions polaires, ont retrouvé, en croissant sur nos pics, le climat glacé qui convient à leur développement.

Ces jolies plantes se mêlent et se multiplient sur les pelouses des montagnes, et forment ces immenses tapis de verdure qui constituent la région pastorale du Mont-Dore.

Un peu plus bas, de ténébreuses forêts abritent d'autres végétaux auxquels l'ombre est nécessaire. Les hêtres, les sapins toujours verts, forment des voûtes impénétrables aux rayons du soleil; c'est l'asile de ces jolies fougères dont le feuillage des bois abrite les frondes élégantes et permet à peine à la brise de frôler leurs légers tissus. Là aussi les mousses verdoyantes cachent le sol sous leurs tapis satinés, et montent sur les arbres pour cacher sous l'éclat du velours les vieux troncs que l'âge a gercés.

Puis arrivent à l'automne ces légions de champignons charnus, qui s'emparent à leur tour du sol de la forêt jusqu'à ce qu'un linceul de neige vienne effacer et recouvrir les derniers tableaux que les douces saisons ont déroulés dans ces contrées privilégiées.

Trois mille plantes, dispersées, réunies, mêlées ou confondues, sont les éléments dont le Créateur s'est servi pour embellir ces pittoresques montagnes, et pour faire de l'Auvergne un des plus beaux jardins de la nature.

L'histoire des jardins commence avec le premier homme : c'est l'Eden qui ouvre d'abord ses portes à l'imagination de l'écrivain; puis elle marche avec les siècles et se continue à travers les merveilles que l'on nomme les jardins de Sémiramis, de Salomon, d'Alcinoüs, de Cyrus, de César, de Salluste, de Lucullus, de Mécène, de Sénèque, de Dioclétien, de Childebert, de saint Louis. Enfin viennent les jardins de Chantilly, d'Annet, d'Ecouen, de Chenonceaux, de Saint-Germain, de Versailles, de Trianon, etc.

Les poètes de tous les siècles ont chanté les jardins. Après Homère, Virgile, Horace, Ovide, Martial, Claudien, Ausone, — le Tasse, Milton, Delille, ont célébré les délicieuses retraites établies par la main des hommes. Xénophon, Cicéron, Sénèque, Pline, ces graves prosateurs, se sont plu à traiter le même sujet. De grands philosophes réunissaient leurs adeptes dans des jardins. Deux sectes célèbres ont tiré leur nom de deux jardins, l'*Académie* et le *Lycée*. Dans l'antiquité les jardins jouissaient d'une telle considération, que le jardinier Abdalonyme fut fait roi.

L'établissement de jardins botaniques en Europe ne date que du seizième siècle, et c'est à l'Italie que la science est redevable de la première institution de ce genre. Le jardin de Padoue fut créé en 1533; Florence, Pise et d'autres villes imitèrent bientôt cet exemple. Paris n'eut le sien qu'en 1591, et Montpellier en 1598. Ce n'étaient là toutefois que des écoles de plantes médicales, de l'herboristerie vivante. La création d'un véritable jardin des plantes, d'un muséum d'histoire naturelle unissant l'agrément à l'utilité, tel que celui de Paris, ne vint que plus tard. La première idée en est due à Guy de la Brosse, médecin de Louis XIII; ce savant en fut tout à la fois le créateur et le premier intendant. Vallot et Fagon augmentèrent de beaucoup le nombre des plantes qu'on y cultivait. Tournefort et la famille de Jussieu y professèrent la botanique avec éclat, et le haut point de splendeur et d'utilité auquel Buffon porta cet établissement s'est encore accru sous ses dignes successeurs.

A l'exemple de Paris, plusieurs villes de province voulurent avoir leur jardin des plantes, et il est peu de grandes cités qui ne soient dotées aujourd'hui de cette utile institution.

Clermont-Ferrand avait aussi, il y a une quinzaine d'années, son jardin des plantes, d'une étendue restreinte sans doute, mais admirablement situé, riche en espèces, et suffisant aux besoins de l'instruction et à l'agrément des promeneurs.

Diverses circonstances politiques et locales en amenèrent la ruine, ainsi que celle de la Société d'horticulture, qui, pendant quelques années, s'était signalée par de brillantes expositions des richesses horticoles de l'Auvergne. Des constructions commencées et abandonnées, et en dernier lieu l'érection de l'hôtel de l'Académie, dont les travaux avancèrent lentement, envahirent une partie considérable du jardin; des acquisitions successives, dont la dernière et la plus importante eut lieu à une époque récente et à l'occasion du prolongement du cours Sablon, lui rendirent en longueur ce qu'il avait perdu en largeur. Cependant, bien que les grosses constructions du palais des Facultés fussent achevées, et qu'un de nos derniers maires eût fait dresser un plan de restauration du jardin par un artiste parisien, son enceinte restait toujours fermée au public; les plantes utiles avaient disparu ou s'étaient réfugiées dans une étroite serre; le terrain primitif n'était cultivé qu'en luzernes; les annexes, en friche, étaient entrecoupées de murs et non closes à leur extrémité; enfin, une des faces principales, celle de la rue Saint-Jacques, n'offrait qu'un amas de matériaux, de murs en ruines et de terres entassées.

Une circonstance, qu'on peut dire providentielle, amena tout à coup la résurrection du jardin des plantes. Ce fut la tenue, à Clermont du concours régional, fixée par décision ministérielle au mois d'avril 1863.

Il s'agissait de déterminer l'emplacement de ce concours. Sur la demande formelle de l'ancien directeur du jardin (M. Lecoq), et sur les observations fortement motivées du journal du département, interprètes tous deux du vœu public, il fut décidé qu'il aurait lieu sur le long et vaste terrain d'où la botanique avait été exilée, et que les herbes et les pierres envahissaient. Il fut arrêté en même temps que cet emplacement, d'environ quatre hectares, destiné tout entier à la recomposition d'un jardin des plantes, et immédiatement clos de murs, serait provisoirement coupé en deux parties distinctes: la partie plate et basse pour l'exposition agricole, et la partie haute et ondulée destinée au jardin d'agrément, pour l'exposition horticole.

Aussitôt cette décision prise, on se mit à l'œuvre avec une ardeur inaccoutumée; et pendant que la ville faisait déblayer le devant de l'hôtel de l'Académie, abattre la cour de la Bibliothèque, construire la chaussée de prolongement de la rue Ballainvilliers jusqu'au boulevard, élever un large et solide mur de soutènement le long de cette chaussée et achever la clôture du jardin sur le nouveau cours, M. Lecoq mettait à exécution le plan de restauration du jardin des plantes, en le corrigeant, l'améliorant et l'appropriant aux mouvements du terrain. C'était merveille de voir, sous la forte impulsion du savant professeur, transformé en entrepreneur ou chef d'atelier, toute une armée de terrassiers se mouvant à la fois comme un seul homme, sans trouble, désordre ou confusion. Là, on renversait des murailles inutiles et l'on traçait des routes sur tout le parcours du jardin; ici, on abattait les arbres et arbustes gênants ou rabougris; d'un côté on creusait, de l'autre on élevait le sol; les bonnes couches des terrains annexés étaient enlevées et rapportées sur la partie destinée aux plantations d'arbustes et de fleurs. Ce n'était que mouvements de terre, défoncements, remblais, talus, fossés, pentes et courbes adoucies, encaissements, ensablements et gazonnements. Puis on creusait sur tous les points essentiels des bassins aux formes variées, et l'on posait à l'extérieur et à l'intérieur des tuyaux en terre d'une fabrication nouvelle, pour amener les eaux destinées à les alimenter.

Le savant ingénieur du département, M. Guyot, faisait exécuter tous les travaux de terrassement avec autant de régularité que de promptitude; toutes les ressources dont il dispose étaient mises à la disposition de l'œuvre qui nous occupe, avec un empressement dont on ne saurait lui savoir trop de gré. Il faisait de plus construire par d'habiles rocailleurs, avec cette solidité qui distingue les travaux de tous les ingénieurs des ponts et chaussées, et ce goût qui n'est le partage que de quelques-uns, un pont et une grotte en roches volcaniques conservant toutes leurs aspérités, ou en scories fraîches comme si elles sortaient du volcan. Des fissures ménagées avec soin, laissent échapper une eau pure et limpide semblable à celle qui sort des courants de lave; des mousses, des lichens, des plantes grasses des montagnes d'Auvergne tapissent ces roches et viennent s'y marier aux *Begonia* argentés et aux *Alyssum* dorés, aux *Cactus* majestueux et aux élégantes *Glycines*. Autour des arbres verts, des quartiers de roches sortent çà et là du sol, et la pouzzolane couvre les allées de ce petit coin de terre sauvage et volcanisé.

Ces travaux, qui se firent comme par enchantement, n'étaient pas encore terminés, que déjà, sur l'appel et les indications de l'infatigable directeur du jardin, de nombreux horticulteurs accourus de tous les points du département, couvraient le sol défoncé d'arbres et d'arbustes d'agrément et d'utilité, ou l'émaillaient des fleurs les plus variées, tantôt par collections ou séries, tantôt mélangées; ici disposées en gradins, là formant d'élégants massifs, partout dessinant de gracieux parterres ou des jardins en miniature, se rattachant toutefois au plan d'ensemble.

En même temps, une salle de verdure pouvant servir de salon de musique en été, se dressait sur le point culminant du jardin comme un observatoire ou belvédère, et se décorait de bancs, tables, statues et vases en fonte ou fer forgé, exposés par un habile industriel, M. Barbezat.

Moins de trois mois avaient suffi à cette création; mais c'était l'œuvre d'une volonté ferme unie à un grand savoir et à un esprit droit, d'un de ces hommes bien organisés qui savent en même temps diriger et faire exécuter, et dont le coup d'œil exercé embrasse à la fois l'ensemble et les détails.

Lamartine, dans un éloquent discours adresé aux jardiniers du Mâconnais, disait naguère : « Parcourez toutes les théogonies, toutes les religions, toutes les histoires, toutes les fables, il n'y en a pas une qui ne fasse finir l'homme après sa mort dans un élysée; pas une qui ne mêle cette image d'un jardin abondant en eaux, en fruits et en fleurs, aux images et aux songes de félicité primitive ou de félicité future dans le ciel. Qu'est-ce que cela prouve? Que l'imagination humaine n'a pas pu rêver, dans tous les paradis qu'elle s'est créés, quelque chose de mieux qu'un jardin terrestre ou céleste, des eaux, des ombrages, des fleurs, des fruits, des gazons, des arbres, un ciel propice, des astres sereins, une terre fertile, une intelligence secrète, une amitié réciproque, pour ainsi parler, entre l'homme et le sol, tant il est vrai aussi que, dans ses plus beaux rêves, l'homme n'a pas pu inventer mieux que la nature : une place au soleil, abritée contre les méchants, embellie par la végétation, vivifiée par les oiseaux du ciel et par les animaux amis de l'homme, sanctifiée par le travail des mains, divinisée par la présence sentie du Créateur...... C'est là que l'humanité a placé le bonheur. »

Nous ne savons si les jardiniers de Mâcon ont senti tout le charme de cette prose poétique, mais telles furent les pensées qui durent assaillir la population clermontoise lorsqu'un beau matin, à son réveil, elle fut admise à entrer dans le nouvel *Eden* que des mains terrestres venaient de lui créer, pour ainsi dire à son insu; lorsqu'en sortant des allées sinueuses et des bosquets odorants aux mille couleurs qu'elle venait de parcourir, elle s'éleva sur la plate-forme qui domine le jardin et put embrasser d'un coup d'œil le magnifique panorama qui se déroulait devant elle : à ses pieds, et dans la partie où sera établi le jardin botanique, d'innombrables boxes et d'élégants chalets renfermant, sans les dérober à l'œil, ces belles races bovines, ovines et gallines, qui sont l'honneur et la richesse du Puy-de-Dôme et du Cantal; là où un lac doit être creusé, des machines et instruments agricoles fonctionnant devant elle et lui annonçant les merveilles de l'avenir; d'un côté le palais des sciences et des lettres, sévère et gracieux à la fois comme l'objet qu'il représente; de l'autre une cité imposante étageant au loin ses toits rouges et ses clochers pittoresques; enfin, en face d'elle une ravissante campagne qui encadre le jardin et semble lui appartenir. D'abord des coteaux verdoyants que la floraison du pêcher teint en rose, que les abricotiers par la multitude de leurs fleurs couvrent d'un tapis blanc dès les premiers jours d'avril : paysage parsemé d'habitations rustiques ou tonnes, parmi lesquelles s'élève radieuse la tour Pestel, et se distingue le blanc clocher de Beaumont. Plus loin, le cercle des montagnes, dont *les vieux volcans*, selon la poétique expression de M. Lecoq, *cachent leurs laves sous un voile de verdure et portent une couronne de fleurs sur leurs cratères refroidis*; ici, le plateau de Gergovia aux souvenirs gaulois; là, Montrognon aux souvenirs féodaux... et au-delà, l'imagination qui s'égare à travers les défilés, les vallons et les lacs bleus des belles montagnes de l'antique Arvernie.

Tel est le spectacle grandiose dont nous sommes appelés à jouir tous les jours, pendant que l'exposition horticole, qui doit avoir une durée de six mois, va poursuivre son cours, et en attendant que le jardin se complète et s'achève dans sa partie basse, sous l'habile direction qui a présidé à sa création.

« Y a-t-il un art des jardins? disait il y a quelque temps M. Grenier. Assurément. Saisir une infinité de convenances subtiles, accommoder les jardins au caractère de l'habitation, qui peut être château, villa, maison bourgeoise, simple ferme; les assortir à l'esprit et aux besoins de l'époque, à l'aspect du paysage environnant, de manière que le choix, l'industrie et la main de l'homme se dissimulent, et que la nature paraisse avoir tout fait; cela ne réclame pas peu de réflexion; d'art ni de goût, et l'artiste qui le tente et qui y réussit a besoin de réunir des aptitudes fort diverses et des connaissances fort multiples. Il ne faut rien ignorer de l'architecture et de la perspective, avoir de solides notions d'histoire naturelle pour le choix des plantes et arbustes qui conviennent au sol, à l'exposition et au site; en outre et surtout être un paysagiste consommé. Ajoutons qu'ici, comme ailleurs, l'inspiration et le je ne sais quoi ne sont pas de trop.

» Ainsi que l'architecture, la peinture, la musique et le reste des arts, les jardins ont la marque et la physionomie de leur époque. Ils sont soumis aux révolutions du goût et aux caprices de la mode. Ils ont été enfantins, ingénus, champêtres, architectoniques; puis, l'art épuisé ou se raffinant, ils sont devenus pittoresques, irréguliers, agrestes, en quelque sorte primitifs, et en pleine civilisation rien n'a été plus goûté que le *rus rusticum*, comme dit Martial. Ils sont allés d'un excès à l'autre, de l'idéalisme au réalisme, de l'école de Lenôtre à celle de Kent, manifestant tantôt l'abus de l'art, tantôt un manque d'art plus ingénieux que l'art lui-même.

» L'école de Lenôtre régente et tyrannise la nature; à l'exemple de Garo, elle a la prétention d'en remontrer au bon Dieu et de trouver à redire à ce qu'il a fait. Elle taille, ordonne et méthodise la création. Elle aligne, peigne, frise et pommade les arbres; elle n'est contente que quand elle les a changés en piquets ou en poteaux. Elle ne procède que par lignes droites et ne marche que le compas ou le cordeau à la main. Elle donne à un paysage de convention un encadrement de grilles et de murailles; et ce paysage ainsi emprisonné, elle le découpe en figures géométriques. Bref, elle imprime à la nature une majesté raide, un faste glacé et une solennité d'étiquette.

» Quant à l'école de Kent, elle part de ce principe, fort contestable, que tout doit se trouver dans tout. Conséquemment, avec une profusion extravagante, elle emmagasine en un étroit espace de terrain, en quelques hectares, tous les accidents possibles et tous les effets imaginables Ainsi qu'on le reprochait à je ne sais quel poète ancien, elle vide sur place et d'un coup tout le sac du pittoresque. Elle n'a garde de considérer comme jardin un jardin qui n'est pas un microcosme, c'est-à-dire un raccourci des beautés de tout genre que porte et offre la vaste surface de la terre. Il lui faut des plantations vivaces et des plantations chétives, rabougries, agonisantes, jusqu'à des arbres morts, dit-on; il lui faut de robustes et fraîches constructions, en même temps que des ruines; des collines, des vallons; des eaux serpentant avec paresse, des chutes impétueuses, et des cascades fumantes; des temples antiques et des pagodes; des déesses grecques et des magots chinois; des urnes mortuaires et des satyres égrillards; des ex-voto galants et des sentences philosophiques; la verdure et l'aridité, l'herbe et le roc, un échantillon de la Normandie à côté d'un échantillon du Sahara, le tout artificiel, faux, postiche et sophistiqué. »

La vérité, nous le pensons avec l'écrivain que nous venons de citer, se trouve entre ces deux systèmes : c'est par des gradations savantes, ménagées, qu'il faut conduire nos pas de l'habitation à la pleine campagne, c'est-à-dire à la nature.

« Sur la terrasse, ajoute l'écrivain que nous avons déjà cité, on est encore dans la maison, mais la terrasse est garnie de vases de fleurs; la nature commence à se montrer; voici le parterre; l'élément architectural paraît encore par la disposition régulière des allées; mais il se laisse déjà envahir et déguiser par les gazons et les arbustes; puis vient le parc; le soleil y verse la lumière et l'ombre; l'air y circule abondamment; l'eau y court en liberté, répétant les ombrages mobiles; des tapis de verdure vierge alternent avec des massifs d'arbres libres; plus de fleurs; comme dit M. Ch. Lévêque dans son excellent livre, *la Science du beau*, « le parc lui-même n'étant qu'une partie du pays ou du tout, il faut que de larges échappées laissent entrer le pays et ses horizons dans le parc, le rattachent à l'ensemble de la contrée, de telle sorte que le jardin s'agrandisse de tout l'espace sur lequel s'ouvrent les perspectives, et qu'en harmonie avec tout ce qu'il contient, il soit en harmonie aussi avec tout ce qui l'entoure. »

Ce sont évidemment ces sages principes qui ont présidé à l'établissement de notre jardin des plantes. Déjà, et grâce au louable empressement des horticulteurs de la contrée, tous les terrains disponibles sont occupés et couverts d'arbustes et de fleurs, soit en pots, soit en pleine terre.

La plupart des petits jardins établis par eux sont très-remarquables. Cultivés avec autant de goût que de soin, ils renferment diverses variétés de plantes et d'arbustes aussi belles que curieuses. Citons entre autres les *rosiers* et la corbeille de *Pelargonium* de M. Délusse fils aîné; — les œillets, *Delphinium*, *Spirea*, et les *Conifères* de M. Felut-Fouilhoux; — les *bouquets tout faits* de M. Guillot; — les *Geranium zonale* de M. Dauparis; — les *Conifères* de M. Aubert; — les *rosiers* de M. Calendrier; — les *Fuchsia* et les *œillets* de M. Morlet; — les *Rhododendron*, les *Kalmia* et la collection de *Conifères* de M. Aguillon; — les *Verveines*, les *Geranium* à feuilles panachées, de M. Levadoux; — les *Petunia*, les *Verveines* et les *Fuchsia* de M. Martignat; — les *plantes grasses* de M. Dauparis; — enfin les *plantes* si soignées de M. Amblard.

L'Orphelinat horticole de Clermont, si bien dirigé par le frère Desribes, a pris jusqu'ici, nous devons le reconnaître, une large part à notre exposition horticole. Cet établissement y a envoyé de magnifiques plantes de terre ou de serre, des légumes forcés ou de saison; en un mot, tous les produits d'une vaste et intelligente culture.

L'Orphelinat, chacun le sait parmi nous, est à la fois une école primaire et une école pratique d'horticulture. Les jeunes enfants admis dès l'âge de sept à huit ans, suivent pendant les premières années les classes de lecture, d'écriture et d'arithmétique; ce n'est qu'à l'âge de treize ans qu'ils commencent à recevoir d'une façon théorique et pratique les premières notions de la grande et de la petite culture.

On reçoit à l'Orphelinat, gratuitement ou moyennant une petite pension, des orphelins, des enfants de pauvres ouvriers, des fils d'artisans que l'on destine à l'agriculture ou à l'horticulture.

L'apprentissage horticole proprement dit commence pour eux à l'âge de quinze ans, il dure trois années: la première est consacrée au jardinage maraîcher, la seconde à la culture des végétaux d'ornement, la troisième à l'arboriculture.

Les élèves forment trois divisions, et passent ainsi successivement par toutes les opérations horticoles.

Un enseignement théorique suffisamment développé marche toujours de front avec l'instruction pratique; la botanique, base essentielle de l'horticulture, est étudiée avec soin, et des excursions bien dirigées permettent aux élèves de connaître en détail la flore si riche du centre de la France, en même temps que les serres les initient à la connaissance des plantes exotiques les plus remarquables.

Au bout de trois ans, grâce à ces occupations variées, qui exercent à la fois les bras et l'intelligence, grâce aussi à une discipline paternelle qui n'a pas souvent besoin d'être sévère, les élèves de l'Orphelinat deviennent généralement de très-bons jardiniers; ils trouvent toujours à se placer avantageusement, car on les recherche, non-seulement dans la localité, mais encore dans les régions les plus diverses de la France.

L'Orphelinat possède un vaste jardin sur lequel sont établies ses cultures; il mesure près de quatre hectares et doit être prochainement agrandi. Un jardin fruitier, établi d'après les conseils de MM. Dubreuil et Jamin, renferme des exemples des méthodes de culture les plus variées. L'Orphelinat cultive le château de Montjoly, l'un des plus charmants domaines de l'Auvergne.

Cet établissement offre des avantages que tout le monde apprécie; il serait à désirer que la plupart de nos départements en possédassent de semblables.

Dans une charmante serre, d'un modèle nouveau, se trouvaient rassemblés, il y a quelques jours encore, les plantes les plus rares et les plus belles : de magnifiques *Pelargonium*, remarquables par leurs variétés et leur culture, appartenant à M. Levadoux; — des plantes curieuses, apportées des climats tropicaux : *Gloxinia, Pervenche de Madagascar, Begonia*, *Caladium*, exposés par l'Orphelinat; — de belles *roses coupées*, empruntées aux jardins de MM. Périer, Vasseur, Levadoux, Délusse, Mme Chabrol; — des *œillets*, exhibés par M. Calandrier ; — enfin, de magnifiques *ananas*, envoyés par M. Lesbre, et des bouquets montés par MM. Délusse et Faure.

La saison, peu avancée encore, n'a pas permis à nos horticulteurs de présenter les magnifiques légumes de leurs jardins. Citons cependant les belles asperges de M. Vasseur, de Sauxillanges ; les gros artichauts de M. Calandrier, les primeurs et les lots remarquables de M. Dufour, jardinier de M. Duchon, à Chalendrat, et de M. Lerosier, jardinier de la filature de Saint-Martin-lès-Riom.

Les fruits avaient aussi leurs représentants dans les deux pavillons de l'horticulture : un abricot mûr le 15 juin, exposé par M. Salzac-Lhéritier, de magnifiques cerises de la reine Hortense, provenant de l'Orphelinat; une belle collection de fraises de M. Délusse. Disons pourtant, qu'en fait de fruits de la saison, rien n'égale le marché de Clermont, et nous devons adresser toutes nos félicitations aux habiles jardiniers qui viennent l'alimenter.

M. Lesbre, amateur distingué, à Ebreuil, expose divers spécimens d'arbres fruitiers très-remarquables.

M. Dauparis nous montre trois *Yucca* dont la floraison se fait attendre plusieurs années; une de ces plantes ouvre déjà ses fleurs, que l'on peut comparer à des lys penchés.

M. Mallet, de Beaumont, expose un nouveau et ingénieux système d'échalassement pour la vigne.

M. Guillot offre à l'appréciation des horticulteurs divers spécimens de palissades et de tuteurs qui nous paraissent d'un très-bon usage.

M. Aimé Pacher, quelques siéges de jardin ; enfin M. David, un miroir panoramique très-intéressant.

La simple énumération que nous venons de faire suffit pour faire comprendre tout l'intérêt que présente à l'heure qu'il est notre jardin des plantes, intérêt qui s'augmentera au fur et à mesure que les améliorations qui doivent en faire un établissement tout exceptionnel, seront accomplies.

PISCICULTURE.

La fécondation artificielle des poissons remonte au quatorzième siècle, et c'est au père Pinchon, de l'abbaye de Réom, près Montbard (Côte-d'Or), que l'on attribue sa découverte. Comment le bon moine en vint-il à suppléer à la nature? C'est ce que nous taisent les anciennes chroniques.

Cette découverte resta long-temps le secret de quelques personnes qui exerçaient la pêche par état.

Un mémoire sur la fécondation artificielle des œufs de poissons fut remis en 1758 par le comte de Goldstein à l'un des ancêtres du célèbre Fourcroy. Ce travail remarquable, écrit en allemand par Jacobi, fut traduit en français et publié en 1773 dans le traité général des pêches du Duhamel du Monceau, rédigé par ordre de l'Académie des sciences.

De 1750 à 1760, le comte de Goldstein multipliait les poissons à Hanovre par un procédé semblable à celui de Jacobi. C'est à ce dernier que doivent être rapportés les premiers essais faits sur de grandes proportions.

Ces expériences donnèrent des résultats assez importants pour que les poissons obtenus par la pisciculture devinssent l'objet d'un grand commerce, et que l'Angleterre, voulant récompenser un pareil service, accordât une pension à celui qui en avait pris l'initiative.

La fécondation artificielle, quoique traitée par plusieurs savants naturalistes, paraît être restée dans l'oubli jusqu'en 1815, époque où le pasteur Arnack, de Lysperdorf, près Roda, l'introduisit dans la principauté de Waldeck.

Les eaux de l'Etat de Schauenbourg-Lippe furent peuplées de truites en 1824 par le grand-maître forestier de Knas, qui établit des frayères artificielles à Buckeburg.

Le garde général Mœrtens créa un établissement analogue à Schiendes en 1827. Les journaux de l'époque s'occupèrent de ces créations. C'est d'après leurs indications que la pisciculture fut introduite dans le duché de Saxe-Cobourg en 1830.

Le hasard fit découvrir, en 1834, à l'Italien Marco Rusconi, que les poissons se débarrassaient de leur frai en se frottant contre un corps dur quelconque; il profita de cette découverte et multiplia avec succès le brochet, la tanche, l'able et la perche.

Agassiz et Vogt font remonter à la même époque les travaux embryologiques qu'ils entreprirent pour la multiplication de la palée, petite salmone propre au lac de Neuchâtel, où elle existe encore, grâce à des règlements sur la pêche rigoureusement observés.

Un établissement piscicole fut créé à Detmold en 1837, et confié au veneur de la cour Schniteer. Vers la même époque, M. John Shar, lord Grey et Broscius, profitant des procédés qui avaient réussi dans le Hanovre, empoissonnèrent les cours d'eau de leurs propriétés, et augmentèrent ainsi leurs revenus.

Nous devons faire remarquer que Lacépède eut connaissance du mémoire de Jacobi, et que Buffon avait reçu cet ouvrage en 1758.

Vers 1820, plusieurs habitants de la Côte-d'Or, de la Haute-Marne et des pays voisins, firent des essais de pisciculture à Tonillon et à Fontenay, près de Montbard.

De 1836 à 1840, Nicolet, par des fécondations artificielles, repeupla de truites le bassin supérieur du Doubs. Vers la même époque, la fécondation artificielle était décrite par M. le docteur Serres, article *Organogénie* de l'*Encyclopédie nouvelle* de MM. Leroux et J. Raynaud, 1842.

A dater de cette même époque, l'histoire de la pisciculture prend une nouvelle importance.

Un pauvre pêcheur de la Bresse, tout à fait illettré, auquel étaient inconnues les applications de la pisciculture mise en pratique depuis un siècle, remarquant avec peine que le poisson fuyait divers ruisseaux dont le produit nourrissait sa famille, résolut de les repeupler. Remy passa plusieurs années dans une des vallées les plus désertes des Vosges, où il se livra à des expériences couronnées par les plus heureux résultats.

« Prenant pour point de départ, dit M. Baude, ses observations personnelles sur les pontes et éclosions de la truite, il entreprit de la ramener dans les eaux de son voisinage. Il imita, dans des récipients alimentés par des courants d'eau limpide, les frayères de la montagne, y répandit, au moyen d'une légère pression de la main, d'abord des œufs, puis de la laitance de truite, surveilla les œufs fécondés jusqu'à l'éclosion, et confiant le fretin, devenu plus fort, aux ruisseaux appauvris, leur rendit leur ancienne richesse. »

M. de Quatrefagès, ancien professeur à la Faculté des sciences de Toulouse, vint rappeler aux propriétaires, en 1848, que la science leur fournissait un moyen éprouvé depuis un siècle de pourvoir au repeuplement des rivières et des fleuves, moyen employé fructueusement en Allemagne, en Italie, en Suisse et en Angleterre.

A cette époque, l'attention publique fut appelée sur les découvertes du pêcheur Remy; elles fussent restées longtemps ignorées, si M. Coste, professeur d'embryogénie au Collége de France, qui en comprenait tous les avantages, ne les avait fait éloquemment ressortir.

Par son intervention, Remy fut récompensé, et l'établissement de l'Achlebrüm, créé en 1850, augmenté et en partie remplacé par celui d'Huningue.

Depuis cette époque, des établissements piscicoles ont été établis dans toute l'Europe. La France en compte aujourd'hui un grand nombre qui distribuent gratis des œufs et des petits de truites, d'ombres, de saumons, de feras, etc.

La pisciculture a pour but la multiplication des poissons; elle comprend l'ensemencement, l'éclosion et le développement des germes, jusqu'à la maturité, la pêche et sa récolte. Le champ est vaste, on le voit, aussi mérite-t-il une étude sérieuse.

Rien de plus facile à l'heure qu'il est que l'éclosion artificielle des œufs de poissons; cette opération se fait aujourd'hui avec le succès le plus complet dans les nombreux ateliers établis en France. La matière première existe donc; on peut en quelques années peupler nos cours d'eau de fretin; mais il s'agit de le nourrir, de le protéger contre les nombreux ennemis qui pourraient le menacer.

« Tous les poissons, dit M. Baude, recherchent avec la même avidité les insectes, qu'ils vivent dans les eaux, dans l'air ou dans les couches supérieures du sol, et, ce goût commun satisfait, les uns se nourrissent principalement de végétaux, les autres de la chair de leurs congénères. Il suit de là que les matières végétales impropres à l'alimentation de l'homme qu'ils s'assimilent ont, pour arriver jusqu'à nous, un degré de plus à franchir quand elles doivent passer par les espèces piscivores. Cette transformation de second ordre est la cause d'une très-grande déperdition. On a calculé, d'après l'expérience acquise dans les étangs les mieux aménagés, qu'il faut douze kilogrammes de poisson pour en faire un de perche, et trente pour en faire un de brochet. Si la chair ainsi consommée valait celle même des piscivores, ce serait accroître dans un rapport très-élevé la matière alimentaire disponible pour l'homme, que de faire disparaître les espèces carnassières; mais la plupart des herbivores ne sont en France bons qu'à nourrir des piscivores d'une chair beaucoup plus savoureuse : il faut donc procéder aux éliminations avec une extrême réserve. En second lieu, il existe dans différents bassins de rivières ou de lagunes des espèces de petits poissons qui se nourrissent d'animalcules insaisissables pour d'autres qu'elles; elles en extraient tout le produit utile et le livrent, dans leur propre individualité, à d'autres poissons qui l'approprieront à notre nature. Il est des eaux dont l'exploitation ne saurait être avantageuse qu'avec le secours de semblables combinaisons, et la multiplication des espèces les plus dédaignées est quelquefois la base du développement des meilleures. »

La pisciculture, à laquelle, soit dit en passant, certaines personnes demandent plus qu'elle ne peut donner, offre donc une foule d'expériences curieuses; elle exige, pour devenir un art complet, la recherche et le développement des bonnes espèces de poissons, des insectes, des poissons subalternes nécessaires à leur alimentation, enfin la culture, l'accroissement des végétaux qui peuvent leur servir de pâture, c'est-à-dire la botanique et la zoologie des eaux complètes.

De nombreux naturalistes se sont livrés à des expériences de pisciculture, cependant cet art offre encore une vaste carrière aux observations.

« Quand on saura, dit l'écrivain que nous avons déjà cité, quel degré occupe dans l'échelle des êtres chacune des espèces de poissons qui s'approprient aux besoins de l'homme, de quelles plantes ou de quelles chairs elle se nourrit, à quelles autres conditions accessoires est attachée son existence, la pisciculture sera un art complet. Les limites en sont tellement éloignées, qu'à peine les entrevoyons-nous, et tellement élastiques, qu'elles ne seront probablement jamais fixées; mais l'étendue de la carrière à parcourir doit d'autant moins être un motif de découragement, qu'un résultat immédiat viendra récompenser chaque pas qu'on y pourra faire. »

La pisciculture est en effet un art fécond appelé à exercer une grande influence sur cette grave question que l'on nomme l'alimentation publique. Le poisson est un aliment sain, nourrissant, et qu'il serait désirable de voir arriver en grande quantité sur nos marchés, particulièrement dans les contrées éloignées de la mer, comme la nôtre.

Sur la proposition de M. le comte de Preissac, le Conseil général du Puy-de-Dôme a voté depuis cinq ans une allocation destinée à un atelier de pisciculture établi à Clermont.

Déjà, grâce aux soins de M. Lecoq et de son aide habile, M. Rico, de sérieux résultats ont été obtenus à l'atelier départemental établi dans notre ville.

Plusieurs centaines de mille de jeunes poissons, saumons, truites, ombres, chevaliers, etc., ont été mis dans les lacs et rivières du Puy-de-Dôme depuis cinq années. Lors du voyage de LL. MM. II. en Auvergne, des truites pesant près de deux kilog., et provenant du lac Pavin, empoissonné par M. Rico, ont été servies à nos augustes hôtes.

Nous possédons en Auvergne plus de sept cents hectares de lacs et étangs, outre les nombreuses rivières qui arrosent nos plaines et nos montagnes. Ces eaux renferment différentes espèces de poissons, mais en quantité tout à fait insuffisante pour aider d'une façon efficace à l'alimentation publique.

La pisciculture peut et doit combler cette lacune.

Nos marchés devraient se ressentir de ses efforts et puiser quelques éléments dans les produits de nos eaux : il n'en est rien ; cela tient à plusieurs causes qu'il nous paraît utile de faire ressortir.

Il existe dans le code pénal bon nombre de lois contre la destruction du poisson ; des arrêtés particuliers émanés de MM. les préfets règlementent la pêche dans les divers départements ; mais ces lois sont appliquées avec une telle indulgence, ces arrêtés sont si souvent méconnus, que nos richesses ichthyologiques vont chaque jour en diminuant.

L'attention du gouvernement a été appelée à diverses reprises sur cet état de choses, auquel le nouveau *code rural* qui s'élabore en ce moment doit porter remède.

Il serait bon que la pêche fût rigoureusement interdite à l'époque du frai ; que les poissons n'ayant pas la taille règlementaire fussent saisis sur nos marchés ; que les auteurs des barrages des ruisseaux fussent poursuivis et condamnés ; qu'en un mot les lois et arrêtés sur la pêche, remaniés selon les besoins actuels, fussent aussi vigoureusement observés que les lois et arrêtés sur la chasse.

« La pêche en général, dit M. Baude, et la plus précieuse de toutes, celle des poissons voyageurs en particulier, a été principalement ruinée par les travaux hydrauliques établis en travers des cours d'eau navigables ou non. Les barrages de prises d'eau des moulins, des usines, des canaux de dérivation, sont absolument infranchissables pour beaucoup d'espèces de poissons, et le sont souvent pour la truite et le saumon, malgré les hauteurs auxquelles ils s'élancent. Les eaux s'épuisent alors en amont des obstacles, parce qu'elles ne sont plus ravitaillées, et en aval par suite de l'éloignement instinctif du poisson pour les parages où il est privé de la faculté de circuler, mais surtout par l'extinction progressive du frai. A Dieu ne plaise que, pour assurer l'empoissonnement, les barrages soient abaissés, les forces motrices nécessaires à l'industrie réduites, les surfaces arrosées rétrécies, les canaux de navigation desséchés! Ce serait sacrifier les grandes choses aux petites. Cependant, pour concilier ces intérêts opposés en apparence, il ne s'agit que d'adapter aux barrages, suivant leurs formes et leurs hauteurs, des couloirs ou des bassins gradués qui facilitent au poisson le passage entre deux plans de niveaux différents. Il a suffi d'un procédé si simple et si peu dispendieux pour remettre le saumon en possession des nombreux cours d'eau qu'il abandonnait dans la Grande-Bretagne. Il ne saurait en être de même chez nous, tant que cette disposition ne sera pas obligatoire dans les nouveaux règlements de prise d'eau dont le conseil des ponts et chaussées prépare chaque année plusieurs centaines. Elle devra être aussi ajoutée aux règlements de toutes les prises d'eau existantes : aucune en effet, quelque autorisation qu'elle ait reçue, ne cesse d'être soumise au droit de police de l'Etat; l'exercice d'un droit est limité par le droit d'autrui, et nulle usine ne peut prétendre à abolir la pêche dans les eaux qui l'alimentent. Les premiers barrages à rendre praticables au poisson voyageur sont, il est superflu de le remarquer, ceux que l'Etat a lui-même fait construire, dans l'intérêt de la navigation, sur les cours d'eau où la pêche est affermée à son profit. De l'exécution de cette opération datera dans chaque bassin le repeuplement des eaux désertées. C'est vainement que l'atelier d'Huningue répandrait des œufs de saumon dans toutes les rivières de France, si les saumons eux-mêmes ne pouvaient pas les remonter et les descendre, s'y établir et s'y succéder. Si de plusieurs obstacles mortels pour l'empoissonnement un seul doit être maintenu, autant vaut laisser subsister tous les autres et renoncer à toute amélioration sérieuse; mais, si l'on veut reconstituer la richesse ichthyologique du pays, il faut aborder avec résolution et poursuivre avec persévérance le rétablissement de la circulation du poisson dans toutes les eaux. Cette entreprise embrasse toute la superficie du territoire et implique les solutions des problèmes les plus variés de l'hydraulique. »

Ajoutons que l'on tient peu compte parmi nous de la nourriture du poisson, de la nature des terrains, de la température des eaux dans lesquelles on le dépose. On se contente généralement de la reproduction insuffisante des espèces placées dans des lacs ou des étangs de proportions restreintes où il faudrait jeter de temps à autres des alevins.

La pisciculture est un art sérieux, dont on ne comprend pas assez les avantages. Rien de plus facile pourtant, grâce à lui, que de faire produire à nos nombreux cours d'eau une récolte réellement importante, et qui n'exigerait que des déboursés insignifiants.

Nos lacs et nos étangs, malgré les efforts de l'honorable directeur de la pisciculture dans notre département, M. Lecoq, et de son aide actif et intelligent, M. Rico, laissent encore beaucoup à désirer sous le rapport de l'empoissonnement. Un grand nombre d'alevins y ont été placés; mais cela est peu de chose, comparé à leur importance, à ce qui reste à faire.

Les œufs qui nous sont envoyés d'Huningue arrivent en quantités insuffisantes; un grand nombre d'entre eux se détériorent pendant le long voyage qu'ils doivent faire; enfin l'atelier actuel de pisciculture de notre département n'est plus en rapport avec ses besoins et son importance.

M. le préfet du Puy-de-Dôme l'a parfaitement compris, en formant le vœu auquel s'est associé le Conseil général du Puy-de-Dôme, de voir doter la ville de Clermont d'une succursale de l'établissement d'Huningue.

L'atelier de pisciculture réclamé par notre premier magistrat ne pourrait être mieux placé. Il est urgent, dans une contrée comme l'Auvergne, de tirer parti des nombreux cours d'eau qu'elle possède, et de doter l'alimentation publique d'une richesse dont la privation se fait vivement sentir.

Un *aquarium* est venu, dans ces derniers temps, compléter notre école de pisciculture.

« L'*aquarium*, dit M. Louis Figuier, est une création de notre siècle, un produit de la science contemporaine. Bien des personnes s'imaginent, que pour étudier les poissons et les autres animaux marins, il suffit de prendre un grand vase rempli d'eau de mer, et d'y conserver les prisonniers pêchés dans des océans lointains. Cette manière élémentaire de procéder était bonne tout au plus pour ces viviers que les Romains creusaient au fond des vallées marines, pour que la mer pût les alimenter directement, et dans lesquels les Lucullus de l'empire dégénéré entretenaient d'innombrables légions de poissons, destinés à leurs somptueux festins. Mais, malgré l'étendue de ces vastes réservoirs, il eût été bien difficile de suivre et d'étudier les mœurs des habitants de l'onde amère. Pour observer la manière de vivre d'un poisson ou de tout autre animal marin, il aurait fallu le placer, non plus dans des lacs, mais dans un bocal, en ayant soin de renouveler continuellement l'eau qu'altèrent promptement la respiration et le séjour d'un être vivant.

« C'est ce que fit longtemps, dans notre siècle, un riche baron écossais. Depuis l'année 1790 jusqu'à l'année 1850, sir John Graham Dalyell entretint à grands frais, dans sa maison d'Edimbourg, toute une ménagerie de poissons vivants, qu'il aimait à montrer à ses visiteurs et à ses amis, comme objet de luxe d'un nouveau genre.

« Mais à Edimbourg, sir John Graham avait l'eau de mer presque sous la main, grâce à la facilité du transport. Le même avantage n'appartenait pas aux naturalistes de Paris, qui, à l'exemple du baron écossais, se sont proposé d'étudier les mœurs et les métamorphoses des êtres marins. Quand il voulut écrire son beau livre : *Souvenirs d'un naturaliste,* M. de Quatrefages dut se transporter sur les côtes de la Bretagne, avec tout un attirail de filets, de bocaux et de microscopes, pour y étudier les animaux marins chez eux, dans leur élément.

« Ce n'est que vers l'année 1840 que commence à germer l'idée des aquariums fixes. On cherche un procédé pour conserver l'eau de mer sans être obligé de la renouveler souvent, un moyen qui permette de faire vivre longtemps dans le même bassin des poissons, des crustacés et des mollusques. Le moyen qui fut imaginé pour maintenir la pureté de ce milieu liquide, est fort curieux en lui-même, parce qu'il nous présente l'application pratique d'une observation empruntée à la science pure. Il consiste à faire vivre dans les réservoirs, en même temps que les poissons, des plantes aquatiques.

« Cette ingénieuse idée était fondée sur la connaissance d'un phénomène dont la découverte date du siècle dernier. On sait, depuis cette époque, que la respiration des animaux et celle des plantes se compensent à peu près exactement l'une l'autre, en vertu d'une sorte de libre échange qui s'exerce entre les deux règnes organiques. Pour respirer, les animaux absorbent l'oxygène de l'air, qu'ils transforment en acide carbonique. Les plantes, au contraire, quand elles sont frappées par la lumière solaire, absorbent, pour respirer, ce même acide carbonique nuisible à la vie animale, et elles exhalent de l'oxygène, nécessaire à la respiration des animaux. Ce phénomème s'accomplit dans l'air aussi bien que sous les eaux ; il est même beaucoup plus actif dans ce dernier milieu, sous l'influence de la lumière solaire ou diffuse. Ce remarquable antagonisme a été établi, à la fin du dernier siècle, par les travaux de Priestley, d'Inghenous, de Sennebier et de Théodore de Saussure, travaux qui ont été confirmés en 1833 par ceux de Daubeny, qui prouva que les feuilles des plantes aquatiques décomposent l'acide carbonique avec une extrême activité sous l'influence de la lumière.

« Cet admirable équilibre naturel entre les produits de la vie animale et ceux de la vie végétale etait, comme on le voit, depuis longtemps connu ; mais personne n'avait songé, de nos jours, à l'appliquer à la purification des eaux destinées à conserver des êtres marins. Ce moyen est d'autant plus précieux dans ce cas particulier, que la quantité d'air contenue dans les eaux est très limitée, de sorte que l'aération artificielle n'eût constitué qu'un moyen insuffisant pour renouveler l'air vicié dans ce milieu.

« C'est un naturaliste français qui eut le premier l'idée de se servir des plantes pour purifier l'air dans les eaux renfermant des êtres marins. D'après M. de Quatrefages, M. Dujardin, professeur à la Faculté des sciences de Toulouse, faisait, dès l'année 1838, usage de cet ingénieux artifice. Il entretenait la pureté de l'eau dans laquelle il faisait vivre des animaux aquatiques, en plaçant dans des flacons contenant de l'eau quelques *frondes* (feuilles) *d'ulva lactuca.* M. Dujardin transporta plus tard son musée à Rennes, c'est même dans un de ces flacons qu'il observa et suivit le développement des Méduses.

« Vers 1841, deux naturalistes anglais, les docteurs Ward et Johnston, firent des expériences analogues. M. Ward fit vivre ensemble, dans des bocaux remplis d'eau douce, des poissons et des plantes : des dorades et des *vallisneria*. C'est même ainsi que M. Johnston s'assura que la *coralline* appartient bien réellement à l'ordre végétal.

« Vers 1846, M. Thyme, et en 1850, M. Warrington, publièrent le résultat d'expériences dans lesquelles ils avaient fait vivre longtemps, dans l'eau douce non renouvelée, des poissons et des plantes : c'étaient des cypris et des *vallisneria*. MM. Gosse et Bowerbanks répétèrent avec succès la même expérience.

« Le secret de faire vivre pendant longtemps les animaux marins était trouvé, puisqu'on avait découvert le moyen d'assurer la respiration des êtres qui vivent dans les eaux. La théorie passa bientôt dans la pratique. On commença à Londres, à organiser sur ce principe de petits *aquariums* de cabinet : le nom d'*aquarium* prit ainsi sa place dans le vocabulaire scientifique.

« On ne vit toutefois aucun aquarium à l'exposition de Londres en 1851. Ce n'est qu'en 1853 que le premier appareil de ce genre fut établi à Londres sur une importante échelle. M. Mitchell, secrétaire de la *Société zoologique*, le fit construire avec une véritable magnificence, dans les jardins de Regent's Parck.

» Ce premier aquarium eut à Londres un succès d'enthousiasme. Nos voisins, qu'intéresse tant tout ce qui touche la mer, eurent des transports d'admiration pour la création de M. Mitchell. Cet aquarium était loin pourtant d'être parfait. On était obligé de changer presque chaque semaine l'eau des réservoirs, ce qui était nécessairement très-coûteux.

» L'exemple donné en Angleterre fut presque immédiatement suivi en Amérique. Le fameux Barnum, toujours à l'affût des nouveautés capables d'agir sur le public, fit construire à Boston d'immenses aquariums, avec l'aide d'un M. Cutting.

» Après l'Amérique, Bruxelles, Hambourg et Paris, sont entrés successivement dans la même voie. Enfin, on prépare en ce moment des aquariums publics à Vienne, à Berlin et à Pétersbourg.

» La première impulsion a été donnée à Paris par M. le comte d'Eprémesnil. Le plan primitif de notre aquarium est de feu M. Mitchell ; mais il a été terminé et perfectionné par M. Lloyd, que l'on doit considérer comme son véritable auteur.

» L'aquarium du bois de Boulogne est le plus grand et le plus complet de tous ceux qui existent aujourd'hui. Le bâtiment a quarante mètres de longueur sur dix de largeur ; il contient quatorze réservoirs à parois de glace, qui permettent d'examiner l'intérieur. Chaque réservoir est garni de rochers pittoresques ; le fond est couvert de sable et de galets, de manière à imiter autant que possible le fond de la mer. Dix réservoirs sont consacrés aux animaux marins, quatre aux animaux d'eau douce.

» L'organisation de l'aquarium de Paris est devenue l'origine de grands perfectionnements apportés à ce genre d'appareil. L'expérience faite sur une aussi grande échelle, n'a pas tardé à prouver que l'introduction des plantes aquatiques ne suffit pas pour l'entière purification de l'atmosphère pour ainsi dire sous-marine. Il a fallu ajouter à ce moyen de purification naturel un moyen artificiel, c'est-à-dire l'aération que l'on obtient par l'agitation de l'eau ; et c'est surtout ici que des dispositions mécaniques extrêmement ingénieuses, ont été conçues et mises en pratique. On s'est également appliqué à reconnaître les plantes qui conviennent le mieux pour la purification chimique de l'eau. Le choix des végétaux aquatiques, en vue de ce but particulier, est loin, en effet, d'être indifférent. La flore de la mer est échelonnée par zones de hauteur, qui correspondent aux différentes profondeurs de l'eau. Les plantes des plus grandes profondeurs sont brunes, celles des régions moyennes, rouges; celles des régions supérieures, qui sont en contact avec l'air, sont vertes. On a reconnu que les *chlorospermées*, ou plantes vertes, qui appartiennent aux couches supérieures, sont les plus propres à l'entretien de la vie animale. Ces plantes forment de vastes pâturages, à la surface de la mer, ou le long de ses côtes.

» Mais quand elles reçoivent l'action continuelle du soleil, ces plantes ont une si fougueuse exubérance de végétation, que l'une d'elles, l'*Anacharis canadensis*, qui fut accidentellement transportée, il y a quelques années, dans la Tamise, par quelque carène de navire, menace aujourd'hui d'encombrer les eaux de ce fleuve, et d'y gêner la navigation. Ce rapide développement des plantes aquatiques devient très-embarrassant dans un aquarium de verre; on est forcé de le réprimer par une réglementation convenable de la lumière. Cette modération de la lumière est, en général, une des conditions indispensables dans un pareil établissement; on ne doit distribuer aux végétaux et aux animaux aquatiques, que la quantité de soleil qu'ils sont habitués à recevoir naturellement. Les réservoirs de notre aquarium sont exposés au nord, et il n'y a d'ouvertures pour la lumière que de ce côté; par cette précaution, et grâce à des écrans disposés au-dessus de chaque réservoir, on obtient la fraîcheur et le degré de lumière désirables. »

L'*aquarium* de notre jardin des plantes, établi dans un charmant chalet, dont le plan est dû à M. Sève, rappelle celui du jardin d'acclimatation de Paris. Disons que le département a fait les frais de cette petite construction, et que M. de Marpon a bien voulu fournir les glaces et les cases de l'*aquarium* proprement dit. Une rivière anglaise coule à travers le petit jardin qui le précède, et plusieurs réservoirs contiennent comme elle des poissons de diverses espèces et de tailles différentes.

Cette annexe de notre jardin, qui doit puissamment aider à l'école de pisciculture qu'elle complète, est charmante. Il est à regretter seulement que cette construction n'ait pu être établie dans un espace plus large.

M. de Marpon, qui porte à l'art de la pisciculture un intérêt tout spécial, a exposé divers poissons, saumons, truites, ombres, anguilles, provenant de ses étangs de Montjoli, où la pisciculture a donné les résultats les plus satisfaisants.

M. Rico nous montre divers genres de truites, truite saumonée, truite des grands lacs, ombres chevaliers, saumons, produits de fécondations artificielles, éclos en février et mars dernier à l'école de pisciculture départementale.

M. Rico expose de plus deux truites moulées d'après nature : une truite des lacs, âgée de 38 mois, mesurant 53 centimètres de long, un saumon âgé d'environ 3 ans, mesurant 57 centimètres, et provenant du lac Pavin; une collection d'œufs de poissons de diverses espèces conservés dans l'alcool, arrangés avec goût dans des caisses en verre.

M. Rico a obtenu à diverses reprises d'honorables récompenses, et cela est de toute justice. Il a déployé dans l'accomplissement de la tâche qu'il a entreprise, un zèle et une intelligence dignes des plus sincères éloges.

RÉSUMÉ.

L'exposition de Clermont-Ferrand n'est pas complète ; elle suffit cependant pour donner une idée des richesses de l'Auvergne, de cette contrée qu'on a crue pauvre parce qu'elle ne tirait pas parti de ses immenses ressources.

L'amour des arts n'y est pas perdu ; nous avons pu voir rassemblés une foule d'objets précieux, d'œuvres remarquables, qui prouvent que le goût des belles choses s'est perpétué parmi nous. Mais là ne se bornent pas nos richesses artistiques ; il faudrait parcourir notre belle contrée pour dresser l'inventaire des admirables monuments, des trésors de toute nature que nous ont légués les époques de foi, les siècles écoulés.

La plupart de nos grandes industries sont représentées à l'exhibition clermontoise : la coutellerie, la tannerie, la mégisserie, les pâtes alimentaires, la confiserie, les étamines et rubans, les sucreries, les papeteries, les mines, les bois, les meubles, etc., etc. Nous avons cependant le regret de constater l'abstention de plusieurs maisons importantes. Citons entre autres, puisque nous énumérons nos forces et nos richesses, la maison Barbier et Daubrée, qui mérite une place toute spéciale dans notre travail.

La fondation de cette maison date de 1832, époque où M. Daubrée, déjà fixé en Auvergne depuis 1829, s'associa avec M. Barbier pour la construction des machines et la fabrication du caoutchouc.

Nous avons vu leurs établissements grandir et se développer. Grâce aux ressources que présentait leur atelier de machines, notre meunerie s'est régénérée, des huileries se sont fondées, la vermicellerie s'est développée, nos mines n'ont pas eu besoin d'aller chercher au loin leurs instruments de travail. Enfin les ouvriers sortis de leurs ateliers ont été s'établir dans nos bourgs et villages, et porter à nos agriculteurs le secours des connaissances mécaniques auxquelles ils avaient été initiés.

Aujourd'hui MM. Barbier et Daubrée ont deux établissements distincts : l'un à Clermont, consacré spécialement à la mécanique ; l'autre à Blanzat, ayant pour objet la fabrication du caoutchouc.

L'établissement de Clermont est un atelier complet contenant forges, menuiserie, charronnage, fonderie de fer, fonderie de cuivre, ajustage, chaudronnerie, tôlerie, etc. Il occupe plus de deux cents ouvriers, et produit chaque année des machines de toute espèce et pour toute destination. Nous rappellerons à ce sujet le magnifique arc de triomphe que MM. Barbier et Daubrée avaient élevé pour le passage de l'Empereur, et qui se composait principalement de toutes les pièces de puissantes machines qui sont parties quelques jours après pour les Indes anglaises.

Quant à l'établissement de Blanzat, il est assis sur un cours d'eau puissant dont la force est aidée par un grand nombre de machines à vapeur ; il emploie de cent cinquante à cent quatre-vingts ouvriers, et jette annuellement dans la consommation pour un million de produits de toute nature, qui vont se distribuer sur toute la surface de l'Europe.

De nombreuses et honorables récompenses sont venues consacrer le mérite des éminents industriels qui les dirigent.

Des industries nouvelles se sont fondées depuis quelques années en Auvergne. Elle possède des fabriques d'habillements confectionnés, de produits chimiques, d'albumine, etc., etc. Il est question d'une vaste exploitation des pouzzolanes de nos volcans, qui augmenterait d'une façon notable le mouvement de nos chemins de fer, et laisserait parmi nous des sommes considérables.

L'Auvergne sort enfin de son long repos, et se mêle au mouvement qui transforme les hommes et les choses, et porte avec lui la prospérité.

Nulle contrée ne peut mieux qu'elle marcher à grands pas dans la voie féconde où l'ont devancée des provinces moins favorisées. La nature prodigue lui a donné tous les éléments nécessaires pour atteindre ce but ; il ne s'agit plus pour elle que d'ouvrir les yeux, de prêter l'oreille à la grande voix du siècle, qui fait succéder l'esprit d'association aux idées parfois trop personnelles, en étendant le domaine de l'intelligence et du cœur.

DISTRIBUTION DES RÉCOMPENSES.

Dimanche 21 juin, à deux heures du soir, a eu lieu dans la cour du lycée la distribution des récompenses aux lauréats de notre exposition. Une estrade destinée aux autorités, aux fonctionnaires et aux notables, occupait le centre de la vaste terrasse de l'établissement municipal. Des gradins avaient été disposés pour les dames; toute la partie basse de la cour était réservée aux exposants et au public non muni de billets. Des oriflammes, des écussons, des mâts, des banderolles formaient un vêtement de fête au sévère édifice.

M. le maire de Clermont, accompagné de ses adjoints, des membres du conseil municipal, des diverses commissions, s'est rendu de la mairie au lycée escorté par un détachement de sapeurs-pompiers.

Après avoir pris place sur l'estrade, entouré de M. le général de Martimprey, commandant la 20e division militaire; de M. de Watrigant, secrétaire général de la préfecture du Puy-de-Dôme; de M. le recteur de l'Académie, des commissaires de l'exposition et de divers fonctionnaires et notabilités, M. le maire a ouvert la séance par quelques mots de remerciements adressés aux organisateurs des solennités artistiques et industrielles qui venaient d'avoir lieu parmi nous.

M. le maire de Clermont a ensuite donné la parole à M. Montader, président du secrétariat général, qui a présenté quelques considérations sur les expositions.

M. de la Foulhouze, rapporteur de la section des beaux-arts, a lu ensuite un long et savant rapport.

Puis est venue la proclamation des récompenses et la distribution des médailles d'or et d'argent.

LISTE DES RÉCOMPENSES.

Section des Beaux-Arts.

1re DIVISION. — PEINTURE, DESSINS, SCULPTURE.

Grande médaille d'or donnée par Sa Majesté l'Empereur.

A la mémoire de M. Tony Degeorges, né à Blanzat, pour l'œuvre entière de ce peintre remarquable, dont le talent est un honneur pour notre pays.

Médaille d'or.

M. Louis Devedeux, de Clermont, peintre à Paris, pour ses portraits et son tableau représentant une famille turque.

Grande médaille d'argent donnée par l'Empereur.

A M. Edouard Onslow, peintre à Blesle, pour ses peintures de scènes d'Auvergne.

Médailles d'argent.

MM. Roux, peintre à Clermont, pour ses paysages; Frère Athanase, de l'institut de la doctrine chrétienne, peintre à Paris, pour son tableau la *Halte de l'Empereur à Beaumont;* Jules Laurens, peintre à Paris, pour ses tableaux; Foulongne, peintre à Paris, pour ses paysages; Bonhomme, peintre à Clermont, pour ses tableaux religieux.

Médailles de bronze.

MM. Frère Hyacinthe, de l'institut de la doctrine chrétienne, peintre à Clermont, pour son tableau de *Saint Dominique ressuscitant un jeune enfant*; Guillemot, peintre à Riom, pour ses vues des environs de Thiers; Mlle Hervier, peintre à Clermont, pour ses portraits et ses tableaux de scènes militaires en Afrique; Bouchet, peintre à Clermont, pour ses portraits et ses intérieurs; Tamisier, d'Ambert, peintre à Paris, pour ses paysages et une étude de fleurs; Delorieux, peintre à Clermont, pour ses nombreux paysages, ses intérieurs et ses dessins; Mlle d'Orcet, de Clermont, pour ses portraits; Arthur Onslow, peintre à Clermont, pour son tableau des paysans de Champeix et ses copies; Mlle d'Auriac, de Clermont, pour ses tableaux de nature morte; Mlle Déperrier, peintre à Clermont, pour ses études de fleurs; M. de Saint-Didier, de Clermont, pour son tableau représentant une lande avec des animaux; Derrode, de Clermont, pour une étude; Curty, peintre à Nantes, pour une vue prise dans le Cantal; de la Salle, d'Issoire, pour plusieurs paysages et des copies.

Mention honorable.

Mlle Parcors, de Clermont, peintre à Paris, pour ses copies.

DESSINS

Médailles de Bronze.

MM. Valette, peintre à Castres, pour sa vue au fusain des montagnes du Mont-Dore; Courtois, peintre à Paris, pour sa série de portraits au crayon.

Mentions honorables.

Mlle Vidal, à Riom, pour ses dessins à la plume; M. Dalbine, de Clermont, pour son dessin à la plume.

SCULPTURE.

Médaille d'or.

M. Chalonnax, sculpteur à Clermont, pour sa statue de Domat.

Médaille d'argent.

M. Gourmier, sculpteur à Clermont, pour les statues le Printemps et l'Été.

Médailles de bronze.

Le cours de modelage de l'École professionnelle de Clermont, pour une figure en ronde bosse, des bas-reliefs et une cheminée décorative; l'École de modelage de Volvic, pour une figure en ronde bosse, plusieurs figures d'animaux et des ornements.

2me DIVISION. — LITHOGRAPHIE, TYPOGRAPHIE ET PHOTOGRAPHIE.

Médailles d'argent.

MM. Gilberton, lithographe à Clermont, pour sa carte et ses impressions; Desrosiers, imprimeur à Moulins, pour l'ensemble de son exposition; Pilinski, lithographe à Paris, pour son procédé de reproduction.

Médailles de bronze.

MM. Couton, photographe à Clermont, pour sa vue de la cathédrale de Clermont et ses paysages de Royat et du Mont-Dore; Bérubet, photographe à Clermont, pour ses vues de la fontaine de Jacques d'Amboise et de l'église de Saint-Eutrope; Renault, photographe à Clermont, pour sa vue de l'église d'Isssoire et ses paysages.

3me DIVISION. — ARCHITECTURE, PLANS, MODÈLES, VITRAUX ET DESSINS.

Médaille d'or.

M. Henri Taché, architecte à Clermont, pour son projet de théâtre.

Médaille d'or ex æquo.

MM. Léon Compagnon, architecte à Clermont, pour ses restaurations et ses dessins; Émile Mallay, architecte à Clermont, pour sa restauration de la grande Rue de Montferrand, pour ses restaurations, ses projets et ses dessins.

Médailles d'argent.

MM. Claude Aucler, pour un plan en relief de la montagne de Gergovia; le frère Renée, de l'institut de la doctrine chrétienne, pour ses tracés de différentes courbes géométriques, et notamment pour sa table de logarithmes; Versepuy, pour un beau modèle de la Sainte-Chapelle de Paris.

Médailles de bronze.

MM. Gacher, Taravant et Coudert, de Clermont, pour les plans topographiques du village de la Baraque et de ses abords, avec les nivellements, et deux plans en relief; M. Robert, peintre à Clermont, pour ses nombreuses imitations d'émaux; M. Faure, peintre-verrier à Clermont, pour son exposition de vitraux; le Cours de dessin de l'Ecole professionnelle de Clermont, pour l'ensemble de son exposition; le Cours de dessin linéaire de la même école, pour ses différents dessins d'architecture, de machines et de topographie; le cours de dessin du pensionnat des Frères de la doctrine chrétienne de Clermont, pour ses différents dessins; le cours de dessin linéaire du même pensionnat, pour ses dessins d'architecture et de machines; l'Ecole Normale du département du Puy-de-Dôme, pour ses cartes et ses dessins de machines; M. Mayoli, décorateur à Clermont, pour le relevé sur place des peintures retrouvées au château de Saint-Floret, par M. Anatole Dauvergne.

Mentions honorables.

MM. Jarrier fils et Mallay fils, architectes à Clermont, pour leur nouveau plan d'alignement de la ville de Clermont; l'Ecole communale des Frères de la doctrine chrétienne, à Clermont, pour l'ensemble de son exposition.

Section de l'Industrie.

MINES, CARRIÈRES.

Médaille d'or donnée par Sa Majesté l'Empereur.

A la Société des mines de Pontgibaud.

Médaille d'or.

Société des mines de Gros-Ménil; société des mines de Bouxbors.

Médaille d'argent donnée par S. Exc. le Ministre de l'agriculture, du commerce et des travaux publics.

A la société des mines de Saint-Eloi.

Médaille d'argent

M. Denier, propriétaire des mines de Charbonnier.

Médailles de bronze.

Société des mines de Messeix; MM. Machebœuf-Conchon, de Clermont, pour sa pierre de Volvic; Rigaudeaux, Marie-Brutus, pour les mines; Gilquin fils, de la Ferté-Sous-Jouarre, pour ses meules.

Mentions honorables.

MM. Ravoux-Viscomte, de Langeac, pour son régule d'antimoine; Blanc, de Marseille, pour ses minerais des mines de Banson; Fayet, de Massiac, pour son minerai d'antimoine; Thibaud, de Saint-Marc, pour ses meules; Robert-Delort et Schulze, pour leurs meules; les carrières de Rubre, pour leur marbre.

ART FORESTIER, SÉRICICULTURE.

Mentions honorables.

MM. de Riberolles et Clair, de Clermont, pour un sapin de grande dimension; Bouvet, d'Auzon, pour ses cocons et graines de vers à soie; Delbet, de Massiac, pour ses cocons et graines de vers à soie; madame Gizard, d'Ardes, pour ses cocons et graines de vers à soie.

MACHINES, OUTILS, APPAREILS.

Médaille d'or.

MM. Lhéritier frères, de Clermont, pour l'ensemble de leur exposition.

MACHINES A VAPEUR.

Médaille d'argent donnée par S. Exc. le Ministre.

A MM. Guidez et Cie, de Coulanges, près Nevers, pour leur machine à vapeur.

Médaille de bronze donnée par S. Exc. le Ministre.

A M. Fontanet, du Mont-Dore, pour sa machine à vapeur.

POMPES ET MACHINES HYDRAULIQUES.

Médaille d'argent.

MM. Buchetti père et fils, de Clermont, pour pompe, robinetterie, etc.

Médaille de bronze.

M. Thevaux-Catonnet, de Thiers, pour sa turbine.

OUTILS ET APPAREILS.

Médaille d'argent.

MM. Bouffard, de Clermont, pour outils divers; Dumas, de Clermont, pour machines diverses, presses, etc.; Christmann, de Clermont, pour moulage sans modèle, pièces de fonte, etc.

Médaille de bronze donnée par S. Exc. le Ministre.

MM. Carel et Besserve, de Clermont, pour leurs moules de pâtes alimentaires.

Médailles de bronze.

MM. Bascans-Barthelay, de Gannat (Allier), pour meules, bascules, etc; Ribeyre, de Clermont, pour outils et machines diverses; Gattard, de Sauxillanges, pour sa pelotonneuse.

Mentions honorables.

MM. Chameil, de Clermont, pour ses mesures de capacité, bascules; Richard, de Besse, pour sa machine à faire les tenons; Got, de Lempdes (Puy-de-Dôme), aveugle, pour son tour en bois; Périssé, de Chamalières, pour son bouche-bouteilles; Deldevez aîné, de Clermont, pour son appareil séparateur de la lie; Beraud, de Clermont, pour sa machine à percer; Tachet-Bughon, de Clermont, pour sa calandre et ses crics; Faucillon, de Clermont, pour son appareil à gaz; Bonnin, de Cusset, pour son appareil pour chauffage des serres; Michel (Antoine), de Chamalières, pour ses instruments d'agriculture et de taillanderie; Michel Neveu-Frangin, de Clermont, pour ses marteaux pour meules; Blanzat, de Clermont, pour sa règle à cintrer les meules; Marcheix, de Clermont, pour son appareil à nettoyer les routes; Conan, de Clermont, pour sa cuvette inodore; Mazet, de Clermont, pour son appareil pour bains de vapeur; Michelet, de Clermont, pour ses outils de sabotier; Sezile, de Noyon, pour son pétrin mécanique; Barbier, de Paris, pour ses mètres et sommiers; Duliège, de Puychaumeix, inventeur.

ARTS DE PRÉCISION, SCIENCES PHYSIQUES, ENSEIGNEMENT.

Médaille d'or.

M. Pieux-Aubert, de Clermont, pour ses câbles sous-marins, câbles en fil de fer.

Médaille d'argent.

M. Fois, de Clermont, pour son horloge.

Médaille de bronze.

MM. Estrigue, de Clermont, pour son horloge en bois; Col de Clermont, pour son nouveau procédé de gravure.

CHIRURGIE, PHARMACIE, HISTOIRE NATURELLE.

Médaille d'argent.

M. Gautier-Lacroze, de Clermont, pour son traitement de l'alunite du Mont-Dore.

Médaille de bronze.

MM. Fournier, de Lempdes, de Clermont, pour ses bandages; Testu, de Clermont, pour ses bandages et appareils orthopédiques; Fouilhoux, Henri, de Clermont, pour ses collections minéralogiques.

PRODUITS CHIMIQUES, CORPS GRAS, CUIRS ET CAOUTCHOUC.

Médaille d'argent donnée par l'Empereur.

MM. Torrilhon-Verdier et Cie, de Clermont, pour leur caoutchouc.

Rappel de médaille du concours régional.

M. Amené, Léon, pour ses graisses, huiles et godet graisseur.

Médaille d'argent.

M. Lévy, de Clermont, pour ses savons.

Médaille de bronze.

MM. Duranton, d'Issoire, pour son huile de pepin; Poisson, de Vertaizon, pour ses huiles; Gorce-Vigier, de Riom; Bonnieux jeune, de

Riom; Chardon-Faviot, de Riom; Bonnieux, de Maringues; Bouthe-Fouilhoux, de Riom; Haste-Montandraud, de Clermont; Bouyon neveu, de Clermont; Servoingt-Parot, de Maringues; Tardif, de Clermont, pour leurs cuirs.

Médaille de bronze.

MM. Clémentel aîné, de Clermont, pour ses incrustations; Georget, de Clermont, pour ses incrustations; Clémentel neveu, de Clermont, pour ses incrustations; Drouilhat, de Riom, pour ses incrustations.

Mentions honorables.

MM. Berton, de Riom; Verdier, de Clermont; Juzet-Authy, de Clermont; Amblard-Grado, de Clermont; Guidy-Cluzet, d'Issoire; Monnier, de Saint-Flour; Chanudet, de Combronde, pour leurs cierges et bougies; Argillet, de Clermont, pour sa benzine rectifiée; Giron-Gannat et Giron-Seguin, de Maringues, et Fontsauvage, de Thiers, pour leurs cuirs.

PISCICULTURE.

Rappel de médaille d'or.

M. Rico, de Clermont.

PATES D'AUVERGNE, SEMOULES, CONSERVES ALIMENTAIRES.

Médaille d'or.

M. Chatard-Roche, de Clermont, pour ses pâtes d'Auvergne.

Médailles d'argent.

MM. Mignol (Bonnet), de Clermont; Ranixe, de Clermont; Faucher, de Clermont, pour leurs semoules.

Médailles de bronze.

MM. Vazeilhes, de Clermont; Cierge, de Clermont, pour leurs semoules; Desmaroux, de Clermont; Coste et Ledieu, d'Ambert, pour leurs fécules; Sage père et fils, de Brives, pour conserves alimentaires et dindes truffées.

Mentions honorables.

MM. Roche-Barbat, de Clermont; Jean Roche, de Clermont; Chapier, de Clermont; Segond, de Clermont, pour leurs semoules; Cotton père et fils, de Brives; Fournaud, de Tulle, pour leurs conserves alimentaires; Cély, de Clermont, pour ses pommes conservées deux ans en état de fraîcheur.

FRUITS CONFITS, SUCRES, CHOCOLATS, CAFÉS.

Diplôme d'honneur (hors concours).

MM. Meinadier et Cie, à Bourdon, pour leurs sucres, alcools et autres produits de la sucrerie et distillerie de Bourdon.

Médaille d'or.

M. Gaillard, de Clermont, pour ses confitures.

Médailles d'argent.

MM. Vieillard aîné, de Clermont, pour ses confitures; Murent fils, de Clermont, pour ses confitures; Frelut et Cie, de Clermont, pour leurs confitures.

Médailles de bronze.

MM. Dollet-Dépaillet, de Clermont, pour ses bonbons, dragées; Dumas et Codet, de Clermont, pour leurs bonbons, dragées; Pichon, de Clermont, pour ses chocolats; Barreyre-Roueyre, de Clermont, pour ses chocolats; Pérol, de Clermont, pour ses chocolats; Peyrard, de Royat, pour ses chocolats.

Mentions honorables.

MM. Lepère, de Murat (Cantal), pour ses biscuits en cornet; Mosmann, de Saint-Flour (Cantal), pour ses sujets en sucre et décorés en sucre; Versepuy-Mandon, de Clermont, pour son café torréfié.

LIQUIDES ET CONDIMENTS.

Médailles de bronze.

MM. Berger, de Clermont, pour sa liqueur du Mont-Dore; Boyer-Defaye, de Clermont, pour sa chartreuse; Chesneau et Ansaldi, de Clermont, pour leurs vinaigres de vin; Boyer jeune, de Clermont, pour ses vinaigres de vin.

Mentions honorables.

MM. Poigné, de Moulins, pour son élixir digestif de Vichy; Vial jeune, de Clermont, pour ses liqueurs de fruits; l'abbaye de Sept-Fonts, pour sa liqueur fabriquée à l'abbaye; Dalmas, de Besse, pour sa chartreuse de Vassivière; Touzet, de Clermont; Bardon, de Riom, pour leurs cassis; Mme Noyer de Layras, de Pont-du-Château, pour sa bière blanche de Bavière, sa bière brune de Strasbourg et sa bière ordinaire de Lyon; MM. Duranton-Delorme, d'Issoire, pour ses alcools; Favier, de Charraux, pour son vinaigre de vin; Defert, de Clermont, pour sa moutarde.

TISSUS LAINE ET SOIE.

Médaille d'argent donnée par S. Exc. le ministre.

M. Gerin-Mourait, de Clermont, pour ses draps et couvertures de laine.

Médailles d'argent.

MM. Bernard-Dupuy, d'Ambert, pour ses étamines à pavillon, lacets, rubans et autres produits de mercerie d'Ambert; Vimal-Vimal, d'Ambert; Vimal-Viallis, d'Ambert; pour leurs étamines à pavillon.

Médailles de bronze.

Mme d'Auriac, de Saint-Flour, pour ses limousines imperméables; M. Getting, de Maringues, pour ses couvertures de laine.

Mentions honorables.

Mme X..., d'Aurillac, pour ses soieries unies; MM. Pouchon, d'Issoire, pour ses couvertures de laine; Jourdan-Rode, d'Issoire, pour sa préparation de laine du pays.

TISSUS, LIN, CHANVRE ET COTON; CORDERIE.

Médaille d'or.

MM. Bossi et Cie, à Saint-Martin-les-Riom, pour leur fil de chanvre.

Médailles d'argent.

MM. Malfériol-Lajeofrérie, de Clermont, pour son linge de table damassé; Breyton, de Riom, pour ses toiles de chanvre.

Médailles de bronze.

MM. Grenet-Clément, de Riom, pour ses toiles; Institution de jeunes aveugles de Chamalières, pour ses tricots, guipures, etc.; Salis-Ojardias, de Billom, pour ses fils de coton; Paulet-Sabatier, de Jumeaux, pour sa corderie de chanvre et de fil de fer; Margot-Labourier, de Maringues; Clavel aîné, de Clermont: Rudel, de Pont-du-Château, pour leur corderie de chanvre.

Mentions honorables.

MM. Odin frères, de Maringues, pour leurs tissus renforcés de fil et coton; Bouchet-Roux, de Clermont, pour son chanvre peigné; Rigaud, de Clermont, pour son linge de table damassé; Jourdain, de Clermont, pour ses filets de pêche; Auclère fils, de Clermont, pour sa corderie de chanvre; Paris, Alexandre, de Pont-du-Château, pour sa corderie de chanvre.

BONNETERIE, TAPIS, MODES, CONFECTION, HABILLEMENT.

Médailles d'argent.

MM. Periez-Lafon et Perlus, d'Aurillac, pour leurs parapluies; Prulière aîné, de Clermont, pour ses sabots; Garcin fils et Cie, de Clermont, pour leur chaussure à vis et clouée à la mécanique; Sanitas-Dorsner, de Clermont, pour ses fourrures.

Médailles de bronze.

MM. Bachellery, d'Arlanc, pour ses dentelles; Mlle Adèle Léopold, de Clermont, pour ses costumes d'enfants; Paulin Ribes, de Clermont, pour ses broderies et dessins de broderies; Pouchol, de Clermont, pour sa chemiserie d'hommes; Mlle Viple, de Riom, pour ses reprises perdues; Verrier, de Clermont, pour ses chapeaux de paille; Trapet, d'Aubusson, pour ses tapis; Mme Blanchet, de Clermont, pour ses tapisseries à l'aiguille; Revel, d'Aurillac, pour ses sabots; Faviot-

Barrière, de Riom, pour ses sabots; Lausserl, d'Aurillac, pour ses sabots; Granet, de Clermont, pour ses sabots, formes et cambres; Mégemont frères, de Bort (Corrèze), pour leur chapellerie; Bourdel-Roddier, de Clermont, pour sa chapellerie; Battu-Boissier, de Clermont, pour ses chaussures à la mécanique; Cougont, de Clermont, pour sa chaussure cousue.

Mentions honorables.

Mmes Cognard et Beaujeu, de Saint-Just-en-Chevalet (Loire), pour leurs broderies à double face; Mme Finaud, pour ses costumes de dames et d'enfants; MM. Silvant et Brun, de Clermont, pour leur chemiserie d'hommes; Mme Argilet, de Clermont, pour ses corsets; Mme Athanasse, de Clermont, pour ses corsets; Mme Deyriès-Battu, de Clermont, pour ses corsets; M. Dubaud-Baraband, d'Aubusson, pour ses tapis; M. Montabret-Lépine, de Felletin, pour ses tapis; Mlle Colin, de Clermont, pour sa tapisserie à l'aiguille; Mlle Déperrier, de Clermont, pour son guéridon brodé en perles et une tapisserie; M. Fabre-Ebely, de Saint-Amant-Tallende, pour ses sabots; M. Tournade, de Rochefort-Montagne, pour ses sabots; Biguet, de Thiers, pour ses sabots.

Mentions honorables.

MM. Barraband, d'Aubusson, pour sa chapellerie; Marc, de Clermont, pour sa chapellerie de soie; Espinasse, de Vic-sur-Cère, pour sa chapellerie souple et imperméable; Lignéras-Mazet, d'Issoire, pour sa chapellerie imperméable; Barthomeuf, de Clermont, pour sa chaussure cousue; Barbarin, de Clermont, pour ses formes de cordonniers et de sabotiers.

COUTELLERIE, FABRICATION D'ARMES.

Diplôme d'honneur (fabrication hors ligne).

MM. Sabatier père et fils, de Thiers.

Médaille d'or.

MM. Châtelet et Cornet, de Thiers, pour leur belle exposition de couteaux fermants et autres.

Médailles d'argent.

MM. Saint-Joanis-Blondel, de Thiers, pour sa bonne fabrication, et spécialement ses couteaux à lame argentée; Delcros, de Clermont, pour sa coutellerie soignée et ses appareils orthopédiques.

Médailles de bronze.

MM. Beauvoir, de Thiers, pour ses échantillons de ciseaux; Prodon fils et Cie, de Thiers, pour leurs spécimens de couteaux; Mas-Monchard, de Clermont, pour sa coutellerie fine; Troupel, d'Aurillac, pour ses outils de sabotier et sa flamme mécanique; Coirier, de Clermont, pour une carabine Lefaucheux et des pistolets de combat.

Mentions honorables.

MM. Archimbaud-Sannajust, de Thiers, pour ses couteaux; Melun-Brunel, de Thiers, pour ses ciseaux; Cancalon, de Bourganeuf, pour deux fusils d'un nouveau modèle.

FABRICATION D'OUVRAGES EN MÉTAUX D'UN TRAVAIL ORDINAIRE.

Médaille d'argent.

MM. Delort et Schulze, de Sauxillanges, pour leur belle fabrication de toiles métalliques; Julliard, de Clermont, pour ses clous et béquets.

Médaille de bronze donnée par S. Exc. le Ministre.

MM. Zani père et fils, de Clermont, pour leur poterie d'étain.

Médailles de bronze.

MM. Deldevez-Debas, de Clermont, pour sa belle collection de robinets en tous genres; Jourdan, de Clermont, pour sa tréfilerie et ses béquets; Gorce-Valleix, de Clermont, pour ses baignoires, cylindres, arrosoirs et autres ouvrages en ferblanc; Vigier, d'Aurillac, pour ses lanternes à double courant; Doumaux jeune, de Clermont, pour ses égouttoirs-porte-bouteilles; Rivet jeune, de Clermont, pour ses fourneaux de cuisine et son calorifère à flamme renversée.

Mention honorable.

M. Arizzoli, de Clermont, pour son fourneau de cuisine.

BRONZE D'ART, ORFÈVRERIE.

Médaille d'or.

M. Boy, de Saint-Germain-Lembron, pour sa magnifique exposition de zincs artistiques.

Médailles d'argent.

MM. Péret frères, de Clermont, pour leur orfèvrerie de luxe et commune; Bonnet, de Clermont, pour la création de l'industrie des émaux d'Auvergne; Carlod, de Clermont, pour ses bronzes dorés et ses lustres d'église.

Médaille de bronze.

M. Bérouhard, de Clermont, pour ses lustres et chandeliers d'église.

Mention honorable.

M. Collange-Thomas, de Clermont, pour ses broches à portrait.

ART DES CONSTRUCTIONS ET INDUSTRIES S'Y RATTACHANT.

Rappel de médaille d'argent.

M. Bourgoignon, de Clermont, pour ses applications du bitume aux constructions.

Médaille d'argent.

M. Goutay, de Joze, pour sa chaux hydraulique et ses ciments.

Médailles de bronze.

MM. Pizet et Dumont, de Roanne, pour leurs tuiles plates et briques ; Fayard, de Clermont, pour ses bois découpés.

Mentions honorables.

MM. Peigue, de Clermont, pour son système de toitures en zinc ; Baynard, de Riom, pour ses tuiles fabriquées près de Pionsat ; Maisonneuve, de Clermont, pour ses spécimens de couverture en ardoises ; Pianella, de Clermont, pour ses décorations et peintures ; Silvant, de Clermont, pour ses panneaux peints.

VERRERIE, POTERIE, FAIENCE.

Médaille d'or.

M. Casati, de Mège-Coste, pour les produits remarquables de sa verrerie et de ses charbons.

Médaille d'argent.

M. Brulé et Cᵉ, de Saint-Etienne (Loire), pour leurs beaux verres soufflés.

Médailles de bronze.

MM. Raab, de Rive-de-Gier (Loire), pour ses verres à bouteilles ; Lacollonge, de Clermont, pour sa faïence et sa poterie communes ; Teissier, de Billom, pour sa poterie artistique.

Mentions honorables.

MM. Granet, de Billom, pour sa poterie commune et artistique ; Pomel, de Vergongheon, pour ses vases poreux et ses fûts à vinaigre.

AMEUBLEMENT ET DÉCORATION, GLACES, DORURE.

Médaille d'argent donnée par S. Exc. le Ministre.

M. David, de Clermont, pour sa belle exposition de glaces, cadres et dorures.

Médailles d'argent.

MM. Wolfowicz, Achille, de Clermont, pour son installation de chambre à coucher ; Camus-Colin, de Clermont, pour son installation de salle à manger et salon ; Joux, de Clermont, pour son installation de chambre à coucher ; Arnaud, Bauer et Cᵉ, de Clermont, pour leur installation de chambre à coucher.

Médailles de bronze.

MM. Gominon, de Clermont, pour ses panneaux et draperies ; Chavarot et Sœur, de Clermont, pour leurs consoles et cadres dorés.

SCULPTURE SUR BOIS, ÉBÉNISTERIE, INDUSTRIE DES TOURNEURS.

Médailles d'argent.

MM. Dejou, d'Aurillac, pour sa belle exposition de meubles sculptés; Lassagne-Fabre, de Clermont, pour un buffet de salle à manger, une table et une restauration parfaite de meubles Louis XV.

Médaille de bronze donnée par S. Exc. le Ministre.

M. Manaranche, Joseph, de Clermont, pour son exposition de meubles sculptés en vue de la dorure.

Médailles de bronze.

MM. Domas, de Clermont, pour une cheminée en chêne sculpté; Jeuf, de Clermont, pour ses chaires et lutrins; Cambefort, d'Aurillac, pour un lit en noyer sculpté; Souliac aîné, de Riom, pour ses beaux spécimens de placage; Barre jeune, de Romagnat, pour une commode-toilette d'un bon travail; Montel, de Clermont, pour son groupe et ses fleurs sculptés; Auriger, de Clermont, pour ses ouvrages tournés en tout genre.

Mentions honorables.

MM. Cohadon, de Clermont, pour une garniture de cheminée en chêne sculpté; Bourbon père et fils, de Clermont, pour leurs fauteuils; Déparain, de Clermont, pour un coffret sculpté; David, du Petit-Pérignat, pour des échantillons de parquet; Boëser, de Clermont, pour une armoire à glace; Manaranche, François et Jean, du Mont-Dore, pour de jolis modèles de menuiserie; l'abbé Dauzat, de Saint-Martin-de-Tours, pour un confessionnal en frêne sculpté; Tixier, de Champeix, pour son travail gothique en chêne sculpté, avec statuettes d'anges; Charbonnier, Vaudable et Cᵉ, de Clermont, pour leurs bois rainés et assemblés à la mécanique; de Ribérolles et Clair, de Clermont, pour leurs caisses et leurs bois sciés et ouvrés; Quinsat, de Clermont, pour une table en marqueterie; Bessard-Huguet, de Clermont, pour ses cadres ovales tournés; Guillot, de Pont-du-Château, pour ses objets divers exécutés au tour.

SCULPTURE SUR PIERRE ET MARBRE.

Médaille d'argent.

M. Jabert, de Clermont, pour l'importation en Auvergne de l'industrie des marbres artificiels.

Médailles de bronze.

MM. Montbur, de Clermont, pour deux autels sculptés en pierre d'Apremont; Brionnet, de Clermont, pour deux cheminées en marbre.

Mentions honorables.

MM. Darbas, de Clermont, pour une cheminée en marbre blanc; Coulon, de Clermont, pour ses balustres et sa colonnette en pierre d'Apremont; Barthélemy, de Clermont, pour l'ensemble de son exposition; Peyrier, de Clermont, pour un monument funèbre en pierre de Volvic.

CAISSES, MALLES, ARTICLES DE VOYAGE.

Médaille de bronze.

MM. Dalmas, de Clermont, pour ses malles et articles de voyage; Démartin, de Clermont, pour une caisse de voyage d'un système ingénieux et la bonne exécution générale de ses produits.

Mentions honorables.

MM. Salzac-Lhéritier, de Clermont, pour ses articles de voyage et plusieurs limousines imperméables en poil de chèvre, fabriquées par Mme Salzac-Lhéritier; Lachenaud, d'Ambert, pour ses caisses à fruits confits, d'un bon marché remarquable.

TONNELLERIE.

Médaille de bronze.

M. Brun-Montel, de Clermont, pour un tonneau et une caisse à douves articulées destinée à faciliter le dépotage des arbustes.

Mentions honorables.

MM. Monestier, de Clermont, pour un tonneau de confiserie; Beaugé, de Romagnat, pour un petit tonneau.

SELLERIE ET CARROSSERIE.

Médaille d'argent.

M. Graverol, de Clermont, pour sa bonne carrosserie et ses harnais très-soignés.

Médaille de bronze.

M. Julien Boyer, de Clermont, pour un harnais commun d'un bon travail.

Mentions honorables.

MM. Glatard, de Roanne, pour son système de dételage instantané; Mazin, frères, de Massiac, pour un harnais de cabriolet.

PAPETERIE, RELIURE, CARTONNAGE, IMPRIMERIE

Médailles de bronze.

MM. André Vimal et fils, d'Ambert, pour leurs échantillons de papier joseph; Ballande-Fougedoire, de Thiers, pour sa fabrication de cartons divers; Bauquier, de Clermont, pour l'importation à Clermont de l'industrie du cartonnage de luxe; Paris-Beaulieu, de Clermont, pour ses registres; Four, de Clermont, pour sa relieure de luxe; Cluzel-Arnaud, de Clermont, pour sa reliure à bon marché.

Mentions honorables.

MM. Lebon et Porte, d'Ambert, pour leur papier joseph et leurs fécules; Clermont, de Clermont, pour son cartonnage à bon marché.

Mentions honorables.

MM. Casson, de Clermont, pour calepin perpétuel; Jouvet, de Riom, pours ses spécimens d'imprimerie.

INSTRUMENTS DE MUSIQUE.

Médaille de bronze.

M. Bonnenfant, de Clermont, pour ses pianos.

Mention honorable.

M. Ligier, de Clermont, pour son orphéï et sa cymbale à pistons.

TABLETTERIE, ARTICLES DIVERS.

Médaille d'argent.

M. Riocourt-Andréax, de Clermont, pour sa belle exposition de peignes à des prix très-satisfaisants.

Mention honorable.

Mlle Courtinat, de Clermont, pour ses fleurs et broderies.

MÉDAILLONS, OUVRAGES EN CHEVEUX, POSTICHES.

Médaille de bronze.

M. Champclaux, de Clermont, pour son exposition très-complète de médaillons et ouvrages en cheveux.

Mentions honorables.

MM. Neuville, de Clermont, pour un bouquet en cheveux; Chavaribert, de Clermont, pour une coiffure et des bandeaux postiches; Veillard, de Clermont, pour deux perruques.

TABLE DES MATIÈRES.

CONCOURS RÉGIONAL.

COMPTE RENDU DU CONCOURS.

EXPOSITION.

BEAUX-ARTS.

INDUSTRIE.

Clermont, typ. Paul Hubler.